叙利亚电子军标志，这是一个支持叙利亚领导人巴沙尔·阿萨德的黑客组织。

伊朗网军，是伊朗的一个黑客组织，自称“伊朗网络部队”，他们宣称“以抗议传播在我国（伊朗）和以色列的分歧的虚假新闻，以及外国干涉内政，所以伊朗网军成立了”。2010年，伊朗网军通过劫持域名“篡改”了美国之音（VOA）的网站。

伊拉克真主旅标志。该组织成立于2003年，目前该组织约有30000人。由于近几年IS崛起，该组织联合伊拉克政府军以及其他组织加入了抗击IS的阵营。

黎巴嫩真主党标志。1982 年黎巴嫩人为了抵抗以色列侵占该国南部，在伊朗的帮助下成立的什叶派伊斯兰政治和军事组织。目前是黎巴嫩最大的政党。

《V 字仇杀队》中的盖伊·福克斯面具成为了匿名者的显著标志。匿名者是全球最大的黑客组织，也是全球最大的政治性黑客组织。

无头西装也是匿名者的标志之一。

黎巴嫩真主党秘书长萨义德·哈桑·纳斯鲁拉。在纳斯鲁拉的领导下，真主党在20世纪90年代就全面利用互联网进行宣传，最近则发动网络战活动以支持宣传。

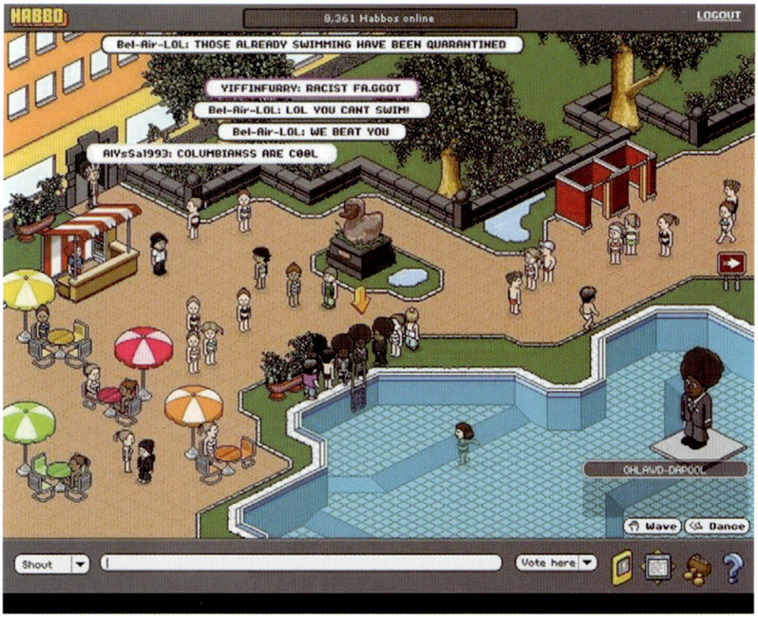

2005年在袭击哈宝宾馆期间，匿名者成员为了抗议游戏禁止使用非裔美国人头像而创建了大量用非裔美国人头像的商人角色，并用这些角色堵住了游戏中游泳池的入口。

2005 年，飞行员在伊拉克巴拉德空军基地为一架“MQ–1 捕食者”无人机安装雷达天线罩。

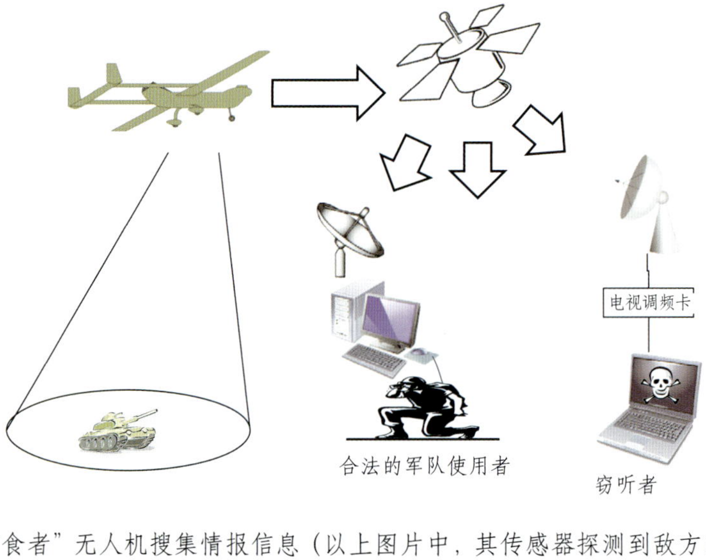

“捕食者”无人机搜集情报信息（以上图片中，其传感器探测到敌方的坦克）。在进行超视距通信时，无人机向卫星广播数据。接着，卫星将数据广播给用户。虽然正规的军队用户可以获得信号并解码读取无人机搜集到的信息，但信息可能被第三方窃听者接收到。英国业余爱好者或伊拉克真主旅武装分子都能通过结合使用 SkyGrabber 软件和电视调频器卡，从商用卫星上截获“捕食者”的视频信号。

纳坦兹铀浓缩厂谷歌地球影像以及试验性铀浓缩试验厂型反应堆。

2008 年 4 月，伊朗总统访问纳坦兹的照片被贴在总统官网上，这张照片暴露了本应被保守的秘密，图片下方为增强对比后的局部图。

塔林上城区的坐堂山城堡，这是爱沙尼亚议会所在地。2007 年 4 月发动的 DoS 攻击使得议会的电子邮件服务器无法使用，让爱沙尼亚政府延后了对当时发生的全国性网络攻击事件的回应。

2008 年，尤利娅·拉特尼娜接受时任美国国务卿赖斯颁发的“自由卫士奖”。2010 年，拉特尼娜一篇反映俄罗斯国内腐败现象的新闻报道导致俄独立新闻媒体《新报》遭到大规模 DDoS 攻击。

格鲁吉亚首都第比利斯的总统府邸。在2008年俄罗斯入侵格鲁吉亚初期，格鲁吉亚成为大规模网络攻击的目标。

“极光测试”的发电机由于反复高电磁转矩导致旋转设备的轴应力过大，它的寿命迅速缩短（国土安全部录像截图）。

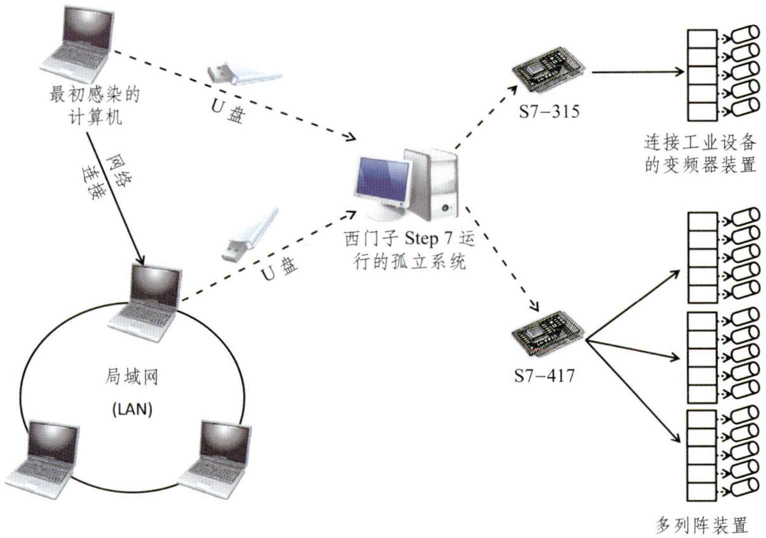

震网病毒复杂的繁殖过程（以西门子 Step7 软件为例）。

2011 年，美国欧洲司令部和北约最高盟军司令海军上将詹姆斯·斯塔夫里迪斯在由美国欧洲司令部于德国举行的会议上讲话。2012 年，冒牌货斯塔夫里迪斯的 Facebook 账户向北约的几个高层官员发送好友请求。伪造的 Facebook 页面有可能是搜集情报之用。

国家安全译丛
NATIONAL SECURITY 总策划 王吉胜

21世纪网络战
全解码

网络战

信息空间攻防历史、案例与未来

INTRODUCTION TO CYBER-WARFARE

A Multidisciplinary Approach

[美] 保罗·沙克瑞恩 ◎著
Paulo Shakarian
亚娜·沙克瑞恩
Jana Shakarian
安德鲁·鲁夫
Andrew Ruef
吴奕俊 康鹏珍 蒋云君◎译

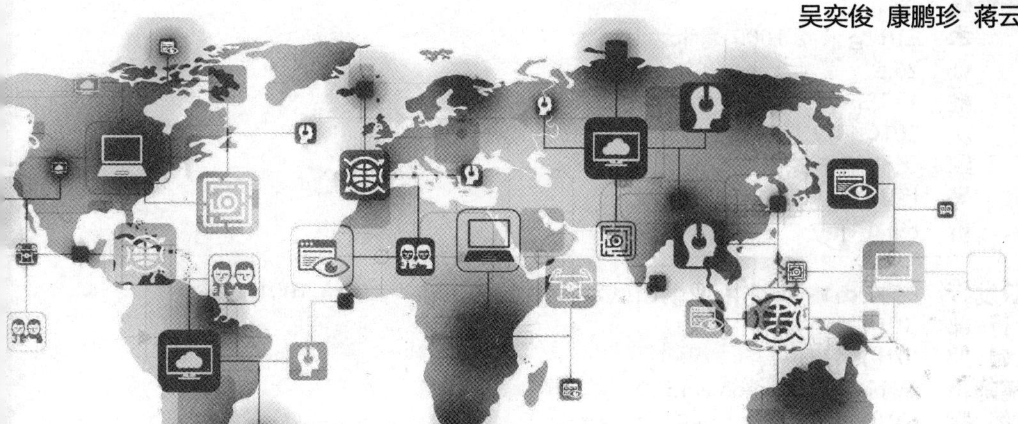

金城出版社
GOLD WALL PRESS

图书在版编目（CIP）数据

网络战：信息空间攻防历史、案例与未来 / （美）保罗 · 沙克瑞恩，（美）亚娜 · 沙克瑞恩，（美）安德鲁 · 鲁夫著；吴奕俊，康鹏珍，蒋云君译 .—北京：金城出版社，2016.8

（国家安全译丛 / 朱策英主编）

书名原文：Introduction to Cyber-Warfare：A Multidisciplinary Approach

ISBN 978-7-5155-1354-6

Ⅰ. ①网… Ⅱ. ①保… ②亚… ③安… ④吴… Ⅲ. ①计算机网络－军事应用－研究 Ⅳ. ① E919

中国版本图书馆 CIP 数据核字（2016）第 143860 号

网络战

WANGLUOZHAN

作　　者 [美] 保罗 · 沙克瑞恩　亚娜 · 沙克瑞恩　安德鲁 · 鲁夫
译　　者 吴奕俊　康鹏珍　蒋云君
责任编辑 李凯丽
开　　本 710 毫米 ×1000 毫米　1/16
印　　张 26.5
字　　数 435 千字
版　　次 2016 年 9 月第 1 版　2016 年 9 月第 1 次印刷
印　　刷 天津旭丰源印刷有限公司
书　　号 ISBN 978-7-5155-1354-6
定　　价 69.80 元

出版发行 **金城出版社** 北京市朝阳区利泽东二路 3 号　邮编：100102
发 行 部 (010)84254364
编 辑 部 (010)64271423
投稿邮箱 gwpbooks@yahoo.com
总 编 室 (010)64228516
网　　址 http://www.jccb.com.cn
电子邮箱 jinchengchuban@163.com
法律顾问 北京市安理律师事务所　（电话）18911105819

目 录

第二部分 网络间谍与网络利用

序　言

2010年，震网病毒的出现使得“网络战”真正成为了一个公众话题。然而，何谓网络战？我们对它的了解又有多少？关于这个话题的文章如恒河沙数，有些从个人信息安全的角度出发，有些纯粹从政策的角度出发。前者的关注点往往是那些在计算机安全书籍中早就被广泛讨论过的基础层面的技术细节，而后者的关注点是高层决策，而这上升到了大多数读者影响不到的层次。一直以来，人们总是轻易忽略热门网络事件背后非常有趣的细节。因为这种忽略，当前文献并未回答这个非常基本的问题：“人类是如何开展网络战的？”

我们争取在本书中弥补其中的差距，为读者提供大量的案例研究，在案例中重点讲述网络战里我们认为关键的一些问题。我们的跨学科研究法包括许多技术信息安全细节，尽管它们并不是本书的唯一焦点。在每一个案例研究中，我们也尝试突出网络战中涉及军事、政策、社会以及科学方面的问题。我们希望就像笔者们撰写本书时的体验一样，通过阅读本书能给读者带来一次非凡的学习体验。

保罗和亚娜欲借此机会，对在本书撰写过程中所有支持他们的朋友和同事表示感谢，还有他们的宠物狗塞奇，因为它的存在让作者感受到邻居们是多么的可亲可爱。

安德鲁欲借此机会感谢他的太太爱丽丝（Alice）对他的关爱与支持，

同时也感谢他的朋友与同事对他多年的教导。

全体作者欲借此机会感谢所有审稿人（包括一些匿名人士），支持我们的员工，还有帮助出版此书的 Syngress 出版社友善的员工们。在此，我们还要特别感谢（排名不分先后）：史蒂夫 · 艾略特（Steve Elliot）、本 · 瑞里克（Ben Rearick）、派特 · 莫尔德（Pat Moulder）、苏希尔 · 贾乔迪亚（Sushil Jajodia）、赫拉尔多 · I. 西马里（Gerardo I. Simari）、罗伊 · 林德劳夫（Roy Lindelauf）、乔恩 · 本特利（Jon Bentley）、尤金 · 雷斯勒（Eugene Ressler）、J. 斯科特 · 兰斯博顿（J. Scot Ransbottom）、丹 · 吉多（Dan Guido）、迪诺 · 戴 · 佐伊（Dino Dai Zovi）、T. J. 奥康纳（T. J. O'Connor）、查尔斯 · 奥茨托特（Charles Otstott）、V. S. 撒布罕马尼安（V. S. Subrahmanian）以及格雷格 · 康迪（Greg Conti）。

保罗 · 沙克瑞恩

亚娜 · 沙克瑞恩

安德鲁 · 鲁夫

前 言

现今，网络战已成为一个公众常规话题。在**《连线》**（*Wired*）杂志和SlashDot这样的流行技术杂志里，到处都是这样的内容，也经常出现在像CNN这样的大众媒体中，并已成为美国优先考虑的政治议题，同时它也是全球军事机构主要关注的一个焦点。然而，我们对这种新维度的冲突掌握了多少？许多权威专家的言论让你深信，网络战已将世界置于危机边缘——一个聪明的少年在电脑前就能随时让全球计算机系统陷入混乱。而另一个极端是，有些人认为，网络战其实只是被人们过度炒作而已，是被计算机安全公司和国防部承包商夸大了的小事件，以从中获利。然而，有很多事件让我们明白，真正的答案往往就在两个极端之间。网络武器确实能够带来巨大的潜在伤害，我们必须明白，当这些网络武器成为政治工具时，网络战参与者的活动也在一定程度上受到了限制——对这些高科技工具的使用一定会带来不同的后果。这样一来，问题就成了“网络战士如何在一场政治冲突中使用武器？”这就需要研究相关历史，而“网络历史”正是本书所要讲述的。

本书是网络战领域唯一一本提供网络案例研究的选集。网络领域的战争在本质上是一场技术战，所以了解关于信息安全方面的细节必不可少。但是，随着网络的不断发展，网络战对生活各方面的影响越来越大，因此在封闭的信息安全环境下进行研究使得这个议题脱离了现实依据。网络战争领域不断发展，因此网络战士也一样在不断壮大——他们需要从多个不同的维度来看待这个领域的问题。通读本书，你会发现保罗、亚娜和安德鲁是名副其实的跨专业团队。保罗具备计算机科学背景与军事经验，亚娜拥有社会科学和暴力冲突方面的专业知识，安德鲁具有安全专业人员的行业经验。本书将这些跨专业的必备知识融会贯通，让读者从中对网络战有一个总体的了解。

“网络”是当下的一个热门领域，并且在可预见的未来里它的热度将不会减退。社会对技术的依赖是毋庸置疑的，对安全技术的依赖更是必不可少的。本书的目的在于深入了解网络战发生的时间、原因，以及如何发生——当下许多工业、学术、政治以及军事领域中的人们需要对网络战争有所了解。

企业安全人员在国际冲突中，该如何调整自己的姿态？如果重大研究问题可以解决，那么它们对网络领域有什么影响？政治决策与技术现实之间的关系是什么？网络行动如何支援传统军事力量？这些都是萦绕在所有参与者心头的问题，而这正是本书各章节要探讨的地方。

所以，如果我能够让你认识到本书的重要性，并且愿意翻阅它，这固然很好，但笔者觉得因为本书有趣而阅读，会更让人欣慰，而本书恰好兼具以上两种优点——它以一种妙趣横生的方式阐释了一个严肃的重要话题。其中有些事件你可能早已听闻，但阅读本书会让你在这些老掉牙的事件背后，发现更多令人惊讶的地方。

因此，我诚挚邀请你阅读本书，了解为何网络战会成为一个重要的新领域，并且了解其中发生了什么。我保证本书将会让读者学到新东西。尽管我有二十多年的网龄，我也获益匪浅！

苏希尔·贾乔迪亚

美国乔治梅森大学安全信息系统中心主任及教授

导 言

2006年，一位美国商人坐在电脑前查看邮件，邮箱里有一封由名叫“以色列网络恐怖分子猎手”（Israel cyber–terrorist hunter）的人发来的一封神秘邮件，邮件声称黎巴嫩真主党为了在网络上传播他们的思想，劫持了该公司的一个IP地址。[1]他本没有把这封邮件当回事，但为了保险起见，他还是打电话询问了公司的IT部门。仅仅几个小时之后，那个以色列人的邮件就得到了证实。这个骇人听闻的消息是真的：黎巴嫩真主党这个世界上最激进的叛乱组织，将他们公司的IT基础设施用于战略宣传。

两年之后，格鲁吉亚与南奥塞梯（South Ossetia）彻底反目，双方剑拔弩张，这使得俄罗斯与格鲁吉亚的政治局势也处在一种十分紧张的状态中。有报道指出，俄罗斯在格鲁吉亚这个亲西方的国家边境部署了大量装甲部队，对这个高加索国家摆出侵略姿态。格鲁吉亚突然遭到针对其主要网络服务器的大规模分布式拒绝服务（distributed denial of service，DDoS）攻击[2]，切断了他们与外界联系的能力，使得外界无法获悉任何有关格鲁吉亚的消息。这场网络攻击的第二天，俄军长驱直入，越过边境。

2009年，伊朗纳坦兹核燃料浓缩工厂（Natanz Fuel Enrichment Plant）的科学家们苦思冥想了几个月却束手无策。虽然他们几乎将工厂的离心机数量翻倍，但浓缩铀的产量仍然停滞不前，甚至每况愈下。科学家们绞尽脑汁也无法解决这个问题。试验排除了由机电故障引发的可能性。而且西门子 Step 7 软件发回的报告也显示控制器卡一直在接收正确的指令，这使得伊朗科学家们困惑不解。随后白俄罗斯一家小规模的安全公司在一台装有控制软件的电脑上发现了带有恶意软件的 U 盘。事实证明，过去几个月这个名为震网（Stuxnet）的秘密软件一直在干扰伊朗的核燃料浓缩设备。[3]

同年，美军在伊朗邻国伊拉克境内的一次反武装分子行动中，突袭了一处什叶派叛乱分子藏身的住所，除了一些武器和武装分子的反叛宣传资料以外，美军还缴获了一台电脑。当他们启动这台电脑之后，发现里面居然有美军“捕食者”（Predator）无人侦察机拍摄到的大量视频[4]，原来这些武装分子入侵到无人机的系统之中，因此可实时看到强大的无人机所拍摄到的一切。

2010 年，黑客入侵突尼斯政府网站，并在网络上公开了大量含有敏感信息的邮件[5]，向这个北非国家展示了 21 世纪“公开性”（Glasnost）的定义。尽管这些黑客深谙网络攻击之道，但他们却不属于任何政府或者传统组织，只是一个自发性黑客组织，称自己为“匿名者”（Anonymous）。被公布的资料并没有拉近突尼斯民众与政府之间的距离，反而加剧了本就已经紧张的政治局面。同年 12 月，突尼斯国内一位街头小贩因绝望而引火自焚，这引发了大量突尼斯民众走向街头抗议政府的暴行。自焚事件是整个革命的导火索，此后，这场名为“阿拉伯之春”（Arab Spring）的运动，在地中海周围的阿拉伯国家间如火如荼地展开。

2012 年，英国几位高级军官收到了他们的上司——一位北约指挥官在 Facebook 上发来的“好友请求”。[6] 为了和这位欧洲最高级别的军官之一搞好关系，他们接受了请求。此后这位高级指挥官，也就是他们的“新朋友”，可以轻易获得他们的个人资料并取得联系。但仅仅几天之后人们就发现这位所谓的“北约高级指挥官”其实只是个冒牌货。而这几位英国高级军官也在无意间向身份不明的第三方暴露了自己的私人信息和资料。

导 言

近几年，本书作者对网络战产生了浓厚的兴趣，从俄罗斯入侵格鲁吉亚开始到震网病毒和Duqu病毒的使用，再到被称为“影子网络”（Shadow Network）的国际网络间谍界等，网络战问题已经在许多国家的议程清单上成了重中之重，它开创了战争的一个新维度。为了更加深入地了解这个令人着迷的新维度，我们查阅了相关文献，但发现所有现有的记载都只是重新拼凑了信息安全的旧有知识，不过新瓶装旧酒而已，囊括的计算机安全领域的一些重要议题也都是尽人皆知的事。其他文献似乎也还能够从一个更加广阔的视野来看待这个话题——以高级政策的角度来认识网络战——探讨由此可能产生的法律责任和对国际关系的影响。这些文献都很实用，但都未能从操作性和战术性的角度来解读网络战。我们要了解三件事：当下网络战是如何开展的；面对冲突时，应该采取哪种网络行动；在什么情况下单一民族国家或者非单一民族国家的行动分子会参与到这些行动中来。我们希望在不忽视“信息安全”重要性的同时，又能超越它的范围去理解它。网络战不只是信息安全和规则的问题。因此本书也会重点从军事、社会、科学的层面去解读网络战。种种迹象表明，以上几点对网络战的形式都会产生显著的影响。但是，当下没有哪一本著作能够充分地从这些视角去探索网络战问题。

从结构上来看，本书与美国陆军军官学校（西点军校）的军事教学法很相似，两者都注重案例分析，在西点军校，军事教学从来不只是停留在武器系统上，而是通过历史上的战争实例来开展。因此，我们想要探讨的内容有：一场网络冲突中主要采取的行动有哪些；它们在何种情况下发生；行动中所应用的策略、技术和程序又有哪些。我们只采用那些已经得到公开的资料来进行案例分析，特别是计算机安全公司报告、学术期刊、会议论文，还有媒体报道。网络战和科技发展之间总是存在内在的联系，因此案例分析里也避免不了会有一些科学实验，在这些条件下进行的实验，比如第8章的“罗宾·塞奇”（Robin Sage）训练演习和第10章的“极光测试”（Aurora Test）试验，在现实世界中显然是可以重复的。此外，作者会经常结合特定案例中的事件，来对科学发展提出自己的看法，引导我们对未来趋势的重大思考。还有，直到近来我们才认识到有许多大型公司其实都希望通过“军事化风格”来应对网络安全问题。[7]这也是本书所采用的方式。

同时，我们也会研究这些案例背后所蕴含的军事、社会和政策方面的意义。比如，第 12 章中我们将谈到情报搜集在网络作战中的关键作用。第 6 章我们将对广为人知的黑客组织“匿名者”和其附属组织进行深入介绍。社会学在网络战争和社交网络相互作用的过程中，也扮演着很重要的角色，因此我们将用一整章的篇幅来对这个话题进行探讨。对于整本书而言，政策是另一条贯穿全书的线索。国家和地区的行动分子在进行攻击前，都显然会有一个决策过程。在谈及以色列、哈马斯（Hamas）以及黎巴嫩真主党（Hezbollah）如何利用网络攻击来扩大信息作战效果和影响世界舆论方面就会涉及政策扮演的角色（第 4 章）。

本书分为三个部分。第一部分主要介绍如何通过网络攻击来达到政治目的。这其中的内容包括：网络攻击是对传统军事行动的支援——具体来说，它是信息战的一个组成部分。我们要探讨的另外一个因政治目的而引发网络攻击的领域是国内矛盾，比如一国对国内持异见者发起网络攻击。在有些情况下，规模大又有能力的黑客组织在对政府非常了解的情况下，发起出于政治目的的网络攻击。(尽管有些组织的推诿否认到了让人信以为真的地步。）我们不使用计算机网络攻击（computer network attack，CNA）这个词的原因在于它的内容与信息安全相关，是一个更狭义的概念。我们将“网络攻击”定义为通过一个网络系统向另一个网络系统发起攻击的行为，是网络战行动的一个组成部分。

本书第二部分将把目光投向网络间谍和网络利用（exploitation）这两个方面。为了重点强调这些问题所带来的新影响，我们并没有使用计算机网络利用（computer network exploitation，CNE）等词汇，而是用网络间谍和网络利用这两个词取而代之。我们将网络间谍和网络利用看作是一种通过技术来窃取目标信息系统数据的行为。这一部分将呈现的内容有针对无人机的网络攻击、社交网络利用和为达到利用目的而特别开发的高端恶意软件。

最后，本书第三部分是关于通过网络行动从而对一些物理基础设施发起攻击的行为。尽管这些行动都在计算机系统上发动，但目的却是破坏现实世界中的设施。这部分涉及的主题有工业控制系统（industrial control system）、电网，以及震网病毒，这是迄今为止针对基于计算机的基础设施攻击方面最出名的实例。

所以，欢迎来到《网络战》，本书的目标读者定位为信息技术和军事领域的专业人士，除此之外还有决策者、历史学家以及任何对网络战这个新兴领域感兴趣的人士。本书不要求按顺序阅读，因为每个章节都包含了该章节所需的知识（有些地方列明在书上哪些地方可以找到更多的背景知识）。最后，正如序言所提到的，我们在这本书的撰写过程中收获甚多，同时我们也希望广大读者可以和我们一样学有所获。

参考文献

1. Hylton H. How Hizballah Hijacks the Internet. *Time*; August 8, 2006.
2. Bumgarner J, Borg S. *Overview by the US-CCU of the Cyber-Campaign Against Georgia in August of 2008.* US Cyber Consequence Unit Special Report; http://www.registan.net/wp-content/uploads/2009/08/US-CCU-Georgia-Cyber-Campaign-Overview.pdf August 2, 2009 [accessed April 23, 2013].
3. Shakarian P. Stuxnet: cyberwar revolution in military affairs. *Small Wars Journal*. http://smallwarsjournal.com/jrnl/art/stuxnet-cyberwar-revolution-in-militaryaffairs; April 2011 [accessed April 11, 2013].
4. Gorman S, Dreazen YJ, Cole A. $26 software is used to breach key weapons in Iraq; Iranian Backing Suspected. *Wall Street Journal*. http://online.wsj. com/article/SB126102247889095011.html; December 17, 2009 [accessed March 17, 2012].
5. Al Arabiya. Wikileaks might have triggered Tunis' revolution. http://www.alarabiya.net/

articles/2011/01/15/133592.html; January 15, 2011 [accessed April 11, 2013].

6. Lewis J. How spies used Facebook to steal Nato chiefs' details. *The Telegraph*. http://www.telegraph.co.uk/technology/9136029/How-spies-used-Facebook-to-steal-Nato-chiefs-details.html; March 10, 2012 [accessed June 21, 2012].
7. Kelly S. Executives advocate a military approach to cyber security. *CNN.com*. http://security.blogs.cnn.com/2012/08/13/executives-advocate-a-military-approach-to-cybersecurity/; August 13, 2012 [accessed September 14, 2012].

作者简介

保罗·沙克瑞恩（Paulo Shakarian）是美国陆军少校，同时也是一名积极开展网络安全、社交网络和人工智能研究的计算机科学家。他在科学和军事期刊上发表过20多篇文章，曾写过一篇名为《震网：军事中的网络战争革命》（*Stuxnet: Cyberwar Revolution in Military Affairs*）的文章，发表在《小型战争杂志》（*Small Wars Journal*）上，还有一篇《2008年俄罗斯针对格鲁吉亚的网络战》（*The 2008 Russian Cyber–Campaign Against Georgia*）的文章，发表在《军事评论》（*Military Review*）上。他的科学研究得到了广泛的认可，许多主流新闻媒体，包括《经济学人》、《连线》和《自然》都刊登过他的文章。保罗在美国马里兰大学帕克分校获得哲学博士学位以及计算机科学专业的理科硕士学位。在西点军校获得计算机科学专业学士学位以及信息安全资深研究者身份。保罗在“伊拉克自由行动”中有过两轮作战经验，同时兼任多个军职。现在，他是西点军校的一名助理教授，讲授计算机科学与信息技术方面的课程。他的军事勋章包括有铜星勋章、嘉奖服役勋章、陆军嘉奖奖章以及美国陆军作战行动勋章。保罗的网址是：http://shakarian.net/paulo。

亚娜·沙克瑞恩（Jana Shakarian）是社会科学领域研究网络战、恐怖主义以及暴力行为的独立研究者。在美国马里兰大学计算文化动力学实验室当助理研究员，除了其他关于应用于军事以及安全问题的社会和计算科学研究之外，还对东南亚恐怖组织做了大量研究。在西点军校网络科学中心担任过顾问。她除了是《对恐怖组织——拉什卡—塔伊巴组织的计算分析》（*Computational Analysis of Terrorist Groups: Lashkar–e–Tabia*）一书的合著者之外，还撰写过大量文章。亚娜已在德国美因茨约翰尼斯·古藤堡大学获得文化与社会人类学和社会学专业的文学硕士学位，她的论文主要是关于"新战争"理论。亚娜的网址是：http://shakarian.net/jana。

安德鲁·鲁夫（Andrew Ruef）是纽约 Trail of Bits 公司的一名高级系统工程师，擅长信息安全分析。安德鲁有将近十年的计算机网络安全和软件工程的工作经验，参与过的项目包括恶意软件逆向工程、计算机网络流量的安全分析、系统管理以及安全软件产品开发等。安德鲁写过很多关于信息安全的白皮书并在各大会议中发言，包括近日在德国 Dagstuhl 计算机研究中心的会议上发言。读者可以在 http://www.kyrus–tech.com/tag/andrew–ruef/ 找到关于安德鲁技术作品的示例。

本书中的所有观点均源自以上这些作者，不一定反映了美国国防部、陆军或西点军校的观点。

[第1章]

当前网络战的面貌

本章概要

什么是网络战？

网络战是否确实对国家安全构成威胁？

溯源、欺诈和情报

起源

结构

目的

信息安全

本章信息

什么是网络战？

网络战溯源

网络战的重要性与日俱增

信息安全的基本主题

什么是网络战？网络战是否确实是一种威胁？我们该如何研究它？以上是我们在进行案例分析前首先需要解决的几个问题。不过，我们关于这些问题的答案都只是暂时的，即网络战将处于不断发展中。在本章中，我们将尝试定义网络战，分析其重要性的原因，并简要讲解一些有助于研究的技巧。我们还要研究溯源问题，并了解以信息安全为基础的框架，因为它有助于我们理解更具技术性的问题。

什么是网络战？

在过去十年间，网络成了冲突的新战场，许多人都想回答“什么是网络战”这个问题。人们倾向将网络战简单定义为由一个国家发起的网络战争，但将其范围仅仅局限于国家层面很可能是不完整的。我们注意到在本书中，从更传统的黑客“哈马斯”、“黎巴嫩真主党”到“匿名者”，再到“LulzSec”，这些非政府的黑客组织在网络冲突中扮演着越来越重要的角色。既然不满足于将网络战争的范围仅仅局限于国家层面，那么我们该如何为它划定界限呢？将发送垃圾邮件、罪行微不足道的人和进行网络篡改的高中生都归为网络战士，这是不合理的。一方面，我们不能根据攻击的黑客组织的规模来随意判断。本书收录了大量由个体用户发起的重大网络攻击的案例。

显然，我们很难给网络战下一个确切的定义。本书首先引用了德国军事战略家克劳塞维茨关于战争的定义：战争是政策（或政治）扩张的另一种方式。据此，我们可以推出网络战的定义：网络战是政策（或政治）扩张的另一种方式。但同时我们也避免，将任何由政治引发的网络篡改活动定义为网络战行为。也许我们也应该考虑到能力的问题，而且还要加上网络行为会对国家安全构成“严重威胁”的条件。但对于有些国家针对一些非国家的个体发起网络攻击的情况，我们依然无法定义。关于网络战，我们最终决定使用以下的定义：

> 网络战是政策（或政治）的延伸，它由国家或者非国家行为体主导，可以对国家安全构成严重威胁；也可以是出于国家安全目的，为了回应可能的威胁而发起的网络攻击。

最能肯定的是，人们关于是什么构成网络战的争论远未能停歇，但以上关于网络战的定义，却可以成为本书一个很有用的指导，而且我们使用的案例分析都可以很好地诠释网络战的现状。

网络战是否确实对国家安全构成威胁？

在了解了我们对网络战的定义之后，读者不禁会问，仅是网络上的一些操作真能对国家安全构成严重威胁吗？从本书所举的例子来看，我们（即作者）深信网络战确实会对国家安全构成严重威胁。而且通常来说，网络攻击可以为其他军事作战提供类似于情报搜集和信息战争这样的帮助。因此，网络战的存在使得传统战争如虎添翼。然而在过去，仍然有许多人不相信网络战能够对国家安全构成严重威胁。

大约 10 年以前，很多分析家认为网络战不会对人类构成严重威胁。2002 年，战略与国际研究中心（Center of Strategic and International Studies，CSIS）主任詹姆斯 · 路易斯（James Lewis）并没有把网络战归为严重威胁，在他眼里，网络工具只是一种“大规模干扰性武器”（weapons of mass annoyance）[a]。[2]2004 年，安全专家马库斯·让姆（Marcus Ranum）指出，网络战并不具备成本效益也不拥有高级技术，它只是人们大肆宣传

[a] 在文章中有一条注解，路易斯称“大规模干扰性武器”这个概念引自斯图尔特 · 巴克，不过，的确是路易斯本人认为网络战争不会对国家安全构成重大威胁。

的一种现象罢了，这就进一步降低了人们对其的重视。[3] 如果将路易斯和让姆的分析放到现实环境中来考虑的话，我们可以发现，在他们那个年代，人们其实并不知道网络战已被一些国家很好地运用于国家防御中了。路易斯认为，20 世纪 90 年代后期网络战发生的可能性微乎其微，但却被媒体宣传得天花乱坠。那个时代所发生的网络战并不引人瞩目。在没有爆发一场众所周知的大规模网络战事件之前，像路易斯和让姆这样的分析家就总会问，“网络战有什么重要的？”

然而，在“大规模干扰性武器”这个词出现了 10 年之后[4]，网络上发生了多起对社会安全构成严重威胁的网络战事件。以下举几个本书中将会提到的例子。

2006 年，七月战争期间，黎巴嫩武装组织真主党劫持了一个 IP 地址用于攻击以色列，使以方网络瘫痪，打不开任何网页。（第 4 章）

2007 年，美国能源部进行了一项实验来验证发电厂是否仅仅会因为黑客的攻击而遭到破坏，结果显示网络攻击真的会导致发电厂发生故障。（第 11 章）

2008 年，俄罗斯装甲部队进入高加索国家格鲁吉亚，俄方黑客在传统战争行动的初期攻击了格鲁吉亚的网络，致使格方新媒体无法与外界获得任何联系。（第 3 章）

2008 年，伊拉克民兵组织伊拉克“真主旅”成功入侵美军“捕食者”无人侦察机的视频系统。（第 9 章）

2010 年，震网病毒被发现。随后伊朗政府发表声明称该病毒使伊朗铀浓缩设备遭到感染和破坏。（第 12 章）

2010—2011 年，“匿名者”黑客活跃分子对许多中东国家的政府电脑发动 DDoS 攻击，在“阿拉伯之春”中发挥了主要作用。（第 6 章）

以上所提再加上其他一些网络活动，改变了公众对本话题的认识。就算是马库斯·让姆现在也开始（至少在一定程度上）承认它的重要性，特别是在震网出现之后。

然而，在网络战还只是初见端倪的时候，有人很有先见之明地预料到了未来的发展态势。美国西点军校计算机科学部在吉恩·莱斯勒（Gene Ressler）的主持下，特别培养了一批在未来可以应对大型网络攻击的军官。他们首先在本科生阶段启动了几项计划——包括“网络防卫训练”，该计划主要是一个比赛，内容是保护计算机网络免遭黑客攻击，这里的黑客由美国国家安全局的人员扮演。新技术的层出不穷导致网络环境危机四伏，该计划提前为未来可能发生的风险做好了准备，因此很有前瞻性。参加过训练且学习过相关课程的学生在取得学士学位之外，还可以额外获得“信息安全资深研究者”(Depth of Study in Information Assurance) 的毕业证书。这些计划开始于 2001 年，它为美国军界提供了一大批训练有素的网络战士，因此九年之后“美国陆军网络司令部”(Army Cyber Command) 正式成立。

溯源、欺诈和情报

正如我们在这本书中指出的，网络战的问题形形色色，很是复杂。我们在书的“导言”部分已经对网络战做了抽象的简要介绍。这里需要单独提及的是溯源问题，即确定网络行动的发起者和来源。从观察安全分析师是如何检测敌对势力发起网络攻击所带来的后果，就会明白网络战为什么如此重要。分析师研究的重点是网络武器，它通过网络或者一些封闭式网络而传播，是发动网络攻击需要使用的软件。网络攻击发生后，为了进行确定类型，安全分析师通常查看以下三点：

1. 软件来自哪个 IP 地址？（源头）
2. 软件由谁操作？何时操作？又如何操作？（结构）
3. 软件设计的初衷是什么？（目的）

起源

我们不妨假设，安全分析师能够破解黑客为隐藏软件源头而做的迷惑性工作，并能找出实际源地址（source address，即网络协议和 IP 地址）。但就算分析师可以成功对软件进行逆向工程，还是会面对 IP 源地址被人伪造并在许多不同物理位置上被篡改。甚至有时候某个恶意软件（malware）的 IP 源地址是来自一台本身已被破坏的电脑。如此种种，使得分析师们都不敢妄下结论，称自己找到了恶意软件的源头。

结构

检查恶意软件的结构通常是一件很棘手的事，这种分析也有其自身的特殊挑战性。从本质上来看，恶意软件里的任何信息都有可能是为了欺骗分析师而设计的。常规技术调查手段有确定软件编写的时间，以及编写软件时在电脑上使用的自然语言（比如英语、阿拉伯语、俄语）等等，但骗过这些手段所要花费的成本极低。

目的

从许多方面来说，网络攻击的目的是很难被掩盖的，因此第三种“锁定攻击者身份”的方法是最有效的。比如用于攻击伊朗浓缩铀工厂的恶意软件可能是由完全不同的一群人编写的，这些人编写的设计目的可能只是窃取信用卡密码。但恶意软件的任务经常也具有欺骗性，因为攻击者会制造一些犯罪活动来掩盖其主要目的。为了实现政治驱动的攻击，黑客会利用网络犯罪基础设施发动攻击，我们在本书中特别列举了几个这样的网络战例子。这里最典型的事件就是攻击格鲁吉亚的僵尸网络（第 3 章），以及对一些不同政见团体的攻击（第 5 章）。因此，就算是这类简单的测试也会产生模糊的结果。

除非攻击者自己承认，否则我们很难 100% 确定网络行动的发起者。不过，我们注意到以上所提及的技术十分复杂，在现实生活中很少有机会用到。另一种解决溯源问题的方法是寻找显示了恶意软件编写者的“**情报**”而不是“**证据**”。情报与证据不同的一点是它不能用于法庭证据，但它仍然有助于我们了解正在发生的事情。

在研究恶意软件时，相关情报有助于我们确定网络战发起者的身份。但又该如何解释万一这群网络黑客故意误导分析师呢？情报可用作查找恶意软件的源头，但这些恶意软件超过了情报结构中可利用证据的范围。这就让攻击者有空间使用欺骗战术。为了能够从历史上真实发生过的冲突中吸取经验，情报也将背景和环境的信息因素考虑在内。情报可以充分衡量已知敌对势力的力量和对方欺骗行动的可能性。从这一点来看，人们从敌对势力发动的网络战中搜集到的情报，和从其他冲突中搜集到的情报其实没什么不同。[6] 在一次欺骗行动中，敌对势力利用对手的偏见，故意使对手搜集到能够证明先前猜想是正确的情报，使得对手乐于接受自己搜集到的假情报，因为情报内容与预想的一样，因此看起来可信度颇高。举个例子，如果 C 国和 B 国历来不和，敌对势力 A 国劫持 C 国的服务器对 B 国发起网络攻击。这样一来 B 国分析师自然就会认为 C 国是这次攻击的主谋，因为这个推断在他们看来是合乎情理的。另一种情节是攻击者可能在恶意软件的源代码中留下假线索，将矛头指向某些组织。

在考虑敌对势力是否会使用欺骗手段时，我们也应该考虑与能确定网络行动源头的情报完全相符“欺骗假设”（deception hypothesis）。从定义来看，这些假设很难被证实，因为敌对势力会穷尽一切方法隐藏其身份、位置和动机。然而，有些考虑还是能够帮助我们评估将网络攻击定位在某个群体上的情报。在以下所列的一些指导方针中，我们假设安全分析师在研究网络行动X，经过对X恶意软件通信量的研究之后他得到了情报Y，从这份情报中，他就推断出组织Z正是网络攻击的发起者。分析师在考虑网络欺骗的同时，也要考虑以下一些因素：

1. 组织Z是否有能力发起X行动？
2. 组织Z是否有动机去发起X行动？
3. 组织Z是否有可能留下可以表明其对行动负责的情报Y？
4. 是否存在其他情报可以让分析师确信组织Z确认为X行动的发起者？
5. 是否同样存在有能力发起X行动的组织Q？
6. 是否同样存在有动机去执行X行动的组织Q？误导分析师将X行动的攻击者锁定为组织Z是否对组织Q有利？
7. 是否存在有能力散布情报Y且将矛头指向组织Z的组织Q？
8. 是否存在其他可表明组织Q就是X行动发起者的情报（Y′）？

1—4项用于判断获得的情报的准确度，5—8项用于判断欺骗假设的可能性。这里需要重申的是这些方法只能帮我们推测攻击者身份，并不能提供确凿的证据。但网络战与研究网络犯罪不同，网络犯罪讲求事实证据，而网络战并不需要实际的证据，需要的是良好的情报判断。

信息安全

在本章的最后一部分，让我们回顾一下文献中非常流行的麦坎伯信息安全扩展模型（extended McCumber model）[7]，10年后，麦克科纳奇（Maconachy）和他的同事们将它扩展为四维模型：

1. **信息状态**（Information State）：在计算机系统中，信息主要以三种状态出现：存储、传输和处理。

2. **安全服务**（Security Service）：一个真正安全的信息系统可以确保其用户获得以下五种安全服务：可用性、完整性、认证性、保密性和不可否认性。

3. **安全对策**（Security Countermeasure）：为了保证信息系统的安全，必须考虑到技术因素、操作因素和人为因素。三者中只要一方存在安全隐患就会让整个系统容易受到攻击。

4. **时间**（Time）：我们也需要考虑到其他三个维度的时间因素。在一个系统内，信息状态总是处于从一种形式到另一种形式的变化之中。在一个组织内，新软件和新要求层出不穷，所以安全服务必须不断适应变化莫测的环境。以此类推，人类所面临的威胁总是呈动态发展——恶意软件和敌对势力的战略、技术和程序（TTPs）不断推陈出新，因此我们必须要不断更新相应的对策。

鉴于本书的主题是网络战而不是信息安全，我们将把重点放在与网络战相关的前两个维度，因为他们与进攻性网络战有关（更单纯的防御行动往往属于信息安全的范畴）。

信息状态是个很重要的概念，因为我们可以从中获悉黑客在对目标进行评估时所采用的TTPs。正如上面所提到的，信息有三种状态：信息存储指的是将信息写入磁盘；信息传输指的是信息在网络上传送；最后信息处理指的是将信息加载到计算级的临时内存（RAM）中。本书第二部分将研究网络间谍和网络利用行为，这其中信息状态成了最重要的内容。比如在第9章，我们主要介绍了伊拉克真主旅（Kata'ib Hezbollah，KH）如何成功窃取“捕食者”无人侦察机的视频录像的事件，当时美军无人侦察机在向地面控制站传输视频信息时，网络遭到 KH 入侵。

以上提到的第二点（安全服务）将贯穿全书。**可用性**（availability）是安全服务的范畴之一，这个至关重要的服务确保了用户可以使用自己寻找的信息。比如，如果服务器服务“当机”，便无法提供信息。你可以在本书第一部分的所有案例中看到，分布式拒绝服务（DDoS）攻击的身影。DDoS 攻击针对的正是可用性这个安全服务，它的目的是让计算机系统死机，从而拒绝用户访问这些系统中的信息。

另一项安全服务指的是数据的**可靠性**（authenticity）。如果数据是完整的，那么用户就可以确认数据没有被第三方修改。正如本书第一部分提到的，一些网络攻击的初衷是使用户对数据的**完整性**（integrity）产生怀疑，其中典型例子是哈马斯（第 4 章）和匿名者（第 6 章）这些组织发动的网站篡改。在第二部分中，由于第三方可以畅通无阻地进入目标系统，因此破坏了系统数据的完整性，其中典型的例子就是尖端恶意软件 Duqu 的出现（第 7 章）。破坏数据的完整性对工业领域也会有影响，例如马卢奇河水电站数据完整性遭到破坏事件（第 10 章）和震网操控伊朗离心机的软硬件（第 12 章），进而破坏了系统的整体完整性。

下一个安全服务指的是**认证性**（authentication）。“捕食者”无人侦察机未加密视频录像被窃取的一个原因就是缺少认证性，这一点我们将在第 9 章中再作详谈。另外认证性也被运用于工业控制系统——隐式信任关系（implicit trust relationships）是许多网络协议依赖的根本，而很多工业系统正使用了这些网络协议（第 10 章—第 12 章）。

作为一项安全服务，**保密性**（confidentiality）可以确保任意两方的对话不被第三方所“窃听”。该服务最开始出现于本书第二部分关于网络间谍和网络利用——典型例子是第 9 章 KH 入侵“捕食者”无人机视频系统事件。

最后一点就是**不可否认性**（nonrepudiation）。不可否认性指的是数据发送者会获得发送证明，而接收者享有发送者的身份证明。[9] 第 12 章中，震网病毒针对西门子 Step 7 软件发动中间人攻击（man–in–the–middle，MITM）是违反不可否认性的一个典型例子，在这场攻击中，攻击者发布了一份将有关软件上传至控制卡的虚假报告。

在大致了解了本书的研究主旨之后，接下来我们就进入案例研究部分。我们首先要关注的是，从第一场网络战的形成到最终抓住公众想象力期间各方面的情况。历史上第一次由国家主导，规模最大的网络战很可能就是 2007 年俄罗斯对爱沙尼亚发动的网络攻击。

参考文献

1. On War, Indexed Edition, Carl von Clausewitz, translated by Michael Eliot Howard and Peter Paret. Princeton University Press, Princeton NJ, 1989.
2. Lewis JA. Assessing the risks of cyber terrorism, cyber war and other cyber threats, Washington, DC: Center for Strategic and International Studies; 2002. http://csis.org/files/media/csis/pubs/021101_risks_of_cyberterror.pdf.
3. Ranum MJ. CyberWar: reality or hype? Vanguard security conference, 2004, Reno Nevada; 2004. http://www. ranum.com/security/computer_security/archives/myth-of-cyberwar.pdf.
4. Ibid., Lewis.
5. Ranum M. Cyberwar, critical infrastructure protection. *SearchSecurity*. http://searchsecurity.techtarget.com/video/Marcus-Ranum-on-cyberwar-critical-infrastructure-protection; July 9, 2011 [accessed July 5, 2012].
6. Johnson M, Meyeraan J. *Military deception: hiding the real—showing the fake. Joint Forces Staff College*. http://www.au.af.mil/au/awc/awcgate/ndu/deception.pdf; 2003.
7. McCumber J. Information systems security: a comprehensive model. Proceedings of the 14th national computer security conference. Baltimore, MD: National Institute of Standards and Technology; October 1991.
8. Maconachy WV, Schou CD, Ragsdale D, Welch D. A model for information assurance: an integrated approach, Proceedings of the 2001 IEEE workshop on information assurance and Security United States Military Academy, West Point, NY; June 5–6, 2001.
9. Ibid., Maconachy *et al.*

第一部分

网络攻击

信息已成为现代生活的一个重要方面。银行、商业以及媒体的运转都依赖于信息的持续流通。在冲突中，指挥官利用信息感知态势，而宣传人员也可以通过信息向外界表达自己的观点。在**网络战**中，攻击者通过让对方计算机系统离线或者想方设法阻止用户访问来减少信息的效果，这其中最著名的例子就是俄罗斯和格鲁吉亚之间的战争。2008 年，俄罗斯军队大举进攻格鲁吉亚，俄方黑客对格鲁吉亚的媒体网站发起攻击，封锁了格方媒体与外界联系的渠道。另外，一方如果经受住网络攻击并反过来利用信息技术来宣传自己的观点，那他就站到了信息战争的制高点。例如，在 2006 年 7 月的以黎冲突中，黎巴嫩真主党冲破以色列的疯狂攻击，成功在网络上反击了分散于世界各地的犹太人。许多人认为在这次冲突中，真主党是实至名归的大赢家。

在本书的第一部分，我们首先讨论几起最早被发现带有政治动机的网络攻击，即一国针对他国直接发动的网络攻击：2007 年俄罗斯对爱沙尼亚发动的网络攻击（第 2 章）。接着我们将探讨 2008 年俄罗斯如何在一场传统战争中，利用网络来攻击格鲁吉亚（第 3 章）。在第 4 章中我们将通过对中东两次著名的战争 2006 年以黎冲突和 2008 年巴以冲突的研究，来了解交战双方如何利用网络攻击来配合更大规模的信息行动。接着介绍网络攻击被某些国家用于镇压国内反对派（第 5 章），为此我们特地援引了俄罗斯和伊朗国内的网络冲突实例。最后在第 6 章中，我们将主要介绍匿名者组织与其合作者，探讨这些非政府角色如何发动带有政治目的的网络攻击（政治黑客行为，泛指因政治或社团目的而产生的黑客行为）。

[第 2 章]

2007 年，网络政治攻击到来

本章概要

依赖信息的脆弱性

基本但有效：拒绝服务

留下不需要的信息：网站篡改

拒绝服务攻击工具

追究责任的难度：为什么 DDoS 攻击难以溯源

爱沙尼亚遭到网络攻击

爱沙尼亚政府的反应

攻击结束

对 DDoS 的一般反应

本章信息

作为政治表达的网络攻击

与网络攻击相关的政治行为

2007 年爱沙尼亚的 DoS 攻击

全球信息基础设施

我们在第1章讨论过，在20世纪90年代，对电脑系统的攻击是否会形成一场严重政治危机，我们还不清楚。在当时，一群人为了达到自己的政治目的而发动一场大规模、有效果、有意义的攻击似乎是一件很遥远的事情。

然而，当爱沙尼亚政府拆除了苏联时期的一尊俄罗斯士兵雕像时，俄罗斯黑客决定要在这个事件中表达自己的立场，传统观念已发生翻天覆地的变化。尽管早在2007年前就有了网络战的先例，但这场对爱沙尼亚的网络战规模之大足够吸引整个世界的眼球——是在向整个世界表明网络战将为国际关系增加新的一面。

在本章里，我们将讨论的内容有：对信息基础设施的破坏会造成巨大威胁；拒绝服务（DoS）攻击这种相对来说简单的方式，在进行攻击时却很有很强的威力。我们探讨的内容涉及拒绝服务、相关技术以及本章节里所遇到的一些问题，还有2007年对爱沙尼亚的网络攻击及其反应。

信息依赖的脆弱性

爱德华·华尔兹（Edward Waltz）在《信息战争》（*Information Warfare*）一书中给全球信息基础设施（Global Information Infrastructure，GII）下了这样的定义：为全球用户提供通信和控制的服务和网络。GII可以为电话系统和企业数据通信提供快速高效的语音通信，并且可以通过虚拟专用网络连接大型全球性组织的内联网。[1] GII是一个理想的概念，有朝一日人们可以通过简便的方式共享信息。对这种设施的使用已成了现代生活必不可少的一部分。眼下，这种设想还没有完全被实现，然而已有很多人认为互联网就是当下**现实版**的GII。[2]

银行业、个人通信业以及物流协调这些第一世界服务行业的运转，必须倚靠当下的GII来获得和使用网络。爱沙尼亚政府官员们将无法使用

GII 比喻为关闭国家的所有海港。[3] 如果不能接入通信基础设施，那么商务领域数据的交流和传递将受到极大的影响。比如，企业间的信息交流、物流协调都高度依赖通信。

而且，有些企业的运作完全依赖于网络的连接情况。拒绝或中断 GII 将服务于两大目的：其一，现实中企业和政府部门无法运转；其二，受影响者的秩序和生活将因此受到破坏，这会使他们产生软弱感和无助感。正如我们在第 1 章讨论过的，网络的可用性是信息安全的关键。能够破坏网络可用性，让人无法得到计算机资源的攻击通常是指拒绝服务攻击。[4]

基本却有效：拒绝服务

如果网络可用性十分重要，那么对任何对手来说，中断和拒绝网络服务是一种强大且令人满意的能力。拒绝服务通常被缩写成 DoS 或者有时候就简单的“dos”，这是一种十分著名的网络攻击方式。尽管存在比 DoS 更小规模的攻击方式，但 DoS 的本质就在于通过大量非常规但合法的通信量淹没目标，达到切断其他用户接入的目的。[5] 当 DoS 攻击中涉及大量系统时（也因此放大了攻击所产生的效力），这种攻击往往被称为“分布式拒绝服务”（Distributed Denial of Service，DDoS）。

数据通过一连串数据包在网络进行传送。每一个数据包都可以看作是一个信封，信封的表面写有数据包的来源和去向。信封内是通过数据包传送的数据。数据包洪流式拒绝服务攻击使得一台联网的电脑向另外一台电脑连续发送不受控制的数据包流。载有这些数据包，接入互联网的电脑和路由基础设施在发送和接收每一个数据包的同时都会进行检查。但是，数据包里没有明显的标志表明这是 DoS 攻击的一部分，还是仅仅只是下载文件的一部分，抑或是服务器的一个合法请求。

其他形式的 DoS 攻击更为隐蔽。DoS 攻击最终依靠攻击者之力耗尽或独霸服务器或网络的计算机资源。举个例子，加密套接字协议层（Secure Socket Layer，SSL）在加密之后，可以在两台电脑间传送数据，而不会被窃听者读取数据。攻击者利用 SSL 协议的合法特点获得服务器的信任，支持 SSL 进行虚假计算，阻止合法用户使用服务器。

更为隐蔽的 DDoS 可携带单独的标识物，在这些标识物的作用下，网络防御软件将阻止或拒绝会引起 DoS 的请求。比如匿名者黑客组织成员所使用的低轨道离子炮（Low Orbit Ion Cannon，LOIC）工具[a]，工具中包含的可识别字符串（identifying string）将 LOIC 与正常浏览器区别开来。网络服务器可以利用这个字符串辨别用户端是恶意工具 LOIC 还是只是单纯的浏览器。如果是 LOIC 的话，服务器就可以切断与它的所有连接。如果攻击者能够协调足够多的主机来运行 LOIC 工具，维持每条连接所消耗的带宽本身就足够发动一次 DDoS 攻击。而且，那些执行这种识别工作的防护技术本身也会成为 DDoS 攻击目标的瓶颈。[7]

在 2007 年对爱沙尼亚的攻击中，有人向亲俄的留言板发了许多帖子，煽动其成员和阅读者发动针对爱沙尼亚电脑系统的数据包洪流式 DoS 攻击。帖子里有一个非常简单的程序，用户可以下载并在电脑上运行。程序会利用所有视窗操作系统电脑（Windows computer）上有的命令程序，即“ping”命令。通过该命令用超大通信量淹没爱沙尼亚国内的计算机。“ping”命令通常是一个用于排除网络故障的诊断工具。然而，当大量的用户同时使用“ping”命令时，该命令可以产生大量的通信量，足以形成数据包洪流式 DoS 攻击。[8]

在进行 DoS 攻击时，攻击者可轻易判断这次攻击产生的作用。如果用户仍可以访问网站，那么这次攻击就失效了，因此就需要重新调整攻击的参数。信息回馈之快，使得攻击者在发动 DoS 攻击时能够迅速应对系统管理者所作出的调整。

[a] 对低轨道离子炮极其合法使用的进一步讨论，参见第 6 章。

留下不需要的信息：网站篡改

网站篡改与拒绝服务（DoS）攻击存在许多共同特征。网站篡改通常适用于用户在自己浏览器上浏览的网站，通常是攻击者对某个组织有所不满，便会针对该公司的网络服务器发动攻击。

网站篡改通常源自网络服务器上可利用的漏洞。攻击者利用漏洞控制网络服务器，修改其内容（即网页）。只要这个可利用漏洞一直存在着，攻击者就可以随意进入网站，将网页内容更改为自己想要的内容。

网站篡改和 DoS 有着差不多的整体效应，都可造成目标用户无法获得服务。而且，网站篡改也有着其他的作用，比如，只要被篡改的消息还在网上，攻击者都可以通过网站篡改来向所有目标用户发送自己选择的消息。通常来说，想要去掉网站上被篡改的内容是一件很容易的事，但如果原始漏洞没有得到修复，攻击者就可以继续篡改网络服务器的内容。对网站用户来说，这本身更具影响力。

网站篡改曾经是一种十分流行的方式，已经在网络中存档。[9] 然而，如果网络攻击可以破坏网络服务器，那么攻击者可以访问到网络服务器上的任何信息，比如用户名和密码等有价值的信息。在过去，网站可以被利用，也可以被篡改。然而，近来出现了网站被悄悄入侵几周后，黑客洋洋自得地公布一连串被入侵的用户名和电子邮件地址。一般而言，这些被公开的东西会放在一些第三方网站，比如 pastebin.com 或电子邮件列表（更多关于匿名者这样的黑客组织如何利用 pastebin.com 发布窃取的信息，请参见第 6 章）。隐秘窃取信息的另一个原因是搜集情报。在本书第二部分中会进行详细探讨。

拒绝服务攻击工具

数据包洪流（Packet flood）被认为是一种并不复杂的工具，因为它相对容易操作。尽管数据包洪流式 DoS 攻击要求定制软件才能执行，但这个软件其实十分基础，它最多包括几百行的代码。编写一个用于执行数据包洪流式 DoS 攻击的工具只需要基础的网络通信知识。

数据包洪流通常针对的是互联网上的目标服务器和路由器。数据包洪流中的数据包与服务器和路由器里正常处理的数据包相同。服务器和路由器被设计用于处理许多数据包，所以如果数据包洪流式攻击要取得成功的话，那么洪流里数据包的数量一定要超过服务器和路由器所能处理的数据包的数量。单独一台电脑很难完成这件事，我们可以将这想象成一辆装有履带的四门轿车和一辆推土机在拔河。

有了更多的电脑同时发送数据包洪流，这种攻击便会取得进展。实施 DoS 攻击的攻击者有许多途径扩大其攻击的范围，但最后他们必须在很多其他计算机上运行程序。一些攻击者诱使其他用户下载或运行 DoS 程序，2007 年爱沙尼亚发生了相同事件，而 2011 年匿名者黑客组织也同样使用了 LOIC 程序。

其他攻击者则利用“僵尸网络”。僵尸网络指的是受同一实体控制的中毒计算机集合。通常而言，中毒计算机的机主并没有察觉到自己的计算机正受到远程控制。僵尸网络由“僵尸牧人”（bot herder）维护（通过各种途径入侵单个计算机，在僵尸网络中利用中毒的电脑系统谋利）。

想要发动 DoS 攻击的攻击者可以从僵尸牧人那里租得僵尸网络。僵尸网络服务的租金价格相当实惠。[10] 木马软件的功能常常包括利用僵尸网络发动 DoS 攻击。我们知道，一些僵尸网络被租给试图报复别人的电子游戏玩家，来自僵尸网络的数据包洪流攻击，被用于竞争性的在线电子游戏，切断其他玩家的网络连接。

全世界都有计算机遭到入侵，因此出售的僵尸网络中的木马应该遍布全世界许多国家。一些国家受到的病毒入侵比其他国家更为严重，一般认为是因为那些国家的软件盗版比例造成的。盗版的微软产品无法升级修正安全问题的补丁。然而，网络连接速度高的国家（美国、英国等）中，少数中毒的计算机比起那些网络连接声誉不好，速度更慢的国家的大部分电脑更有效率，因此在应对 DoS 攻击时，不足以通过来源国进行鉴别。

追究责任的难度：为什么 DDoS 攻击难以溯源？

正如在第 1 章中描述的，在 DDoS 攻击中溯源很难或是几乎不可能。DDoS 攻击发出的信息可以来自网络的任何位置。源地址数据包作为洪流式数据包的一部分，是可以被伪造的。在全球信息基础设施中，网络供应商通过自己的网络去追溯后台的数据包，是不可行的。

两台计算机在网络上的通信通常被描述为**无连接通信**（connectionless）和**面向连接通信**（connection oriented）。在无连接通信中，两台计算机间发送的信息被打包为数据包。但是，在面向连接通信中，计算机 A 和计算机 B 之间的连接在双方相互发送数据前就建立了。实际上，连接网络的计算机在多层面的通信（常被称为“协议栈”[protocol stack]）方式中常常同时使用两种传输模式。例如，在 TCP/IP 协议栈中，TCP 是面向连接通信，而 IP 是无连接通信。TCP 和 IP 一起运行，在连接网络的计算机中建立通信联系。

然而，一些 DoS 攻击属于无连接传输，依靠数据包的绝对值，其他则为面向连接的传输，如 DoS 攻击加密套接字协议层（SSL）。在面向连接的攻击中，攻击者就不能伪造发送给服务器的数据包中的地址信息。因此，在面向连接的攻击中，只要计算机运行 DoS 攻击程序，攻击源就可以确定，可以通过 IP 地址识别出计算机。

如果能够精确地得到信息来源，这些信息可能属于从原始所有人那里租来进行攻击的僵尸网络。例如，坐在圣彼得堡的人能控制法国的一台计算机运行 DoS 程序，对爱沙尼亚的一台计算机发起攻击。

如果攻击很是普通，而且是在网站上的煽动性信息造成的，那么追究攻击的责任取决于能否准确地找到写信息的人。这种甄别往往是不可能的，这一点请参见第 1 章。

识别真正的网站篡改攻击源与识别公共博客或论坛帖子的作者一样困难。网站篡改往往因为网站缺陷或主机服务器的缺陷而出现。攻击者能使用指派代理服务器（这些系统只为中继应用级流量服务服务）或网上的公开代理服务器掩护攻击源。第 5 章将讨论其他代理服务器的使用。

攻击者有时要挟 DoS 攻击的目标，以求赎金。目标将接收到攻击者的信息，声明对正在发生的或近期将会发生的攻击负责，并要求付款以停止攻击。在这些情况下，溯源至少也较为简单点，因为勒索者很可能与攻击的关系十分密切。

爱沙尼亚遭到网络攻击

2007 年 4 月 27 日，爱沙尼亚政府完成长期计划，重新安置国家纪念碑。苏联为纪念死于第二次世界大战的苏联战士，1944 年建立了该纪念碑。政府计划将纪念碑移走，遭到了爱沙尼亚俄罗斯少数民族的反对。纪念碑被重新安置在塔林（爱沙尼亚共和国首都），这在爱沙尼亚网络上引发了抗议，抗议持续到 5 月 18 日（见图 2–1）。

爱沙尼亚俄罗斯族人认为，该纪念碑象征着俄罗斯为战胜纳粹德国而做出的牺牲。[11] 他们走上街头，抗议将纪念碑移走。[a] 安保部队和示威者之间的暴力冲突持续了数天。4 月 27 日抗议刚开始，网络论坛上就有人发

[a] 相反，爱沙尼亚人将纪念碑解读为俄罗斯占领的标志，只是取代了 1939 年斯大林与希特勒签订《苏德互不侵犯条约》瓜分欧洲时镇压爱沙尼亚的纳粹政权。[12]

图 2–1　塔林青铜战士，雕像为纪念俄罗斯在二战中战胜纳粹德国而建。雕像的重新安置引发了俄罗斯黑客针对爱沙尼亚发动大规模攻击。

图片来源：佩特里·科恩（Petri Kohn）维基共享信息。

帖，指导人们参与展开对爱沙尼亚政府系统进行 DDoS 攻击。

4 月 29 日前，塔林街头的示威者安静了。而在网络上，针对爱沙尼亚电子基础设施多层面的 DoS 攻击和破坏活动正在进行中。成千上万的俄罗斯用户受到网络邮件的鼓动及指导，同时向爱沙尼亚计算机系统发送网络数据包。攻击主要有四种形式：基层网络数据包洪流、租用的网络数据洪流、网站篡改，以及垃圾邮件。

网络电子邮件服务器一般以中等速度连续接收任意型信息（unsolicited messages）。这些服务器使用从机器学习中得到的技术，对进入的信息进行分类，区分出垃圾邮件或非垃圾邮件。该分类旨在减少用户对任意型信息的不满。电子邮件服务器的存在完全是为了处理进入的信息。因此，若电子邮件服务器接收海量电子邮件，一般会缺乏准备，就无法有效地对其进行处理。哪些信息属于数据包洪流？哪些信息是非法的？除非系统能读到这些信息，否则不会知道，而且因为计算机能力是有限的，电子邮件服务器的可用性会因为接收大量信息而受到影响。

4 月 29 日，信息洪流使得爱沙尼亚议会的电子邮件服务器无法使用，系统持续 12 个小时处于离线状态。此事在政府回应计算机攻击和之前的骚乱上造成了怎样的直接影响不得而知。电子邮件不能使用对情况有了重大影响政府情况，这并不难想象，特别是政府没有采取直接行动恢复服务器（见图 2–2）。

图 2–2 塔林上城区的坐堂山城堡是爱沙尼亚议会所在地。2007 年 4 月发动的 DoS 攻击使得议会的电子邮件服务器无法使用，让爱沙尼亚政府延后了对当时发生的全国性网络攻击事件的回应。

图片来源：中央情报局《世界概况》。

电子网络破坏和现实破坏的区别是：现实破坏的来源和手段可以识别出来。如果抗议者阻碍道路，将抗议者清场，就能恢复道路畅通。由于信息源可以分布在整个网络中，面对发送给电子邮件服务器的信息洪流，服务器管理员又能有什么手段恢复服务器？

一些黑客能够突破爱沙尼亚政党的网络服务器的安全防线，他们通过新的途径访问服务器，然后进行篡改，用嘲笑政府的内容取代政府的合法内容。其中一项，照片上的爱沙尼亚总理被画上了胡子，另外还发布了一封伪造的总理道歉信。

爱沙尼亚政府的反应

在面对大规模 DDoS 攻击时，应对措施的选择一般是捉襟见肘的。一些网络服务供应商提出了一种“DDoS 防护”（DDoS protection）的服务和设想；然而，这些服务的效用是有限的。在面对一台发送大量数据的远程主机时，最好的应对措施是结束与主机的对话。在 DDoS 攻击中，存在两种复杂的因素：一是实施攻击的计算机数量多且不断变化；二是这些计算机的源地址（IP 地址）可能是伪造的。[13]

DDoS 攻击可招致信息技术人员的恐慌和困惑，因此，应对 DDoS 攻击的至关重要的一环，就是信息技术安全部门迅速而有效的应对措施。爱沙尼亚政府拥有一个能力出众的计算机紧急反应小组（computer emergency response team，CERT），该小组能够甄别出正在对他们的设施发出的攻击，并组织专家对抗这类攻击。[14]

爱沙尼亚的计算机紧急反应小组能够与其他国家，如德国、芬兰和斯洛文尼亚的计算机紧急反应小组取得联系。同时，汇聚各国专家的智慧能够辨别出针对爱沙尼亚体制计算机系统的攻击，以及为该攻击产生网络流量的网络系统的大概位置。安全应对人员能够检测出哪些网络针对爱沙尼亚发动攻击，并能够指导网络运营商阻断这些网络系统接入爱沙尼亚。

DDoS 攻击带来的主要破坏是将公司或组织与其用户或受益人分离。通过让银行客户和大众无法进入网站，攻击者剥夺了客户（或大众）实施重要行动或接收潜在重要信息的能力。以爱沙尼亚为例，攻击者来自爱沙尼亚境外，而用户位于爱沙尼亚境内。在意识到这一点后，爱沙尼亚网络运营商及其商业组织就能够阻断所有来自境外的网络流量，并维持境内民众的正常网络服务。但那些成为 DDoS 受害者的许多公司，并没有这个选择，因为这些公司的客户遍布全球，而攻击源很可能就在需要进入这些公司网站的用户旁边。[15]

攻击结束

紧随着爱沙尼亚政府应对 DDoS 攻击的几周后，DDoS 攻击不断减弱并最终停息。这类 DDoS 攻击一般由个体发起，或由个体实施或由个体操纵僵尸网络实施。他们并不从中获取经济利益，这表明了他们实施攻击的缘由纯粹只是个人兴趣。由于攻击力度的衰弱和“塔林青铜战士事件”余愤的平息，DDoS 攻击的残余力量也渐渐减弱。[16]

爱沙尼亚攻击发生大约两年后，一位来自名为“纳什”（意为“我们的”）、亲俄罗斯政府的青年组织的领导康斯坦丁·格罗斯科科夫（Konstantin Goloskokov）宣布他和青年组织里的其他成员共同发动了对爱沙尼亚的网络攻击。[17] 尽管表面上看，纳什似乎是由俄罗斯青年组织支持的，但也有人声称俄罗斯政府经常资助青年组织成员，要求他们参加抗议或青年集会。[18] 最近，一个自称“匿名者俄罗斯分部”（Russian Wing of Anonymous）[a] 的黑客组织，上传了据称是曾领导过俄罗斯青年运动的人的邮件，即联邦青年局局长瓦西里·雅克门科（Vassily Yakemenko）及其女发言人克里斯蒂娜·普特切克（Kristina Potupchik）。这些邮件揭示了“纳什”青年组织经常作为支持普京的政治宣传的工具。[19] 我们会在第 3 章和

---

[a] 我们将在第 6 章讨论关于“匿名者”的更多内容。

第 5 章对“纳什”再进行回顾，因为据传他们参与了 2008 年网上讨伐格鲁吉亚的活动，以及对俄罗斯独立媒体发动了网络攻击。因此，该攻击声明或多或少具有一定的可信度。然而，仍有一个问题还有待回答，那就是相对于其他可能的参与者，如有犯罪集团和俄罗斯政府，“纳什”在网络攻击中究竟扮演了怎样的角色？

假如“纳什”的声明是准确的，那么“纳什”的领导层很可能利用其成员的计算资源产生的网络流量攻击爱沙尼亚，从而引发了 DDoS 攻击。然而，一般来说，DDoS 攻击源自煽动大量人群进入个人网站，以产生大量网络流量，但这种情况是难以持久的。最终，要么是参与攻击的个人逐渐厌烦，并最终对攻击失去了兴趣；要么是网络运营商发现网络中参与了攻击的系统被入侵或被破坏，然后设法隔绝关闭它们。从历史上看，这些反应措施需要花费数周时间，但是不管怎样，DDoS 攻击的持续时间因此被设定了上限。当攻击发生时，被攻击的受害者可以预想的是，在最好的情况下，攻击可持续几小时直到防护措施起作用；最糟糕的情形下，攻击者在失去兴趣或攻击能力前，可使攻击持续好几周。[20]

对 DDoS 的一般反应

DDoS 对规模小的组织具有致命的杀伤力。它实质上就是对流量极大的网站进行模拟，一个能容纳世界各地数百万人访问的网站，同时也能在 DDoS 攻击中生存下来。通过获取网站内容，并通过内容分发网络（content delivery network，CDN）发布，那么这个网站被攻击到离线的概率就会大大降低。CDN 必须持续为全球网络提供大量数据，与这类网络所能接收和处理海量网络合法流量相比，就算是针对这种网络的大规模 DDoS 攻击，也显得相形见绌。

自从爱沙尼亚 DDoS 攻击事件以来，通过 CDN 转移网络内容已变得越来越普及。如果再有类似事件发生，攻击者可能会更快被挫败，因为现在可以利用许多资源迅速将网站上传到 CDN 中。目前，通过利用 CDN 减弱 DDoS 攻击的服务已经出现。其中一个代表就是提供该服务的 CloudFlare，如同其竞争者一样，CloudFlare 显然可以让用户通过 CDN 访问静态网络内容。[21]

由于大规模网络结构和 CDN 的迅速应用，DDoS 攻击的威胁已大大降低。那些有足够资源在网络上占据重要角色，并有能力支撑大规模网络数据流量的公司和组织（如 Akamai、CloudFlare、Amazon）对 DDoS 攻击免疫。然而，由于缺乏资金支持、忧患意识或由于数据储存位置的监管限制，导致一些地区政府和联邦政府的网络资源难以得到大规模网络结构的支持。这些网络系统和爱沙尼亚政府的网络系统一样，承受着更大的风险。[22, 23]

对于个人而言，维持大规模的网络结构并不经济可行，因此就要用到那些提供 CDN 的公司。购买 CDN 支持这一服务就像是买一份保险：只需交纳少量保金，投保人的网络系统就能够得到 CDN 大规模网络结构的保护，因此其网络体系将不太可能（希望如此）遭受 DDoS 的攻击，而 CDN（或承保人）将以带宽或其他防护措施提供服务。

小结

爱沙尼亚攻击事件揭示了以计算机为示威手段，针对政府网络资源实施攻击并不是幻想，而且这种攻击个人在网络上就可进行。这对见多识广的人来说并不足为奇。在过去，这类 DDoS 攻击已经成功针对个人和企业团体实施过攻击（第 6 章将具体讨论该攻击的几个实例）。不过，这类攻击的效果可能预示了 DDoS 在未来世界涉及计算机的纷争中所扮演的角色。然而，网络攻击爱沙尼亚事件，不过仅仅是政治因素引发网络战的开端。在第 3 章中，我们将会看到在格鲁吉亚这个高加索国家，因政治因素引发的针对格鲁吉亚的网络攻击，如何推动了传统军事行动。

推荐阅读

爱德华·华尔兹是 20 世纪 90 年代为数不多的、能够预见网络战争未来走向的人。他开创性的著作《信息战争》出版于 1998 年，书中首次探讨了信息如何被作为攻击目标，如何被武器化，书中着重探讨了商业和军事信息系统。

更多有关 DDoS 的信息，我们一般推荐苏布拉马尼·斯里德哈（Subramani Sridhar）在 SANS 上发表的一篇名为《DDoS 攻击与防护技巧：实时操作详细分析》（*Denial of Service attacks and mitigation techniques: Real time implementation with detailed analysis*）的文章。本章研究了各种类型的 DDoS 攻击、攻击检测及防护策略。

更多有关 2007 年俄罗斯黑客网络攻击爱沙尼亚的信息，我们推荐莫瑞科·卡伊欧（Merike Kaeo）名为《网络攻击爱沙尼亚》（*Cyber Attacks on Estonia*）的报告，这是一份由“双管齐下安全公司”（Double Shot Security）提供的一份简短概要。这篇报告针对 DDoS 攻击爱沙尼亚这个波罗的海国家提供了具体的技术分析。

参考文献

1. Waltz E. Information warfare principles and operations. Norwood, MA: Artech House Inc.; 1998.
2. Global Information Infrastructure. SearchCIO. Retrieved December 18, 2012 from http://searchcio.techtarget.com/definition/global-information-infrastructure.

3. Landler M, Markoff J. Digital Fears Emerge After Data Siege in Estonia. Retrieved June 4, 2007, from nytimes.com: http://www.nytimes.com/2007/05/29/technology/29estonia.html? pagewanted=all; May 29, 2007.
4. Sridhar S. *Denial of Service attacks and mitigation techniques: real time implementation with detailed analysis*. Retrieved 8 18, 2012, from SANS.org: http://www.sans.org/reading_room/whitepapers/detection/denial-service-attacks-mitigation-techniques-real-time-implementation-detailed-analysi_33764; 2011.
5. Rogers L. *What is a distributed denial of service (DDoS) attack and what can i do about it*? Retrieved August 16, 2012, from CERT.org: http://www.cert.org/homeusers/ddos.html; February 10, 2004.
6. Bernat V. *SSL computational DoS mitigation*. Retrieved August 16, 2012, from Disruptive Ninja: http://vincent. bernat.im/en/blog/2011-ssl-dos-mitigation.html; November 1, 2011.
7. Johnson J. *What is LOIC*? Retrieved August 16, 2012, from Gizmodo: http://gizmodo.com/5709630/ what-is-loic; December 8, 2010.
8. Nazario J. *Politically Motivated Denial of Service Attacks*. Retrieved August 16, 2012, from Security to the Core: http://www.ccdcoe.org/publications/virtualbattlefield/12_NAZARIO%20 Politically%20Motivated%20 DDoS.pdf; August 12, 2008.
9. Preatoni R. *Zone-H*. Retrieved August 16, 2012, from Zone-H: http://www.zone-h.org; March 9, 2002.
10. Franklin J, Paxson V, Perrig A, Savage S. In: An inquiry into the nature and causes of the wealth of internet miscreants. CCS 2007. New York: ACM; 2007, p. 375–88.
11. Ibid.
12. Sridhar S. *Denial of Service attacks and mitigation techniques: Real time implementation with detailed analysis*. Retrieved 8 18, 2012, from SANS.org: http://www.sans.org/reading_room/whitepapers/detection/denial-service-attacks-mitigation-techniques-real-time-implementation-detailed-analysi_33764; 2011.
13. Franklin J, Paxson V, Perrig A, Savage S. In: An inquiry into the nature and causes of the wealth of internet miscreants. CCS 2007. New York: ACM; 2007, p. 375–88.
14. Davis J. Hackers take down the most wired country in Europe. Wired Magazine 2007.
15. Kaeo M. *Cyber Attacks on Estonia Short Synopsis*. Retrieved August 16, 2012, from Double Shot Security: http://www.doubleshotsecurity.com/pdf/NANOG-eesti.pdf; June 3, 2007.
16. Shachtman N. Kremlin kids: we launched the Estonian Cyber War. Wired. Retrieved October 28, 2012 from http://www.wired.com/dangerroom/2009/03/pro-kremlin-gro/; March 11, 2009.
17. Rodgers J. Putin's next generation make their mark. *BBC News*. Retrieved October 28,

2012 from http:// news.bbc. co.uk/2/hi/europe/6624549.stm; May 4, 2007.

18. Hackers and the Kremlin: Nashi Exposed. *The Economist.* Retrieved October 28, 2012 from http://www.economist.com/blogs/easternapproaches/2012/02/hackers-and-kremlin; February 9, 2012.
19. Sridhar S. *Denial of Service attacks and mitigation techniques: real time implementation with detailed analysis.* Retrieved 8 18, 2012, from SANS.org: http://www.sans.org/reading_room/whitepapers/detection/denial-service-attacks-mitigation-techniques-real-time-implementation-detailed-analysi_33764; 2011.
20. Pathan A-MK, Buyya R. A taxonomy and survey of content delivery networks. Parkville: University of Melbourne; 2007.
21. Pathan A-MK, Buyya R. A taxonomy and survey of content delivery networks. Parkville: University of Melbourne; 2007.
22. Glotzbach M. *Google Apps and Government.* Retrieved August 16, 2012, from Official Google Enterprise Blog: http://googleenterprise.blogspot.com/2009/09/google-apps-and-government.html; September 15, 2009.
23. Kohn P. *Image-File: Tallinn Bronze Soldier—May 2006—029.jpg.* Retrieved October 7, 2012: http://en.wikipedia.org/wiki/File:Tallinn_Bronze_Soldier_-_May_2006_-_029.jpg; 2006.

[第3章]

网络攻击如何支援俄罗斯的军事行动？

本章概要

2008年俄罗斯对格鲁吉亚的网络攻击

俄罗斯网络攻击的特点

攻击目标

配合常规部队

侦察和准备

溯源

准备应对网络敌人

网络：战地行动系统

关注区域的网络问题

网络侦察和网络监视

本章信息

2008年俄罗斯对格鲁吉亚的网络攻击

俄罗斯DDoS攻击技术

冲突中使用的僵尸网络

经过协调的网络攻击的政治和军事目标

网络战与传统军事行动结合的可能性

2008 年 8 月，为了把格鲁吉亚从南奥塞梯驱逐出去，俄罗斯军队入侵格鲁吉亚。此次军事行动开展的同时，也伴随了大量经过协调的网络攻击行动。这是第一次与大规模地面作战行动配合的大规模网络攻击。这些网络攻击虽然与俄罗斯政府没有直接联系，但是却有效地隔绝了格鲁吉亚这个高加索国家与外界的联系，在信息和心理上对格鲁吉亚人造成了重大的影响。本章介绍了俄罗斯—格鲁吉亚网络冲突事件，分析了这次行动，从而得出了如何更好地对未来网络对手的结论。

2008 年俄罗斯对格鲁吉亚的网络攻击

此前被称为“美国网络事件后果评估单位”（US Cyber Consequence Unit）的私人非营利性组织的一位安全专家，将俄罗斯对格鲁吉亚的网络攻击分为两个阶段。第一阶段从 8 月 7 日晚 [1] 俄罗斯黑客把格鲁吉亚新闻和政府网站作为主要攻击目标开始。俄罗斯军事预测中心主任阿纳托里 · 崔加诺克上校（Anatoly Tsyganok）认为第一阶段的这些行动，是俄罗斯对格鲁吉亚人本周较早前入侵南奥塞梯媒体网站的反击。[2] 需要注意的是，所谓的反击也是只比地面行动早了一天。因此，许多安全专家认为，黑客至少事先知道入侵的日期。

在第一阶段中，俄罗斯黑客发起的攻击类型主要是分布式拒绝服务（DDoS）攻击。此阶段的 DDoS 主要通过**僵尸网络**开展。[3] 俄罗斯商业网络（Russian Business Network，RBN）这类犯罪组织出于各种目的，租赁并使用僵尸网络。[4] 攻击格鲁吉亚网站中所使用的僵尸网络都隶属于俄罗斯的犯罪组织，其中就包括 RBN。[5]

第一阶段的攻击主要针对格鲁吉亚政府和媒体网站。[a] 俄罗斯的僵尸网络依靠强有力的 DDoS 对这些目标采取行动。[6] 爱沙尼亚的网络在一年

[a] 在这个阶段，俄罗斯僵尸网络将焦点集中在了被称为 TCP SYN 的协议漏洞上。

前受到俄罗斯黑客攻击，而格鲁吉亚的网络，由于其本身很脆弱，比起前者更容易受到数据洪流包的影响（见上一章内容）。[7]

格鲁吉亚媒体和政府网站持续受到 DDoS 攻击的同时，俄罗斯第二阶段的网络作战，力求对更多目标进行破坏，其破坏目标名单上包括金融机构、企业、教育机构、西方媒体（BBC 和 CNN）以及格鲁吉亚的一处黑客网站[8]（图 3–1）。对这些服务器的攻击不仅包括 DDoS 攻击，还包括篡改服务器的网站。例如：在政府网站上添加亲俄涂鸦（pro–Russian graffiti），将格鲁吉亚总统米哈伊尔 · 萨卡什维利（Mikheil Saakashvili）比作阿道夫 · 希特勒。此外，一些俄罗斯黑客利用格鲁吉亚政治人物公开可用的电子邮件地址，发起垃圾邮件攻击。[9]

图 3–1 格鲁吉亚首都第比利斯的总统官邸。2008 年俄罗斯入侵格鲁吉亚初期，格鲁吉亚成为大规模网络攻击的目标。

图片来源：中央情报局《世界概况》。

为了篡改网站，俄罗斯黑客采取了另一种攻击类型，称为SQL注入（SQL injection）。这个特定的策略抓住了网页应用程序中的一个常见漏洞进行攻击。“结构化查询语言”（structured query language，SQL），是目前最受欢迎的数据库程序查询的方法。在SQL**注入攻击**中，一个不受信任源的SQL代码被输入到网页表单中，并传递给应用程序的后台数据库中，或更改后台数据库的内容，或转储数据库（通常而言，常见的SQL数据库因此得名）。易受这种漏洞影响的系统，本质上是给了黑客完全访问数据库机会——包含用户的登录ID、金融交易，或者网站内容上的所有信息。[10]

在这个阶段的行动中，大部分的网络活动转移到了招募俄罗斯“爱国的”电脑用户，这些人经常被称为“黑客活动分子”。[11] 根据一些俄罗斯黑客网站上的帖子，很多“黑客活动分子”被认为是俄罗斯青年运动的成员——特别的是第2章中介绍的“纳什”组织的成员。[12] 招募主要通过各种网站进行，其中最广为人知的网站是8月9日上线的StopGeorgia.ru。[13] 一名黑客活动分子指出，网站提供的说明非常容易，即使新手也能理解。[14] 例如，StopGeorgia.ru提供了让个人电脑都可以发动DDoS攻击的简便工具和简单说明。它甚至还有一个方便用户，名为“洪水”（FLOOD）的执行按钮，当用户点击时，就会对格鲁吉亚的目标展开多次DDoS攻击。虽然很多黑客活动分子的攻击靠的是不同的漏洞，而非僵尸网络的行动[a]，但他们还是通过强有力的DDoS攻击使格鲁吉亚的网络服务器不堪重负。[15] StopGeorgia.ru提供的工具也很广泛。例如，有的可以同时攻击17个格鲁吉亚服务器。这些黑客活动分子网站也将重点目标定在格鲁吉亚网络系统的目标清单上，清单上还列出了各种说明，包括是否可以从俄罗斯或立陶宛登录这些网站[16]，有哪些已知的漏洞，是否容易受到SQL注入攻击。[17] 同样值得注意的是，一些安全专家

[a] 使用这样的工具进行DDoS攻击和通过僵尸网络进行DDoS攻击不同。僵尸网络通过底层网络协议（underlying network protocol）进行TCP SYN攻击，其中，“黑客活动分子”使用的许多工具都靠用大量的HTTP淹没服务器。基本上，这种攻击是通过对指定网站发送大量超出网络服务器处理能力的请求。

将 StopGeorgia.ru 与俄罗斯有组织犯罪联系起来。[18]

俄罗斯黑客网站的另一个有趣的地方是，他们管理员的专业性水平高。他们不仅为新加入的黑客活动分子提供及时的建议，还管理他们的网站。在冲突期间，俄罗斯黑客网站 XAKEP.ru 的管理员通过暂时屏蔽所有的美国互联网协议（Internet Protocol ，IP）地址，及时对位于美国、被称为“灰雁项目”（Project Grey Goose）的开放源安全项目的端口扫描活动做出了回应。也有证据表明他们能迅速清理服务器。在一次实例中，他们在几小时内删除了一篇包含关键字“军队”（ARMY）的文章。[19] 管理员的防范措施十分得当，某个俄罗斯安全组织就发现一个上传到俄罗斯黑客网站，用于攻击格鲁吉亚目标的工具是假工具，实际上，这个特殊的软件工具会把攻击目标变成俄罗斯的电脑系统。专家们认为尽管没有证据表明这个工具造成了重大损失，但是格鲁吉亚黑客上传的软件说明格方企图发起网络反击。[20]

俄罗斯对格鲁吉亚攻击的反应，首先是过滤俄罗斯 IP 地址。但俄罗斯黑客很快适应并使用非俄罗斯服务器或伪造 IP 地址。随后，格鲁吉亚将他们的许多网站服务器转移出国（主要是美国）。但是，由于俄罗斯暴力攻击的强度极大，即使这些服务器在海外，也仍然容易受到数据洪流的影响。[21]

俄罗斯网络攻击的特点

攻击目标

肯尼思 · 柯宾（Kenneth Corbin）写道，俄罗斯网络攻击的目标是“隔离和压制”格鲁吉亚人。[22] 攻击的影响有 ：(1) 使格鲁吉亚的媒体沉默 ；(2) 使格鲁吉亚与国际社会孤立开来。事件的相关报道和俄罗斯黑客网站上的目标清单的报告，为柯宾的假设提供了证据。此外，由于无法告诉外界正在发生什么，格鲁吉亚人在信息和心理上都遭到重创。

虽然俄罗斯军事预测中心（Russian Military Forecasting Center）主任阿纳托里·崔加诺科上校小心翼翼地不把网络攻击归于俄罗斯政府，但他还是将俄罗斯网络攻击描述成，针对格鲁吉亚和西方媒体的、更大规模的信息战争的一部分。[23] 俄罗斯记者马克西姆·扎洛夫（Maksim Zharov）对此表示赞同，他也将网络战描述为，包括博客和媒体在内的更大规模的信息战争中的一小部分。[24] 俄罗斯支持者甚至一度涌至 CNN 与盖洛普（Gallup poll）举行的民意调查中，超过 30 万的人认为俄罗斯的理由是正当的。[25] 在第 4 章，我们将看到亲以色列团体在 2006 年以色列和哈马斯的战争中，亦采取了类似的行动。

许多分析人士认为，俄罗斯网络攻击第一阶段的主要目标是，阻止格鲁吉亚媒体讲述自己版本的事发经过。[26] 这个目标似乎与俄罗斯对信息战的强调相一致。[27] 将格鲁吉亚与外界隔离这一目标，也可以用来解释网络战第二阶段对格鲁吉亚银行的攻击。[28] 当时，几家银行被海量的虚假交易挤满。为了减轻损失，在冲突期间，许多国际银行停止了在格鲁吉亚银行的业务。结果，格鲁吉亚的银行系统瘫痪了 10 天。[29] 同样在第二阶段期间，攻击格鲁吉亚商业网站的俄罗斯黑客可能旨在制造类似的经济损失。

同样需要注意的是，“隔离和压制”的目标范围是有限的。一般都会避免对格鲁吉亚网络和工业控制系统（Industrial Control Systems，ICS）以及数据采集与监控系统（Supervisory Control and Data Acquisition，SCADA），造成永久性破坏的网络攻击。[30] 这类系统被设计用于实时数据收集、控制和监控关键基础设施，包括发电厂、石油（或）天然气管道、炼油厂和供水系统。[31] 显然，干扰这些系统会对格鲁吉亚的基础设施造成严重影响。俄罗斯黑客最可能对这些目标采取行动，因此执行一些约束性措施，可以确保避免黑客对这些目标采取行动。在遭受网络攻击的时候，格鲁吉亚通过土耳其、亚美尼亚、阿塞拜疆和俄罗斯的陆上线路连接到互联网，这种物理上的连接基本没有受到影响。没有证据表明，俄罗斯黑客试图切断格鲁吉亚在现实世界或虚拟世界中的连接——包括途经俄罗斯的物理连接。[32]这可能表明俄罗斯攻击者并不打算对格鲁吉亚的互联网基础设施造成永久性的破坏，而只是针对特定的服务器来实现他们的"隔离和压制"目标。战争中的这种限制，实际上在常规军事行动也很常见。例如，电力和石油基础设施在"伊拉克自由行动"的初期阶段幸免于难。尽管有冲突，但俄罗斯和格鲁吉亚还是有着很深的经济和文化联系，认识到这一点十分重要。因此，对格鲁吉亚的互联网基础设施造成永久性的破坏，可能会给双方都带来负面的结果。

配合常规部队

网络攻击与常规部队的协调非常有限。虽然许多专家声称，俄罗斯黑客至少知道地面军事行动的开始时间，但是除了网络攻击的时间选择，没有证据表明网络攻击和常规部队有所配合。两个可能的原因是：(1) 俄罗斯政府希望能够和网络攻击行动（仍然没有确凿证据表明政府参与其中）分离开；(2) 俄罗斯军队在冲突期间在很大程度上没有进行配合，这导致网络行动成为隐秘行动。[33]然而，一些安全专家认为，网络和地面部队之间存在某种协调。例如，媒体和通信设施并不是动能手段（kinetic means）的目标（动能手段指的是使用子弹和炸弹的常规战争）——这可能是因为俄罗斯成功地实施了网络攻击。另外，俄罗斯黑客同样攻击了一个出租柴油发电机的网站。对这种行动而言，这是个奇怪的目标。然而，攻击这个网站可能是为常规打击格鲁吉亚电力基础设施提供支持。[34]

侦察和准备

许多安全专家[35]认为，在 8 月 7 日最初的网络攻击之前，俄罗斯黑客已经准备好行动。这是因为第一阶段僵尸网络攻击的速度和第二阶段的目标清单以及黑客工具——包括已知的 SQL 注入漏洞——的可用性。简单来说，由俄罗斯黑客发起的有效网络攻击让我们推断，有关的侦察活动在这很早之前就进行了。

还有其他准备的指标：2008 年 7 月，格鲁吉亚服务器（包括总统网站）被"在 + 俄罗斯 + 赢得 + 爱"（win+love+in+Russia）这条消息淹没。[36] 这些 DDoS 攻击源自一个称为 Machbot 网络的僵尸网络。众所周知，俄罗斯各种犯罪组织都有使用这个网络。[37] 一些分析家怀疑，这一早期攻击可能是 8 月那场攻击的预演。[38] 提前准备的另一个标志是基于分析用于篡改格鲁吉亚网站的涂鸦图片。安全专家发现，这些图片中有些早在 2006 年就已存在。[39] 这可能意味着网络攻击在 2008 年以前，就可能作为应急行动。

溯源

许多作者（特别是博主和新闻记者）思考了俄罗斯政府在攻击中参与的程度。以下一些理论讨论了俄罗斯参与格鲁吉亚网络攻击到了什么程度：

1. **爱国的"黑客活动分子"最先发起俄罗斯网络战，主要是为回应南奥塞梯网站遭受到的攻击**。虽然这个理论看似合理，但也有一些问题。首先，这显然需要准备制定并执行大量的侦察工作。这种侦察工作最有可能在 8 月 5 日南奥塞梯媒体网站遭到攻击之前就已发生。其次，第一阶段的大多数网络攻击都是通过僵尸网络发起的。这些攻击非常重要，在很多网站招募并支持黑客活动分子上网的前几天就发生了。对僵尸网络的使用，表明俄罗斯有组织的罪犯参与其中，他们要么亲自对格鲁吉亚发动 DDoS 攻击，要么租赁僵尸网络给其他人发动攻击。

2. **网络攻击只源自俄罗斯有组织的犯罪**。僵尸网络的使用，以及许多黑客网站（比如 StopGeorgia.ru）与俄罗斯有组织犯罪联系的事实，使这一假设比前一个更为可信。但是，最明显的问题是犯罪组织从这些行动中获得了什么？一种理论认为，假如它们不是由俄罗斯政府资助或支持的，黑客利用网络攻击渗透到格鲁吉亚某些系统是为了供以后使用（如第二阶段对金融机构的攻击）。

3. 应克里姆林宫的要求，俄罗斯有组织地发动了网络攻击。这一理论由几个作家提出，特别指出了RBN这些组织与弗拉基米尔·普京（Vladimir Putin）以及俄罗斯政府有联系。[40]之前已经解决的与传统军事行动的协调以及StopGeorgia.ru与俄罗斯格鲁乌（俄罗斯联邦军队总参谋部情报总局，Glavnoe Razvedivatelnoe Upravlenie，GRU）[a]之间的联系也支持这些论点。[41]然而，这些发现是偶然的（在撰写本文时，没有确凿证据证明俄罗斯政府参与到网络攻击中，见图3–2）。

图3–2 俄罗斯克里姆林宫墙外的无名英雄墓。虽然很多标志表明俄罗斯政府参与了攻击格鲁吉亚网络，或对这场攻击表现得洋洋得意，但很难有100%的把握将攻击溯源算到俄罗斯政府头上。

图片来源：美国中央情报局《世界概况》。

---

[a] 这种偶然联系以与StopGeorgia.ru有关的服务器WHOIS（域名查询服务）注册为基础。该注册地址位于俄罗斯莫斯科格鲁乌总部旁边。这一分析结果由安全专家和灰雁项目共同得出。

准备应对网络敌人

网络：战地行动系统

不管俄罗斯政府是否参与其中，网络攻击都有利于俄罗斯的整体操作。因此，也许网络的功能应该被视为一种类似军队机动、炮兵、防空等等的战地行动系统（battlefield operating system，BOS）。充分了解敌人的网络功能是网络 BOS 分析的重要组成部分。我们注意到，黑客敌人能以各种形式存在——包括政府资助的实验室里的个人、隶属政府的网络单位的成员、犯罪组织成员以及黑客活动分子（带有政治动机的黑客）。在网络世界中，很难，也不可能区分不同的人。但是，清楚这些网络战士属于什么战斗序列（order of battle，OB）可以让我们更好地了解他们的行为。建立好了战斗序列，随后便可以应用网络“教义模板”（doctrinal templates，DOCTEMP）。比如，格鲁吉亚冲突就可能在战斗序列中包括了俄罗斯犯罪组织，不过他们与常规部队的准确关系尚不清楚。基于他们在战斗序列中的存在，我们可以看看与罪犯联系在一起的教义模板。这可能表明为了完成隔离和压制敌人的任务，俄罗斯利用了僵尸网络和黑客活动分子，但并没有对网络基础设施或工业控制系统（ICS）与数据采集与监控系统（SCADA）造成永久的影响。

关注区域的网络问题

从格鲁吉亚的情况我们得到另一个教训：也许指挥官应该考虑的不仅是军用网络的安全问题，还有民用网络的安全问题。俄罗斯对鲁吉亚的网络攻击行动一般不针对军事目标，但是俄罗斯对格鲁吉亚的网络攻击在信息和心理上给格鲁吉亚带来了重大的影响。进一步说，有些网络攻击，比如 7 月对格鲁吉亚政府网站的攻击，可能不仅预示着大规模的网络攻击，还预示了地面军事行动。为了帮助保护当地民众，确保民用计算机网络在攻击中能够幸存下来势在必行。

因此，指挥官可能想开发出本质为网络的优先级信息要求（priority information requirement，PIR）。优先级信息要求指的是军事指挥官必须尽快获悉出现的信息。通常情况下，这种类型的信息将让军事指挥官做出决定。在现代战场中，无论当前战斗的本质是什么，所有军事指挥官都有必要仔细考虑，网络如何影响他们的全盘计划。

网络侦察和网络监视

如上所述，规模较小的网络攻击可能是大规模网络攻击和军事行动的标志。此外，还有其他网络攻击即将发生的迹象，相关的报告可能指向不同的个体。例如，军事网络的计算机安全人员，或是服务器所在国政府民用网络的联络官，上报可疑的计算机网络流量。黑客网站的博客或其他帖子也可能暗示网络攻击即将开始。这些可以由负责开源情报（open–source intelligence，OSINT）的分析人员监控。最后，更传统的情报报告，如信号情报（signals intelligence，SIGINT）通过拦截电子信号获得的信息，和人力情报（human intelligence，HUMINT）通过内部人士获得的信息，也应该委派人负责并培训这些人识别各自领域的网络攻击标志。

在本书的许多其他案例研究中，我们发现网络黑客通过自己的侦察准备攻击的例子。对网络防御者来说，必须能很好地进行反侦察。在第7章中，我们专门对网络间谍这一问题进行了探讨。还应指出的是，通过网络间谍和网络利用，在计算机网络中“立足”通常是网络攻击的一个先决条件。

小结

2008年8月俄罗斯对格鲁吉亚发动的网络攻击，是第一次与主要常规军事行动同时发生的大规模网络攻击。这些网络攻击削弱了格鲁吉亚人与外界沟通的能力，在信息和心理上对媒体、政府以及公众产生了重大影响。虽然攻击不能直接与俄罗斯政府联系起来，但攻击的好处显而易见。在未来的冲突中，可能还要将其纳入考虑范围内。优先级信息要求利用和侦察以及监视计划等流程应进行调整，以应对有网络攻击能力的敌人。

推荐阅读

本章的大部分内容是基于作者保罗·沙克瑞恩（Paulo Shakarian）一篇题为《2008年俄罗斯对格鲁吉亚的网络攻击》（*The 2008 Russian Cyber–Campaign Against Georgia*）的期刊文章，文章在《军事评论》（*Military Review*）2011年11—12月版中登载，将网络攻击作为军事行动进行探讨。要想了解更多有关网络冲突的政策导向的观点，请看《参数》（*Parameters*）2008—2009年冬季版中斯蒂芬·科恩斯（Stephen Korns）和约书亚·凯斯坦伯格（Joshua Kastenberg）的《格鲁吉亚的网络左勾拳》（*Georgia's Cyber Left Hook*）。至于有关俄罗斯对格鲁吉亚网络攻击的技术分析，我们推荐阅读约翰·邦贾纳（John Bumgarner）和斯科特·博格（Scott Borg）在“美国网络事件后果评估单位”发表的题为《对格鲁吉亚的网络战》（*Cyber Campaign Against Georgia*）的报告，以及杰夫·卡尔（Jeff Carr）在“灰色逻辑”（GreyLogic）发表的题为《网络战的进化状态》（*The Evolving State of Cyber Warfare*）的报告。

参考文献

1. Bumgarner J, Borg S. *Overview by the US-CCU of the cyber-campaign against Georgia in August of 2008. US Cyber Consequence Unit Special Report,* August 2009, 2。
2. Tsyganok A. Informational warfare—a geopolitical reality. *Strategic Culture Foundation Online Magazine,* http://rbth.ru/articles/2008/11/05/051108_strategic.html; November 5, 2008 [accessed October 10, 2010]. 注意：这是网站提供的英文版本。South Ossetian News Sites Hacked. *Civil.ge Daily News Online.* http://www.civil.ge/eng/article.php?id=18896; 2008 [accessed October 16, 2010]。
3. Nazario J. Georgia DDoS attacks—a quick summary of observations. *Arbor SERT (Security Engineering and Response Team).* http://asert.arbornetworks.com/2008/08/georgia-ddos-attacks-a-quick-summary-of-observa--tions/; August 12, 2008 [accessed October 16, 2010].
4. GreyLogic. *Project Grey Goose Phase II Report: the evolving state of cyber warfare;* May 20, 2009.
5. Corbin K. Lessons from the Russia-Georgia Cyberwar, internetnews.com: real time IT News March 12, 2009; http://www.internetnews.com/government/article.php/3810011/Lessons-rom-the-Russia-Georgia-Cyberwar.htm [accessed October 16, 2010].
6. Nazario. August 12, 2008.
7. Bumgarner and Borg, 4.
8. Ibid, 5.
9. Danchev D. Coordinated Russia vs. Georgia cyber attack in progress. ZDNet August 11, 2008; http://www.zdnet.com/blog/security/coordinated-russia-vs-georgia-cyber-attack-in-progress/1670 [accessed October 16, 2010].
10. Ullricha JB, Lamb J. Defacing websites via SQL injection. Netw Security January 2008;2008(1):9–10.
11. Danchev.
12. Ibid., GreyLogic.
13. Ibid., GreyLogic.
14. Morozov E. Army of Ones and Zeros: how I became a soldier in the Georgia-Russia Cyberwar. *Slate.* http://www.slate.com/id/2197514; August 14, 2008 [accessed 16 October, 2010].
15. Bumgarner and Borg, 4.
16. Morozov.
17. Danchev.
18. Ibid., GreyLogic.

19. Ibid., GreyLogic.
20. Bumgarner and Borg, 7.
21. Ibid.
22. Ibid., Corbin.
23. Ibid., Tsyganok.
24. A synopsis of Maksim Zharov's articles at the time of the conflict can be found in: Thomas T. The bear went through the mountain: Russia appraises its five-day war in South Ossetia. *J Slavic Military Studies* 2009;22:31–67.
25. Clayifeld M. Attacks on cyberspace preceded Russian tanks. *The Australian.* http://www.theaustralian.com.au/news/attacks-on-cyberspace-preceded-russian-tanks/story-e6frg6to-1111117197354; August 15, 2008 [accessed October 7, 2012].
26. Corbin.
27. Thomas T. Russian information-psychological actions: implications for U.S. PSYOP. Spec Warfare 1997;10 (1):12–9.
28. Corbin.
29. Bumgarner and Borg, 6.
30. Bumgarner and Borg, 5.
31. Fernandez JD, Fernandez AE. SCADA systems: vulnerabilities and remediation. J Comput Sci Coll 2005;20 (4):160–8.
32. Zmijewski E. Georgia clings to the 'Net'. *Reneysys: the Internet Intelligence Authority.* http://www.renesys.com/blog/2008/08/georgia_clings_to_the_net.shtml; August 10, 2008 [accessed October 16, 2010].
33. Bikkvol Tor. Russia's military performance in Georgia. Military Rev 2009;57–62.
34. Bumgarner and Borg, 6.
35. 参见 GreyLogic and Bumgarner and Borg, 6。
36. Thomas T. The bear went through the mountain: Russia appraises its five-day war in South Ossetia. J Slavic Military Studies 2009;2(2):56.
37. Korns S, Kastenberg J. Georgia's cyber left hook. Parameters 2008–2009;38:60–76.
38. Thomas T. The bear went through the mountain: Russia appraises its five-day war in South Ossetia. J Slavic Military Studies 2009;22:56.
39. Bumgarner and Borg, 5.
40. Corbin.
41. GreyLogic.

[第4章]

擅讲故事者胜：中东网络战与信息战

本章概要

黑客劫持平民IP地址：2006年黎以七月战争

真主党的信息战

真主党劫持IP地址

网络战争中的平民："铸铅行动"

2008年以色列与哈马斯之间的信息战和网络战

本章信息

2006年七月战争中的网络行动

信息战中的网络应用

IP地址劫持与网络心理战

网络"神经战"

在第 2、3 章中，虚拟世界里的网络攻击事件看似是单向的。俄罗斯攻击爱沙尼亚和格鲁吉亚，却几乎没有遭到报复。然而，在这 10 年中也发生了两场由双方发动的网络战，即 2006 年夏天以色列与黎巴嫩真主党之间的“七月战争”（July War），以及 2008—2009 年间以色列与哈马斯（伊斯兰抵抗运动）之间的“铸铅行动”（Operation Cast Lead）战争。

就战争中各方黑客所表现的网络实力来看，我们一般认为以色列的网络力量更强大。例如，很久以前就传说以色列国防军（Israeli Defense Force，IDF）的“8200 部队”（Unit 8200）几乎参与了 21 世纪头 10 年的所有网络行动。[1] 在这一点上，反以色列组织难以与其相提并论。以摩纳哥青年 [3] 为主要成员，名为“邪恶小组”（Team Evil）[2] 的网络恐怖组织就是以发起许多黑客入侵行动而知名，他们尤其擅长网页篡改。在 21 世纪的头 10 年里，他们发起了很多入侵行动。然而，尽管有许多黑客行动，但这些行动却并不复杂。而七月战争和“铸铅行动”的网络攻击要比这些相对简单的网络攻击复杂得多。可以预测，在将来，以色列与真主党、哈马斯的冲突将继续上演，我们相信由此引发的网络攻击活动也将持续升级，也可能使得黎凡特成为网络攻击“更新换代”最快的地区。

黑客劫持平民 IP 地址：2006 年黎以七月战争

2005 年 2 月，黎巴嫩前总理拉菲克 · 哈里里（Rafiq al–Hariri）遭到暗杀，举国震惊。该事件引发了黎巴嫩民众对占领国叙利亚的抗议，即“雪杉革命”（Cedar Revolution），同时美国与法国也要求叙利亚从黎巴嫩撤军。叙利亚最终妥协，撤离了黎巴嫩。黎巴嫩于 2005 年 4 月组成了新的联合政府。[4] 许多西方人士认为，新政府将会把真主党打造成为一个非军事化政党。然而，伊朗支持的什叶派军事组织却在黎巴嫩横行霸道，并被美国划入“恐怖组织”名单中。联合政府的角色遭到了越来越多黎巴嫩人的怀疑。有传言称以色列将对黎巴嫩发起攻击，真主党领导人于是决定先发制人，于2006年7月率先对以色列发起攻击。在边界冲突中，真主党成员杀死3名并绑架了2名以色列士兵。紧接着真主党又对以色列实施了一系列短程火箭攻击。随后，以色列也发起了大规模报复活动，对黎巴嫩基础设施造成严重破坏，造成1000名平民丧生，然而以色列却并没有找出真正犯事的真主党人。战争持续了大约一个月后，黎巴嫩政府宣布将派遣1.5万名士兵前往南方——这是一项足以使得冲突进一步升级的举措。然而，此时双方也在试图终止这场冲突——最终联合国1701号决议促成了这件事，该决议要求双方停火，实际上终结了“2006年七月战争”。[5]

尽管真主党（见图4–1）和以色列都宣布取得胜利，然而事实上，真主党既没有被摧毁也没有被解除武装，因此很多人认为以色列输掉了战争。[6] 毕竟真主党是以色列发起攻击的首要目标，然而真主党却设法生存了下来。

图 4–1 真主党标志（http://www.english. moqawama.org/）

伴随地面作战的是双方各种网络战技术的运用。尤为著名的是，以色列导演了以真主党电视台网站“Al–Manar”为目标的DoS攻击。特别是由“犹太学生世界联盟”（World Union of Jewish Students）为代表的以色列民众研发了一款名为“扩音器”（megaphone）的软件，这个软件能在网络投票站、论坛和博客上提醒用户，以鼓励他们发帖支持以色列。[7] 另一方面，有报告称真主党黑客入侵了驻扎在黎巴嫩边境的以色列国防军网络。[8] 但是，在冲突期间，如果出现这种活动，情报部门很可能会搜集到消息。但公开媒体并没有报道关于针对足智多谋的以色列国防军发动的DDoS攻击。

真主党的信息战

或许在该冲突期间，最引人瞩目的一个网络战案例就是真主党为支持其信息战所采用的策略。真主党获取“胜利”的一个关键因素就是他们能够比以色列更加迅速有效地传播信息。例如，在真主党成功攻击了一艘以色列的海上军舰后，真主党秘书长萨义德·哈桑·纳斯鲁拉（Sayyed Hassan Nasrallah）就立即通过Al–Manar卫星电视台鼓动观众观看以色列军舰葬身火海的情景。在其讲话结束后，画面立即被切换到了真主党对以色列军舰发起攻击，以及军舰被毁后的片段。而此时此刻，以色列甚至未能确认该事件的真实性。[9]

真主党的整体策略就是不择手段使用信息战（图4–2）。其中一个主要内容为“网络心理战”（cyber psychological operations，Cyber–PSYOP或CYOP）。[10] 网络心理战被定义为，利用网络行动直接攻击并影响士兵和一般民众的看法和行为。例如，网络心理战可能使用“新媒体”传播黑客的信息，比如Facebook这种社交网站等。同样，网络心理战也可以发起DDoS类型的攻击，使敌人丧失传播自己信息的能力。网络心理战是真主党在21世纪初期采用的一种新型军事策略的核心，这种策略名为“**网**

络神经战”。[a] 这种策略是指国家或非国家行动者利用强大的政治和军事实力，来获取关注并施加信息影响力——通过网络，在冲突中积极主动地塑造有利于自身的信息环境。[11]

图 4–2 真主党秘书长萨义德·哈桑纳斯鲁拉。在纳斯鲁拉的领导下，真主党在 20 世纪 90 年代就全面利用互联网进行宣传，最近则用来执行网络战活动以支持宣传（http://www.english.moqawama.org/）。

真主党力求使得网络资产运用成为信息战的关键部分，早在 1996 年成立“hizbollah.org”网站时就开始了。其他相关的网站包括真主党 Al–Manar 卫星电视台网络（www.almanar.com.lb）和哈桑 · 纳斯鲁拉的主页。在撰写本书时，Al–Manar 网站内容能与“黎巴嫩的伊斯兰抵抗”网站（www.moqawama.org）内容共享。然而有意思的是，虽然“hizbollah.org”已建立，但网站在成立初期却没有吸引多少黎巴嫩和阿拉伯的用户。1997 年，阿拉伯世界（以色列除外）的网络用户不足 25 万人，黎巴嫩仅有 35520 人。[12] 网络用户数量有限，加上真主党坚持自网站成立之日，就使用英语和阿拉伯语两种语言编写内容，这暗示了真主党军事组织将网站作为针对西方人、并打造自身形象的工具。自 2006 年黎以冲突以来，真主党针对国际与对手媒体展开行动，这已成为他们标准化的做法。该组织能够迅速准确地报告战术态势，整合成专业媒体产品，并通过各种手段传

[a] 术语“网络神经战”源自“神经战”这一概念，由理查德 · 沙弗兰斯基 (Richard Szafranski) 在 1994 年 11 月发行的《军事评论》中提出。沙弗兰斯基将“神经战”定义为“试图控制或改变敌人的行为，但并不摧毁敌人本身”。

播出去，比如借助他们自己的网站和 YouTube。甚至，这些产品有多种语言形式，包括希伯来语，这重新诠释了真主党的主要策略目标就在于影响对手的思想。[13]

报告常常着重强调以色列国防军对黎巴嫩平民基础设施的毁坏情况。这可以被看作是一种对平民的“附带伤害”（collateral damage），真主党人懂得怎样为自己的利益利用敌人。然而值得注意的是，战后人们发现战争造成的破坏并没有达到真主党所宣称的程度。[14] 在夸大事实的报道中，最臭名昭著的一个案例就是路透社的记者阿德南·哈吉（Adnan Hajj）修改了黎以冲突的照片，并因此遭到了解雇。[15]

真主党劫持 IP 地址

为了应对真主党的网络心理战，以色列的许多西方盟友也有所行动，如美国屏蔽了真主党 Al–Manar 电视台的官网。[16] 也有报告指出，以色列国防军针对 Al–Manar 电视台和其他真主党网站发动了一系列未明确的攻击。[17,18] 由于无法依靠自身网站的合法 IP，真主党于是“劫持”了世界各地的企业 IP 地址——包括美国、加拿大和印度的 IP。[19] 我们将对此类劫持进行案例分析（见图 4–3）。在互联网上，信息是通过若干路由器传输到世界各地的。网上由单一组织控制下的路由器和网络设备统称为“自治系统”（autonomous system，AS）。[20] 每个“自治系统”都有若干面向网络其余各个部分的“边界网关路由器”（border gateway routers）。这些特殊的路由器与网络其余部分相连，可以确保在自治系统中，任何进入计算机的网络流量都能立即被引向正确的方向。例如，如果您请求访问“X 公司”的网站，您的请求要先通过互联网到达该公司的网关路由器，然后在公司内部网站经过路由，直到抵达他们的网站服务器。网络路由器能够把请求成功传输给“X 公司”，是由于其边界网关路由器将本公司所使用的若干 IP 地址传送给了邻近的互联网路由器。这种信息传递所使用的正是“边界网关协议”(Border Gateway Protocol，BGP)。[21]

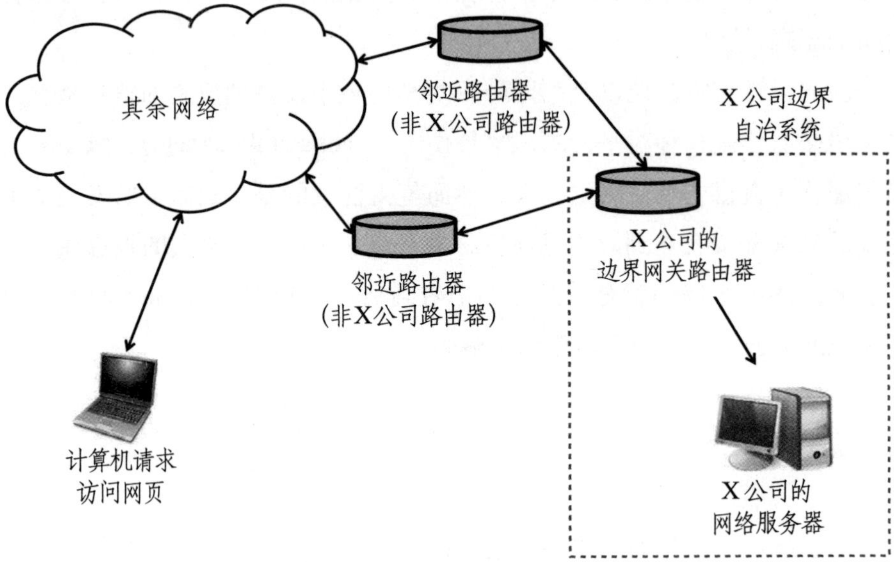

图 4—3 边界网关路由器示意图

在边界网关协议中，有一种隐性信任关系。在网关路由器接收 IP 地址列表时，邻近路由器会默认这些地址为有效地址（在正常操作中是这种情况）。然而，如果自治系统的管理者没有做好防护措施，且（或）没有正确配置边界网关路由器，那么该网络分到的某些 IP 地址可能会遭到劫持。在这种情况下，第三方会将目标系统地址的网段公布出去。[22]《时代周刊》的希拉里 · 希尔顿（Hilary Hylton）指出，IP 地址劫持就好比给受害方公司的电话线接了个电话分机。假如被盯上的目标未能检测出自身已遭“劫持”，那么“劫持者”将有效控制该 IP 地址并为己所用。这正是真主党在“七月战争”中的做法。一个名为“网络研究学会”（Society for Internet Research）的组织为阻止真主党劫持 IP 而努力，他们称自己为“反恐自由职业者”（freelance counter–terrorists）。[23] 为了辨认出被劫持的地址、提醒被当成目标的公司和终止真主党的信息战，这个由计算机安全专家组成的非正式群体监控了真主党的网络流量。然而，该协会表示，一旦被劫持的 IP 地址被检测出来，真主党很快就能重新劫持新的 IP 地址，因此他们把自己的努力称为“打地鼠”（一种游戏），即刚关闭了一个被劫持的 IP 地址，另一个地址又沦陷。[24]

从网络战的角度来看，2006 年的七月战争意义非凡，它说明了网络战与信息战两者之间相互影响的新型关系。真主党能够将信息战和实战战术紧密联系起来，就是因为真主党抢先一步采取了“网络神经战”策略。以色列致使敌人网站瘫痪的这一应对方式，与 2008 年格鲁吉亚之战中俄罗斯所设想的目标类似。然而，真主党能够发动网络战，并成功回击了以色列，要归功于黎巴嫩不断深化现有的信息战技术。正是不断劫持民用 IP 地址才使得真主党得以持续发送他们的战略信息。

网络战争中的平民：“铸铅行动”

在 2006 年与真主党的交战中，以色列学到了许多经验教训。尽管联合国 1701 号决议对以色列来说更有利，然而真主党的信息战使得以色列在阿拉伯人民心中留下了纸老虎的印象。在信息战中，真主党犹如大卫化身，击退了如歌利亚般的以色列国防军（圣经中大卫杀死了巨人歌利亚）。真主党进一步为以色列国防军勾勒出这样一个形象：尽管以色列国防军曾严重摧毁过黎巴嫩的基础设施，却远不能达成解救以色列被囚人员，以及阻止真主党短程火箭攻击的战略目的。因此，战后以色列进入了一段反省期。为了总结在近期与真主党较量中所得到的经验教训，以色列还成立了维诺格拉特委员会（Winograd Commission）。委员会认为以色列国防军的领导阶层已深陷“低烈度作战”（Low intensity conflict，LIC）模式的泥潭中不能自拔，2000 年阿克萨暴动（al Aqsa Intifada）就是一个例子。结果，正是由于忽视了装甲兵与战术航空兵的联合作战的战术，才导致了2006年的战争结局。[25]维诺格拉特委员会还建议提升以色列的信息战能力。随后，国家信息委员会（National Information Directorate）由此诞生。该组织担负起了“哈斯巴拉”（希伯来语，意为“解释”）运动的任务，该运动的开展形式多样，包括多种媒体活动——从传统媒介（即广播）到各种网络新兴技术。[26]这些努力包括用社交媒体让以色列接触世界各地的犹太人和以色列人的支持团体。这一接触手段和真主党的“网络神经战”有所不同，后者的发起是为面向对手而进行的，而以色列的这一尝试瞄准的是思维模式相似的观众，以求得他们的支持。

2008年以色列与哈马斯之间的信息战和网络战

2008年12月底，以色列展开了新行动——“铸铅行动”，以终止加沙对以色列南部的导弹袭击活动。“铸铅行动”以一场空袭拉开序幕，第一日就击毙了50名哈马斯成员。以色列实际上同时发动了精心策划的信息战与武装冲突。两天后，以色列国防军设立了一个名为“以色列国防军发言人部门”的YouTube频道。这个频道的内容出自以色列国防军士兵之手，内容涵盖范围很广，从以色列国防军人员的视频日志（vlog）到精确轰炸的摄影枪录像，再到执行人道主义援助任务的录像。[27]另外，散居在外的犹太人也带头使用了网络新媒体，这点要归功于“犹太人网络国防军”（Jewish Internet Defense Force），该组织在调动犹太人的积极性方面发挥了重要作用。例如，该组织网站有专门指导用户如何使用各类社交网站的教程——包括Facebook、YouTube、Wikipedia以及各种博客。他们甚至还指导人们如何对抗对手的新媒体，同时他们宣称对关闭若干支持哈马斯的YouTube频道服务负责。

哈马斯和加沙居民以自己的方式回应以色列的信息战活动，他们也记录了以色列攻击带来的破坏。借助于手机、Twitter、数码影像产品以及博客，加沙居民能够把自己的故事告诉给整个世界。[28]在YouTube频道被关闭后，他们成立了 paltube.com——一个致力于发布哈马斯视频的网站。

哈马斯与其支持者不仅发动信息战对抗以色列的信息战，还主导了数百起网络篡改以色列网页的事件。尽管有些高调的网页篡改事件引起了大众媒体的关注，[29] 但亲哈马斯黑客所发起的海量攻击才是真正使得以色列蒙受损失的原因（如经济）。通常情况是，亲哈马斯黑客成员经常用网络服务器软件对以色列目标网站进行基本的网络漏洞扫描。在获得进入服务器部分地区的权限后，亲哈马斯黑客便用反以色列涂鸦篡改网页。[30]

或许最著名的网页篡改黑客组织就是“地狱小组”（Team Hell）了。该组织一位名为“不死战士”（Cold Zero）成员宣布对超过 2000 起以色列网页篡改事件负责，其中约 800 起都是在 2008 年战争中实施的。他声称主导了多起以色列知名网站的网页篡改，例如以色列利库德政党（Likud Party）和特拉维夫马加比厄队（Tel Aviv Maccabis basketball team）的网站。[31] 在 2009 年 1 月被捕时，“不死战士”被确认是中东地区一名 17 岁的巴勒斯坦男子，他曾与其他伊斯兰国家有过合作。

除了网页篡改，哈马斯支持者还发动了中小规模的 DDoS 攻击。亲哈马斯的黑客尼姆 · 伊拉克（Nimu al–Iraq），据传是一名 22 岁的伊拉克人，名为穆罕默德 · 萨塔尔 · 沙马里（Mohammed Sattar al–Shamari），改进了曾用于 2008 年加沙战争中的 DDoS 黑客攻击工具 al–Durrah。该软件与俄罗斯黑客活动分子在格鲁吉亚冲突中所使用的 DDoS 攻击软件类似（参见第 3 章）：两种软件都允许无经验的用户在自主操控计算机的情况下，轻松发起 DDoS 攻击，al–Durrah 用户可以输入作为目标的以色列服务器，进入从亲哈马斯的论坛获得的 al–Durrah 界面，随后该攻击软件对被攻击的服务器发出大量请求，最终迫使服务器崩溃并停止工作。[32]

以色列黑客活动分子也拥有自己的 DDoS 攻击工具。一个名为“帮助以色列获胜”（Help Israel Win）的亲以色列组织研发了一款“爱国者”（Patriot）的攻击工具，专门用来在冲突中攻击亲哈马斯的网站。这款软件曾被人称为“自发僵尸网络”，用户在使用该软件时会连接到命令控制服务器（command–and–control server），该服务器所在网址“defenderhosting.com”将引导“爱国者”的用户电脑发起攻击。与俄罗斯黑客活动分子所使用的网络攻击软件 al–Durrah 不同（参见第 3 章），又与“匿名者低轨道离子炮”有所区别（参见第 6 章），“爱国者”不是由用户设置——而是由 defenderhosting.com 完全控制其自愿的主机网络攻击行为。[33]

在以色列，持续 24 天冲突的硝烟刚刚散去，信息战的浪潮也离以色列越来越远。扮演“讲故事”的主角由以色列变为了哈马斯。如今在加沙地区，遭受蹂躏的场景能够如病毒般通过新闻媒体传播开来。是谁在引导这样的变化？可能的原因就是在冲突发生的几个月前，以色列就着手限制媒体进入加沙地带，希望能限制媒体报道被毁坏的设施与人员伤亡情况等冲突所带来的附带伤害。由于此类媒体报道减少，国际社会呼吁联合国通过决议，要求双方结束敌对状态的速度也会减缓，这样一来，以色列就为自己实现其战略目标争取了有利时机，从这一点来说，他们的计划是成功的——以色列国防军几乎实现了所有的战术目标（与 2006 年以色列与真主党冲突不同）。然而，此举带来的后果是加沙地带的所有报道都出自哈马斯和加沙居民之手，这就导致加沙的故事具有片面性。同时，阻止独立媒体进入加沙地带，也就意味着以色列拒绝了一个由中立的第三方能够反驳“加沙故事”的机会。[34] 尽管以色列发起的黑客行动也有成功的案例，例如，以色列国防军入侵了哈马斯电视台，以色列支持者入侵了亲巴勒斯坦的 Facebook 账户，[35] 然而以色列的网络行动却未能阻止哈马斯将信息有效地传到世界各地。相反，来自半岛电视台的阿拉伯新闻记者，在以色列限制媒体进入之前，就已经驻扎在加沙，从而确保把“加沙故事”讲述给整个阿拉伯世界。[36]

2008 年的以色列与哈马斯之战揭示了，在冲突中社交媒体在现代信息作战中的重要性，交战双方力求整合网络行动支持自己。真主党曾在 2006 年发动 IP 地址劫持，一举取得信息战的胜利，然而以色列和哈马斯都没能在 2008 年的冲突中，有效利用网络策略维护自己的公关形象。尽管以色列成功对一个亲哈马斯的网站实施了 DDoS 攻击，并关闭了亲哈马斯的 YouTube 频道，却最终还是没能阻止加沙把“故事”传给全世界。尽管哈马斯支持者也成功地运用了一些信息技术知识，例如建立了 paltube.com 网站，然而似乎并没实施过成功的、复杂的网络战——而仅仅把网络攻击停留在网页篡改和中小范围的 DDoS 攻击的水平。或许，这是因为其组织内部缺乏专业技术的支持——而真主党在 2006 年明显得到了技术支持。这点可能说明，在 2008 年，哈马斯内部在网络上还缺乏次序优化。

小结

2006 年的以色列与真主党武装冲突，以及 2008 年的以色列与哈马斯冲突，说明了参战人员试图利用网络行动支持各自信息战的意愿，同时也展示了诸如 Facebook 和 Twitter 社交媒体的应用，以及利用移动手机上传视频的便利性，这为传统冲突打开了新的维度。因此，网络行动——既增强也削弱了对手对社交媒体的运用——对军事指挥官和支持战争的平民来说，都是一个诱人的选择。真主党机智地劫持了 IP 地址以传递信息的做法，显示出该组织具有顽强的生命力。在 2008 年，以色列通过寻求网络攻击以阻止哈马斯“讲故事”——至少在攻击持续时间内实现了一些战术目标。冲突地区的平民和国际社会的成员都有自己的支持对象，因此由各方发起的黑客行动在未来冲突中，很可能会持续增加。例如，第 6 章介绍了在突尼斯、埃及和其他国家发生所谓的“阿拉伯之春”动乱中，“匿名者”组织的成员如何鼓动并支持了参与其中的抗议者。

推荐阅读

“网络神经战”被认为是真主党的中心策略，莫拉·康韦（Maura Conway）在《网络神经战》（*Cybercortical Warfare*）一文的中曾论及这一概念，2003 年的“欧洲政治研究学会”（European Consortium for Political Research）再次提出了“网络神经战”这一概念。该概念与“网络心理战”的理念类似，“网络心理战”是由蒂莫西·托马斯（Timothy Thomas）于 2007 年在《信息战范围》（*IO Sphere*）发表的《真主党、以色列和网络心理战》（*Hezbollah, Israel, and Cyber PSYOP*）一文中首次提出。萨布林·萨德（Sabrine Saad）等在美国计算机协会网络科学会议（ACM WebSci '11 conference）发表的一篇名为《以色列与黎巴嫩真主党的非对称网络战：网络成为新型战略战场》（*Asymmetric Cyber–warfare between Israel and Hezbollah: The Web as a new strategic battlefield*）的论文中，讨论了以色列与黎巴嫩真主党之战中的网络行动。

以色列与哈马斯冲突的信息战细节参见《军事评论》，由 LTG 威廉·考德威尔（William Caldwell）等人所著文章《学习利用新媒体：近期冲突中的以色列国防军》（*Learning to Leverage New Media: The Israeli Defense Forces in Recent Conflicts*）。此次冲突中的网络行动尽管受到限制，但由“灰色逻辑”（GreyLogic）安全公司于 2009 年发表的一篇名为《灰雁项目二期报告：网络战的演变》（*Project Grey Goose Phase II Report: The evolving state of cyber warfare*）的文章，对此进行了探索，其中还附有对亲哈马斯黑客组织的分析。

参考文献

1. Katz Y. IDF admits to using cyber space to attack enemies. The Jerusalem Post June 3, 2012; http://www.jpost.com/Defense/Article.aspx?id=272503&R=R9.
2. 参见 "Case study: a cyber-terrorism attack, analysis, and response" by Damari K, Chayun A, and Evron G and "The return of SIMBAR: cyber terrorism methodology" by Damari K and Oboler A published by Beyond Security. http://www.beyondsecurity.com。
3. Mor G, Kinan E. Major Israeli websites hacked, YNet News June 2006; [accessed January 2, 2013]. http://www. ynetnews.com/articles/0,7340,L-3268449,00.html.
4. Nakhleh HT. The 2006 Israeli war on Lebanon: analysis and strategic implications, *Master's Thesis*, U.S. Army War College; 2007.
5. Ibid.
6. Inbar E. How Israel bungled the second Lebanon war. The Middle East Quarterly 2007; vol. XIV, 57–65.
7. Saad S, Bazan S, Varin C. Asymmetric cyber-warfare between Israel and Hezbollah: the web as a new strategic battlefield. Proceedings of the ACM WebSci'11, Koblenz, Germany, June 14–17, 2011; 2011.
8. Ibid.
9. Rohozinski R. *New media and information effects during the 33 day war*, The SecDev Group; 2008.
10. Thomas TL. Hezballah, Israel, and cyber PSYOP. IO Sphere Winter 2007;30–35.
11. Conway M. Cybercortical warfare: the case of Hizbollah.org. European Consortium for Political Research, Edinburg, UK, March 28–April 2, 2003; 2003.
12. Ibid.
13. Ibid., Rohozinski.
14. Ibid.
15. Ibid., Thomas.
16. Hylton H. How Hizballah hijacks the Internet. Time August 8, 2006.
17. Ibid., Saad.
18. Peri S. IDF hacks Nasrallah's TV channel. yNetNews.com July 31, 2006; http://www. ynetnews.com/articles/0,7340,L-3283866,00.htm [accessed September 2, 2012].
19. Ibid., Hylton.
20. For a more precise definition, see Hawkinson J. *Guidelines for creation, selection, and registration of an Autonomous System (AS), RFC 1930*. http://tools.ietf.org/html/rfc1930; March 1996 [accessed January 2, 2013].
21. Rekhter Y, Li T. *A border gateway protocol 4 (BGP-4), RFC 1771*, http://www.ietf.org/rfc/

rfc4271.txt; March 1995 [accessed January 2, 2013].
22. Ballani H, Francis P, Zhang X. A study of prefix hijacking and interception in the internet. SIGCOMM '07, Kyoto, Japan, August 27–31, 2007; 2007.
23. Ibid., Hylton.
24. Ibid., Hylton.
25. Johnson DE. Military capabilities for hybrid war: insights from the Israel defense forces in Lebanon and Gaza. Santa Monica, CA: RAND Corporation; 2010.
26. Caldwell W, Murphy D, Menning A. Learning to leverage new media: the Israeli defense forces in recent conflicts. Military Rev., May-June 2009; 2–10.
27. Ibid., Caldwell et al.
28. Ibid., Caldwell et al.
29. Ibid., Caldwell et al.
30. GreyLogic. *Project grey goose phase II report: the evolving state of cyber warfare*; May 20, 2009.
31. Ibid., GreyLogic.
32. Ibid., GreyLogic.
33. Ibid., GreyLogic.
34. Ibid., Caldwell et al.
35. Ibid., GreyLogic.
36. Ibid., Caldwell et al.

[第5章]

网络言论自由受限：俄罗斯和伊朗对国内反对派发动网络攻击

本章概要

DDoS 成为审查工具：反对派组织在网络战面前为何总是不堪一击？

沉默的《新报》和其他俄罗斯反对派组织

转战 LiveJournal

2011 年 DDoS 攻击的可能动机

Optima / Darkness 僵尸网络

"百万人大游行"

伊朗：2009 年大选如何招致猛烈的网络攻击？

2009 年大选

伊朗网军

伊朗网军：域名劫持的背后

谁在掌控伊朗网军？

所谓的伊朗僵尸网络攻击

伊朗网络警察

本章信息

通过网络战攻击国内反对派

政府针对平民的攻击方式

针对伊朗抗议者的攻击

针对俄罗斯国内独立媒体的攻击

2009 年大选后，伊朗网军以及网络警察的崛起

在第 4 章，我们看到了 2008 年以色列是如何试图借助网络战来限制哈马斯方面对社交媒体的使用。与之前提到过的一些事件（比如爱沙尼亚、格鲁吉亚和黎巴嫩）不同的是，哈马斯成员经常活动的区域，虽然名义上属于巴勒斯坦，但实际却由以色列控制。[a] 因此我们可以这么认为，这是以色列利用网络战来镇压国内异见分子的一场行动。这样一来，就引出了一个有趣的问题：政府与其狂热支持者是否会对国内冲突之外的反政府分子发动网络攻击？最终结果显示，异见分子和独立媒体遭到 DDoS 攻击的频率十分惊人，特别是在言论自由受限的国家，这种情况更为严重。

“网络战士”为什么要研究对国内异见分子的网络攻击呢？鉴于本书主要的焦点在于，国际纷争以及对国外非政府武装组织的攻击，比如黎巴嫩真主党，所以对国内独立媒体的网络攻击在本书中就显得无足轻重，那么一国领土之内，针对独立媒体的攻击应该如何被定位？

首先，适用于对国内反政府组织发动网络攻击的战术、技巧和流程

[a] 加沙和约旦河西岸统一称为巴勒斯坦被占领区域（Occupied Palestinian Territories, OPT）。

（TTPs）也适用于国际层面的纷争。一个国家如果有能力对国内反政府组织发动一定形式的网络攻击，那么它同样有能力对外部威胁力量发起攻击。如果对这些反政府组织发动攻击的是一些亲政府组织，那我们可能在国际网络攻击的战场上也会看到他们的身影。举个例子，我们在第4章中提到了2008年与格鲁吉亚冲突的俄罗斯青年组织以及犹太互联网防御队，对他们而言，无论是国内反政府组织还是国外敌对势力，都是攻击的对象。

其次，对攻击反政府组织的行为进行研究，有助于我们更好地了解一个国家的通信限制技术。我们在第4章提到，网络攻击可以成为信息战的关键，也可以成为反击的武器。另外，我们经常在各种冲突中看到，以宣传或行动为目的的反政府组织的身影，在冲突结束后这些组织通常还会继续存在和运行。

我们将对本章剩下的内容作如下安排：首先要探讨网络攻击反对派组织的大致走向，特别是DDoS攻击；其次进行案例分析，主要探讨对反对派组织分子的攻击事件。这里的案例分别来自俄罗斯和伊朗，因为这两个国家对网络战都有详细的记录。

DDoS成为审查工具：反对派组织在网络战面前为何总是不堪一击？

2010年，哈佛大学博克曼互联网与社会中心（Berkman Center for Internet and Society）的研究人员对DDoS经常攻击对象——独立新媒体和人权组织展开了调查。本章大致以该调查为基础。[1] 以一系列谷歌搜索资料以及公开来源信息提供的警报为依据，该中心研究发现，在1998—2010年这12年间，世界上总共有815个该类组织网站受到329起不同形式的网络攻击。然而，这种类型的攻击似乎有上升的趋势：从2009年9月—2010年

8 月，总共有 280 个不同网站遭受 140 起网络攻击。这个数据其实比真实的数字要低很多，这表明独立媒体和人权组织往往是网络攻击的主要目标。另外，研究人员还发现，大多数网站的注册地为美国、突尼斯、俄罗斯、中国、越南、缅甸、墨西哥、以色列、埃及以及伊朗，这预示着对独立媒体和人权组织的网络攻击已在全球范围蔓延开来（见图 5–1）。

图 5–1 独立媒体网站易受攻击的国家（攻击行为并不一定是本国所为）：美国、突尼斯、俄罗斯、中国、越南、缅甸、墨西哥、以色列、埃及、伊朗。

网络注册地的选择是反政府组织和独立新媒体易受攻击的一个原因，另一个原因也和网络服务供应商（ISP）的规模有关。我们通常将这些供应商分为三级。一级网络服务供应商主要是那些大型服务商，比如美国电话电报公司（AT&T）和弗吉尼亚州通信公司（XO Communications）、世纪链接（CenturyLink）、德国电信（German Telekom）以及印度塔塔通信（Tata Communications），这些服务商拥有庞大的客户群体。彼此之间无需支付传送费，就可以进行网络流量交换，因为如果使用该服务的客户够多的话，服务商就能从中获利，完全可以忽略传送费。二级网络服务供应商与某些网络一样，但不同的是，他们需要向别人支付传送费。而三级网络服务供应商需要向前两级所有供应商支付因 IP 传送而产生的费用（见图 5–2）。当下的二级网络供应商主要有英国电信公司沃达丰公司（Vodafone）、阿特拉托（Atrato）IP 网络公司、美国康卡斯特（Comcast）以及维京传媒（Virgin Media）。一级供应商安全团队的技术无疑比其他两类更强大，因此当发生类似 DDoS 攻击这样的安全事件时，一级供应商的安全团队能够迅速做出应对。所以，业界认为这些一级网络靠近互联网的“核心”位置。他们经常会进行信息共享，特别是安全领域的信息，因此这些大公司的安全人员往往深谙网络安全领域最新的战术、技巧和流程。独立媒体以及人权机构的网络服务器经常是由三级网络供应商提供的。他们不选择一级网络供应商的原因有很多种：比如受预算限制；他们国家一级网络供应商靠近政府，这使他们无法获得服务；他们拒绝使用。这样一个结果就是独立媒体以及人权组织的服务器往往远离网络的“核心”，再加上缺少资深的安全人员，因此导致他们在应对攻击时困难重重。

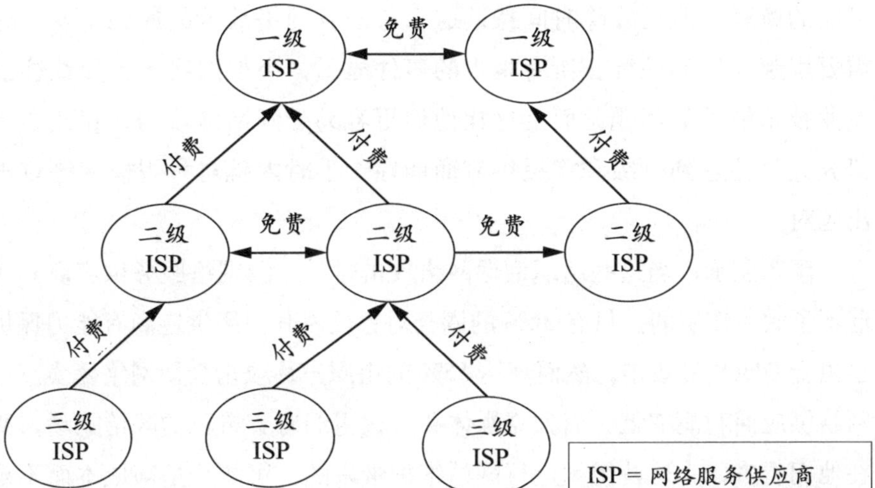

图 5–2 不同等级网络服务供应商关系虚拟图

哈佛研究人员在对 317 家独立媒体和人权组织进行了调查之后，收到了 45 份关于网络攻击的反馈。在所有调查对象中，有 72% 受访者反映其网络经常要面对国家间的各种过滤，62% 遭受过 DDoS 攻击，39% 遭受过不同形式的入侵，32% 有过网页被篡改的经历。而且值得注意的是，调查还发现被 DDoS 攻击的网站和被过滤的网站之间存在一定的关联。这也说明了各自政府和政府拥护者们都在想方设法地在阻止这些组织传播消息。[2]

而且在 2010 年进行这项调查时，大多数的受访者都反映，他们在过去一年中遭受网络攻击的次数增多了。这与其他受访者所反映的情况一致，包括商业组织、政府部门以及私人公司在内的受访者纷纷表示，近些年网络攻击发生的频率增多。与本章内容相关，同时也是被调查对象关注的另一个问题是：48% 的组织反映，他们的系统 1 年内发生故障停机的时间可长达 7 天以上。网络攻击只是系统发生停机故障的其中一个可能的解释，但是故障时间持续这么长而且网络故障的原因不明，这就需要引起人们的注意。所有报告的事件显示，小型网络服务商往往会有专业技术缺乏的问题，而且这让他们更容易受到网络攻击。相比之下，研究人员注意到一级和二级供应商能在 1 小时内就对大规模网络攻击做出应对。[3]

调查显示，当这些组织遭遇网络攻击时，三级网络服务供应商其实是起不了太大作用的。只有 36% 的调查对象反映其网络供应商有能力保护自己免受 DDoS 的攻击，然而高达 55% 的组织声称攻击会使网络瘫痪。小型网络供应商利润率低，而独立媒体和人权组织有着自己的政治立场，所以在他们看来，为这些组织进行网站维护带来的，可能只是高成本而不是高利润。

十几个被攻击的网站系统管理员接受了哈佛大学的采访。调查结果表明，很多时候攻击都采取了混合攻击法，攻不单行，也就是说 DDoS 的爆发往往还伴随着其他不同形式的攻击。举个例子，在朱克曼

(Zuckerman) 等人的一份匿名调查报告中，某系统管理员爆料说有一个反对派组织的网站受到了 DDoS 攻击，随后黑客还企图威胁该组织撤销网站上的一个特别报道（这位系统管理员说该反对派组织对此拒不服从）。另一个受访者还反映，DDoS 攻击不仅以大流量数千兆的速度爆发，更甚者还会骚扰网站的个人用户。他们会在网站上发布煽动性言论，目的就是为了让政府干涉。另有系统管理员经历过很有创意的 DDoS 攻击：黑客入侵系统中之后，会擅自篡改网站内容并发布虚假的反病毒消息，目的就是使用户不敢访问该网站。这些虚假的反病毒消息也包含了可能含有木马程序的恶意软件，让黑客也能入侵用户的电脑系统。[4]

根据哈佛大学研究人员的采访内容可以看出，很多系统管理员都深信其所在国家的政府是这些攻击的幕后黑手，但他们都没有确凿的证据。尽管证据不足，但仍有一些迹象证明他们的假设是正确的。比如一位来自越南的受访者就表示，越南军方在一份新闻报道中声称对攻击负责。另一位来自越南的系统管理员称政府经常过滤他们的网站，但却在巧合的时间内撤掉了限制，为大规模 DDoS 攻击让路。他称这场网络攻击的来源后来指向一个僵尸网络。一位伊朗系统管理员声称其网站曾遭到攻击，最后追踪结果将目标锁定在一个政府官方报纸的网站上。似乎是该报纸网站的第三方网站的访问者在不经意间启动了 Javascript（网页的计算机代码），发动海量访问请求淹没了反对派组织的网站，最终引起网络瘫痪。[5]

反对派组织和独立媒体接受的是小型网络公司的服务，所以在面对 DDoS 攻击时就变得不堪一击。深谙网络之道的政府和技术娴熟的亲政府组织，轻而易举地就可以让反对派组织断网一个礼拜以上。在本章剩下的内容中我们将专门对遭受过 DDoS 攻击的反对派组织做详细的案例分析，特别是俄罗斯和伊朗。

沉默的《新报》和其他俄罗斯反对派组织

《新报》[a]是俄罗斯国内著名的独立媒体，它以专门调查政府腐败、人权侵犯以及政府违法行为而出名。[6]旗下最出名的记者当属已故的安娜·波利特科夫斯卡娅（Anna Politkovskaya），当年她的死引起了西方媒体的高度关注。在撰写本书时，俄罗斯莫斯科警察局前陆军中校德米特里·帕夫柳琴科夫（Dmitry Pavlyuchenkov）承认派人跟踪她并为枪手提供凶器。[7,8]俄罗斯当局对这个案件的调查停滞不前，他们指控车臣政府[b]的支持者策划了这次谋杀，但幕后主谋仍然不得而知。[9,10]安娜·波利特科夫斯卡娅以其对克里姆林宫直言不讳的批评而出名，人们普遍认为她的记者身份是被谋杀的原因。过去10年间，另有4名《新报》的记者与波利特科夫斯卡娅一样遭到谋杀。[11,12]

2012年夏，《新报》主编德米特里·穆拉托夫（Dmitry Muratov）向政府撰写了一封公开信，信中披露了该报副总编，因报道俄罗斯司法部门的腐败行为而遭到俄罗斯调查委员会主席亚历山大·巴斯特雷金（Aleksandr I. Bastrykin）的恐吓。[13]《新报》总部设在莫斯科，因其调查细致入微并尖锐揭露俄罗斯国内滥用职权、高层腐败，以及侵犯人权的行为而出名。[14]《新报》在其他领域的报道也多有建树，该报在经过多年的调查后，披露了俄罗斯国内重大走私丑闻，卷进这次丑闻的有：特里基塔公司（TriKita，三鲸家具城）、格兰德家具公司、俄罗斯联邦安全局（Federal Security Service，FSB），旧称苏联国家安全委员会（KGB）[15]，以及俄其他政府部门，[16]然而法庭却将这次走私案件当成小型家具走私案处理。[17]家具行业协会主席谢尔盖·比列维杰夫（Sergei Pereverzev）是这次走私案的主要证人，他在出车祸

[a] 该媒体的英语版本，参见：http://en.novayagazeta.ru/。

[b] 调查人员引用了波利特科夫斯卡娅对车臣政府侵犯人权的报告，认为这是她被谋杀的原因。

住院接受治疗期间，被人谋杀，而谋杀案的第二天本是他要出庭的日子。[18] 2003年夏，叛逃英国的俄罗斯联邦安全局前特工亚历山大·利特维年科（Alexander Litvinenko）[19]死于钋金属中毒。之后《新报》负责调查该案件的著名调查记者，国家杜马代表尤里·谢科齐金（Yury Shchekochikhin）也同样惨遭杀害。[20]这两起案件受害者的体内很快都出现了辐射异常的迹象，这应该是因为身中剧毒的缘故，该毒药被人称作"人体内的核武器"。[21]这位经验丰富的记者在死之前，声称自己手上握有证据证明走私案件与洗钱活动（通过纽约银行）以及非法武器交易有关。[22]他的死亡案件最终被提交至俄罗斯调查委员会进行调查，该委员会主席是亚历山大·巴斯特雷金。2009年调查委员会对此案的第四次调查宣告结束，他们的解释是：另一个人体组织实验室经过实验证明，谢科齐金并不是因中毒而死[23]，但是所有关于此案的医疗档案都是不对外公开的机密文件[24]，所以事实究竟是怎样的，外界也不得而知。保护记者委员会（Committee to Protect Journalists，CJP）等这样的组织发现《新报》的记者在人身安全方面具有极大的风险。[25]

在2010年2月初，《新报》网站遭到了DDoS攻击，每秒网络流量最高可达150万次，这个情况持续了6天之久。该报不得不通过社交网站LiveJournal的博客平台来维持报纸的在线更新。[26]业界普遍认为，该报著名记者尤利娅·拉特尼娜（Yulia Latynina）的那篇揭露俄罗斯官场腐败泛滥的报道，是引起这次网络攻击的导火索。在这之前，拉特尼娜因勇于揭露人权和腐败方面的问题，而获得由美国国务院颁发的自由卫士奖（见图5–3）。[27]

转战LiveJournal

在2010年2月遭受了DDoS攻击之后，同年11月，《新报》官网再次受到攻击[28]，这使得该报越来越倚重社交网站LiveJournal来维持网站

图 5–3 2008 年，尤利娅·拉特尼娜接受时任美国国务卿赖斯颁发的“自由卫士奖”。2010 年，拉特尼娜一篇反映俄罗斯国内腐败现象的新闻报道导致俄独立新闻媒体《新报》遭到大规模 DDoS 攻击。
图片来源：美国国务院提供的视频。

的在线运转。哈佛大学博克曼中心表示，将新闻报道的重心转移到类似 LiveJournal 这样的社交网站上来，可以有效削弱 DDoS 攻击的效果。在一些组织看来，放弃自己官网阵地而转投 LiveJournal 的怀抱显得有失风度。风度虽失，但安全系数却大大提高。像 LiveJournal 这样的大型社交网站一般都更有实力，因此可以轻松抵御 DDoS 的攻击。这是因为这类网站的服务器处理能力更强，而且还拥有一批专门维护信息安全的人员。

然而，大约 1 年后，几个俄罗斯 LiveJournal 网站于 2011 年 4 月遭到了 DDoS 的攻击。[29] 卡巴斯基实验室（Kaspersky Lab）的安全专家亚历山大 · 高斯特夫（Alexander Gostev）表示，俄罗斯《新报》也是这次行动的攻击目标。[30] LiveJournal 在俄罗斯得到广泛使用，在其遭受攻击时，注册用户估计高达 470 万。

卡巴斯基实验室的一份报告表明，诸如阿列克谢 · 纳瓦尔尼（Alexey

Navalnyd)[a] 等一些政治活动家的 LiveJournal 博客可能是这次网络袭击的预定目标。[31, 32] 纳瓦尔尼的 Twitter 有接近 4 万人关注，他的博客和网站——Rospil.info，是俄罗斯反对派表达观点的重要平台。[33] 2008 年，金融律师纳瓦尔尼和一些政治活动家开通了博客，他在博客中揭露俄罗斯国有企业内部的贪污腐败。从那时起，这位活跃的反贪博主就成了普京最大的敌人。[34] 2012 年，《时代》杂志将纳瓦尔尼选为最具影响力人物之一，并将其描述成俄罗斯“网络反对派”的一部分[35]，虽然这些并没有得到大多数俄罗斯人的支持。[36]

在 2011 年议会选举前，纳瓦尔尼鼓动其博客粉丝把选票投给其他政党，勿投亲政府的统一俄罗斯党。虽然普京所属的政党最终获得了胜利，但所获选票和预期相差甚远，而且还被指控涉嫌操纵选票。大选最终在莫斯科和其他一些大城市引发了大规模抗议活动，即所谓的“百万人大游行”(March of Millions)。[37] 几个月后，类似事件的发生再次为普京的当选蒙上阴影。2011 年 5 月，俄罗斯政府指控纳瓦尔尼涉嫌腐败。面对指控，纳瓦尔尼回应，称该罪名是“虚构、伪造、莫须有的”[38]。《纽约时报》援引了分析人士的话语，称该项指控是为了镇压纳瓦尔尼发起的抵制亚历山大 · 巴斯特雷金的政治运动，纳瓦尔尼宣称巴斯特雷金在欧洲拥有房产及其他一些投资。[39]

与此同时，纳瓦尔尼称俄罗斯联邦安全局收集了 RosPil 网捐款人的信息并将其交给亲政府青年团——纳什。[40] 除此之外，他的邮箱被黑，当中的资料也随即被公布。[41] 2012 年 8 月，纳瓦尔尼刚当选为公司董事会成员后不久，纳什试图将纳瓦尔尼从俄罗斯航空（俄罗斯主要航空公司）的董事会中清理出去。他们在法庭上的争议主要围绕对俄罗斯法律的错误解读，俄罗斯法律规定律师不能同时兼任其他职位，但他们忽视了纳瓦尔尼在董事会的职位是通过选举获得的，因此这完全合法。[42] 在准备 2012 年总统大选时，青年团显然存在花钱雇佣网络水军的行为，被网络黑客和匿

[a] 他的 LiveJournal 英文博客地址，参见：navalny-en.livejournal.com/。

名者组织（参见第6章）[43]截取并公之于世的那1000封左右的邮件便是佐证。这些被公布的邮件显示，纳什动用大笔资金用以支付网民发表对普京有益或者诋毁其竞争对手的评论，支付给网民的资金被指来自克里姆林宫。[44]还有传闻称亲俄罗斯统一党的青年团是一系列DDoS攻击的幕后推手。青年团在2011年12月俄罗斯议会选举之前针对自由派媒体（尤其是莫斯科回声广播电台和独立选举监督组织格罗斯）发动了一系列网络攻击。[45]但人们看到，DDoS攻击多年来早已成为对付线上独立媒体和主要反对者的常用手段，而且，正如一位博主所抱怨的那样：发动网络攻击的肇事者并不会受到惩罚。[46, 47]

2011年DDoS攻击的可能动机

尽管这次网络攻击的原因尚不明确，但正如之前所提到的，俄罗斯议会选举和总统选举恰好在2011年12月以及2012年3月4日进行。[48]因此这次攻击可能是一种让反对派噤声的手段，因为他们开展政治运动反对现政府的领导权。例如，在2011年网络攻击发生之前，《新报》开展了一项“RUNET（俄罗斯互联网）在线议会”活动。按照该报的说法，“在线议会”将“替代现任当局”。除此之外，反对派团体“人民自由党”（People's Freedom Party）在袭击发生时，正准备在LiveJournal上发表一篇名为“普京 · 腐败”（Putin. Corruption）的报告。[49]

如果俄罗斯政府真的像多位反对派领导人声称的那样，是这次网络袭击的幕后策划者，那么就可能是克里姆林宫愈发担忧“阿拉伯之春”可能会蔓延至俄罗斯本土。2011年，在袭击发生以前，埃及人罢免了他们的总统胡斯尼 · 穆巴拉克（Hosni Mubarak），这次政变的部分原因是由于社交媒体的火上浇油。2011年2月，时任俄罗斯总理弗拉基米尔 · 普京的副手之一指控谷歌参与了埃及的政治叛乱。[50]差不多同时，俄罗斯总统德米特里·梅德韦杰夫（Dmitry Medvedev）就中东局势发表声明："他们也曾为俄罗斯准备了同样的剧本，现在他们比以往任何时候更希望在俄罗斯造成（中东那样的）混乱局面，但无论如何，他们的阴谋绝不会得逞。"[51] 此外，在这次袭击期间，俄罗斯联邦安全局主管亚历山大·安德烈耶奇金（Alexander Andreyechkin）称："滥用诸如 Skype（网络语音沟通工具）、Gmail（谷歌邮箱）以及 Hotmail（微软邮箱）这样的网络服务，可能会对俄罗斯国家安全构成巨大威胁。"[52]

尽管有观点认为克里姆林宫参与了这次袭击，但在袭击期间，俄罗斯总统梅德韦杰夫的 LiveJournal 主页同样也掉线。[53] 我们注意到，通过分析被僵尸网络攻击入侵电脑的网络流量，安全研究员们可以识别出大规模网络攻击中，僵尸网络的攻击对象以及涉及多少命令控制服务器。基于这些认识，网络安全人员得已弄清对 LiveJournal 和《新报》发动攻击的僵尸网络，当时接受的指令是在几天内将一个或两个特定网站作为攻击对象。[54] 4 月 6 号，网络攻击大幅增加，僵尸网络攻击的网址达到 36 个，其中包括 http://livejournal.com 以及 http://livejournal.ru。[55] 这些攻击波及了所有 LiveJournal 用户，包括俄罗斯总统。梅德韦杰夫在他的个人博客被攻击后，于 4 月 7 日发表声明谴责了这次网络攻击。如果克里姆林宫真的参与了这次攻击的话，那么对梅德韦杰夫的 DDoS 攻击则可能是一出"苦肉计"，以让公众相信当局并没有在这个紧要关头发动网络攻击镇压反对。令人惊讶的是，不同于传统媒体——如报纸、电视以及电台那样受到严格的审查，"RUNET"（俄罗斯互联网）几乎不受审查的限制（就笔者撰写此书时的情况而言）。梅德韦杰夫的博客遭到攻击所带来的间接伤害，并不会阻碍俄罗斯领导层向公众传递信息，因为他们完全可以诉诸传统媒体，而这一点是反对派无法企及的。而且，梅德韦杰夫的博客被攻击还导致了一场反宣传运动。比如，路透社在 4 月 7 日登载了一篇新闻特写，题为"梅德韦杰夫谴责对他博客的'非法'攻击"（*Medvedev criticizes 'illegal' attack on his blog*）。[56]

这次网络攻击发生几天后，《新报》正式请求俄罗斯政府调查 2011 年 4 月其网站遭受的 DDoS 攻击。[57] 我们目前并不知道政府是否已经对这一请求采取了行动。为安抚民众，俄罗斯总统梅德韦杰夫曾于 2011 年 2 月发布命令，要求联邦安全局局长亚历山大·博尔特尼科夫彻查 2010 年针对《新报》的 DDoS 攻击。然而，截止本书起稿之时，相关调查并没有展开。[58]

Optima/Darkness 僵尸网络

我们现在能确定，一种被称为"Destination Darkness Outlaw System"[59]（又称"Optima"或"Darkness"）的僵尸网络参与了 2011 年 4 月的 DDoS 攻击。[60] 这种僵尸网络的制作者最早在 2009 年 3 月开始出租该僵尸网络的使用权[61]，这使犯罪分子能够借助其发动网络攻击或者盗取数据。然而，尽管该僵尸网络服务的出租广告早已出现，但安全专家直到 2010 年，才发现其最早的使用证据。[62, 63] 僵尸网络制作者出售网络服务的积极性很高。据观察，在 LiveJournal 遭到攻击期间（2011 年 3 月 23 日—4 月 1 日），除了纳瓦尔尼的网站（rospil.info 以及 navalny.livejournal.com）之外，西北海湾联邦工业监管办公室（Northwest arm of the Federal office）网站以及一家家具厂的网站（kredo–m.ru）都成为了这次网络攻击的对象。[64] 对家具厂的攻击可能是由其竞争对手发动的，只不过恰好与这次"带有政治动机"的网络攻击发生在同一时间。[65] Optima/Darkness 在攻击发生时，已经发展得非常完善。当时该僵尸网络最新版至少更新到了第 8 版，这也表明，自 2009 年将其发布之后[66]，软件制作者的开发速度以及漏洞修复速度都是非常快的（在笔者起稿时，最新版本已经达到了第 10 版）[67]。SecureList（卡巴斯基实验室旗下信息安全网站）的一篇文章认为 Optima 的创作者是"说俄语的恶意软件写手"（Russian–speaking malware writers），因为这些软件主要是通过俄语论坛出售。[68] 文章的作者同时表示，该僵尸网络的结构高度碎片化，因此要确认它的规模十分困难。碎片化的结构意味着软件的拥有者可以出租僵尸网络的一部分，还可以将该网络服务同时出租给多个用户。[69] 僵尸网络这种碎片化的本质，也就解释了为什么前文所说的家具厂和联邦办公室会和俄罗斯反对派同时遭到攻击，尽管这三者之间看似并无关联。现在看来，Optima/Darkness 在 2010 年应该拥有两个命令控制服务器——greatfull.ru 和 greatfulltoolss.ru，两个都登记在 smilefrince@yandex.ru 中。研究人员对这个邮箱进一步分析后，得到的是该僵尸网络的广告。[70] 在 2011 年早期，研究人员识别了 16 个命令控制网站，这也大致表明了该僵尸网络不管是规模，还是受欢迎程度都在增加。[71]

僵尸网络的 DDoS 攻击能力包括在不同协议（诸如 HTTP、ICMP、TCP 和 UDP）当中使用洪泛法（Flooding）发动攻击。HTTP 和 ICMP 协议分别表示的是网页传送和系统层面的信息交流。TCP 和 UDP 是两个核心协议，许多互联网上的应用都要借助这两个协议来通信。Optima 恶意软件通常会利用这些协议的一些设计缺陷。[72] 在这次网络攻击期间，该僵尸网络据估计入侵了数以万计的电脑系统。[73, 74] 从一开始，Optima/Darkness 僵尸网络就被设计成可使用 100 个线程（thread）的病毒。使用线程可以让电脑一次运行多个进程，即每个进程都在不同的线程中运行。其结果就是，僵尸网络软件能够在被感染的电脑上同时发动 100 次攻击。[75] 该恶意软件还善于伪装，造成 100 个线程当中每个线程都在不同的电脑中运行的假象，这使得僵尸网络可以蒙蔽一些 DDoS 保护工具。[a] 最终导致的结果就是 Optima/Darkness 僵尸网络发动的攻击会大幅增强。早在 2010 年，Optima/Darknes 的创作者们就宣称，只需 30 个他们的僵尸网络就可以入侵绝大多数网站。[76] 该恶意软件的其他特点还包括可以盗取密码、文档并记录僵尸网络的击键信息。[77]

[a] 这往往被认为是源地址欺骗，因为每一条线程都会从不同的假冒源地址发送数据包。

“百万人大游行”

2012 年 6 月 12 日，在俄罗斯国庆节这一天，反政府示威者们把莫斯科的街道围得水泄不通。示威者们高声喊着口号，“俄罗斯不需要普京”、“结束克格勃统治”[78]。这次事件被称为“百万人大游行”，它是弗拉基米尔·普京担任新一任总统一个月以来遭遇的首次大规模抗议活动。在此前有过一次尝试性的抗议活动——在普京就职的前一天，当时造成的冲突最终导致当局逮捕了 700 名示威者并造成其他 150 名非暴力示威者受伤。[79] 当局估计有大约 18000 名示威者参与了这次示威游行，然而游行组织者则估计参与人数超过 10 万人。俄罗斯当局似乎在想办法抑制示威活动的影响，正如他们希望抑制住这次示威活动一样。当局为示威活动相关的财产损坏开出了罚单，要求示威者受罚。在示威活动的前一天，俄罗斯当局突袭了几位示威活动主要领导者的公寓，其中包括阿列克谢·纳瓦尔尼——他的 LiveJournal 网站是前一年网络攻击的对象之一。在这次搜查后，抗议领袖纳瓦尔尼、乌达左夫（Sergei Udaltsov）、雅新（Ilya Yashin），以及索布恰克（Ksenia Sobchak）被传唤，就抗议当天的事情接受讯问。[80, 81]

2011 年 5 月 6 日，莫斯科“百万人大游行”抗议活动正处于初期阶段，视频直播平台（影音串流）Ustream 和 Bambuser 由于 DDoS 攻击而引起网络瘫痪。莫斯科回声广播电台、《新报》、互联网卫星电视台、俄罗斯电视台 Dozhd（俄文意思为“雨”）这些媒体的在线网站在同一天都遭到了攻击。[82] 记者马尔卡兹·卡夫卡兹（Markaz Kavkaz）注意到，车臣新闻网站“高加索中心网”（kavkazcenter.com）因网络攻击而引起网站瘫痪长达一个星期之久。他们指责克格勃的继任者俄罗斯联邦安全局是这次攻击的发起者。[83] 在撰写本书之际，我们尚未获得任何相关的技术细节。[84] 抗议最终演变为一场暴力活动，有人不禁怀疑在线视频网站被攻击，这背后更大的目的其实是为了防止抗议活动中的暴力视频和图片在网络上疯传。“百万人大游行”抗议活动发生一个月之后，包括《新报》在内的几个反政府独立媒体官网再次成为 DDoS 攻击刀俎下的鱼肉。[85] 尽管缺乏相关技术分析，抗议活动连同大规模 DDoS 攻击的爆发，暗示着俄罗斯国内已经拥有了新的战术、技巧和流程。有趣的是，和以色列人在展开“铸铅行动”军事行动之前，想方设法让媒体噤声一样（参见第 4 章），俄罗斯人在准备镇压暴乱之前也攻击了一些视频网站，使他们无法播放与“百万人大游行”抗议活动相关的视频。2008 年俄罗斯在进攻格鲁吉亚之前，同样也先发动了网络攻击（第 3 章）。利用网络攻击使对手失声，造成他们无法对外发表自己一方言论的方法，目前仍可大行其道，因为实时新闻高度依赖网络通信平台来进行相关报道。

不管攻击反政府组织和独立媒体的是俄罗斯政府，还是其坚定支持者，事件本身已在无形中透露出俄罗斯政治发展的新趋势。由于《新报》及其他自由独立媒体的报道内容不为当局所允许，他们还尝试建立“在线议会”这样的新组织，并企图发动更大规模的抗议活动，如此种种导致他们成了黑客攻击名单上的常客。而且，这些攻击并不全是由国内冲突造成的，所以就算反政府组织没有拿起武器反抗，这个国家内部仍是一个信息冲突不断、网络纷争迭起的地方。最后，Darkness 和 Optima 这种高级僵尸网络工具常被用于对付 LiveJournal 这样资源丰富的社交网站，这也从另外一面透露出，俄罗斯政府及其支持者有能力发动杀伤力强大的网络战。到 2011 年 12 月，俄罗斯网络注册用户达到全国总人口的 61.5%。[86] 基于俄罗斯国内大部分传统媒体都要接受政府的审查的事实，所以反对派组织不得不倚重这些社交网站来保持日常工作的运转。博客上像纳瓦尔尼这样著名的“大 V”和互联网用户数量的增加，这说明俄罗斯政府无法在互联网上过滤此类信息，从而只能欣赏这些媒介所提供的机会。

伊朗：2009 年大选如何招致猛烈的网络攻击？

在过去的 4 年里，震网病毒的横行以及 2009 年伊朗大选这两件事，极大改变了伊朗对网络攻击的看法。我们将在“攻击伊朗核设施”这一章节对攻击伊朗核设施的震网病毒做详细讲解，这里就不再赘述（参见第 12 章）。伊朗国内反对派在 2009 年大选时，大规模利用社交媒体来攻击政府，特别是 Twitter 和 YouTube（Facebook 在伊朗国内常常被屏蔽），反对派还利用 DDoS 攻击了政府的网站。[87] 在本节，我们将首先大致回顾一下伊朗 2009 年大选后，发生的几次网络攻击；其次再对伊朗黑客组织“伊朗网军”（Iranian Cyber Army，ICA）做简要介绍，这支庞大的亲政府黑客组织在 2010 年开始引起世人的关注；最后我们将探讨伊朗官方在面对网络问题时所推出的应对措施：“网络警察”。

2009 年大选

伊朗伊斯兰共和国第十届总统选举在 2009 年 6 月初举行。在那次选举中，时任伊朗总统马哈茂德 · 艾哈迈迪 – 内贾德（Mahmoud Ahmadinejad）获得超过 60% 的选票，一举击败前总理侯赛因 · 穆萨维（Mir Hossein Moussavi）。[88] 穆萨维是一名“改革派”，主张与美国进行对话。[89] 在选举结束后，穆萨维的支持者走上德黑兰街头举行示威游行活动，抗议大选中存在的舞弊行为。[90]

大选结束之后，伊朗似乎在网络上销声匿迹了。伊朗国内有 6 家可以与互联网保持联系的网络供应商，但所有人都注意到在大选结束的那一天，伊朗与外部世界的网络通信几乎停滞。[91] 尚不清楚到底是谁导致了这一中断，但有人怀疑是伊朗政府利用深度包检测技术（deep–packet inspection，这种能极端仔细地、有选择地屏蔽可能具有破坏性的通信）来监控网络上所有进出伊朗的信息流。[92] 这样做会使网络流量变得很慢。然而，伊朗人民在政府的层层监控中，还是可以通过代理服务器来与外界获得联系，[93] 这些代理服务器包括 Squid 和 Tor [94]。从本质上来看，代理服务器其实就是连接两个电脑网络的中间媒介。

在政府层层的审查中突出重围的伊朗反对者，通过社交媒体，特别是 Twitter，向外界传递信息，更新近况。[95] 就在大选结束后，年轻的伊朗反对者们每日在 Twitter 上更新超过十万多条关于抗议的消息。[96] 美国政府响应了这次反抗艾哈迈迪－内贾德的活动，为此美国务院特地要求 Twitter 公司在伊朗举行抗议活动期间，推迟更新软件的时间，让抗议者的通信保持顺畅。[97] 艾哈迈迪－内贾德的支持者也活跃在 Twitter 上，但数量远远低于抗议者。[98]

在示威活动中，YouTube 也起到了很大的作用。2009 年 6 月 20 日，无党派人士妮达 · 艾嘉－索尔坦（Neda Agha–Soltan）只是路过示威活动现场，却在德黑兰的街头被人枪杀。一位旁观者用手机记录下了她的遭遇并上传到了 YouTube 上，立刻引起了全球的关注，此后妮达成了抗议者心中的偶像。[99, 100] 据推测，凶手是政府控制的“巴斯基”民兵组织（Basij militia）中的一员。[101]

巴斯基民兵组织（波斯语意即“抵抗力量动员”）是伊朗国内一支武装组织，它是伊朗革命领袖阿亚图拉 · 霍梅尼（Ayatollah Khomeini）于 1979 年在两伊战争中创立的。据估计，该组织现约有 40 多万的追随者。他们一般缺乏正规训练，只是在伊朗实施“人海战术”时发挥作用，想纯粹靠武装分子的人数来在近距离作战中取得胜利。巴斯基民兵组织在两伊战争期间协助正规军（训练有素，培养成本更高）作战，通过跑过雷区来清除战场上的地雷。[102, 103] 今天巴斯基民兵组织已成为“伊朗革命卫队”令人闻风丧胆的左膀右臂，他们负责驱逐反政府示威活动，镇压反对派集会，以及保证伊朗人民着装规范。[104] 伊朗大选抗议期间，约有 7 名抗议者（包括妮达在内）在示威活动中命丧巴斯基成员之手。[105] 巴斯基民兵组织的成员分散在德黑兰的各个角落，在需要时可随时待命。伊朗底层人民参加巴斯基民兵组织（在过去多为男性成员，这几年也有女性成员参与其中）除了有金钱的奖励之外，还可以获得上大学的机会[106]以及可能从一个思维相似的团体中受益。这支狂热的准军事武装部队以反应迅速、手段残酷、暴力绑架以及粗制武器（比如棍棒、软管以及其他任何可用于攻击抗议者的武器）而令人胆寒。[107]

在抗议者与支持者看来，妮达的死成了这次运动的核心，她的牺牲印证了伊朗当局的肆无忌惮与惨无人道。有妮达肖像的标志或“我是妮达”的标语成为近来伊朗反对派抗议运动的显著标志。用她母亲的话来说，就是：“女儿虽死，但她的记忆却日益生辉。”[108]

就在反抗运动如火如荼进行时，伊朗国内的呼声得到了世界各地许多黑客的响应，他们组成了一个半松散状态的组织，为伊朗激进分子提供包括代理服务器、匿名网站[a]，以及技术在内的支持，使反对派在信息传播与组织运动的过程中不被伊朗当局过滤或者发现。为了纪念那位 26 岁就牺牲的伊朗姑娘,这个项目被叫做“妮达网”[b]（www.nedanet.org）。[c] 如上所述，有人怀疑伊朗政府使用“深度包检测技术”来监控网络来往于伊朗的信息，屏蔽那些不利于他们的言论。代理服务器在对信息进行加密处理之后上传至互联网，使黑客活动分子可以和外界沟通。面对“妮达网”来势汹汹的行动，伊朗政府采取了封锁的措施，屏蔽了服务器 IP 地址，同样被屏蔽的还有那些由“妮达网”行动志愿者配置的代理服务器。代理服务器本身存在漏洞，志愿者必须先将代理服务器地址广播出去，用户才能使用。但可惜的是，这样一来，这样的广播广告让对手（该案例是伊朗政府）也可以监控或屏蔽服务器的接入端口。[109]

除了示威活动和利用社交媒体以外，抗议者还向伊朗官方媒体网站发

[a] 匿名网站使用的代理服务器都隐藏了用户的源信息（IP 地址），因此这保证用户在使用互联网时会多一层额外的隐私保护层。

[b] 这是 IT 公司 NedaNET Inc. 的基础。这家位于硅谷的公司为中小型企业提供电脑和网络咨询服务（www.nedanet.com）。

[c] 这家机构的公共发言人是埃里克 · S. 雷蒙德（Eric S. Raymond）。

起一些小规模的攻击。和2008年俄罗斯—格鲁吉亚战争以及加沙战争中的激进黑客们一样，这些各自行动的抗议者攻击政府时，所使用的武器正是网络上非常流行的DDoS攻击。但是这些DDoS攻击技术在当时还不是那么成熟，不过只是简单的自动定时刷新页面的小工具而已，比如著名的Pagereboot.com网站和一些简单的自定义工具。[110] 尽管这些工具看起来比较简易，但还是起到了一定的作用。在一次令人关注的回击中，伊朗官方喉舌法尔斯通讯社在其网站首页插入代码，这样一来，一旦反对派发起攻击，他们就能够反攻回去。但这一招并没能让反对派停止攻击。[111] 这可能是在前面章节中，哈佛大学研究人员描述的同一起事件。

伊朗网军

2009年大选结束之后，艾哈迈迪－内贾德的政权还是经受住了这场狂风暴雨般的考验。反对派利用Twitter将许多未被当局屏蔽的一手信息披露给外媒，这让伊朗政府在国际舞台上颜面尽失。伊朗政府支持者很可能正摩拳擦掌准备实施他们的复仇大计。2009年12月，Twitter网站遭到伊朗亲政府分子的入侵，瘫痪几个小时之久。[112] 一个名叫“伊朗网军”（Iranian Cyber Army，ICA）的黑客组织声称对这次攻击负责，他们在Twitter主页留下了这样一行大字：**本网站已被伊朗网军入侵**（以及一些抗美爱国宣言）。[113] 其实，该黑客组织并没有真正入侵到Twitter服务器中，只是劫持了域名而已。通常情况下，我们通过IP地址就可以检测到所有联网的计算机。域名系统服务器（domain name service，DNS）在网络上，是作为域名和IP地址相互映射的一个数据库，规定必须通过域名解析才能最终得到该主机名对应的IP地址，这样就可以有效防止一些别有用心的用户，利用IP地址兴风作浪。ICA组织设法篡改了Twitter的IP地址，将网站用户引导至他们的服务器上。[114] ICA组织具体是如何操作的，我们不得而知，但一般情况下劫持域名的方法有以下几种：第一个最直接的方法就是DNS

欺骗。黑客在骗过域名注册机构或组织之后，重新分配 IP 地址。另一种是 DNS 污染。黑客通过入侵 DNS 系统损坏服务器上的信息，向用户发送黑客任意指定的虚假 IP 地址，替换域名系统表中的地址。通常情况下，DNS 污染法操作起来有地域限制，因为指定的 DNS 服务器只能在一定范围内使用。以上所举两种方法都不像 DDoS 攻击那样，需要黑客有那么多的计算资源，所以要解决它们带来的困扰也不是难事，特别是对 Twitter 这样的大公司来说。可能 ICA 的目的也很单纯，就只是上头条宣誓他们已经成功报复了 Twitter 而已。如果这真的是 ICA 的初衷，那么他们似乎已经如愿以偿。

继 Twitter 之后，中国搜索引擎网站百度，又被 ICA 攻陷，这次事件轰动一时。[115] 攻击手段和后果与之前攻击 Twitter 时如出一辙，百度有好几个小时内处于无法访问的状态。[116] 在 Twitter 被 ICA 攻击时，伊朗国内“绿色革命”阵营的官网主页 mowjcamp.com 也被攻击。“绿色革命”由伊朗国内反对派组成，在大选后的抗议运动中起到了关键作用。[117] 与 Twitter、百度的命运不同，“绿色革命”（Green Movement）官网的 DNS 名在遭到攻击之后，瘫痪了 6 个多星期 [118]。造成这种差异的原因是因为 Twitter 和百度是一级或二级供应商为其提供网络服务，而像“绿色革命”这样网站其实是处于互联网边缘的角色。我们在本章开头就已提过，三级网络服务供应商缺乏专业技术支持，更没有大公司的资源多，因此“绿色革命”网站不得不夜以继日一层一层地修复因域名纷争（指甲乙两方注册了同一个 URL 名）而造成的破坏，这个域名争议中的乙方是由 ICA 虚构出来的一个个体。对域名合法所有者的认证是个很漫长的过程。因此 ICA 这次对“绿色革命”官网的攻击可谓是打了非常漂亮的一战。

伊朗网军：域名劫持的背后

2010 年和 2011 年，ICA 相继又因多起域名劫持和首页留名事件而蜚声一时，其中最为著名的就是对美国政府对外广播机构——美国之音（VOA）网站的攻击（图 5–4）。[119] 然而，这些攻击的目的远不是引起媒体的关注这么简单。2010 年 ICA 对美国科技博客 TechCrunch 网站的攻击引起了研究人员的关注，在调查了事件的整个始末之后，研究人员发现了一些有趣的现象。在之前几次攻击中，ICA 组织利用 DNS 入口将用户引到自己的服务器上，而这些服务器上有大量支持伊朗政府的言论。但这一次，ICA 组织在其服务器上创建了一个可执行脚本，这个脚本将导致计算机浏览器存在安全隐患，运行之后用户计算机将自动下载病毒软件。[120] 赛博安全公司（Seculert）的研究人员在研究了这个病毒之后，发现该病毒软件正是利用了目标操作系统（target operating system）存在的大量漏洞而肆虐。黑客还可以通过这个病毒软件，打开受感染计算机的控制面板页面，从而获得关于该计算机的所有数据。研究人员发现此次受感染的计算机超过了 40 多万台。然而，由于电子计数器被重置了很多次，所以实际受感染计算机可能比这个数字还要多，研究人员最终估计大约有 2000 万台电脑受病毒感染。[121] 根据此次调查的结果，研究人员假设 ICA 组织正是利用域名劫持来建立一个僵尸网络——这在未来可能会带来杀伤力更大的攻击。[a] 研究人员在揭开其中的联系后，发现 ICA 成员可以将僵尸网络租给个人使用，以此为其组织敛财。[122] 研究人员在僵尸网络上又发现了另外一个有趣的现象，被劫持的反对派网站，如“绿色革命”网，通常都是反对派人士在访问。大多数僵尸网络的主控机不仅可以控制 DDoS 攻击中所使用的僵尸程序病毒，而且还可以进入对方计算机系统。因此，ICA 组织顺便还可以收集反对派系统的情报。

[a] 第 2 章对僵尸网络有详细的介绍。

图 5-4 伊朗网军，通过 DNS 劫持“篡改”了美国之音的网站。
图片来源：Thetechherald.com。

谁在掌控伊朗网军？

目前，我们只知道 ICA 是亲伊朗政府的一个黑客组织，之前所介绍的网络攻击均是他们所为。尽管目前没有确凿的证据证明 ICA 隶属于伊朗政府，但是根据伊朗国内反政府组织“绿色自由之声”（Green Voice of Freedom）网站的说法，ICA 成立于 2005 年，是伊朗革命卫队（Iranian Revolutionary Guard Corps，IRGC）的一部分。“绿色自由之声”网站还声称伊朗政府逼迫黑客加入 ICA，否则就会被关进监狱。[123] 另外，有人大胆假设这个 ICA 组织来自俄罗斯而不是伊朗。战略与国际研究中心（Center for Strategic and International Studies，CSIS）反驳了这个推断，CSIS 认为域名劫持是一个技术含量不高的攻击方法，这与俄罗斯黑客手段高超的形象大相径庭。[124] 然而，CSIS 并没有考虑到这样一个事实：ICA 其实只是想通过域名劫持来创建僵尸网络而已。

所谓的伊朗僵尸网络攻击

无论 ICA 是否隶属于伊朗政府，有一件事可以肯定，那就是这个黑客组织发动的网络攻击每次都很好地配合了政府的政治行动。因此如果 ICA 或者伊朗国内其他亲政府组织致力于创建僵尸网络，我们有理由相信初衷是出于政治目的。2012 年秋，包括美洲银行、摩根大通银行（JPMorgan Chase & Co）、富国银行（Wells Fargo & Co）、美国合众银行（U.S. Bancorp）、PNC 金融服务集团（PNC Financial Services）在内的美国数家银行遭到了僵尸网络的 DDoS 攻击。[125] 安全专家认为这次攻击是由僵尸网络发起的。

2012 年九月下旬，一个自称“伊兹丁 · 哈桑网络战士”（Izz ad–Din al–Qassam Cyber Fighters）的黑客组织在 Pastebin 网站 [a] 上贴出一份声明，声称此次对美国银行的攻击只是代号为“燕子行动”（Operation Ababil）的一部分，抗议 YouTube 上一个诋毁伊斯兰教先知穆罕默德的廉价电影《穆斯林的无知》（*Innocence of Muslims*）。[126] 但是，美国参议员约瑟夫 · 利伯曼（Joseph Lieberman）公开反对这个说法，在他看来，此次攻击得到了伊朗政府的支持，是为了抗议美国加强对伊斯兰共和国的经济制裁。[127]

2012 年秋，黑客在 Pastebin 网站发表言论，称美国这几家银行只是目标之一，攻击范围还将继续扩大，黑客被认为来自伊朗。同年 8 月，沙特阿拉伯国家石油公司发表声明，称受到了严重的网络攻击，致使工作站中 3 万多台电脑严重瘫痪。黑客利用恶意软件删除了目标系统的主引导记录（master boot record ，MBR），导致受感染计算机无法启动。[128] 主引导记录是硬盘驱动器前端的一个引导扇区，它在个人电脑启动后，开始访问数据。从本质上来看，主引导记录的功能是使计算机其他设备了解硬盘主要部位储存的是什么。如果没有这一部分信息的话，计算机将无法正常启动。就在攻击发生之后不久，一个自称是“正义之剑”（Cutting Sword of Justice）的组织声称对这次攻击负责，之后将被入侵计算机的 IP 地址放到 Pastebin 网站上。[129]

[a] Pastebin 是一个由黑客团体使用的网站。各种黑客组织会在该网站进行无法溯源的交流。来自匿名者组织的黑客经常使用该网站。我们将在第 6 章讨论更多有关内容。

尽管阿拉伯国家石油公司和“正义之剑”组织都没有对外公布攻击时所使用的恶意软件，但是安全分析师发现了在一个名为“Shamoon”的恶意软件中，包含了可在精确时间内删除计算机主引导记录的命令，据此推断“Shamoon”病毒就是此次攻击中所使用的网络武器。[130] 这种病毒抹去了沙特国家石油公司计算机系统中的数据，取而代之的是一幅焚烧美国国旗的图片。[131] 攻击发生一周后，阿拉伯国家石油公司总裁哈立德·法利赫（Khalid al–Falih）表示，公司已消除了攻击带来的影响，并指出此次攻击并未影响石油生产控制系统，只是破坏了工作站的计算机。[132]

鉴于伊朗曾对几家美国银行发动过攻击的事实，因此有几名安全分析师指出此次对阿拉伯国家石油公司的攻击也是伊朗所为。[133] 一个值得玩味的现象是，此前我们熟知的黑客正是利用恶意软件，而不是 DDoS 发起攻击（类似我们在第 2 章、第 3 章以及第 6 章介绍的“低轨道离子炮”），然而此次攻击阿拉伯石油公司的黑客组织并不是此前我们熟知的这些。这完全可以说明“正义之剑”比我们传统熟知的黑客组织手段更为高超，抑或其背后还有一个更为强大的组织。“正义之剑”此次发动攻击的目的，很可能也是出于对之前提到的美国对伊朗在近期发动的经济制裁的愤怒。美国国防部部长莱昂·帕内塔（Leon Panetta）曾在 2012 年 10 月提醒商业领域警惕此类危险事件的发生。无论如何，这次对美银行和阿拉伯国家石油银行的攻击，都很好印证了五角大楼的忧虑（见图 5–5）。[134]

图 5–5 2012 年秋，美国数家银行和阿拉伯石油公司遭遇大规模网络攻击，美国国防部长莱昂·帕内塔（如图）在 2012 年 10 月对这两起事件发表了公开声明。

图片来源：美国国防部。

这两起网络攻击事件是如何诠释类似ICA（控制了众多被感染电脑）这种黑客组织的实力呢？无论黑客是否受伊朗政府指使，我们都可以明显看出这两次攻击的目的，都是为了配合伊斯兰国家的政治行动。值得注意的是，同时对大量计算机系统发动的攻击也可以用来搜集情报。像ICA、网络战士或者是“正义之剑”这样的黑客组织为了达到窃取信息的目的，也很有可能将目标锁定在类似“绿色革命”这种组织的官方网站上。显然只要用域名劫持就可以实现这个目的：反政府人士在登录组织的官网主页之后，计算机会自动下载病毒软件。这个病毒软件会寄存在他们的系统中，向黑客发送受攻击用户的信息，或者像阿拉伯石油公司受攻击事件一样，直接使用户的计算机系统瘫痪。

伊朗网络警察

到2010年，艾哈迈迪－内贾德政府显然觉得非常有必要向外界展示伊朗的网络实力。2009年大选之后，反对派分子和Twitter的联手让他们吃了不少苦头，2010年6月，白俄罗斯一家名为VirusBlockAda的小型信息安全公司的一份安全报告，让震网蠕虫病毒走进大众的视野。[135]之后，我们将在第12章对震网病毒做详细介绍。网络在伊朗政治领域产生了巨大的影响，因此在2011年初，伊朗政府宣布正式成立一支“网络警察”来治理“互联网犯罪”。根据伊朗治安部队总司令艾斯马伊·阿赫马迪·莫伽达姆（Esmaeil Ahmadi Moghaddam）的说法，“网络犯罪”包括网络范围内的“间谍和暴力行为”，也许这指的是震网病毒和2009年伊朗大选之后的一系列抗议，而且他表示，网络警察将重点放在反对派分子身上。[136]这支网络警察现在已开始展开行动，在2012年制造了不少话题。他们逮捕了伊朗国内几个Facebook用户，这几个用户是“Daaf and Paaf”组织的成员，他们在Facebook上举办网上选美比赛。伊朗网络警察负责人卡马尔·哈迪恩（Kamal Hadian）表示该组织所传播的思想是腐败且不道德的。[137] 近来，这支网络警察又有了新行动，他们宣布将屏蔽非法的虚拟专用网络（VPN）的接入。[138] 这可能是因为用户通过虚拟专用网络就可以翻墙访问外网的网站，避免了被过滤或屏蔽。而且虚拟专用网络还可以有效保证伊朗国内民众和外界通信的内容不被监视。在当前的新动态中，有消息称伊朗政府打算创建一个所谓的“清真网”（Halal Internet），该网络被称为“电子幕”（Electronic Curtain），可以监视和限制伊朗的网络流量。[139]

2009 年大选结束之后，社交媒体在伊朗国内风靡一时，与此同时，震网病毒又开始肆虐，这使得伊朗政府决心加强对网络空间的整治。伊朗网军（ICA）组织已经发动了几次大规模的网络攻击，并貌似已建立一个覆盖范围较广的僵尸网络，而且该组织与伊斯兰革命卫队可能存在某种关联。另一方面，网络警察部队似乎正大力打击伊朗国内互联网的使用。从某种意义上来说，ICA 组织致力于发动攻击，而网络警察致力于进行防御。

ICA 和网络警察在伊朗国内相对来说都算是新兴力量，以后我们将有更多的机会看到他们的身影。另外，这二者的联手将带来令人生畏的后果：ICA 闯进反政府组织的系统之后，将获取的情报传给网络警察，这样一来网络警察就可以对暴露身份的反政府分子实施逮捕。而反政府组织当然不会坐以待毙，像“黎巴嫩真主党”（参见第 4 章）和“黎巴嫩长枪党”（参见第 9 章）这些组织很可能会选择和技术更加娴熟的国内代理服务器合作以应对政府的行动。

小结

网络战不存在边界，解决国家间纷争的手段很容易被用于解决国内纷争，反之亦然。进一步而言，如果这些手段被用到信息战争中，那么反对派们就必须要好好考虑这其中几点利害关系了。也许，这里面最重要的一点是反对派因为在互联网中的位置而更易受到攻击，他们的对手往往使用的是高级别的网络服务商提供的网络服务，在互联网中的位置更为有利。另外像伊朗网络警察这种致力于消灭网络反对派的组织也有可能会出现在其他国家里。最后，用于解决国内纷争的手段也很容易被用于解决国家间的纷争。比如俄罗斯犯罪组织创造的大规模僵尸网络以ICA发明的其他网络战手段。

参考文献

1. Zuckerman E, Roberts H, McGrady R, York J, Palfrey J. *Distributed denial of service attacks against independent media and human rights sites*. The Berkman Center for Internet & Society at Harvard University; December 2010.
2. Ibid., Zuckerman *et al.*
3. Ibid., Zuckerman *et al.*
4. Ibid., Zuckerman *et al.*
5. Ibid., Zuckerman *et al.*
6. Committee to Protect Journalists. *Novaya Gazeta deputy editor threatened in Russia*. http://cpj.org/2012/06/novaya-gazeta-deputy-editor-threatened-in-russia.php; June 13, 2012 [accessed October 21, 2012].
7. Assassination in action,NovayaGazetaOctober18, 2012; [accessed October21, 2012]. http://en.novayagazeta.ru/politics/54995.html.
8. *Committee to Protect Journalists (CPJ). Former police colonel indicted in Politkovskaya murder.* http://cpj.org/2012/07/former-police-colonel-indicted-in-politkovskaya-mu.php; July 16, 2012 [accessed October 21, 2012].
9. Milashina E. *Suspects recycled in Politkovskaya case. CPJ.* http://cpj.org/blog/2011/11/politkovskaya-casebreaks-little-new-ground.php; November 7, 2011 [accessed October 21, 2012].
10. Committee to Protect Journalists (CPJ). *Circle of suspects widens in Politkovskaya case.* http://cpj.org/2010/10/circle-of-suspects-widens-in-politkovskaya-case.php; October 6, 2010[accessedOctober21,2012].(CPJ,10/6/2010).
11. Russian official's death threat, in bold type, New York Times June 13, 2012; http://www.nytimes.com/2012/06/14/world/europe/novaya-gazeta-publicizes-russian-officials-threat-

to-editor.html?_r=0 [accessed October 21,2012].

12. Goguelin R. Human rights defenders live under constant threat, France 24 January 23, 2009; http://www.france24.com/en/20090123-russia-human-rights-threat-contract-killings-moscow-Markelov-Baburova-defenders [accessed June 30, 2012, accessed October 21, 2012].
13. Russian official's death threat, in bold type, New York Times June 13, 2012;http://www.nytimes.com/2012/06/14/world/europe/novaya-gazeta-publicizes-russian-officials-threat-to-editor.html?_r=0 [accessed October 21,2012].
14. Committee for Protecting Journalists. *Dmitry Muratov, editor of Novaya Gazeta, Russia.* http://cpj.org/awards/2007/muratov.php; 2007 [accessed October 21, 2012].
15. Jamestown Foundation. *Novaya Gazeta remembers Yuri Shechkochikhin.* http://www.jamestown.org/single/?no-cache=1&tx_ttnews%5Btt_news%5D=30050; July 5, 2004 [accessed October 21, 2012].
16. Ukraine related news stories from RFE, Radio Free Europe (RFE)/Radio Liberty (RL) 2003; http://www.infoukes.com/rfe-ukraine/2003/0716.html [accessed October 21, 2012].
17. Shleinov R. How whales were turned into mice, Novaya Gazeta July 11, 2008; http://en.novayagazeta.ru/investigations/8217.html [accessed October 21, 2012].
18. Ukraine related news stories from RFE, Radio Free Europe (RFE)/Radio Liberty (RL) 2003; http://www.infoukes.com/rfe-ukraine/2003/0716.html [accessed October 21, 2012].
19. Obituary: Yuri Shchekochikhin, The Guardian July 9, 2003; http://www.guardian.co.uk/news/2003/jul/09/guardianobituaries.russia [accessed October 21, 2012].
20. Russia's poisoning 'without a poison'. BBC News February 6, 2007; http://news.bbc.co.uk/2/hi/programmes/file_on_4/6324241.stm. [accessed October 21, 2012].
21. Goldfarb Alex, Litvinenko Marina. Death of a dissident: the poisoning of Alexander Litvinenko and the return of the KGB. New York: Simon & Schuster; 2007.
22. Mystery shrouds death of journalist Shchekochikhin, St. Petersburg Times July 4, 2008; http://www.sptimes.ru/index.php?action_id=2&story_id=26446 [accessed October 21, 2012].
23. Прекращено уголовное дело по факту смерти журналиста и депутата Госдумы Щекочихина (Criminal case on the death of the journalist and state Duma Deputy Shchekochikhin), Newsru.com April 9, 2009; http://newsru.com/russia/09apr2009/zakryli.html [accessed October 22, 2012].
24. Committee to Protect Journalists (CPJ) Interview with Dmitry Muratov during CPJ's International Press Freedom Awards Winner Dinner. http://cpj.org/awards/2007/muratov.php; 2007 [accessed October 21, 2012].
25. Committee to Protect Journalists (CPJ). *Murder pushes Novaya Gazeta to request guns.* http://cpj.org/blog/2009/01/murder-pushes-novaya-gazeta-to-request-guns.php; January 23, 2009 [accessed October 21, 2012].

26. von Twickel N. Hacker attack freezes Novaya Gazeta's web site. *The Moscow Times*. Available at: http://www.themoscowtimes.com/news/article/hacker-attack-freezes-novaya-gazetas-web-site/398649.html; February 1,2010 [accessed June 30, 2012].
27. U.S. Department of State. *Remarks at the 2008 International Human Rights Day Awards Ceremony.* Available at: http://2001-2009.state.gov/secretary/rm/2008/12/112974.htm; December 8, 2010 [accessed June 30, 2012].
28. Rights in Russia. *Novaya Gazeta demands a criminal investigation into DDoS attack.* Available at: http://agora.rightsinrussia.info/scene/hro/novayagazeta-1; April 14, 2011 [accessed July 1, 2012].
29. Website of Russian opposition paper hit in massive web attack. *RIA Novosti*. Available at: http://en.rian.ru/russia/20110408/163433642.html; April 8, 2010 [accessed June 30, 2012].
30. Gutterman G. Medvedev criticizes 'illegal' attack on his blog. *Reuters*. Available at: http://www.reuters.com/article/2011/04/07/us-russia-medvedev-cyberattack-idUSTRE7367GF20110407; April 7, 2010 [accessed June 30, 2012].
31. Namestnikov Y. DDoS attacks in Q2 2011. *SecureList,* Kaspersky Lab. Available at: http://www.securelist.com/en/analysis/204792189/DDoS_attacks_in_Q2_2011; 2011 [accessed June 30, 2012].
32. Russia launches criminal probe of top antigraft activist. *Radio Free Europe/Radio Liberty*. Available at: http://www.unhcr.org/refworld/docid/4dd3cb99c.html; May 10, 2011 [accessed October 22, 2012].
33. Russia launches criminal probe of top antigraft activist. *Radio Free Europe/Radio Liberty.* Available at: http://www.unhcr.org/refworld/docid/4dd3cb99c.html; May 10, 2011 [accessed October 22, 2012].
34. The man Vladimir Putin fears the most. *Wall Street Journal*. http://online.wsj.com/article/SB10001424052970203986604577257321601811092.html; 2012 [accessed October 22, 2012].
35. Profile: Russian lawyer Alexei Navalny, BBC News August 7, 2012; http://www.bbc.co.uk/news/worldeurope-16057045 [accessed October 22, 2012].
36. The world's 100 most influential people, Time Magazine April 18, 2012; http://www.time.com/time/specials/packages/article/0,28804,2111975_2111976_2112167,00.html [accessed: October 22, 2012].
37. Profile: Russian lawyer Alexei Navalny, BBC News August 7, 2012; http://www.bbc.co.uk/news/worldeurope-16057045 [accessed October 22, 2012].
38. Russia launches criminal probe of top antigraft activist. *Radio Free Europe/Radio Liberty.* Available at: http://www.unhcr.org/refworld/docid/4dd3cb99c.html [accessed 22 October 2012]; May 10, 2011 [accessed October 22, 2012].

39. Russia charges anti-corruption activist in plan to steal timber, New York Times July 31, 2012; http://www.nytimes.com/2012/08/01/world/europe/aleksei-navalny-charged-with-embezzlement.html?_r=0 [accessed October 22, 2012].
40. Russia launches criminal probe of top antigraft activist. *Radio Free Europe/Radio Liberty.* Available at: http://www.unhcr.org/refworld/docid/4dd3cb99c.html; May 10, 2011 [accessed October 22, 2012].
41. The man Vladimir Putin fears the most, Wall Street Journal March 3, 2012; http://online.wsj.com/article/SB10001424052970203986604577257321601811092.html [accessed October 23, 2012].
42. Nashi seeks to oust Navalny from aeroflot board, Ria Novosti August 7, 2012; http://en.rian.ru/russia/20120807/175036455.html [accessed October 23, 2012].
43. Hacked emails allege Russian youth group Nashi paying bloggers, The Guardian February 7, 2012; http://www.guardian.co.uk/world/2012/feb/07/hacked-emails-nashi-putin-bloggers [accessed October 23, 2012].
44. Polishing Putin: hackedemails suggest dirty tricks byRussian youth group, TheGuardian February 7, 2012; http://www.guardian.co.uk/world/2012/feb/07/putin-hacked-emails-russian-nashi [accessed October 23, 2012].
45. Polishing Putin: hackedemails suggest dirty tricks byRussian youth group, TheGuardian February 7, 2012; http://www.guardian.co.uk/world/2012/feb/07/putin-hacked-emails-russian-nash [accessed October 23, 2012].
46. Hacking blamed on pro-Kremlin youth, Wall Street Journal February 10, 2012; http://online.wsj.com/article/SB10001424052970204642604577213351792676444.html [accessed October 23, 2012].
47. GreyLogic. Project grey goose phase II report: the evolving state of cyber warfare. http://www.scribd.com/doc/13442963/Project-Grey-Goose-Phase-II-Report; 2009 [accessed October 24, 2012].
48. Smith DJ. Darkness botnet and Russian corruption. The Potomac Institute Cyber Center. Available at:http://pipscyberissues.wordpress.com/2012/02/18/darkness-botnet-and-russian-politics/; 2012 [accessed July 1, 2012].
49. Ibid., Smith.
50. Ibid., Gutterman.
51. Ibid., Smith.
52. Ibid., Smith.
53. Ibid., Gutterman.
54. Bechtholt N. Monthly malware statistics, April 2011. Kaspersky Lab. Available at: http://newsroom.kaspersky.eu/fr-be/news/news-article/article/monthly-malware-statistics-april-

2011-2/?no_cache¼1&cHash¼bbde3c2922fc7bbc0897e63a9c43580c; 2011 [accessed June 30, 2012].

55. Ibid.
56. Ibid., Gutterman.
57. Ibid., Rights in Russia.
58. Ibid., Rights in Russia.
59. Ibid., Namestnikov.
60. Danchev D. A peek inside the Darkness (Optima) DDoS Bot. Webroot Threat Blog. Available at: http://blog.webroot.com/2012/03/08/a-peek-inside-the-darkness-optima-ddos-bot/; March 8, 2012 [accessed July 1, 2012].
61. Ibid., Danchev.
62. BlackEnergy competitor—the 'Darkness' DDoS bot. Shadowserver Foundation. Available at: http://www.shadowserver.org/wiki/pmwiki.php/Calendar/20101205; December 5, 2010 [accessed July 1, 2012].
63. Ibid., Namestnikov.
64. Securelist. DDoS Attacks in Q2 2011.
http://www.securelist.com/en/analysis/204792189/DDoS_attacks_in_Q2_2011; August 29, 2011 [accessed October 27, 2012].
65. Garnaeva M. LiveJournal under attack. SecureList, Kaspersky Lab. Available at: http://www.securelist.com/en/blog/442/LiveJournal_under_attack_1/; April 6, 2011 [accessed July 1, 2012].
66. The Shadowserver Foundation. Darkness DDoS bot version identification guide. Available at: http://www.shadowserver.org/wiki/pmwiki.php/Calendar/20110127; February 8, 2011 [accessed July 1, 2012].
67. Ibid., Danchev.
68. Securelist. DDoS attacks in Q2 2011. http://www.securelist.com/en/analysis/204792189/DDoS_attacks_in_Q2_2011; August 29, 2011 [accessed October 27, 2012].
69. Securelist. DDoS attacks in Q2 2011.
http://www.securelist.com/en/analysis/204792189/DDoS_attacks_in_Q2_ 2011; August 29, 2011 [accessed October 27, 2012].
70. Ibid., BlackEnergy competitor.
71. Spread of darkness. . .details on the public release of the darkness DDoS bot. Shadowserver Foundation. Available at: http://www.shadowserver.org/wiki/pmwiki.php/Calendar/20110123; 2011 [accessed July 1, 2012].
72. Darkness (Optima) botnet analysis. Radware, Inc. Available at: http://www.radware.com/workarea/showcontent.aspx?ID¼1629155; 2011 [accessed July 1, 2012].

73. Ibid., Namestnikov.
74. Ibid., Garnaeva.
75. Ibid., Danchev.
76. Ibid., BlackEnergy competitor.
77. Ibid., Danchev.
78. Winning A. Moscow 'March of Millions' protests Vladimir Putin's rule. Los Angeles Times. Available at: http://articles.latimes.com/2012/jun/13/world/la-fg-russia-protest-201206131/; June 13, 2012 [accessed July 1, 2012].
79. Derinova A. Russia prepares for second March of Millions. Waging Nonviolence. Available at: http://wagingnonviolence.org/2012/06/russia-prepares-for-second-march-of-millions/; June 11, 2012 [accessed July 1, 2012].
80. Moscow police swoop on opposition ahead of anti-Putin march. RIA Novosti. Available at: http://en.rian.ru/russia/20120611/173974865.html; June 11, 2012 [accessed July 1, 2012].
81. Human Rights Watch. Russia: March of Millions. http://www.hrw.org/news/2012/06/13/russia-marchmillions; 2012 [accessed October 27, 2012].
82. Malavika J. DDoS attacks disable independent news sites during Russian protests. http://blogs.law.harvard.edu/herdict/2012/06/14/ddos-attacks-disable-independent-news-sites-during-russian-protests/; June 14, 2012 [accessed October 27, 2012].
83. Kavkaz M. Cyber war: DDoS. KGB attacks websites. http://www.muxlima.com/Articles201206/WritersArticles_MarkazKavkaz_0616.htm; June 16, 2012 [accessed October 27, 2012].
84. Tung L. Russian citizens targeted in Ustream DDoS. iTnews. Available at: http://www.itnews.com.au/News/300128,russian-citizens-targeted-in-ustream ddos.aspx?utm_source¼feed&utm_medium¼rss&utm_campaign¼iTnewsþAllþArticlesþfeed; May 10, 2012 [accessed July 1, 2012].
85. On Russia day, sites of opposition and independent media attacked by hackers. Rights in Russia. Available at: http://hro.rightsinrussia.info/archive/freedom-of-speech/internet/12-june-2012/ddos; June 13, 2012 [accessed July 3, 2012].
86. InternetWorldStats. Top 10 internet countries in Europe—December 2011. http://www.internetworldstats.com/stats4.htm; 2011 [accessed October 27, 2012].
87. McMillan R. With unrest in Iran, cyber-attacks begin. PC World. Available at: http://www.pcworld.com/article/166714/with_unrest_in_iran_cyberattacks_begin.html; 2009 [accessed July 3, 2012].
88. Ahmadinejad hails election as protests grow. CNN.com. Available at: http://articles.cnn.com/2009-06-13/world/iran.election_1_street-protests-voter-irregularities-iranian-

president-mahmoud-ahmadinejad?_s¼PM:WORLD; June 13, 2009 [accessed July 3, 2012].
89. The answer to Ahmadinejad. Spiegel. Available at: http://www.spiegel.de/international/world/iranianelections-the-answer-to-ahmadinejad-a-622225.html; 2009 [accessed July 3, 2012].
90. Ibid., Ahmadinejad hails election as protests grow.
91. Labovitz C. Iranian traffic engineering. Arbor Sert. Available at: http://ddos.arbornetworks.com/2009/06/iranian-traffic-engineering/; June 17, 2009 [accessed July 3, 2012].
92. Timmer J. Using Tor and Squid to loosen Iranian repression by proxy. Ars Technica. Available at: http://arstechnica.com/tech-policy/2009/06/using-tor-and-squid-to-loosen-iranian-repression-by-proxy/; June 30, 2009 [accessed July 12, 2012].
93. Thibodeau P. Iran's leaders fight Internet; Internet wins (so far). Computer World. Available at: http://www.computerworld.com/s/article/9134471/Iran_s_leaders_fight_Internet_Internet_wins_so_far_?taxonomyId¼16&pageNumber¼1; 2009 [accessed July 12, 2012].
94. Ibid., Timmer.
95. Gaffney D. #iranElection: quantifying online activism, In: Proceedings of the ACM WebSci'10, Raleigh, NC, April 26–27; 2010.
96. Ibid., Gaffney.
97. Ibid., Gaffney.
98. Nasr O. Tear gas and Twitter: Iranians take their protests online. CNN.com. Available at: http://articles.cnn.com/2009-06-14/world/iran.protests.twitter_1_facebook-president-mahmoud-ahmadinejad-supporters/2?_s¼PM:WORLD; June 14, 2009 [accessed July 3, 2012].
99. Fathi N. In a death seen around the world, a symbol of Iranian protests.NewYork Times. Available at: http://www.nytimes.com/2009/06/23/world/middleeast/23neda.html?_r¼1&ref¼middleeast; June 22, 2009 [accessed July 3, 2012].
100. Profile: Neda Agha Soltan, BBC News July30, 2009; http://news.bbc.co.uk/2/hi/middle_east/8176158.stm [accessed October 27, 2012].
101. DeRoy G. In Iran, one woman—Neda—becomes a symbol. USA Today. Available at: http://content.usatoday.com/communities/ondeadline/post/2009/06/68337891/1; June 21, 2009 [accessed July 3, 2012].
102. Profile: Basij Militia force, BBC News June 18, 2009; http://news.bbc.co.uk/2/hi/middle_east/8106699.stm [accessed October 27, 2012].
103. Feared Basij Militia has deep history in Iranian conflict, CNN June 22, 2009; http://

www.cnn.com/2009/WORLD/meast/06/22/iran.basij.militia.profile/index.html [accessed October 27, 2012].

104. Profile: Basij Militia force, BBC News June 18, 2009; http://news.bbc.co.uk/2/hi/middle_east/8106699.stm [accessed October 28, 2012].
105. Profile: Basij militia force, BBC News June 18, 2009; http://news.bbc.co.uk/2/hi/middle_east/8106699.stm [accessed October 28, 2012].
106. Feared Basij militia has deep history in Iranian conflict, CNN June 22, 2009; http://www.cnn.com/2009/WORLD/meast/06/22/iran.basij.militia.profile/index.html [accessed October 28, 2012].
107. Feared Basij militia has deep history in Iranian conflict, CNN June 22, 2009; http://www.cnn.com/2009/WORLD/meast/06/22/iran.basij.militia.profile/index.html [accessed October 28, 2012].
108. Neda Aga Soltan: 'she is dead but regime is still afraid of her, The Guardian June 11, 2011; http://www.guardian.co.uk/world/2010/jun/11/neda-agha-soltan-iran-killing [accessed October 28, 2012].
109. NedaNet. http://www.nedanet.org [accessed September 17, 2012].
110. Ibid., McMillan.
111. Ibid., McMillan.
112. Ibid., Zuckerman et al.
113. Arringto M. Twitter hacked, defaced by 'Iranian Cyber Army'. TechCrunch. Available at: http://techcrunch.com/2009/12/17/twitter-reportedly-hacked-by-iranian-cyber-army/; December 17, 2009 [accessed July 3, 2012].
114. Ibid., Zuckerman et al.
115. Baidu hacked by 'Iranian cyber army'. BBC News. Available at: http://news.bbc.co.uk/2/hi/8453718.stm; January 12, 2010 [accessed July 2, 2012].
116. Ibid., Zuckerman et al.
117. Adhikari R. 'Cyber Army' attacks Twitter, Iran green movement site. TechNewsWorld. Available at: http://www.technewsworld.com/story/Cyber-Army-Attacks-Twitter-Iran-Green-Movement-Site-68938.html; December 18, 2009 [accessed July 3, 2012].
118. Ibid., Zuckerman et al.
119. Ragan S. Iranian Cyber Army defaces Voice of America and 93 other domains. The Tech Herald. Available at:http://www.thetechherald.com/articles/Iranian-Cyber-Army-defaces-Voice-of-America-and-93-other-domains-(Update)/12865/; February 22, 2011 [accessed July 3, 2012].
120. The "Iranian Cyber Army" strikes back. Seculert. Available at: http://blog.seculert.com/2010/10/iranian-cyberarmy-strikes-back.html; October 24, 2010 [accessed July 3, 2010].

121. Ibid., The "Iranian Cyber Army" strikes back.
122. Ibid., The "Iranian Cyber Army" strikes back.
123. Who are the 'Iranian Cyber Army'? Green Voice of Freedom. Available at: http://en.irangreenvoice.com/article/2010/feb/19/1236; December 15, 2010 [accessed July 3, 2012].
124. Lukich A. The Iranian Cyber Army. CSIS. Available at: http://csis.org/blog/iranian-cyber-army; July 12, 2011 [accessed July 3, 2012].
125. Menn J. U.S. bank website hackers used advanced botnets, diverse tools, Reuters October 2, 2012; http://www.reuters.com/article/2012/10/02/us-bank-attacks-idUSBRE89119F20121002 [accessed October 20, 2012].
126. Huff S. 'Operation Ababil': Muslim cyber fighters return, take down wells Fargo's website, BetaBeat September 25, 2012; http://betabeat.com/2012/09/operation-ababil-muslim-cyber-fighters-return-take-down-wellsfargos-website/ [accessed October 20, 2012].
127. Puzzanghera J. Iran is behind bank cyber attacks, Sen. Joe Lieberman believes, Los Angeles Times September 26, 2012; http://www.latimes.com/business/money/la-fi-mo-bank-cyber-attack-iran-lieberman-20120926,0,1354311.story [accessed October 20, 2012].
128. Leyden J. Hack on Saudi Aramco hit 30,000 workstations, oil firm admits, The Register August 29, 2012; http://www.theregister.co.uk/2012/08/29/saudi_aramco_malware_attack_analysis/ [accessed October 21, 2012].
129. Perlroth N. Hackers lay claim to Saudi Aramco cyberattack, New York Times Bits August 23, 2012; http://bits.blogs.nytimes.com/2012/08/23/hackers-lay-claim-to-saudi-aramco-cyberattack/ [accessed October 21, 2012].
130. Constantin L. Kill timer found in Shamoon malware suggests possible connection to Saudi Aramco attack, PC World August 23, 2012; http://www.pcworld.com/article/261320/kill_timer_found_in_shamoon_malware_suggests_possible_connection_to_saudi_aramco_attack.html [accessed October 21, 2012].
131. Ibid., Leyden.
132. Saudi oil producer's computers restored after virus attack, New York Times August 26, 2012; http://www.nytimes.com/2012/08/27/technology/saudi-oil-producers-computers-restored-after-cyber-attack.html?_r¼0 [accessed October 21, 2012].
133. Baldor LC. Iran may hit U.S. with first cyberattack, The Washington Times October 17, 2012; http://www.washingtontimes.com/news/2012/oct/17/iran-may-hit-us-with-first-cyberattack/ [accessed October 21, 2012].
134. Stewart P. 'Shamoon' virus most destructive ever to hit a business, Leon Panetta warns. Reuters October 12, 2012.
135. Oleg K, Sergey U. Trojan-Spy.0485 and Malware-Cryptor.Win32.Inject.gen.2 Review. VirusBlockAda; July 2010.

136. Latif L. Iran announces an Internet police force. The Inquirer. Available at: http://www.theinquirer.net/inquirer/news/1939109/iran-announces-internet-police-force; January 24, 2011 [accessed July 3, 2012].

137. Esfandiari G. Iran's cyberpolice detain Facebook-group administrators. Radio Free Europe Radio Liberty. Available at: http://www.rferl.org/content/irans_cyber_police_detain_facebook_group_administrators/24468239.html; January 30, 2012 [accessed July 3, 2012].

138. Iran to crack down on web censor-beating software. Hurriyet Daily News. Available at: http://www.hurriyetdailynews.com/iran-to-crack-down-on-web-censor-beating software.aspx?pageID¼238&nID¼22789&NewsCatID¼374; June10, 2012 [accessed July 3, 2012].

139. FarivarC. Security researcherunearthsplans for Iran'shalal Internet, arsTechnicaApril 17, 2012; http://arstechnica.com/tech-policy/2012/04/iran-publishes-request-for-information-for-halal-internet-project/ [accessed October 29, 2012].

[第 6 章]

非政府黑客组织的网络攻击：匿名者组织及其分支

本章概要

“混沌的”开端：混沌计算机俱乐部

匿名者：4chan、7chan 和其他论坛的起源

我们如何被 4chan 影响：模因

匿名者：图片、结构和动机

匿名者：外部联系和衍生品

你的安全就是个笑话：LulzSec

匿名者行动手法

匿名者典型的黑客行动：针对政府、企业和个人

- 袭击哈宝宾馆
- 网络“见义勇为”
- 反科学教行动
- 阿拉伯之春
- HBGary Federal 与亚伦 · 巴尔
- 直接行动

黑客军团软件：匿名者产品

- AnonTune
- AnonPaste
- 匿名者 OS 0.1/Live

本章信息

无政府黑客组织概述

灰帽、黑帽黑客的意识形态和行为方式分析

匿名者、Lulzsec以及其他组织活动介绍

黑客行为的网络文化以及专业知识

任何人都可以登录4chan/7chan/someintegerchan / IRC聊天室，提出网络袭击或网络攻击行动……很难说究竟是同一批人力图实现这些完全不同的目标，还是他们是完全不同的分支团体。我想你可能会说“这群人在Anonops.net上组织起来”或“那个人来自PartyVan.net”，但即使是这样，其中的组织关系也是非常松散的……，很难说这些网站上有多少人真正认同哪些问题属于重要问题。

——阿德里安·克伦肖[1]

本章将介绍黑客群体“匿名者”，将其作为一个影响现实世界且高度流行的案例来对黑客活动加以分析。该组织闯下的祸已经不是什么新鲜事了，但是匿名者组织活动的规模以及其知名度则超出人们的一般印象。匿名者组织的根基、结构（或没有结构）及其历史阐释了政治激进主义的一种新形式。匿名者（匿名者组织的活动分子）仅需要共享一个目标，就能联手实现目标。没有地理上的边界，这使得每个可以访问网络的人都能参加自己所选择的抗议活动。在支持“占领华尔街”（Occupy Wall Street）运动中，这种新型网络社会运动声称代表了世界99%的匿名人士，他们的生活或多或少都受到政府和企业的控制。[2,3] 抗议主要针对被篡改或遭受DoS

攻击的目标网站。抗议行动声称要捍卫并维护将互联网作为批评人士自由发言论坛的权利，但另一方面却掩盖了匿名团体宣布的目标。大多数人都在围绕“匿名黑客不只是讨厌鬼”的议题进行。在后面，我们将会依据从公开媒体获得的信息，从勾勒匿名者可能的内部架构开始，尝试着描绘出这个神出鬼没的群体：他们似乎拥有大约十几名熟练和有经验的黑客，联邦德国混沌计算机俱乐部（Chaos Computer Club，CCC）的成员组成了他们的理事会，负责大方向、伦理方面的决策，并承担起代表“匿名者”群体成员的责任。除了宣布发起的活动（也称为“行动”，个体的攻击在该活动的框架内展开），领导层还决定并计划着更引人注意、更错综复杂的攻击。最初的匿名者之前常把英国最大的图片论坛 4chan 的“b–board”称为自己的第二个家。这个充满动画风格的留言论坛中有一个界面简陋却无人不知的分区，在这个分区里，经常会有人发布令人厌恶的帖子和图片，而发布者都可以保持匿名。b–tards（指那些将 4chan 的 b–board 当成主要通信设备或甚至是生存空间的人）越来越多地指代“匿名者”，仿佛是真人一样。因此，匿名群体的标签代表每一个（潜在的）匿名在线评论者以及接近其核心问题的代名词：保护个人在线隐私。b–board 和黑客入侵一点关系都没有，因此在此组建的匿名者群体（还有那些来自其他论坛以及聊天室的，后来加入的成员）往往在黑客技术上有所欠缺。他们为了现在选择的目标采取行动；他们提供的是他们手上的计算机资源，提供宽带进行更大规模的 DoS 攻击。但是，从大量支持者中，来自聊天室的人和系统管理员构成了匿名者组织架构的中层人员，这些人精通信息技术并经常兼职做黑客的工作。2011 年 5 月，匿名者聊天室频道的调解人控制了托管匿名者聊天室的网络服务器，将网络重新导向一些“匿名者行动”的域名，由此向聊天室服务器发动了 DoS 攻击，并将每个连接到服务器的 IP 地址公之于众。[4] 目前为止，一群使用用户名字如“欧文”、“狗屎风暴”、“糟透了”、“power2all”以及“蠢货”的人维持着服务器、支付账单、登记域名并多多少少管理着这些 IRC 论坛。[5] 赖安声称自己的这次反叛行为来源于对“欧文”及其它领导层私人决策的担忧。现在的情况是，似乎越来越多的重要行动都是通过邀请聊天来进行决策和计划。[6]最后，可以搞清楚的是，像其他社会运动一样，匿名者拥有大量的同情者，这些人虽然很少在即时网聊花费时间，但是会分享匿名者组织所宣称的理想。他们可能会下载低轨道离子炮，在针对突尼斯政府网站的 DoS 攻击中为匿名者组织助一臂之力，但却不会参与未来的任何行动。

本章的其余部分内容如下：在介绍匿名者组织的起源及其“成员”后，我们试图描述匿名者们对特定对象采取行动，并常常发动 DoS 攻击的动机。一些自称为匿名者成员的人发现（不管是什么原因）有必要暴露目标和有关联的个人，在这种情况下，他们开展网络漏洞攻击行动。这会用到其他工具（如 SQL 注入）来捕捉个人数据或机密数据，之后再发布到 Pastebin 上。该群体从一开始只顾穿越边界，由具有虫巢意识（集体意识）的随机参与者构成，在追求共同目标的情况下，他们逐渐会与世界上的其他黑客组织合作。在其历史上，匿名者这个群体衍生出一些较小的组织，这些组织在特点上要么突出了之前匿名者组织动机的某些方面，要么重新确定了攻击目标。最终，匿名者群体坚持吸收这些衍生组织的残余部分，因为这些规模更小、更有组织的机构实际上是他们最弱的一环。本章精选了有关匿名者黑客组织进行黑客活动的例子，并对这些案例进行描述，这将有助于说明这场网络运动具有多方面、多因素的特征。对匿名者组织以及相关组织的研究很可能会在网络战研究领域中占据重要位置。出于政治动机而成立的黑客组织除了具有全球分布，并能在攻击中操纵大量计算资源的特点之外，都有明显的、由拥有熟练的 IT 技术人员组成组织的核心，让这种组织在攻击中势如破竹。而且，他们针对政府和军事相关的网站采取行动的政治动机和意愿必然把他们拉进网络战的争论之中。

“混沌的”开端：混沌计算机俱乐部

一位名叫“指挥官 X”的黑客称，匿名者理事会是由来自混沌计算机俱乐部（CCC）的成员组成的。[7] CCC 的历史有 25 年之久，今天，它是欧洲最大的黑客集团，总部设在德国汉堡。[8]

俱乐部成员进行技术研究、匿名活动、提供 IT 服务、组织会议、发起运动（“Chaos Kampagnen”），并在信息技术方面为一些政治家提供咨询。俱乐部将自己当成一个媒介，在社会需求和技术发展之间产生的紧张关系中步步为营。[9] 最著名的创始人是赫瓦特 · 荷兰 · 莫里茨（Herwart Holland–Moritz，瓦乌 · 荷兰德），他在 1981 年写了一篇题为“计算机游击队”（*Computer Guerilla*）的文章，刊登在德国左翼报纸《日报》（*Die Tageszeitung*）上。当时计算机，当然还有黑客都还不是司空见惯的事。[10] 之后不久，他创办了杂志给（有抱负的）黑客们看的“Datenschleuder”（字面意思翻译为：数据弹弓[11]，副标题是数据旅行者的科学期刊）。2008 年，杂志的一个特点就是挑衅地在上面印着（时任）德国内政部长沃尔夫冈 · 萧伯乐的指纹，掀起了公众对于政府侵犯隐私的讨论。[12] 刚刚成立不久的 CCC 开始摧毁人们对于电脑系统安全的信任。[13] CCC 的创始人瓦乌 · 荷兰德[14] 是一名技术人员，同时是一名具有政治视野的作家，他认为黑客行动是文化服务。他的口号就是：“人人都可以自由获取信息。”[15] 他从来不依仗自己的技术来赚钱[a, 16]，但却急切地四处教育别人。[17] 从表明上看，CCC 称自己为“混沌家庭”的一部分。“混沌家庭”[b] 包括不同地区的 CCC（如柏林 CCC，卡尔斯鲁厄 CCC）以及意识形态相近的组织（如一群女电脑科学家或伸张公民权利和网络隐私的俱乐部）和（或）技术相近的组织（如一群业余的无线电狂热人士）。

---

[a] 他的其中一个口号是“黑入不是为了钱”。

[b] http://www.ccc.de/de/club/chaosfamily.

从内部来看，CCC 的特点是将权力分为三个等级：成员大会、执行委员会以及咨询委员会（“Erfa–Beirat”）[18]。每位会员必须支付入会费以及年费。CCC 表现为地区“经验圈”（“Erfahrungskreise”）或地区特许权，几乎涵盖了德国所有的州和邻国。俱乐部在其网站上鼓励志同道合的人在当地举办集会，这就是所谓的混沌会议（混沌秘密会晤）。其设在汉堡的总部似乎能追踪到各种组织松散的集会和特别活动，并邀请“经验圈”的委员组织召开年会、主题代表大会以及内部会议。除此之外，俱乐部每年召开代表交流大会，根据出席的人数把会址从汉堡迁到柏林，GPN（“Gulaschprogrammiernacht”或古拉什编程之夜[a]）还有一些编程和黑客技术研讨会，并在议程中加入了针对社会和政治问题的讲座。混沌通信营每四年举行一次，在全世界引发了人们的兴趣，该活动将英语作为主要语言。通信营有 30 座主题帐篷村庄（2007 年，2011 年为 70 座）[19]，以及一处专门举行艺术活动的区域。在 2007 年的活动中，该项目“航班黑患”（向 2006 年塞缪尔 · 杰克逊的电影《航班蛇患》[*Snakes on a Plane*] 致敬）将拉斯维加斯世界黑客大会的人用飞机送到活动地点。[20] Easterhegg 是另一个年度会议，该活动征集有关热门话题的论文：“创意地利用技术”、“生物和基因数据集”、“信息技术和网络安全”、“黑客空间”、“能源和智能电网”、“黑客入侵、政治和游说”、“伴随和围绕技术的艺术”、“政府监控和数据保留”、“数字时代的民权”、“数据保护和信息自由”和“开放政府和开放数据”。[b] 这个俱乐部也赞助每年在科隆举办的 SIGINT 会议。在这个会议上，黑客和网民讨论数字时代的社会生活，但重点是社会政治问题“乌托邦”和一些人称之为黑客活动的创造性异常行为（Normverletzung）。[21]

CCC 首次登上新闻头条是在 1985 年，它的成员入侵了在德国广泛使用的家庭终端系统，并把 13.4 万德国马克从汉堡银行[22]转移到俱乐

[a] 可以在 https://entropia.de/wiki/images/6/69/GPN-Flyer.pdf 看到来自协办单位的传单。

[b] Easterhegg 2012—邀请参加“穿越边界”活动。URL: http://events.ccc.de/.

部的银行账户中，但是他们在第二天的新闻发布会上归还了这笔钱。Bildschirmtext 属于德意志联邦邮局（德意志联邦邮政服务，后来被私有化，改名为德国电信），联邦德国曾经声称它是百分之百安全的。[23] 1985 年，这个当时 20 岁的卡尔·科赫（Karl Koch）[a] 是位于汉诺威的 CCC 经验圈的联合创始人。[24] 他之后因为和马库斯 · 赫斯（Markus Hess）及其他黑客侵入多个美国电脑旁系统，盗取敏感信息并卖给克格勃（因此被称为“克格勃黑客入侵”）而变得臭名昭著。[b]

CCC 和匿名者及其附属组织具有共同点，都主张废除网络审查制度。[c], [25] 瓦乌荷兰德基金会（Wau Holland Foundation）在 2001 年瓦乌 · 荷兰德（Wau Holland）死后成立，它和 CCC 的联系并不紧密 [26]，第一次登上报纸头条是因为资助维基解密。[27] 这个非盈利性组织用它为维基解密筹集的捐款负担了维基解密的业务开支。[28,29] 克里斯托弗 · 杜容（Christopher Doyon）在访谈 [30] 中称有 24 个人 [31] 在匿名者组织中担任指导和发布命令。匿名者组织经常被描绘成某种自我组织的合作组织。克里斯托弗 · 杜容公开了自己是网络上无名氏“指挥官 X”的真身，也是亲匿名者的人民解放领导人，但他嘲讽道“组织者得把事情做完”。[32]

匿名者：4chan、7chan 和其他论坛的起源

匿名者起源于著名的匿名发帖人，后来是 4chan 早期鱼龙混杂的 b–forum 中的发帖人。因为太害羞或太忙而不愿意亮明自己身份，匿名者组

[a] 卡尔 · 科赫死后，CCC 发布了一份讣告，见 http://seti23.org/illuminati/illuframe.html。

[b] 详情见克利佛 · 斯托的著作《杜鹃蛋》。

[c] 在接受德国杂志《明镜周刊》的一次访问中，瓦乌荷兰德基金会的一名董事成员亨德里克 · 富尔达将他的组织和匿名者“报复行动”之间的关系撇清，称：“我们不鼓励人们采取这样的行动，我们也和这个计划没有任何关系。”（《明镜周刊》，2010 年 12 月 13 日）

织成员如今被认为是脚本小子[a]，黑客和没有能力但又想利用他们的电脑资源在论坛上发帖的人。难以捉摸的匿名者成员在各个信息论坛之间（4chan/b、7chan、888chanorg、711chan.org 等）跳跃，寻找有原创点子和真正想法的人。[33]

4chan 创立于 2003 年 10 月，和 2channel（2chan.net）相似，是日本十分流行，专门让各种人匿名发帖的图片信息板。在这里用户可以既发布图像又发布文本。日本动漫主题板让 15 岁的克里斯托弗 · 普尔（Christopher Pool，账户名为“Moot”）产生了建立英文版的想法，因此，拥有许多子论坛 chan.org 便出现了[b]。这个随机主题板被称为 b–board，但最终让这个图像信息板知名起来。在写这篇文章的时候，根据它自己的统计，这个页面每天向 100 多万的用户提供 2200 多万幅图片，在谷歌网页排名位列第六。[34] 据说，大多数用户年龄在 18 岁至 34 岁之间，而且大多数是男性。[35] 这个数字很惊人。b–board 让 4chan.org 成为美国最大的网络论坛之一。[36] 经验不多的人访问这个论坛可能感到非常困惑：令人厌恶的图片和有趣的图片混在一起（如一只戴着假牙的狗或一具可怕的、残缺不全的尸体）。色情似乎是网络文化的一个重要部分，在网络文化中，色情似乎充当了货币。b–board 是一个成员（“b–tards”）可以发布和分享任何种类图片的地方（只有儿童色情遭到禁止）。其他成员对这些图片作出回应——受欢迎的图片会被置顶。b–board 也是许多网络病毒式模因的诞生地，如“欢乐喵星人”和“瑞克摇摆”。如果匿名者组织的起源可以追溯到某一点，那就是这种几乎没有法律约束的网络空间以及类似的论坛。在论坛中，匿名者群体成了一个共享集体身份的群体。[37] 这种集体身份过去常常被描绘成“网络仇恨机器”，它的成员利用网络论坛，在网络上欺凌他人或入侵取

---

[a] “脚本小子“是业余黑客，他们仅仅根据已经出现的黑客行动或漏洞的相关指引活动，而不是利用技术完全理解或自己探索漏洞。

[b] 更多相关内容请阅读科尔 · 斯特莱克富有见解的书《匿名者的史诗胜利——4chan 大军如何征服网络》。

乐（“lulz”，见下方），在现实世界中造成麻烦或挑战。[38] 匿名者利用各种形式的，令人震惊的幽默[39]，这包括让人难堪的、离奇的和黑色的笑料来取笑每个人和每件事。该原则的最集中表现形式是今天无处不在的“lol”（大声笑出）和“lulz”（把快乐建立在他人的痛苦上）的扭曲含义。

我们如何被 4chan 影响：模因

这个时候，我们一定要近距离审视模因（meme）。从语言学上讲，“模因”源自希腊词汇“mimema”（模仿），在这里用来描述想法和文化现象的传播。模因理论的概念来自哲学家理查德·道金斯[a]，指的是通过文化传播的信息单元（如制作黏土锅，绘画或写出朗朗上口曲调的方法，即旨在交流想法的人类表达）。模因的存在要经过不断复制和初期之后的各种变化，还要为了延续而同其他模因竞争。[40] 因此，这个术语也指网络上传播的笑话、视频和流行语。更精确地说，模因是流行的帖子，而科尔·斯特莱克在他的著作中说 4chan 是“网络的模因工厂”[41]。4chan 不是第一个，也不是唯一的产生、分享和复制模因的网络论坛[b]，但它似乎是最具传染性的。一个自称为匿名者的成员将模因描述为 4chan 的 b–board 的首要存在原因。[42] 一些源于或进入“b–tards”词汇表的模因最终在网上流行起来。“笑脸猫”是一个源于 4chan 引入的 Caturdays（对周六 Saturday 的模仿）活动的模因。每周六，用户会发布带有评论文字的猫的图像，显得是图中的猫在发表评论（见图 6–1）。[c]

[a] 理查德·道金斯（Richard Dawkins）是第一个就模因和模因论出版书籍的人，这本 1976 年出版的书为《自私的基因》。

[b] 在这篇文章撰写之际，网络上还有许多关于模因的网站和论坛，包括：knowyourmemes.com、memegenerator.net、quickmeme.com、memebase.com、memecenter.com 和 thedailymeme.com。

[c] 由此，icanhascheezburger.com 这个专门用于发布模因帖子的网站正在蹿红。

图 6–1 Caturdays 的一张图片。匿名者组织成员每周六都会发布这种带有评论文字的猫的图像。
图片来源：M–J, WikiCommons。[43]

其他模因（注释：一种流行的、以衍生方式复制传播的互联网文化基因）指的是像泰 · 桑迪（Tay Zonday）这样的歌手，本书撰写之际他的个人原创单曲《巧克力雨》（*Chocolate Rain*）在国外视频网站 YouTube 上的点击量已达 7900 万。2007 年 4 月这位歌手首次在 YouTube 上传了自己的作品，6 月发布在 4chan.org 上，此后这首歌在网络上出现了无数不同版本的封面和混音版。[44] 瑞克 · 阿斯特利 1987 年发布的成名曲《永不放弃你》（*Never Gonna Give You Up*）近来又火了一把，用户在打开一个看似与该歌曲相关的链接之后才发现被“忽悠”（rickrolled）了[45]，这根本不是链接上显示的那首歌，只是一个挂羊头卖狗肉的虚假链接。根据域名我们可以发现，Know Your Meme.com 网站通常是流行和“消亡的”模因以及相关文化的重要来源。

就算是“匿名者”术语本身也是一个模因，它指的是 4chan、7chan 以及其他图片板块的博主，它与自己的神话和审美有关。有位匿名者成员在一次采访中曾说过：“每次你在网络上发布一些东西，只要不署名，你就是匿名者，这就是关于‘匿名者’的定义”。[46]

匿名者：图片、结构和动机

> 任何人都能登录 4chan、7chan、someintegerchan/IRC 聊天室并提议发动一次袭击或入侵行动……很难确定这些网站有多少用户真的认同那些提议的重要性。
>
> ——阿德里安 · 克伦肖[47]

“匿名者”模因指的是一群匿名的图像板用户。图像板（如 4chan、7chan、711chan、PartyVan.net、Anonops.net）没有限制用户发布标为“匿名”的帖子（每个人都可以随心所欲地将自己标为匿名发布）。有时候发布者会在留言板上戏谑地假装“匿名者”是个真实存在的人。最终，“匿名者”这个概念简化为代表任何人以及所有未命名的群体，成了一个占位符，一个与所有发帖但不给出具体名字的人共享的网络身份（目前，通常用于代表匿名者群体或群体部分人的标志可详见图 6–2 和 6–3）。这个群体在几份公开声明中声称他们代表了现实经济社会中“99%”的人。[48]

另一个 4chan 的 b–board 的病毒式模因后来被证实是来自 2006 年 b-board 网站内部一个名为“终极失败者盖伊”(Epic Fail Guy) 的第一个帖子，此人计划要做的事最后无一成功。这个终极失败者盖伊突然出现在许多描述他总是失败的帖子里，其中有一次他在垃圾桶中找到了一个盖伊 · 福克斯的面具。[49] 两年后，匿名者在现实世界中发起了对科学教派发起抗议活动（“反科学教行动”[Project Chanology]），自称是匿名者组织成员的抗议者戴上了盖伊 · 福克斯的面具，将其作为视觉挑衅的手段。[50]

图 6-2 盖伊·福克斯面具成了匿名者的显著符号。

图片来源：Anon News Netherlands Blogspot，2012 年 5 月 8 日。

图 6-3 无头西装也成了匿名者的一个标志。

图片来源：sott.net，2012 年 3 月 7 日。

大众媒体将匿名者描述成一个松散的组织[51]，这也表明了该组织在接纳成员时的包容性（关于哪种成员可以加入，哪些行为是违规的，这里并没有明显的界定标准——成员流动率极大）。而其他媒体将匿名者描述为"无政府主义者"[52]，一个缺乏领导的组织。人民解放阵线[a], [53]（People's Liberation Front，PLF，一个建于 1986 年的活跃组织）[54]的"战地指挥官"指挥官 X 在一次采访中透露了匿名者组织的内部结构，他同时表示匿名者组织结构的特色之一就是该组织大约有 24 名老资格[b], [55]的

[a] 人民解放阵线似乎是一个更小的激进团体，起初以传统的方式兴起（面对面的交流，在真实世界让人知道自己的真实信念），一直在探索通过网络散布信息并公布他们的动机和活动的可能性，之后他们只靠（人民解放阵线似乎源自 2001 年末的"网盾行动"[Operation Netshield]）信息技术为抗议方式。

[b] "老资格"指的是匿名者中大部分 20 岁左右的成员。

领导人都曾是 CCC 的一员。这些领导者可以决定发起什么运动，并控制手下的行动。不仅有证据表明匿名者黑客组织内部存在等级制度，而且他们总是以一种十分有结构有组织的方式来与外界联系：指挥官 X 表示他们在与匿名者组织的合作中处于服从状态。[57] 该组织成长于 4chan 的 b-board 网站的讨论中，它将自己的标签归于个体在整个群体中的所有经历或个体的目的：道德苦工（“Moralfags”）[a]——有道德的个体完完全全受限于 Lulz 的方法和方式。[58] 受限制的有比如空想社会改良家、政治激进主义分子，或“Hatefags”（喷子）——这些人说他们仍然坚持该信息板“网络喷子机器”的最初风格，这些人在网上乱喷，入侵只为了幸灾乐祸。[59]“Newfags”是网络或匿名者的新人，而“Oldfags”则指那些被认为或者自己认为在这种特殊情境和文化中沉浸已久的人。[60, 61] 同样，在夏天处于最活跃状态，并在 4chan 的各个板块都非常活跃的用户被称为“summer fags”。[62]

匿名者核心成员通过频繁地露面和发起特定的活动来形成某种领导地位。这是一种通过曝光来确定领导地位的方法（比如曝光率高的 Sabu[b]）。通过在聊天室曝光来让自己广为人知，且成为这种运动的（非正式）代表。[63] 成员参与一个运动的时间越长，他认识的成员就越多。辨认方式不仅通过脸还通过名字，在这里名字即网名。网络个体处理人一直都用单个网名，会在团体内部经历同样的身份建立过程，就像自然人在面对面的环境中遇到的一样。像 LulzSec 这种黑客组织的形成证明了帕米·奥尔森（Parmy Olson）在他关于匿名者的书中所阐述的一点[64]：

> 世界上三个不同的地方的三个人被邀请到一个网上聊天室。他们的网名分别是 Topiary、Sabu 和 Kayla，并且至少有两个人是

[a] 4chan 的用户都使用含有最醒目特征的称呼，并在称呼后加后缀 fags，如 Christians 被称为“Christfags“（Stryker 2012:72）。

[b] （真实的）Sabu（Twitter-name @anonymouSabu）。

> 初次见面。有一个人邀请他们顺便拜访网名为 Tflow 的人，这个人也在聊天室中。在这里，没有人知道彼此的姓名、年龄、性别或位置等。他们只知道对方的一些零碎信息，而且每个人都信仰匿名者。这是其中的要点。聊天室是封闭的，只有被邀请的人才可以进入。谈话最初是不自然的，但在几分钟后每个人都在聊。人的个性开始显现。
>
> ——帕米·奥尔森（p.10）[64]

据说，就是这种秘密会议最终促成了 LulzSec 的成立，但在现实中有证据表明，一些人是经过选择后进入这个组织的。

> 带每个人来到这里的 Tflow 已经在匿名者中呆了至少四个月，这段时间可以让他很好地了解匿名者的文化和关键人物。他比大多数人都了解黑客的交谈渠道和人员构成。
>
> ——帕米·奥尔森（p.11）[64]

和真实的交流相似，在网上的交流也会产生出性格鲜明的人物，这些人在号召之下聚在一起成立一个团体，他们相互交流密谋入侵或仅仅交谈。最终，两个国家的执法组织会通过他们的网络 IP 地址来终止 LulzSec。有些参与过迄今为止唯一一次有线下部分活动——反科学教行动——的匿名者在现实生活中建立了友谊。成员都有真实生活的成分，如反对科学教派，建立真实生活中的友谊。[65,66]

人民解放阵线的指挥官 X 估计，世界上至少有 10000 个匿名者成员愿意参加匿名者的运动。[67] 除了领导人，这些行动者在屏幕上似乎都是匿名的，并且代表了匿名者的整体概念：每个人都可以是匿名者。[a] 匿名者

[a] 凡是在 DDoS 攻击中使用低轨道离子炮的参与者，警方都能通过他们转移的 IP 地址合法地将其辨认并逮捕。

无处不在，无时不在，虽然被低估，但非常关键。让我们思考一下这是什么意思。和其他新的社会运动一样，匿名者的核心群体（如果有的话）外也没有固定的成员。参与袭击的人要根据目标而定。一个匿名者成员参与一次袭击后可能就没有参加过其他的袭击。虽然不可能，但每次袭击都是由新成员精心策划的。而且匿名者不会在袭击时犹豫不决。在“反科学教行动”中，这个结构难以捉摸的组织的两难处境体现得最为明显。其中，有人以匿名者的名义在YouTube发布视频威胁要炸掉科学教的教堂，而其他成员则表示视频内容不是真的。[68] 2011年12月，匿名者下面的LulzSec声称入侵了战略预测公司系统，并盗取了数千用户的个人信息和信用卡信息。[69] 在接下来的两天时间中，Pastebin上出现了否认这次行动的帖子[70]，而另一个帖子却又证实匿名者参与了这次入侵行动。[71]

匿名者在今天是一个对账户名较为包容的网络。在逮捕风波后，任何人都可以创建多个网络账户名，将它们公开当做LulzSec成员的账户使用。如果只是为了交流和与信息相关的目的，在任何指定时间，匿名者实体结构都是一个在线登录各自网络论坛的计算机网络（也就是信息板和聊天室）。在撰写本书时，全网络中出现过的匿名者组织包括但不限于：瑞典匿名者（Twitter@AnonOpsSweden，Facebook账户：Anonymous–Sweden）、墨西哥匿名者（Facebook账户：AnonMex）、德国匿名者（Facebook账户：OfficialAnonymousGermany、anon–ger. blogspot.com、berlinonymous.wordpress）、美国匿名者（Facebook账户：AnonUSA）、英国匿名者（Anonymousuk.org）、罗马尼亚匿名者（Anonymousromania.com，Facebook账户：anonro、Anonymous–Romania）和中国匿名者（Twitter@AnonymousChina）。在德国，匿名者发布了一个网站（nazi–leaks.net），公布了在“闪电行动”（Operation Blitzkrieg）中获得的新纳粹主义政党和其他极右翼组织成员的电子邮件和个人数据，以及这些组织的赞助人。[72]

一些高调公开的匿名者分支的成员似乎是年轻而浪漫的理想主义者。他们想要保护网络，这个他们认为是真正民主，拥有言论、信息自由且透明的地方。因此，任何组织或个人，无论是政府还是宗教组织，只要他们的行为被认为违背了这些理想，就可能成为 DDoS 攻击或网站篡改的对象。自认为是匿名者成员的人在描述匿名者时经常会引用流行文化，如电影《搏击俱乐部》（Fight Club）[73]。和匿名者捍卫和保护透明度的初衷相反，自称匿名者的人坚持类似于搏击俱乐部[a]前两条规则的规则，即“不要谈论匿名者”[74]。无头的西装这一无处不在，象征匿名者的形象被认为取自勒内 · 马格利特（Rene Magritte）[75]的一幅画。另外一个在这些群体中流行的文化标志是盖伊 · 福克斯面具。在现实世界的抗议中戴着盖伊 · 福克斯面具可能是受阿兰 · 摩尔（Alan Moore）为系列漫画《V 字仇杀队》（2005 年改编成电影）创作的形象的影响。该系列漫画中的主要角色自称为“V”，总是戴着一个盖伊 · 福克斯面具。他决定要打倒近未来的反乌托邦英国极权政府。在漫画原著中他被描绘成反政府的形象，而在电影中他被描绘成一个革命的自由斗士（参见图 6–4 中使人想起这一文化参照的口号）。电影参照 1605 年有名的火药阴谋，高潮是的 11 月 5 日晚威斯敏斯特宫被炸毁一幕。[76]

正如匿名者本身一样，匿名者采用这个面具的原因在于 4chan 的 b–board 与 2006 年《V 字仇杀队》相一致。[77]在一条讨论帖中，这个面具被一个做什么都失败的虚拟角色[b]找到（因此，他被称为终极失败者盖伊）。在“反科学教行动”中，抗议者为了掩饰身份，首次戴了这个面具。这个面具后来和黑色西装、白色衬衫以及黑色领带被一起当成了这次运动的著名标志。面具的形象和相关的电影《V 字仇杀队》反复出现在匿名者这个群体的讨论内容中。

2012 年 5 月匿名者发起的“代号泰勒的混乱行动”（Operation Mayhem

[a] 搏击俱乐部成员必须要遵守的两条纪律是：第一条：你不能谈论搏击俱乐部。第二条：你不能谈论搏击俱乐部。

[b] 像模因一样，这样的形象反复出现在用另一种语境或情况描述他们的博文中（很像恶作剧）。

Code Tyler）明显参考了邪恶电影《搏击俱乐部》。[79]

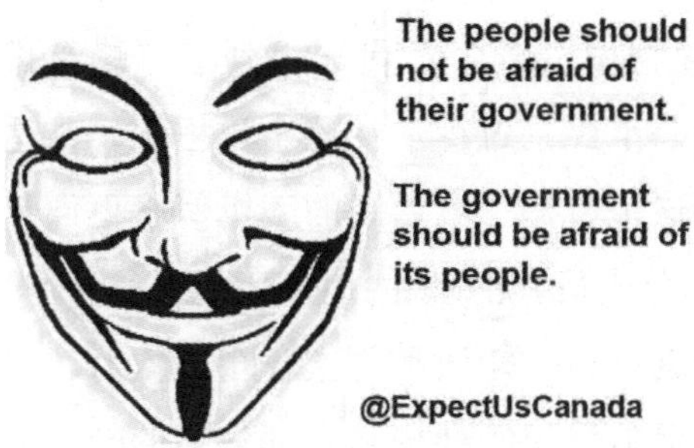

图 6–4 受漫画和电影《V 字仇杀队》的启发，反政府言论往往伴随着无处不在的盖伊·福克斯面具是这个组织的标志。[78]

图片来源： Twitpic 匿名者圈。

图片大意为： 人民不应惧怕他们的政府。政府应惧怕它的人民。

匿名者的口号各不相同，但是所有口号都强调代表人民和每个人，但不包括政府当局："匿名者——我们分布各地——我们是军团——我们绝不忘记——我们绝不原谅——等着瞧"或"我们反对安全，我们是 99%，"[a],[80]（见图 6–5）"我们绝不原谅，我们绝不忘记，等着瞧！"更有针对性的，从历史上看，当匿名者和人民解放阵线的决策者认为信息和表达自由受到限制

图 6–5 喜欢自称为代表"99%"的匿名者成员经常发起标明支持网络隐私的网络袭击。

图片来源： Twitpic 匿名者圈（@AnonCircle）。[82]

图片大意为： 我们并非针对富人，而是针对利用财富谋取不公利益的人；我们并不反对企业，而是反对企业统治我们；我们并不针对资本主义，而是针对其中之腐朽；我们并不打击银行，而是打击银行欺诈行径；我们并非针对投资市场，而是针对市场的不法欺诈；我们并不反对民主，而是反对选出的代表兜售影响力。

[a] 这段话被占领运动（Occupy Movement）使用（CNN，2011 年 12 月 1 日）。

时，他们便会活跃起来。但是，如上所述，他们的动机似乎和它们的成员的数量一样：虽然匿名者群体（大部分）有一个定义模糊、大概的意识形态，但他们有太多的动机（在出版物中，匿名者代表提到了“蜂巢思维”）。如上所述，每个法案都被视为一个民主过程。在这个过程中，这些活动分子一件一件决定他们是否支持这个目标。匿名者的动机似乎更像是一个将每一次入侵行为（很可能是每个成员）的理由拼凑起来的东西。[a]在一些案例中，当组织不同的分部分别宣布、撤回和再次宣布负责时，组织动机的差异便显现出来。[b]这也显示出组织的结构和内部沟通的缺乏。因此，很可能没有成员能描绘出匿名者和所有分部的全貌。根据对这个群体的名字匿名者的理解，匿名者不仅是对其结构的描述，也是对（主要）动机和目标的描述，比如保护网上隐私和数字权限，在网上无限制地发布并交换歪曲的观点。这些理想让这个组织反对分别旨在支持版权法和知识产权的《禁止网络盗版法案》（*Stop Online Piracy Act*）和《反假冒贸易协定》（*Anti–Counterfeiting Trade Agreement*）。虽然匿名者发起的各种运动被美国有线新闻网列为“非常聒噪而且低级的犯罪行为”[81]，但对许多人来说，重点是舒舒服服地待在家里就可以发起抗议了。

和其他的社会运动一样，为了吸引一定的观众，匿名者也寻求宣传。媒体对其疯狂的报道是从福克斯新闻开始的。在福克斯这则最出名（现在是臭名昭著）的新闻里出现了一辆燃烧的货车，这成了对匿名者阴谋要炸毁美国各地的橄榄球运动场的证据。[83]

负责在 4chan 的 b–board 和另外 40 个网站发布威胁帖的人在 2006 年秋自首。[84]一个自称为匿名者的成员在之后的采访中称“报道（福克斯新

[a] 利用从公开的媒体报道获取的资料，我们在正文和附录 2 的事件列表中都注明了每一次具代表性入侵的明确动机。

[b] 2011 年 12 月的美国战略预测公司被黑一案（2011 年 12 月 25 日，由一名论坛游客发布的 Pastebin 条目“匿名者圣诞节紧急新闻发布”）。URL 地址：http://pastebin.com/8yrwyNkt 和 Pastebin 的“游客”条目，2011 年 12 月 26 日的“欢乐恶搞圣诞”（Merry LulzXmas）。URL 地址：http://pastebin.com/q5kXd7Fd)。

闻）让我们意识到你是可以引起关注的”。[85] 无论引起的关注是正面的还是负面的，都再次反映了这个组织的特征。称自己为匿名者成员的人在动机上差别很大；他们对媒体报道内容的评价也是这样。单个匿名者对什么是匿名者的理解，影响了个人参与匿名者的攻击的方式以及媒体对匿名者的评估。打算引起混乱，被称为“网络喷子机器”的 4chan 用户可能不在乎负面报道。当时，将网络当做改变世界的工具，有政治意识的匿名者可能为了招募和自己有共同观点的观众而更喜欢积极正面的媒体报道。这部分匿名者成员喜欢被当做道德方式的践行者（他们在 4chan 上确实被称作“道德苦工 [moralfags]”），而且他们的态度是不容忍这种行为的，一名来自悉尼的匿名者在一次采访中解释道：“网络上任何人的违法行为都会受到匿名者的谴责。我们不是恐怖分子。我们不是流氓。”[86]

在了解这个组织的结构后，就很容易理解他们的目标和理想与行为之间明显的矛盾。怎么可能在用 DDoS 攻击和网络篡改的方法惩罚由当局推行的网络审查制度的同时，又让网络瘫痪而无法访问？为数字领域的隐私而战与公布和个人信息相关的海量数据之间的矛盾如何调和？很明显，有些匿名者成员发现了这些矛盾和他们对组织形象的影响，因此他们尽量不公布他们获得的个人信息，而仅公布经过审查的入侵证据。[87]

匿名者：外部联系和衍生品

匿名者黑客组织宣称与其他线下运动结合起来，发动诸如“动物解放运动”和“占领运动”（比如占领华尔街和占领伦敦）。[88] 看来匿名者组织已扛起了社会运动的大旗，将社会运动的活动范围扩大至互联网领域，但同时也为特定的目的发起黑客行动。自称是 Anons 的匿名者总是戴着标志性面具参与到不时出现的占领抗议运动中。2011 年 10 月，解密网站维基解密创始人兼总编辑朱利安 · 阿桑奇（Julian Assange）在伦敦抗议活动上也发表了演讲。[89] 一年之前，维基解密因披露了美国政府机密外交电报而激怒白宫，网站失去服务器资源和融资渠道。此后匿名者黑客组织对包括亚马逊、万事达、VISA、贝宝在内与维基解密断交的网站发起 DDoS 攻击并窃取资料，以实际行动向维基解密及其创始人表示完全支持。[90,91] 2011 年 12 月，美国安全智库，著名情报公司美国战略预测公司（Stratfor）遭匿名者黑客攻击，随后维基解密网站公布了上百万封该公司的内部邮件，这是匿名者黑客组织和维基解密网站第一次正式合作。[92] 匿名者和维基解密一样，都追求信息自由，所以在 2 月份披露战略预测公司的邮件之后，匿名者发布了一份有关双方交叉的报告。[93] 发起“反网安行动”（OpAntiSec）的黑客组织和人民解放阵线联合攻击了叙利亚政府网站，并再次通过维基解密之手将窃取的资料公之于众。[94] 然而，之后双方在有关公布叙利亚文件的一系列问题上无法达成共识，账号为 @AnonymousIRC 的匿名者黑客和维基解密官在 Twitter 上展开骂战，所以，他们的合作并没有预计的那么顺利。[95]Anons 匿名者黑客创立并运营一家名为 Par：AnoIA 的数据转储网站，很明显维基解密将它视为竞争对手，因此双方也是争执不断。[96] 此后 Anons 匿名者黑客组织如法炮制了一个与 Pastebin 类似的网站 Anonpaste（后面将有详细介绍）以及其他类似的网站，这不禁让人怀疑 Anons 与 Pastebin 之间的关系是不是也陷入低谷。[97]

从 1985 年开始 [98]，人民解放阵线的黑客组织就参与到了政治运动和非暴力不合作运动中，并致力于匿名者黑客的挑选。科技发展日新月异，以往他们只能在现实世界中进行抗议，如今已完全通过网络来发声。根据人民解放阵线自己的报告，得力于科技的发展，人民解放阵线一开始主要是致力于电话拦截方面的信息技术，并开发了一款名为 chinger 的设备（模拟公用电话投币后的频率）。[99] 在宣言中，人民解放阵线宣称他们是“自由斗士而非暴力组织”[100]，他们的首要任务是保卫网络这个给予网民个人自由的地方。[101] 同样的，这些激进主义分子除了参加匿名者黑客组织的活动，还支持与他们志同道合的组织（如德国的混沌计算机俱乐部和网络防御联盟)。[102] 人们认为人民解放阵线的领袖，指挥官X正是逃亡者克里斯托弗·杜容。[103] 他在2011年9月因参与匿名者黑客组织向加利福尼亚州圣克鲁兹政府网站发起的DDoS攻击而被捕[104]，后来逃往加拿大，他在那里似乎一直很活跃，并出于娱乐原因在媒体上露面。[105]

2012年初，Th3 Consortium因攻击Manwin公司的色情网站而声名大噪，随后他们陆续曝光了从该色情公司获取到的个人信息，特别是军政界成员的个人资料。[106, 107] 在本文撰写之际，新闻界在长达4个月的时间内并未获得任何有关该组织的消息。

一个更有名的黑客组织是2010年成立的TeaMp0isoN（team poison）。[108] 据称，该组织8位成员已成功发动多起著名的网络攻击，盗取了包括行动研究公司（Research In Motion–RIM，黑莓制造商）[109]、英国前首相布莱尔[110]、联合国[111]、澳大利亚政府和松下公司[112]的资料。TeaMp0isoN攻击黑莓公司的目的是为了报复其曾协助英国政府定位伦敦暴乱参与者的位置。[113] 黑客攻击信息技术系统很明显是为了盗取黑莓公司员工个人信息和机密资料，并公布在Pastebin上。网络上的跟踪行为被称作"doxing"（dox是documentary的缩略形式），它指的是通过合法或非法的手段获得攻击目标的一些个人信息（包括家庭成员姓名、地址、员工和孩子的学校等）。[114] 黑客将收集来的信息公布到网络上以达到消遣和骚扰的目的。[115] 乔治·霍兹（George Hotz）利用索尼高管的个人网络地址来获得公司信息，用于篡改和控制自己的索尼游戏机，他也因此被索尼公司告上法庭。匿名者黑客为此群情激愤，并向索尼公司发起网络攻击。网络数据的开放性会泄露人应缴财产税的数额、房间大小、邻居都有谁。[116] 另一种dox的来源，也就是收集到的数据，经常通过社交工程来获取。这个术语因美国著名黑客凯文·米特尼克（Kevin Mitnick）而广为人知，它指的是操控人们在不知不觉中向攻击者提供有关攻击目标的资料或登入信息。在骗子的作案方法中我们可以发现许多涉及现实世界或者网络骗局的社交工程：一种值得信服的人格是获得你所在公司机密资料的关键，骗子可以在电话里假装公司同事或者权威人物，抑或者将送货车骗到一个新的地方。[117]社交媒体骗局，比如盗取用户的 Facebook 登录信息，接着向好友借钱以摆脱虚构困境，或者点击虚假链接骗局，比如引诱用户点击查看谁浏览了你的 Facebook 账户的假链接[a]。这些骗局旨在获取个人信息。[118]

匿名者成员使用社交工程方法对付 HBGary Federal 和该公司的 CEO 亚伦 · 巴尔（Aaron Barr），他们在一封邮件对话中声称自己是 HBGary 创始人格雷格 · 霍格伦（Greg Hoglund），需要进入一个简单账户。[119]我们将通过第 8 章的社交网站介绍令人震惊的网络社交工程案例。

除了收集个人信息，黑客可能还会参与临时的网络篡改。公共交流通过 TeaMp0isoN 的 Twitter 账户 @TeaMp0isoN[120]等进行。除了作弊软件，TeaMp0isoN 成员还通过自动骚扰电话[123]攻击英国警方的一条反恐热线[121]和军情六处的电话服务[122]。这个黑客组织的领导者，当年 18 岁的朱奈德 · 侯赛因（Junaid Hussain，也被称为 TriCk）[124]于 2012 年 4 月被捕。其他自我标榜的成员包括“Hex0010”[125]、“iN'SaNe”[126]和“MLT”在 2011 年 5 月则被英国警方逮捕。[127] TeaMp0isoN 成员过去称他们的首要任务是揭露政府的违法行为，听起来仿佛是匿名者的一个专门行善的品牌，TeaMp0isoN 的成员坚称，他们对入侵平民隐私没有兴趣：“我们不会公布为无辜的人带来麻烦的信息，我们只会对罪有应得的人这样做。”[128]但是，他们明显不喜欢将技术高超的黑客羞辱一番的“脚本小子”，他们对 LulzSec[129]和匿名者成员的态度也是一样。[130]在加入匿名者之前，团队成员最初打算揭露 LulzSec 成员和支持政府的黑客 th3j35t3r（The Jester）的身份。[131]根据福克斯新闻的访谈，TeaMp0isoN 公开支持巴勒斯坦圣战游击队（Palestinian Mujahideen）的黑客部队及巴基斯坦网军。[132] TeaMp0isoN 与匿名者们的合并成立了 p0isAnon，恢复了对企业银行的袭击，发起了 RobinHood、CashBack 以及 CensorThis 入侵行动。[133,134]据称，

[a] 链接点击劫持骗局包括通过引诱受害者点击按钮和链接获取目标信息。

TeaMp0isoN 成员参与了 2011 年 12 月的入侵美国战略预测公司行动。[135]

但是，匿名者不会将自己的活动限制在英语国家。2012 年 4 月，Free Anons 发布了一份宣称匿名者支持土耳其左翼黑客组织 R3dH4ck（红色入侵）的视频。[136] 这个组织的成员入侵了土耳其警方的电脑，窃取了很多他们认为可以证明土耳其警察腐败，为达目的不择手段的信息，其中多个警察部门遭受 DDoS 攻击袭击。[137] 为了遏制 R3dH4ck，土耳其当局逮捕了 7 个人，但这些人似乎和黑客组织没有关系，而黑客组织继续入侵与政府关联的信息系统，并将其发布在他们的 Twitter 账号（@r3dh4ck）上。[138] 在土耳其政府宣布该组织为恐怖组织后，匿名者在 2012 年 7 月发起了“支持红色入侵行动”（OpSupportRedHack）[139]，并攻陷了土耳其警方委员会网站（www.egm.gov.tr）和土耳其国家情报局（Turkish National Intelligence Agency）子页面（www.mit.gov.tr）。[140]

趁着 LulzSec 制造的混乱以及 TeaMP0isoN 的终结，另一家借鉴了匿名者无所不在的流动结构的黑客组织出现。“恶意安全”（Malicious Security，也被称为 MalSec）显然由匿名者组成，他们声称将关注点再次放在政治活动上，这样会避免伤及个人，因为人们批评匿名者盗取和公布个人的机密信息（如信用卡信息）。[141] 这也是对匿名者群体内斗的蔑视，如 LulzSec 领导人赫克特 · 泽维尔 · 蒙塞古尔，代号“Sabu”（Hector Xavier“Sabu”Monsegur）协助 FBI 逮捕 LulzSec 成员。[142] MalSec 大量使用博客和社交媒体，在 Twitter（@malsec）和 Facebook（Malicious Security）上提高曝光率，并在 YouTube 上发布组织的介绍性视频。[143] 最终，他们使用 SQL 注入方法入侵了罗马尼亚、不丹、菲律宾和其他国家的政府网站、政府附属机构网站和企业银行的网站。[144,145] 2012 年 3 月，入侵开曼群岛的安全中心有限公司（Security Centre Ltd.）篡改网站，并且网站上被礼貌地留下了如何解决网站漏洞的事项清单。[146] 该组织意图模仿更大规模的匿名者群体结构，[147] 并避开过于出风头和活跃的理事会所拥有的缺点，因为 LulzSec 和 TeaMP0isoN 就是因此被拖垮的 [148]，它还不得不面对其中的副作用。可以看出，成员的流动和去中心化的领导层将与 MalSec 自我标榜的目标相冲突。

在 2011 年和黑客组织及匿名者关联最出名的可能是 LulzSec，这个组织声称他们大量高调的黑客行动的唯一动机和目的就是为了娱乐，这显得他们和叫嚷着政治和道德的匿名者群体中的黑客截然相反（至少在写这篇文章的时间，2012 年夏天时是这样）。

你的安全就是个笑话：LulzSec

LulzSec 据说是匿名者的副产品，后来重新加入匿名者群体。2011 年 6 月 26 日，LulzSec 公司（这个公司也自称 LulzBoat）在 Twitter 上宣布结束其“50 天巡游”[150]（其公司标志参见图 6–6）。他们有一个口号——“从 2011 年起，嘲笑你的安全系统。”这个口号虽然表明他们本来对自己组织的寿命有更长的预期，但是 LulzSec 的正式存在时间也只有 50 天。公司名字来源于网络流行语“lol”，即“大笑”，表明这个团体的主要动机是：玩乐。[151] 相反，许多人宣称并证实，LulzSec 黑客们受到类似匿名者组织的意识形态推动（否则 LulzSec 就很难成为合格的

图 6–6 LulzSec 标志[149]

黑客行为的实施者）。在任天堂以及英国国民保健系统（NHS）遭受的黑客袭击中，LulzSec 成员有时也会在发现系统软肋方面发挥作用。[a],152 LulzSec 显然将保护客户数据视为网络服务的一项责任。他们认为攻击 SonyPictures.com 是合理的，因为这暴露了该公司能力不足，无法达到既定标准。[153] 在其他公司，LulzSec 将自己描述为保护人类的尊严和公民权利的卫道士。在这方面，他们还指责亚利桑那州执法部门有种族歧视，并且有腐败现象。[154]

从去年四月份算起，匿名者衍生组织识别、破坏以及攻击的电脑遍布全世界，包括福克斯新闻[155]、美国公共广播公司（PBS）[156]、用户超过百万的索尼公司[157]、被攻击而下线几小时的美国情报局官方网页（www.cia.gov），[158, 159] 以及英国打击严重有组织犯罪署（SOCA）。其他的攻击目标包括两个和巴西政府有关的网站，一个爱尔兰政党以及万事达信用卡和其他几个行动，但这几个行动但因无人参与而取消（世嘉公司，2011 英国人口普查网）。本书附录 II 可看到包含 LulzSec 各种入侵动机的更完整清单。在该组织解散后，他们还攻击了英国《太阳报》以及其姊妹报《泰晤士报》，在上面发布了精心编写的鲁伯特 · 默多克死亡的假新闻[160]，这暗示该组织内部不和。在宣布解散（2011 年 6 月 20 日）的前一周，LulzSec 宣布他们将和匿名者合并，共同推进反网安行动。在此行动中，攻击目标是政府机构、银行和大公司，目的是为了抗议互联网审查和监管制度，以及要求保护个人隐私。[161]

LulzSec 在 Twitter（@LulzSec–The Lulz Boat）上宣布活动内容，也在上面用一种嘲弄式的语言来庆祝胜利。[162] 2011 年 6 月中旬，Twitter 上发布了一条广告热线，鼓励 LulzSec 的铁杆粉丝们打这个电话，建议行动目标（614 LULZSEC）。[163] 为了互相交流，他们还使用了一个被称为 paste.org 的网站。[164] 在攻击过程中，他们主要采用 DDoS 以及 SQL 注入漏洞攻击。

---

[a] 部分成员，包括 LulzSec 的领头人都是信息技术专家，擅长寻找系统漏洞。这些稍后会有介绍（《每日电讯报》，2011 年 6 月 9 日）。

LulzSec 所谓的最高领导人，Sabu[a] 是名 28 岁的纽约信息技术顾问，他的真实姓名是赫克特 · 泽维尔 · 蒙塞古尔。2012 年 3 月初，在他强制对集团剩下的成员进行严格管理之后，便正式公布了名字。[b], 165 作为消失的信息安全公司老虎团队安全的前任成员，166 他技术娴熟，接受过在计算机系统中寻找漏洞的训练（有这些技术的黑客也被称为“挖土机”）。167,168 蒙塞古尔还在其私人博客（http://xavsec.blogspot.com）拿这件事说笑。2011 年 6 月，几个匿名成员被捕，美国联邦调查局对其紧追不舍，他在 2011 年 8 月承认是有“阴谋入侵计算机”的行为。有一次，他登录 IRC（互联网中继聊天）服务器，没有使用 IP 编码服务 169，蒙塞古尔的 IP 地址（以及最后的物理位置）最终暴露。170 也有可能是与之竞争的黑客组织和黑客在暗地帮助美国联邦调查局寻找 Sabu。当局认为是蒙塞古尔在决定实施那一项攻击计划，并且一手经营着匿名者。除了受到“入侵计算机”的指控外，他也承认犯下了在网上出售窃取的银行信息，并利用窃取的信用卡信息为自己购买汽车零部件等轻微罪行。

在 Sabu 的帮助下，五名 LulzSec 成员被指认出来，他们主要分布在英国和爱尔兰。Sabu 所称的组织二把手的账户名是“Topiary”，他充当“公关人士”为 LulzSec 在 Twitter 上发帖。171 格雷格 · 毫什（Gregg Housh）脱去面具之后，成为匿名者的发言人，他表示，Topiary Gardenslayer 对 AnonOps——匿名者所有通信所在的服务器——很熟悉。172 杰克 · 戴维斯（Jake Davis），化名 Topiary 的使用者，在 2011 年 7 月遭到逮捕。一位当时 19 岁的设得兰群岛居民是在“Free Topiary”中被开除了的黑客之一，但群体中有一部分人坚持认为警方抓错了人。25 岁（2012 年）的瑞安 · 阿克罗伊德（Ryan Ackroyd）被认为曾使用“Kayla”、“lol”和“Lolspoon”等账户名，于 2011 年夏天被捕。173 他的专长也是绕过安全

[a] 蒙塞古尔用过的其他账户名有 Xavier Kaotico、Leon 和 Xavier de Leon。

[b] 6 月下旬一个代号为 KillerCube 的黑客在 Pastebin 上发布了 Sabu 的真名和物理地址以及其他个人数据和相关信息（KillerCube pastebin 日志，2011 年 6 月 22 日）。

防护，发现目标计算机系统中的弱点。[174] 与杰克 · 戴维斯、达伦 · 马丁（Darren Martyn，又名 Pwnsauce、raepsauce、networkkitten）[175] 以及多察奥 · 伯赫尔一起，瑞安 · 阿克罗伊德被指控破坏福克斯、索尼和美国公共广播公司的计算机系统。[176] 账户名为“钯”（palladium）的后者还被指控窃听美国联邦调查局（FBI）和伦敦警方之间关于匿名者的电话会议并随后将内容发布在互联网上。[177] Tflow，16 岁的伦敦居民，由于年纪太小而没有被披露真实姓名，他于 2011 年夏天的国际扫荡行动中被捕。[178] 更早的网页设计师斯温 · 思路特威格（Sven Slootweg），账户名为“Joepie91 ”或者“Joepie92”，被当时竞争对手 TeaMp0isoN 黑客团体扫地出门。这些黑客并不都是 LulzSec 的固定成员，但是 Joepie、Storm、Neuron 和 trollpoll 据说要么是作为粉丝，要么是作为偶尔的访客参与了行动。[179] 另外一位临时成员，账户名为“Devrandom ad recursion”，在攻击联邦调查局的行动之后退出。[180] 2012 年 3 月初，被逮捕的英国和爱尔兰公民将可能被引渡到美国，面临盗窃机密数据、不经允许控制他人计算机、入侵计算机等罪名的指控，一旦罪名成立，他们将面临 20 年的监禁。[181]

LulzSec 的 Facebook 在 3 月的逮捕行动之后似乎停止了更新，因为约有 2 周，该 Facebook 账号没有发布任何东西。2012 年 3 月 19 日，状态更新，如图 6–7。

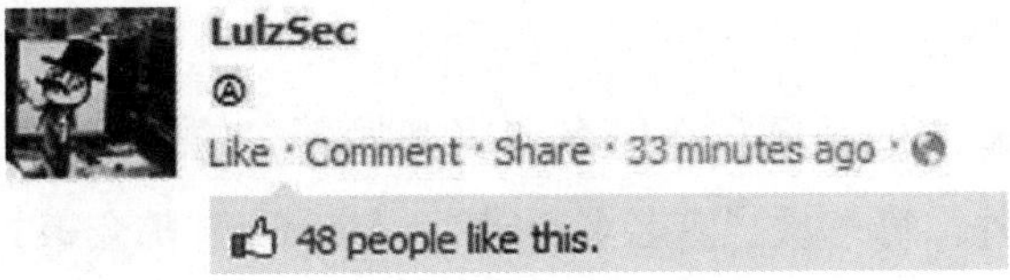

图 6—7 LulzSec 在 Facebook 上偶然会活跃。

但该团体的 Facebook 活动自那以后已经变得很少。在当年春季晚些时候，“LulzSe 重生”（Twitter 账号为 @lulzboatR）声称，入侵并窃取过 17 万个 militarysingles.com 用户的账号。[182]

匿名者的另一个分支，机组人员（“Th3CabinCr3w”）的命运也类似。

在“烤猪行动”（Operation Pig Roast）中，Th3CabinCr3w 使用 SQL 注入的方法，入侵美国警方部门及其下属机构的网站。[183] 为了回应巴西政府审查控制互联网内容的行动，CabinCr3w 成员在“非暴力不合作行动”中贴出捕获的机密信息。[184] 来自俄亥俄州托莱多的约翰·安东尼·博雷利三世（John Anthony Borell III），化名为“Kauhuna”和“Higinio O”，和来自德克萨斯州加尔维斯顿的奥乔亚三世（Ochoa III），化名为“wormer”或“higochoa”目前被捕。[185] 后者在 Pastebin 上发表了一封公开信，讲述他的被捕过程，并且揭露联邦调查局为了逮捕剩下的成员，而企图招降他。[186] 在他们被捕后，2012 年 4 月 17 号，剩下的成员在 anonnews.org 上发布的一篇文章中宣布将重返匿名者群体。[187] 分别在 2012 年 3 月或 4 月，The3CabinCr3w 在多个社交网络和博客网站大幅减少了露面的次数，如 Facebook[a]、Scribd[b]、Twitter[c] 和 Tumblr[d]。

匿名者行动手法

我认为关于匿名者最重要的一点是他们的入侵是成功的，我不知道是如何成功的，但他们就是成功了。

——2008 年 5 月 8 日，澳大利亚匿名者在 NineMSN 上引述 [188]

这段主要发布在 YouTube 上的视频宣布匿名者将开始新一轮的活动，启动许多过去的计划。[189] 此外，每一次“匿名者行动”（AnonOp）都会事先在 Twitter（@YourAnonNews，@Anon_Central）、Tumblr（youranonnews.tumblr.

[a] https://www.facebook.com/pages/Cabin-Cr3w/200338873391440.

[b] http://www.scribd.com/CabinCr3w.

[c] http://twitter.com/CabinCr3w/.

[d] http://cabincr3w.tumblr.com/.

com）和第一手匿名者网站上宣布，例如 anonnews.org 和 whyweprotest.net。其他普遍的使用的网站是 Pastebin、海盗湾（Pirate Bay）[190] 和 Facebook（匿名者新闻网络）。[191] 还有互联网中继聊天程序（IRC）、图像板、网络论坛以及维基在线等也会为他们提供网络交流和协调的便利。[a] 这些渠道以及 partyvan.info[192] 的信息板和交互式聊天程序以及由 AnonOps（AnonOps.ru，anonops.net）经营的网站显然被用来从个体匿名者那里集思广益。合作的黑客组织的网站，也可以向访问者解释任务并加大来访者参与的机会。[193] chan 上的某一用户如果觉得某件事有错或者可能会好玩，就可以号召大家发起行动，对他（她）认为是错误的东西或可能因为好玩而发起入侵。[194] 如果有足够多的其他用户同意确定行动日期，行动就会发起。如果最初的号召过程并不成功，那么什么事情都不会发生。可能会引起匿名攻击（也就是对个人想法的进一步招募过程）的因素是可能可以让人幸灾乐祸地开心 [b]，潜在目标被认为过于狂妄，被认为是审查互联网的行为或者其他挑战伦理道德的行为。[195] 后者可能是次要的，或者甚至只是事后想起来，为了在大众面前证明入侵行动的正当性，而决定性的因素是入侵达到目标结果的实际可能性（尽管接下来的实际后果不一定完全跟预期结果一样）。[196]

匿名者及其合作方在攻击时最常使用的策略是分布式拒绝服务（DDoS）攻击。与一些之前章节里讨论过的其他的 DDoS 攻击相比，匿名者的 DDoS 攻击主要依靠提供给黑客行动参与者的 DDoS 攻击工具。这些工具比俄罗斯黑客行为参与者在格鲁吉亚行动中使用的软件（见第 3 章）更为先进，但是与支持以色列，反对哈马斯的黑客使用的“自愿僵

[a] 特别是 4 chan、711chan、百科全书 Dramatica、IRC、YouTube 和（受到支持的）博客（如 anonops.blogspot.com，只能在被邀请的情况下访问），军团新闻网和 AnonNews.org 作为新闻媒体，whyweprotest.net（匿名者支持的网站，最早为反科学教行动提供支持，但扩展到为抗议活动和运动以及草根行动的组织服务），以及 Anonywebz.com（匿名工具网络），Twitter 和 Facebook 等社交网络服务被用于组织现实中的抗议活动。

[b] 阿德里安·克伦肖的“原油不足威胁论”似乎吸引了大多数的支持者。

尸网络”（见第 4 章）不同，他们不允许中央系统控制用户电脑。此类工具的诞生允许不具备黑客技术的匿名参与者加入攻击，但同时仍然能让这些参与者贡献他们的计算资源。最广为人知的软件，包括低轨道离子炮和 RefRef Web 脚本。[197] 自从低轨道离子炮会保留发送者的 IP 地址，引起匿名者成员大量被捕之后，开发后者的目的在于替代前者。[198] RefRef Web 脚本是一个基于命令的 Java 网站，利用 SQL 注入和 Javascript 的漏洞以穷尽服务器对网站的支持。[a]

低轨道离子炮是一个测试 Web 应用程序的合法工具，通过发送大量的请求到 Web 页面看页面是否能够处理（“bandwidth raep”）。这是以 C 语言写成，有三个版本（手动版、服务器控制版以及 JavaScript 版）。在任何主要的开源代码库中都可以发现这个工具。个人用户下载应用程序，选择让自己的计算机成为僵尸网络的一部分，这样就让计算机加入到匿名者的 DDoS 攻击中；这是其中一种只将计算能力贡献给匿名者资源库的成员形式。为了协调从个人计算机发送的加载数据包，低轨道离子炮还能连接到聊天室。大量参与非法 DDoS 攻击的人对此并不知情，而事实是低轨道离子炮并没有加密或隐藏发送者的 IP 地址。目标计算机的网站会记录所有进入请求的 IP 地址，这反过来又可以用这些地址追溯到单台计算机。[199]

另外一种流行的匿名者攻击方式，这就是需要更高深黑客技术，但需要的计算资源又更少的 SQL 注入攻击，它攻击的是数据库中的弱点，在第 3 章中有所描述。在攻击 HB Gary Federal 及其领导时，头目亚伦 · 巴尔、少量的匿名者黑客以及附属组织的黑客靠这种方法收集了从攻击中得到的文件和电子邮件。获取的数据通常被“倾倒”，即发布在 Pastebin 上，或者像最近发布在 Anonpaste 上。[200] 获得的数据用于“现实生活”（In Real Life，IRL）的恶作剧中——刻意在现实世界中安排一些事件的发生，比如订了披萨外卖却又不要，或者使用社交工程报假警，将反恐特警队叫到相

[a] 因为请求仍然在目标服务器上来回穿梭，消耗了大量资源（THN，2011 年 7 月 7 日），因此利用了大多数网站都会将进入请求后缀为 .js 的文件存在自己的服务器上。

应的地方等等，这种情况比较少见。通过 SQL 注入达到其他攻击目的，包括篡改网站，替换原创内容的图片或者留下入侵者的信息，或劫持并（或）将目标网站的链接导向另一个地址。在后面这些情况中，网站要么不受原创建者的控制，要么在其他黑客的选择下被引导到另一个网站。

匿名者典型的黑客行动：针对政府、企业和个人

匿名者同时还有一个特点，那就是几乎每个星期都会声称或者被发现对某些网络攻击事件负责。按时间顺序回顾匿名者的历次攻击没有任何意义（可以参见附录中不完全但数量庞大的匿名者攻击事件，附录中还包括黑客行为的动机，可以帮助读者对这些行动背后的思想有更完整的理解），因为这个列表可能漏了很多攻击行动：有关匿名者的媒体报道只涉及规模比较大或者比较知名的目标。

袭击哈宝宾馆

之前，Anons 因从事黑客行动而扬名在外，他们担心 4chan 匿名者攻击他们的目标。当时匿名者的行动是为了抗议哈宝禁止非裔美国人头像，并指责哈宝版主有种族歧视，这让这款虚拟游戏变成了理想的袭击目标。哈宝宾馆入侵事件始于 2005 年中期，参与的很多玩家的头像看起来像穿着西装的富有非裔美国人（让人想起塞缪尔 · 杰克逊在《低俗小说》[Pulp Fiction] 中饰演的角色——朱尔斯），这些玩家聚集在一起堵在了游戏里的游泳池入口处（见图 6–8）。我们如今知道的匿名者群体活动有两大主题，而上述黑客行为在当时就已经展示：被认为受到歧视而反击以及可能让人幸灾乐祸地大笑。[201]

图 6−8 在袭击哈宝宾馆期间，4chan 的成员为了抗议禁止使用非裔美国人头像而创建了大量用非裔美国人头像的商人角色，并用这些角色堵住了游戏中游泳池的入口。

图片来源：《了解你的模因》。[202]

“泳池已关闭”成为袭击哈宝的口号，导致 4chan 推行少见的审查和克制措施。一年后，在 4 个国家（英国、美国、德国和澳大利亚）中，有组织的哈宝袭击事件达到了前所未有的顶峰，结果导致游戏网站被迫下线，哈宝袭击同样也成了阻碍式活动的先例，一开始就将当时的匿名者大军（至少是一部分）推出去发起阻碍行动。多年后匿名者受到的指责其核心也形成于此：在 2006 年夏季的攻击事件发生后，哈宝宾馆管理员将游戏程序设置为自动禁止使用留着爆炸头，穿着西装的非裔美国人头像。[203]

网络“见义勇为”

2007 年 12 月，在一次网络“见义勇为”事件中[204]，匿名的黑客通过冒充少女，帮助逮捕了加拿大的克里斯·弗坎德（Chris Forcand）。[a], 205 随后，克里斯·弗坎德被送上法庭，被指控有恋童癖。206 2012 年夏天，匿名者对这一反恋童癖事件进行跟进，在 Twitter 发布标签“TwitterPedoRing”来邀请通信网络中的恋童癖加入。一周后，尽管在结果中没有提到匿名者，但美国移民和海关执法局成功拘捕了 190 名恋童癖罪犯。

2012 年 8 月，匿名的 Twitter 帐户“@YourAnonNews”，让它的 61.5 万名订阅用户大规模举报账号“@many501611”，后者曾经发布过许多小男孩的色情照片。207 其他通过互联网传播不公待遇的案例在现实生活中都为施行者带来的严重后果，其中包括韩国女孩拒绝整理宠物狗的秽物而遭到大量骚扰，导致女孩差点自杀。张亚（音）对 2008 年四川地震受害者的无人性言论最终让其被捕。而美国最先发送垃圾邮件的人，艾伦·拉尔斯基（Alan Ralsky）自己则收到了海量的垃圾邮件，美国纽约警察帕特里克·伯根（Patrick Pogan）袭击了一个毫无防备的自行车骑手，如果不是事件的相关视频传遍网络，他肯定会逍遥法外。208 网络“见义勇为”既不是 4chan 的发明，也不是匿名者群体的产物，更不只发生在北美。[b]

反科学教行动

各个国家和城市中数以千计的抗议者面带盖伊·福克斯面具参加匿名者组织的第一场现实世界中的抗议活动，他们走上街头抗议科学教教会。许多教堂在现实中被人恶搞，比如接到骚扰电话，接到全黑传真（为了浪费接收方的墨水），209 订教会没有订的披萨 210 和出租车服务，以及向教会

[a] b/tards 上的匿名者群体发布的网帖被保存在了 4chan 的历史记录中：http://4chanarchive.org/brchive/dspl_thread.php57thread_id=42828652&x=brb%20church%20-% 20chris%20forcand。

[b] 克莱·舍基（Clay Shirky）的极具洞察力的著作《未来是湿的》（*Here Comes Everybody—The Power of Organizing Without Organization*），讨论了网络集体行为，他认为这种行为不只是新的技术形式，也是新的行为方式。

邮寄装有无害白色粉末的信件。[211] 反科学教行动的导火索是一段对演员汤姆·克鲁斯采访的内部视频遭到泄露，视频中汤姆·克鲁斯谈及他在教会中的生活。[212] 随后，教会采用强硬手段试图撤下这段视频，很多人认为这一行动体现了该组织一贯的约束性，而这点正是其广受批评的地方。这件让科学教感到头疼不已的事件其最早的诱因是一条发在 4chan b–board 上的匿名帖子，帖子中写道：“是时候该干些大事了。”[213, 214]

2008 年 1 月，起源于诸如 4chan、partyvan.org 和 711chan 之类图片板，自称匿名者的人正式启动反科学教行动，他们在 YouTube 上上传了一段名为“致科学教的信息”的视频。[215] 除了现实生活中的抗议活动，匿名者通过 DDoS 攻击了科学教教会的官网，使用户无法打开其页面，同时获得并公开发布一些信徒原本需要付费阅读的文献。[216, 217] 在 3 周中，反科学教行动引发了 8000 多通骚扰电话、360 万封恶意邮件、教会官网 1.41 亿次的点击量、10 次故意损毁教会财物的行为、22 次炸弹威胁和 8 次死亡威胁。[218] 网络活动分子使用了 JMeter 和 Gigaloader 两款软件发起 DDoS 攻击，并利用了诸如跨站脚本之类的计算机安全漏洞。[219] 在反科学教行动中，匿名者第一次使用僵尸网络和低轨道离子炮作为工具。[220, 221] 科学教教会的应对措施包括试图为他们的处所申请限制令和查明组织当地抗议活动的匿名者身份。其中一位被暴露的匿名者——住在洛杉矶的加雷斯·A. 卡莱（Gareth A. Cales）报告说自己受到了科学教成员的法律威胁与骚扰。[222] 他的账户中同样包含了与反科学教行动有关的抗议活动的策划细节。马克·班克（Mark Bunker）和其他批评科学教的人士发布了一段视频，鼓励抗议者使用合法手段进行抗议，令人吃惊的是，匿名者似乎听从了这一建议。[223] 4 年后，2012 年 2 月，依然有一些抗议者面带盖伊·福克斯面具包围科学教教堂。[224] 双管齐下的方法似乎开始显现成效：反科学教行动引起的巨大反响不仅使组织者开始意识到在线组织社会运动的可能性，同时也改善了匿名者的属性。尽管匿名者群体中大多数人，最初对该活动感兴趣是因为他们觉得可能会很好玩，[225] 但是随着对这个神秘组织（该组织素来试图严格审查控制公众关于自己的信息）的抗议的深入，许多匿名者似乎觉得抗议获得带有正义的性质而被其激励。[226]

阿拉伯之春

将北非、阿拉伯半岛以及小亚细亚等地区国家的政府网站当成目标的匿名者发现，自己已经卷入了 2011 年的民间骚乱中，这场骚乱被西方世界称为富有希望的“阿拉伯之春”（Arab Spring）。匿名者利用其计算机和相关知识为线下的抗议者提供支持，而当时这些阿拉伯国家的政府纷纷阻止他们访问社交媒体或干脆不让他们上网。在上述各国中，匿名者发起了一项新的“行动”。从“突尼斯行动”（Operation Tunisia）和“埃及行动”（Operation Egypt）开始，匿名者的下属人员和支持者用 DDoS 攻击瘫痪了上述政府的许多计算机（图 6–9）。[227]

人民解放阵线指挥官 X 在一次谈话采访中夸耀道，其组织通过窃取政府机密信息并提供给维基解密的方式引发了突尼斯的“茉莉花革命”（Jasmine Revolution）。[229，230] 而其他媒体强调说是突尼斯国内的高失业率、通货膨胀以及缺乏政治自由等因素，是 2010 年 12 月 17 日穆罕默

图 6–9 2011 年，匿名者们在叙利亚政府暴力镇压民众抗议者后，开始对叙利亚政府展开攻击。[228]

图片来源：人民解放阵线，叙利亚行动。

德·布瓦吉吉在突尼斯街头自焚后民众上街抗议的原因。[231,232] 相关媒体还确认匿名者通过对 8 个政府网站发动 DDoS 攻击使其服务器瘫痪来支持线下的抗议者[234]（袭击目标包括总统、总理、外交部门与工业部门以及证券交易所的网站）。[233]

匿名者还对线下的活动分子提供有关方法和知识以掩护他们的网络身份，来让他们避免遭到起诉，同时协调他们在线下行动中的活动。[235] 正如指挥官 X 在谈到他们参与“阿拉伯之春”各阶段时所说的，除了匿名者以及合作者在每次活动中得到的不可否认的负面关注之外，其目的是切断目标（这里指政府）的信息交流，“支持线下抗议者的行动”。[236] 匿名者参加骚乱的最初动机是突尼斯政府行使的网络审查。[237] 结果，大批匿名者都对各国的所进行的革命斗争表示认同，竭尽全力为他们提供信息交流的来舒缓他们的困境[238]，同时又切断征服的信息渠道。突尼斯政府试图通过搜罗抗议者的社交网络信息或电子邮件账户[239] 以甄别出政治活动分子，而这一举动给也被匿名者的分支组织 Internetfeds 拦截。突尼斯抗议者所得到的油猴子脚本（greasemonkey script）能绕过政府间谍软件。[240] 他们还将有关如何隐藏 IP 地址和其他掩盖个人身份的技术信息翻译成法语和阿拉伯语，并在网上散布。[241] 匿名者的参与并没有随着突尼斯总统宰因·阿比丁·本·阿里（Zine el Abidine Ben Ali）的下台而停止。[242] 新的突尼斯匿名者继续利用网络工具，和新建立的突尼斯政府温和派当局，一起抵抗来自伊斯兰边缘团体的压力。为躲避埃及政府的互联网审查，匿名者帮助恢复了网络代理并做了镜像以保证信息继续流动，让革命者受益。[243] 埃及政府当局封锁了 Twitter 等社交网站，显然是为了干扰抗议者之间的交流。[244] 匿名者对埃及政府和各部门的官方网站进行了 DDoS 攻击。[245] 在这些行动中，天生爱捉弄人的匿名者们仍在现实生活中发现恶作剧的乐趣，比如以有关各国大使馆的名义大量订购披萨。[246] 2011 年 8 月，在叙利亚政府暴力镇压民众抗议者之后，匿名者随即开始与叙利亚政府展开对抗。叙利亚国防部网站被攻陷后遭人篡改，显示出一条鼓励叙利亚人民抗议的信息。[247]

除了上述情况之外，也门[248,249]、阿尔及利亚[250]、津巴布韦[251]以及意大利政府[252]也引起了网上匿名者群体的愤怒，结果他们的相关网站基本也遭受到了大量的 DDoS 攻击。[253]在此之前，类似“阿拉伯之春”中出现的网络攻击行动或许可以回溯到匿名者在 2009 年伊朗大选后的危机中的表现。当时，支持政府的团体散发列有抗议人员的打击名单，匿名者对他们的传播工作进行了拦截。[254]

HBGary Federal 与亚伦·巴尔

InternetFeds 是 AnonOps 的分支，由技术娴熟的黑帽黑客组成，参与了针对 HBGary 首席执行官亚伦·巴尔的“个人”报复。亚伦·巴尔之前声称在渗透了匿名者组织后，已经查明了其中的关键人物。[255]在网络上嘲弄了巴尔并通过 SQL 注入获得了他的所有密码之后，黑客们开心地让他“看着”他们如何劫持他的电子邮件和社交网络媒体，并从他发给公司同事的内部邮件中窃取数据。[256] DDoS 攻击致使 hggary.com 和 hbgaryfederal.com 两个网站崩溃。[257]后者是通过 SQL 注入攻破，这种攻击方式利用公司定制的内容管理系统（content management system, CMS）的安全漏洞实施入侵。[258]所谓的彩虹表（rainbow tables）似乎极大地简化了获取亚伦·巴尔和公司首席运营官泰德·维拉经过哈希处理后的密码。[259]巴尔显然经常重复使用同一个密码——kibafo33。由于巴尔享有系统管理员的权限，使用此密码能访问公司的其他电子邮件地址的收件箱。[260]最终，通过劫持他的电子邮件账户，黑客攻陷了 HBGary 的创始人格雷格·霍格伦德的网站 rootkit.com。随后黑客在与其下属的邮件对话中模仿霍格伦德，目的是获得必要信息的最后字节，以获得对 rootkit.com 的控制权。[261]除了篡改网站之外，入侵者也决定对外发布用户数据库信息。[262]利用其反复使用的密码，黑客得以入侵了包含许多 HBGary 员工外壳账户的支持服务器，或者让他们可以通过提升漏洞来升级维拉的个人账户，最终让黑客拥有了访问 HBGary 系统的全部权限。[263] 数十亿字节的数据随即被黑客窃取。超过 6 万封公司的电子邮件被发布在海盗湾文件共享网站上。[264] 另一个以报复为动机的行动，是入侵索尼公司在线 Playstation 商店，并对 Playstation 的网站发起 DDoS 攻击。[265] 索尼公司起诉了破解 PS3 的黑客乔治·霍茨（又名“GeoHot”）。在 2011 年他获取 PS3 整个系统内存和处理器的管理员权限之前，[267] 他就因为成功解锁各种版本的 iPhone[266] 而出名。2011 年 4 月，双方突然达成和解，但都没有披露完整的和解条款，但这名电话破解者（黑客）在网上删除了他所有有关破解 PS3 的信息。[268] 随后他被 Facebook 公司聘用，不过，他几个月之后又跳槽到 Lady Gaga 新创立的社交网站 Backplane。[269]

直接行动

当查看被匿名者用 DDoS 攻击的机构时，匿名者的目标变得明显起来，这些机构要么要为某件事负责，要么被匿名者当成厌恶的对象。在某些情况下，黑客成功入侵目标系统之后会将其中的敏感信息发布。一个著名的例子就是针对攻击版权公司的行为而发起的法律诉讼。这种入侵攻击后来又延伸到与告密者结束业务关系的公司身上，比如在维基解密公布了敏感的美国外交电报后黑客展开的行动（报复行动）。[270] 在这个例子中，匿名者正式支持维基解密的联合创始人朱利安·阿桑奇以及泄漏伊拉克美军军事行动机密信息的美军士兵布雷德利·曼宁（Bradley Manning）。

“反安全”一词是指 20 世纪 90 年代末期为了对抗网络安全行业争议性地利用系统漏洞而增加销售额的运动。[271] 很显然，加入了 LulzSec[272] 的匿名者认为政府应采取了类似的策略批准了监控互联网行为的法律并允许审查和监视工作的开展（反网安行动）。为了保护网络隐私，黑客鼓励篡改政府网站并入侵系统政府机构，银行和其他等以侵犯用户隐私而获利的机构组织，获得他们的数据并泄漏出去。[273] 在“反安全”的大旗下，其他数字权利相关的入侵原因有种族定性（政府仅就种族来锁定犯罪嫌疑人或犯罪嫌疑团伙的做法）、版权法、打击毒品等。[274] 针对英国打击有组织犯罪署的攻击是“反安全”的初次亮相。接着黑客又公布了网络恐怖主义国防计划哨兵计划（Cyberterrorism Defence Initiative Sentinel program）[275] 的机密材料，然后又公布了显然是通过 SQL 注入，从巴西政府、津巴布韦和突尼斯政府相关来源获得的私人信息。到目前为止，匿名者在一个名为“周一军队危机”（Military Meltdown Monday）的行动中，攻击了美国国防承包商博思艾伦公司、美国中央司令部、美国特种作战司令部、美国海军陆战队和美国空军的网站。[276] 2011 年 12 月，美国战略预测公司系统也因为遭受当时已经隶属匿名者的 LulzSec 的成员入侵，导致用户信用卡信息和电子邮件被盗，后来被发布在维基解密上。[277]

2012 年 3 月，一批涉嫌帮助匿名者躲避政府审查的匿名者相关黑客被捕，在“报复行动”[278] 类别下的其他攻击活动被启动。这是匿名者黑客迄今为止发动的第二次活动，目的是在现实世界中建立供匿名者黑客使用的安全屋和一个“地下铁路网络”[279] 的活动，以帮助出名的黑客前往没有和执法当局签订引渡条约的国家和地区。在本次运动中受益颇多是又被称作指挥官 X 的克里斯托弗 · 杜容，他所领导的人民解放阵线在这次活动中再次与匿名者联手。杜容这位“无家可归的黑客”[280] 发动了 DDoS 攻击，以抗议最近县当局对睡在户外的行为发出的禁令。[281] 据报道，他在加利福尼亚圣克鲁兹被捕之后，后在加拿大找到了一个临时的容身之所。[282]

黑客军团软件：匿名者产品

2012 年初，匿名者黑客参与了相关软件的开发。一部分是出于对现有软件的不满，如社交音乐平台 AnonTune ；一部分是由于在其自身发布的操作系统 Anonymous OS live 中，开发出超越黑客程序的新通道。除了

AnonPaste 这个资料分享网站之外，匿名者群体还发布了一个类似维基解密的网站，旨在控制和深化其黑客行动造成的公共影响力。[283] 这两个平台都作数据转储之用。

AnonTune

2012 年 4 月，匿名者发布了一款社交音乐平台，能为其用户提供来自第三方用户（如 YouTube）的流媒体歌曲，用户可以将内容编入播放列表并分享。受网络讨论的启发，一位开发并上传了平台原型的用户对此事雄心勃勃，他为此提供了必要的技术支持，让 AnonTune 在用户界面之外也能够处理大量请求。[284] 按计划，AnonTune 将为其用户提供匿名功能，以保护他们免受起诉，避开版权法相关的诉讼，同时提供比其他类似平台更有组织和更便宜的服务。[285] 自发布伊始，AnonTune 就是一个纯粹生于互联网的项目。这个网络论坛的创始人又一次从未在现实世界中相互接触，甚至可能都不在同一块大陆上。

AnonPaste

在匿名者最喜欢用来发布截获数据的论坛 Pastebin 的运营者被查获后，匿名者相关人士加入反网安行动，与人民解放阵线联手，于 2012 年 4 月发布了自己的数据分享网站 AnonPaste[a]。[286] Pastebin 持有人杰隆·维德（Jeroen Vader）宣布将加强对本网站的审查力度。[287] 他还进一步承认，自己有时候将他的日志，即用户的 IP 地址注册记录，与执法机构共享。此消息立刻引起了匿名者的关注，并在其新网址中做出以下评论：

---

[a] Anonpaste.org，上次可登录时间为 2012 年 5 月 12 日。——没有条目

> 近期私人邮件泄露事件清楚表明，Pastebin 不仅愿意将用户的 IP 地址交给政府，而且显然已经向至少一家私人安全公司交付了许多用户的 IP 地址。这些被泄漏的电子邮件揭示了他们对匿名者明显的敌视态度。
>
> ——RT.com，2012 年 4 月 23 日

AnonPaste 允许用户在其自行选择之后删除帖子。这个专门用来发布截获数据的网站的创立者们还推动该论坛成了一个无广告、无审查、无连接日志，只保留用户加密数据的安全论坛。[288] AnonPaste 的注册地在新西兰管理的托克劳（.tk），该地允许任何人注册免费域名。由于此网站无广告，其运营完全依赖于私人捐赠。[289]

当维基解密企图验证 2011 年 12 月战略预测公司遭到入侵而被截获的数据时，部分匿名者因为对数据验证的速度缓慢而不满，于是启动了潜在的惊人研究：匿名者情报局 (Par：AnoIA)。此举似乎也是在试图解决目前许多网站都面临的棘手问题：海量数据的合理整合。[290] 运营此页面的匿名者声称，其唯一任务就是将之前由其他匿名者窃取的数据以可用的方式呈现出来。[291] 在撰写本书时，AnonPaste 和 Par：AnoIA 都已无法登陆。

匿名者 OS 0.1/Live

基于乌班图 11.10（Ubuntu11.10）开发的操作系统出于“教育目的”被发布出来。[292] 人们认为匿名者 OS Live 能对网站进行安全监察，测试密码安全并模拟 DDoS 攻击。[293] 该系统将 DuckDuckGo 作为默认的搜索引擎，还预装了其他应用，其中包括 Tor、Slowloris 和 AnonymousHOIC。[294] 在其首次新闻发布中，《黑客新闻》（*Hacker News*）提醒道，此操作系统的真正来源并不明确，而且存在执法机构或相关黑客留下系统“后门”的可能。[295] 除了软件本身之外，此系统还有 Tumblr 与 About 页面提供新闻和更新，并且还

有免除责任条款，其中写明是用户，而非开发者，应为对匿名者 OS 0.1 操作系统的非法使用承担法律责任。该操作系统截图请参见图 6–10。[296,297]

图 6–10 匿名者操作系统截图——从本质上来说这是一款基于 Linux 的系统。
图片来源： Softpedia，2012 年 3 月 16 日。[298]

在系统发布后的四天时间内，此软件的下载量超过了 26000 次，用户好评率达到 62%。[299] 很快就有人质疑这款免费软件的真正来源。为此应用提供免费下载的网站 SourceForge，最终也关闭了该项目的站点并从其服务器上删除了下载内容。[300] 匿名者的官方 Twitter 账户、AnonOps、YourAnonNews 和 AnonNewsSec 都将其称为“木马程序合集”[301]，而其开发者则否认该操作系统是间谍软件。

2012 年 7 月，匿名者试图在新闻界为自己代言以消除其他媒体的偏见，创立了“匿名者公关”（AnonPR，anonpr.net，带有新闻通信订阅功能）以及“匿名者分析”（Anonymous Analytics，anonanalytics.com，主打“研究”并做了有关匿名者媒体报道的镜像）。

小结

本章对迄今为止最臭名昭著的黑客组织——匿名者，进行了初步的概述。同时，对有关其组织结构的公开线索也进行了跟进和探索：从理想主义的资深黑客群体以及更多人知道的网络温床（网络通常是一个结合了蔑视与反主流文化的地方）中招募人员，创办了最初的“理事会”。无论其起源是什么，总是那些行动最为张扬的人共有的动机在推动着匿名者，这些动机便是信息自由和网络隐私权。网络上有一定数量专门用于确定，计划并组织黑客入侵行动的场所——大部分使用 SQL 注入或能让人进入目标系统的相关基本黑客技术手段。个人、保密信息或其他被破解的数据之后，会被放在一个或数个流行的共享网站上，目的主要是证明入侵的成功。在获取敏感数据后，黑客通常还会对目标网站发动 DDoS 攻击，使其无法访问，不过可以说大部分情况如此，但对这一基本上私下进行的步骤通常没有要求。在某些情况下，网页篡改会突显出匿名者黑客干涉的动机和目标。纵观匿名者历史，该群体中有各种各样的黑客，有为了纯粹的实际目标的（如 LulzSec）而入侵的，也有出于意识形态而衍生，追求更“纯洁”的入侵目标的（如 MalSec），后者的历史和解散对网络来说是一剂解药，同时也是匿名者结构的典型元素。政治激进黑客也遇到了志同道合的合作者（如人民解放阵线），这类黑客可能强化了匿名者群体政治的一面。最后，本章通过对某些黑客活动的简要概述，展示了其代表性的动机、攻击对象和手法工具。在介绍了匿名者关注点的转移或一小部分匿名者娴熟的公关工作成果之后，本章也就该群体开发产品初期举了一些例子来为结论提供支持，这些例子中有一个音乐门户网站、两个数据转储网站，以及一个饱受质疑并迅速下架的操作系统。

匿名者的黑客属性要远远大于其社会架构的属性。但仅从 Sabu 的角色来看，又与其所声称的匿名者是“无数个人”组成的军团属性相矛盾。2011 年，Sabu 组织推动和领导了许多影响很广的黑客入侵行动。自从 2012 年 3 月他被捕消失之后，LulzSec 被迫进行自我改革。有人认为，2011 年全球范围的打击黑客行动，尤其是 2012 年初 [305] 的行动，严重影响了匿名者群体 [306]，而只有存在等级结构的组织才会出现这样的情况。如果被逮捕的黑客在有关组织活动中起着关键的作用，那么拘留处理只会对此群体的活动水平造成影响。无论是否曾经或依然存在一小撮人，在背后操纵或引导这一具有政治意识的活跃匿名者群体，现在这一群体的组织结构都已经变得更为松散。匿名者的每一次集体行动，不仅对试图清晰认识这一虚拟现象的读者带来了巨大的挑战，也让社会学家非常困惑。最初出现的匿名者，都是那些和其他黑客活动分子无现实世界联系的人，他们自称是匿名者成员，而政治匿名者们可能会定期以真实姓名在当地组织现实中的团体，并经常进行线下会面。在虚拟会议空间（用户），名字识别原则仍然适用，这让虚拟组织以及匿名者衍生组织得以形成。然而，此群体内部的大部分成员依然显得难以捉摸，因为他们可能参与的程度都不同，比如有 DDoS 攻击的支持者，也有具体的参与者。是范围正在扩张的虚拟社交网络构思、决定、计划并组织了黑客行动，它才是匿名者的真实面目，访问那几个聊天室、博客和信息板的设备遍布世界各地，至少有几十万台，是这些用户构成了匿名者。4chan 网站可能是其发源地，但迄今为止，由无聊的机会主义者、恶作剧爱好者和骗子组成的匿名者已经崛起，超越了这个笨拙而又声名狼藉的游乐场。

到目前为止，政治活动分子似乎从总体上征服了这次运动，但并没能完全摒弃其骗子的性质。由于无数人出于不同原因而使用此匿名网络平台，此群体的活动、动机以及对其自身性质的理解的各个方面都体现出了该群体多面的本质。在少数采访中，一些自称为匿名者的人试图为自身群体确定一个固定的形象，但是由于成员的不确定性，这种组织形象很难得以固定和保持。由于该群体偏好的行为方式，以及在 DDoS 攻击中使用低轨道离子炮软件，匿名者群体所倚重的政治黑客活动分子在媒体中获得的评价，取决于大量志愿者的行为。匿名者操作系统、音乐分享网站以及数据转储网站发布使匿名者的发展出现了新方向，虽然都取得了不同程度的成功，有利于将这群体多元化，但同样也证明此群体的成员缺乏能标明他们身份的组织方针。

推荐阅读

帕米·奥尔森在 2012 年出版的《我们是匿名者——深入 LulzSec、匿名者组织与全球网络反叛的幕后》（*We Are Anonymous—Inside the Hacker World of LulzSec，Anonymous，and the Global Cyber Insurgency*）一书结合了纪录片与小说的风格，非常具有可读性。该书通过跟踪描述一位虚构的黑客活动，探索匿名者群体的各个方面。科尔·斯特莱克（Cole Stryker）在他 2011 年出版的《匿名者的史诗胜利——4chan 大军如何征服网络》（*Epic Win forAnonymous—How 4chan's Army Conquered the Web*）一书中描绘了具有传奇色彩的 4chan 信息板，奥尔森的故事和斯特莱克一书中的内容有不少相互呼应的地方。

更多有关互联网如何改变社会运动的书籍，我们推荐克莱·舍基在 2008 年出版的《未来是湿的：无组织的组织力量》（*Here Comes Everybody—The Power of Organizing Without Organizations*）一书。最后，最著名的早期计算机间谍故事之一，是克利福德·斯托尔（Clifford Stoll）的经典作品《杜鹃蛋：电脑间谍案曝光录》（*The Cuckoo's Egg—Tracking a Spy Through the Maze of Computer Espionage*），其中提供了克格勃黑客活动的一手资料，后来本书被制作成电视纪录片《克格勃、计算机和我》（*The KGB，the Computer，and Me*）。

参考文献

1. Crenshaw A. Crude, inconsistent threat: understanding anonymous. Irongeek.com. http://www.irongeek.com/i.php?page=security/understanding-anonymous; undated [last accessed May 12, 2012].

2. Jeffries A. Anonymous declares war: on October 10 at 3.30p.m., the New York Stock Exchange will be no more [updated]. BetaBeat. Available at: http://betabeat.com/2011/10/anonymous-declares-war-on-october-10-at-330-p-m-the-new-york-stock-exchange-will-be-no-more/; October 4, 2011 [last accessed between December 2012 and February 2013].

3. Twitpic anonymous circle (@AnonCircle). http://twitpic.com/9bzxon, 2012 [last accessed between December 2012 and February 2013].

4.Ars Technica. The hackers hacked: main anonymous servers invaded. http://arstechnica.com/tech-policy/2011/05/the-hackers-hacked-main-anonymous-irc-servers-seized/; May 9, 2011 [last accessed between December 2012 and February 2013].

5. Ars Technica. The hackers hacked: main anonymous servers invaded. http://arstechnica.com/tech-policy/2011/05/the-hackers-hacked-main-anonymous-irc-servers-seized/; May 9, 2011 [last accessed between December 2012 and February 2013].

6. Ars Technica. The hackers hacked: main anonymous servers invaded. http://arstechnica.com/tech-policy/2011/05/the-hackers-hacked-main-anonymous-irc-servers-seized/; May 9, 2011 [last accessed between December 2012 and February 2013].

7. IT World. A conversation with commander X. http://www.itworld.com/internet/137590/conversationcommander-x?page=0%2C0; February 18, 2011 [last accessed between December 2012 and February 2013].

8. Computer Chaos Club Regional. http://www.ccc.de/de/regional [last accessed February 24, 2012].

9. Chaos Computer Club website, main page. http://www.ccc.de/de/ [last accessed March 1, 2012].

10. Tagesspiegel. Wau Holland: Hacken als Kulturleistung. http://www.tagesspiegel.de/zeitung/wau-holland-hacken-als-kulturleistung/245264.html; July 31, 2001 [last accessed between December 2012 and February 2013].

11. German issues of Die Datenschleuder can be found here: http://chaosradio.ccc.de/datenschleuder.html, Die Datenschleuder web site: http://ds.ccc.de/. [last accessed between December 2012 and February 2013].

12. Der Spiegel. Hacker-Club veröffentlicht Schäubles Fingerabdruck. http://www.spiegel.de/netzwelt/web/0,1518,544203,00.html; March 29, 2008 [last accessed between December 2012 and February 2013].

13. Ibid.
14. Der Spiegel. Nachruf auf Wau Holland—Ein ständiger Denkanstoβ. http://www.spiegel.de/netzwelt/web/0,1518,147844,00.html; July 30, 2001 [in German]. [last accessed between December 2012 and February 2013].
15. Der Tagesspiegel. Freier Zugang für alle zu allen Informationen; July 31, 2001.
16. Heise online. Hacken als Form der Gesellschaftskritik. http://www.heise.de/tp/artikel/9/9195/1.html; July 30, 2001 [last accessed between December 2012 and February 2013].
17. Ibid.
18. Chaos Computer Club Preamble. http://www.ccc.de/de/club/statutes [last accessed March 1, 2012].
19. c't Magazin. Chaos Computer Club veröffentlicht Flugplan des Sommercamps. http://www.heise.de/ct/meldung/Chaos-Computer-Club-veroeffentlicht-Flugplan-des-Sommercamps-1279300.html; July 14, 2011 [in German]. [last accessed between December 2012 and February 2013].
20. Der Spiegel. Ein Flugzeug voller Hacker. http://www.spiegel.de/netzwelt/tech/0,1518,499247,00.html; August 10, 2007 [in German]. [last accessed between December 2012 and February 2013].
21. SIGINT website. http://sigint.ccc.de/Main_Page [last accessed March 1, 2012].
22. Textfiles presents an article of *Die Zeit*. Bildschirmtext: a blow against the system—a computer club discovers breaches of security in the Bundespost's BTX Program. *Die Zeit*. http://www.textfiles.com/news/boh-20f8.txt; November 30, 1984 [last accessed March 1, 2012].
23. Activism @ suite 101. Hacktivism: what is the chaos computer club? http://joharrington.suite101.com/hacktivism-what-is-the-chaos-computer-club-a387917; September 8, 2011 [last accessed March 1, 2012].
24. A Karl Koch biography. http://www.hagbard-celine.de/main.html [last accessed March 1, 2012].
25. Der Spiegel. German Foundation on Funding WikiLeaks: 'donations were as strong as now'. http://www.spiegel.de/international/world/0,1518,734318,00.html; December 13, 2010 [last accessed between December 2012 and February 2013].
26. Wau Holland Foundation website. http://www.wauland.de/english.html. [last accessed between December 2012 and February 2013].
27. The Local. WikiLeaks sponsor in trouble with the tax man. http://www.thelocal.de/national/20101207-31651.html, a transparency report of the foundation for 2010 can be found here: http://wauland.de/files/2010_Transparenzbericht-Projekt04_de.pdf; December

7, 2010 [in German]. [last accessed between December 2012 and February 2013].
28. Der Spiegel. German foundation on funding WikiLeaks: 'donations were as strong as now'. http://www.spiegel.de/international/world/0,1518,734318,00.html; December 13, 2010. [last accessed between December 2012 and February 2013].
29. *The Wall Street Journal*. How WikiLeaks keeps its funding secret. http:/ /online.wsj.com/article/SB10001424052748704554104575436231926853198.html?mod=WSJ_hpp_MIDDLENexttoWhatsNewsForth; August 23, 2010. [last accessed between December 2012 and February 2013].
30. IT World. A conversation with commander X. http://www.itworld.com/internet/137590/conversation-commander-x?page=0%2C0; February 18, 2011 [last accessed between December 2012 and February 2013].
31. National Post. Insider tells why anonymous might well be the most powerful organization on Earth. http://digg.com/newsbar/Technology/fugitive_hacker_christopher_doyon_or_commander_x_tells_why_anonymous_might_well_be_the_most_powerful_organization_on_earth_news_national_post; May 13, 2012 [last accessed between December 2012 and February 2013].
32. National Post. Online Group Declares War on Scientology. http://web.archive.org/web/20080129063500/http://www.nationalpost.com/most_popular/story.html?id=261308; January 26, 2008 [last accessed between December 2012 and February 2013].
33. LA Weekly. My date with anonymous: a rare interview with the elusive Internet troublemakers. http://www.laweekly.com/2009-02-05/columns/my-date-with-anonymous-a-rare-interview-with-the-illusive-internet-troublemakers/; February 4, 2009 [last accessed between December 2012 and February 2013].
34. Advertise. 4chan.org. http:/ /www.4chan.org/advertise. [last accessed between December 2012 and February 2013].
35. Ibid.
36. *NY Times*. One on one: Christopher Poole, Founder of 4chan. http://bits.blogs.nytimes.com/2010/03/19/one-on-one-christopher-poole-founder-of-4chan/; March 19, 2012 [last accessed between December 2012 and February 2013].
37. Corman J, Martin B. Cognitive dissidents. Building a better anonymous-series. http://blog.cognitivedissidents.com/2012/04/12/building-a-better-anonymous-series-part-5/; 2011 [last accessed between December 2012 and February 2013].
38. Know Your Meme. Internet hate machine. http://knowyourmeme.com/memes/internet-hate-machine; May 1, 2012 [last accessed between December 2012 and February 2013].
39. Corman J, Martin B. Cognitive dissidents. Building a better anonymous-series. http://blog.cognitivedissidents.com/2012/04/12/building-a-better-anonymous-series-part-5/; 2011

[last accessed between December 2012 and February 2013].
40. Stryker C. Epic Win for anonymous—How 4chan's army conquered the Web. New York, Boston, London:Overlook Duckworth; 2011 p. 17–20.
41. Stryker C. Epic win for anonymous—How 4chan's army conquered the web. New York, Boston, London:Overlook Duckworth; 2011 p. 33.
42. NineMSN. The Internet Pranksters who started a war. http://news.ninemsn.com.au/article.aspx?id=459214; May 8, 2008. [last accessed between December 2012 and February 2013].
43. M-J via Wikipedia. File: Lolcat.jpg. http://en.wikipedia.org/wiki/File:Lolcat.jpg. [last accessed between December 2012 and February 2013].
44. Know Your Meme. Tay zonday/chocolate rain. http://knowyourmeme.com/memes/tay-zonday-chocolaterain; April 2012 [last accessed between December 2012 and February 2013].
45. Know Your Meme. Rickroll. http://knowyourmeme.com/memes/rickroll; February 2012 [last accessed between December 2012 and February 2013].
46. NineMSN. The Internet Pranksters who started a war. http://news.ninemsn.com.au/article.aspx?id=459214; May 8, 2008 [last accessed between December 2012 and February 2013].
47. Crenshaw A. Crude, inconsistent threat: understanding anonymous. *Irongeek.com*. http://www.irongeek.com/i.php?page=security/understanding-anonymous [last accessed May 12, 2012].
48. Montreal Gazette. Christopher Doyon, one of the brains behind anonymous. http://www.montrealgazette.com/technology/Christopher+Doyon+brains+behind+Anonymous/6612381/story.html; May 12, 2012 [last accessed between December 2012 and February 2013].
49. Know Your Meme. Epic fail guy. http:/ /knowyourmeme.com/memes/epic-fail-guy. [last accessed between December 2012 and February 2013].
50. Know Your Meme. Epic fail guy. http:/ /knowyourmeme.com/memes/epic-fail-guy. [last accessed between December 2012 and February 2013].
51. CNet. Anonymous invites CIA, others to its weekend party. http://news.cnet.com/8301-1009_3-57375923-83/anonymous-invites-cia-others-to-its-weekend-party/; February 11, 2012 [last accessed between December 2012 and February 2013].
52. Wired. Par:AnoIA: anonymous launches WikiLeaks-esque site for data dumps. http://www.wired.com/threatlevel/2012/07/paranoia-anonymous/all/and many others; July 13, 2012 [last accessed between December 2012 and February 2013].
53. ITWorld. A conversation with Commander X. http://www.itworld.com/internet/137590/

conversation-commander-x?page=0%2C0; February 18, 2011 [last accessed between December 2012 and February 2013].
54. Peoples Liberation Front website. www.peoplesliberationfront.net [last accessed May 15, 2012].
55. ITWorld. A conversation with commander X. http://www.itworld.com/internet/137590/conversation-commander-x?page=0%2C0; February 18, 2011 [last accessed between December 2012 and February 2013].
56. ITWorld. A conversation with commander X. http://www.itworld.com/internet/137590/conversation-commander-x?page=0%2C0; February 18, 2011 [last accessed between December 2012 and February 2013].
57. Peoples Liberation Front Campaigns Archive. http://peoplesliberationfront.net/campaigns.html [last accessed May 15, 2012].
58. Stryker C. Epic Win for anonymous; 2011, p. 72. [last accessed between December 2012 and February 2013].
59. CrenshawA.Crude, inconsistent threat.*Irongeek*. http://www.irongeek.com/i.php?page=security/understanding-anonymous; undated [last accessed July 16, 2012].
60. Stryker C. Epic Win for anonymous; 2011, p. 72.
61.CrenshawA.Crude, inconsistent threat.*Irongeek*. http://www.irongeek.com/i.php?page=security/understanding-anonymous; undated [last accessed July 16, 2012].
62. Gawker. A 4channer explains why 4chan's decline is great for 4chan. http://gawker.com/5925847/a-4channer-explains-why-4chans-decline-is-great-for-4chan; July 13, 2012 [last accessed between December 2012 and February 2013].
63. Coleman G. Anonymous. In: Wiedemann C, Zehle S, editors. Glossary of network ecologies, theory on demand. Amsterdam, NL: Institute of Network Cultures; April 2012.
64. Olson P. We are anonymous—inside the hacker world of LulzSec, anonymous, and the global cyber insurgency. New York, Boston, London: Little, Brown and Company; 2012.
65. Jacobson J. We are legion: Anonymous and the war on scientology. http://www.lisamcpherson.org/pc.htm; undated. [last accessed between December 2012 and February 2013].
66. LAist. Church of scientology strikes back—anonymous responds. http://laist.com/2008/03/23/church_of_scien.php; March 23, 2008 [last accessed between December 2012 and February 2013].
67. ITWorld. A conversation with commander X. http://www.itworld.com/internet/137590/conversation-commander-x?page=0%2C0; February 18, 2011 [last accessed between December 2012 and February 2013].
68. Baltimore City Paper. Serious business. http://www2.citypaper.com/columns/story.

asp?id=15543; April 2, 2008 [last accessed between December 2012 and February 2013].

69. Zone-h. Anonymous' LulzXmas (video). http://zone-h.org/mirror/id/16416728; December 24, 2011 [last accessed between December 2012 and February 2013].
70. Pastebin entry by "Guest." Emergency Christmas Anonymous Press Release. http://pastebin.com/8yrwyNkt; December 25, 2011 [last accessed between December 2012 and February 2013].
71. Pastebin entry by "Guest." Merry LulzXmas. http://pastebin.com/q5kXd7Fd; December 26, 2011 [last accessed between December 2012 and February 2013].
72. Spiegel. Hackers against neo-nazis—anonymous takes on Germany's far-right. http://www.spiegel.de/international/germany/hackers-against-neo-nazis-anonymous-takes-on-germany-s-far-right-a-806939.html; January 3, 2012 [last accessed between December 2012 and February 2013].
73. Baltimore City Paper. Serious business. http://www2.citypaper.com/columns/story.asp?id=15543; April 2, 2008 [last accessed between December 2012 and February 2013].
74. Baltimore City Paper. Serious business. http://www2.citypaper.com/columns/story.asp?id=15543; April 2, 2008 [last accessed between December 2012 and February 2013].
75. Olson P. We are anonymous—inside the hacker world of LulzSec, anonymous, and the global cyber insurgency. Little, Brown and Company; 2012.
76. Coppens P. V for Vendetta. Available at: http://www.philipcoppens.com/vforvendetta.html; IMDb. Memorable quotes for 'V for Vendetta' (2005). Available at: http://www.imdb.com/title/tt0434409/quotes;undated. [last accessed between December 2012 and February 2013].
77. Olson P. We are anonymous—inside the hacker world of LulzSec, anonymous, and the global cyber insurgency. Little, Brown and Company; 2012.
78. Twitpic Anonymous Circle. @AnonCircle. http://twitpic.com/96aqz7. [last accessed between December 2012 and February 2013].
79. Pastebin entry by "Guest." Anonymous: Project Mayhem 2012// Call to Action—Code Tyler!. http://pastebin.com/SS467cim; May 22, 2012 [last accessed between December 2012 and February 2013].
80. CNN. Inside the offices of Occupy Wall Street. http://news.blogs.cnn.com/2011/12/01/exclusive-inside-the-offices-of-occupy-wall-street/; December 1, 2011 [last accessed between December 2012 and February 2013].
81. CNN. Hacker group anonymous is a nuisance, not a threat. http://money.cnn.com/2012/01/20/technology/anonymous_hack/index.htm; January 20, 2012 [last accessed between December 2012 and February 2013].
82. Twitpic Anonymous Circle. @AnonCircle. http://twitpic.com/9bzxon. [last accessed

between December 2012 and February 2013].
83. Anonymous on Fox 11. YouTube. http://www.youtube.com/watch?v=DNO6G4ApJQY&noredirect=1. [last accessed between December 2012 and February 2013].
84. *New York Times*. Man, 20, arrested in Stadium Threat Hoax. http://www.nytimes.com/2006/10/21/us/21stadium.html?_r=1&ex=1185681600&en=6f5000744e8dd0aa&ei=5070; October 21, 2006 [last accessed between December 2012 and February 2013].
85. *LA Weekly*. My date with anonymous: a rare interview with the elusive internet troublemakers. http://www.laweekly.com/2009-02-05/columns/my-date-with-anonymous-a-rare-interview-with-the-illusive-internet-troublemakers/; February 4, 2009. [last accessed between December 2012 and February 2013].
86. NineMSN. The Internet pranksters who started a war. http://news.ninemsn.com.au/article.aspx?id=459214; May 8, 2008 [last accessed between December 2012 and February 2013].
87. C-Net. Anonymous invites CIA, others to it's weekend party. http://news.cnet.com/8301-1009_3-57375923-83/anonymous-invites-cia-others-to-its-weekend-party/; February 11, 2012 [last accessed between December 2012 and February 2013].
88. http://www.peoplesliberationfront.org/ [last accessed February 25, 2012].
89. The Next Web. Julian assange shows up at occupy London wearing an anonymous mask. http://thenextweb.com/uk/2011/10/16/julian-assange-shows-up-at-occupy-london-wearing-an-anonymous-mask/; October 16, 2011[last accessed between December 2012 and February 2013].
90. Softpedia. Anonymous pledges full support for WikiLeaks and Julian assange. http://news.softpedia.com/news/Anonymous-Pledges-Full-Support-for-WikiLeaks-and-Julian-Assange-170812.shtml; December 6, 2010 [last accessed between December 2012 and February 2013].
91. BBC News. Anonymous hacktivists say WikiLeaks war to continue. http://www.bbc.com/news/technology-11935539; December 9, 2010 [last accessed between December 2012 and February 2013].
92. The Guardian. WikiLeaks releases first 200 of 5m Stratfor emails. http:/ /www.guardian.co.uk/media/2012/feb/27/wikileaks-stratfor-emails-anonymous; February 27, 2012 [last accessed between December 2012 and February 2013].
93. IB Times. Anonymous reveals 'heavy crossover of personnel' with WikiLeaks. http://www.ibtimes.co.uk/articles/363328/20120716/anonymous-wikileaks-hackers-syria-files-antisec-paranoia.htm; July 16, 2012 [last accessed between December 2012 and February 2013].
94. InformationWeek. Anonymous hands WikiLeaks 2.4 million Syrian emails. http://www.

informationweek.com/news/security/attacks/240003443; July 10, 2012 [last accessed between December 2012 and February 2013].
95. IB Times. Anonymous declares war on WikiLeaks after Syria files' row. http://www.ibtimes.co.uk/articles/362768/20120713/wikileaks-anonymous-war-anonymousirc-syria-files-stratfor.htm; July 13, 2012 [last accessed between December 2012 and February 2013].
96. Wired. Par:AnoIA: anonymous launches WikiLeaks-esque site for data dumps. http://www.wired.com/threatlevel/2012/07/paranoia-anonymous/all/; July 13, 2012 [last accessed between December 2012 and February 2013].
97. PCMag. With PasteBin 'compromised', anonymous launches anonpaste. http://www.pcmag.com/article2/0,2817,2403283,00.asp; April 19, 2012 [last accessed between December 2012 and February 2013].
98. Peoples Liberation Front. Internet Freedom Fighters. http://www.peoplesliberationfront.net/. [last accessed between December 2012 and February 2013].
99. Peoples Liberation Front. Internet Freedom Fighters. http://www.peoplesliberationfront.net/. [last accessed between December 2012 and February 2013].
100. Peoples Liberation Front. Peoples Liberation Front Manifesto. http://www.peoplesliberationfront.net/manifesto.html. [last accessed between December 2012 and February 2013].
101. Ibid.
102. Peoples Liberation Front. Allied Organizations. http://www.peoplesliberationfront.net/. [last accessed between December 2012 and February 2013].
103. Cyber War Zone. Christopher Doyon, one of the brains behind Anonymous. http://www.cyberwarzone.com/cyberwarfare/christopher-doyon-one-brains-behind-anonymous; May 13, 2012; Vancouver News. Christopher Doyon, one of the brains behind anonymous. http://vancouverne.ws/?p=80; May 13, 2012 [last accessed between December 2012 and February 2013].
104. TPM. Homeless Hacker' Christopher Doyon, aka 'Commander X', Joins up with occupy movement. http://idealab.talkingpointsmemo.com/2011/10/homeless-hacker-christopher-doyon-aka-commander-x-joins-up-with-occupy-movement.php; October 27, 2011 [last accessed between December 2012 and February 2013].
105. The Gazette. Christopher Doyon, one of the brains behind anonymous. http://www.montrealgazette.com/technology/Christopher+Doyon+brains+behind+Anonymous/6612381/story.html; May 12, 2012; National Post.Insider tells why anonymous might well be the most powerful organization on Earth. http://news.nationalpost.com/2012/05/12/insider-tells-why-anonymous-might-well-be-the-most-powerful-

organization-on-earth/; May 12, 2012 [last accessed between December 2012 and February 2013].

106. CyberWarNews. Adult site digital play ground hacked, defaced and data leaked by @Th3Consortium. http://www.cyberwarnews.info/2012/03/05/adult-site-digital-play-ground-hacked-defaced-and-data-leaked-by-th3consortium/; March 5, 2012; CyberWarzone. Hackers Discover US government employees using work emails on porn websites. http:/ /cyberwarzone.com/cyberwarfare/hackers-discover-us-government-employees-using-work-emails-porn-websites; March 13, 2012 [last accessed between December 2012 and February 2013].

107. Pastebin Entry by "A Guest." Untitled—#FuckSopa, #FuckActa, #FuckSec—TheConsortium—#Resistance, #AntiSec, #Riseup. http://pastebin.com/UYRcy3J9; March 7, 2012. [last accessed between December 2012 and February 2013].

108. The Independent. Team poison hackers claim to have recorded anti-terrorist hotline calls. http://www.independent.co.uk/news/uk/crime/team-poison-hackers-claim-to-have-recorded-antiterrorist-hotline-calls-7640090.html; April 12, 2012 [last accessed between December 2012 and February 2013].

109. CNet. RIM blog hacked in warning over London unrest. http:/ /news.cnet.com/8301-1009_3-20090211-83/rimblog-hacked-in-warning-over-london-unrest/; August 9, 2011; GeekTech. Team poison hits blackberry website. http://www.geektech.in/archives/2328; August 10, 2011 [last accessed between December 2012 and February 2013].

110. The Telegraph. Tony Blair's personal details 'hacked. http://www.telegraph.co.uk/news/politics/tony-blair/8598172/Tony-Blairs-personal-details-hacked.html; June 25, 2011 [last accessed between December 2012 and February 2013].

111. V3. TeaMp0isoN posts stolen United Nations credentials online. http://www.v3.co.uk/v3-uk/news/2128926/teampoison-post-stolen-credentials-online; November 30, 2011 [last accessed between December 2012 and February 2013].

112. MSNBC. Team poison hackers hit UN, Australian Government sites. http://www.msnbc.msn.com/id/47298755/ns/technology_and_science-security/t/team-poison-hackers-hit-un-australian-government-sites/#.UBNonrTY8Xs; May 4, 2012 [last accessed between December 2012 and February 2013].

113. CNet. RIM blog hacked in warning over London unrest, http:/ /news.cnet.com/8301-1009_3-20090211-83/rim-bloghacked-in-warning-over-london-unrest/; August 9, 2011 [last accessed between December 2012 and February 2013].

114. Ars Technica. Anonymous goes after Sony, makes it personal . . . very personal. http://arstechnica.com/tech-policy/2011/04/anonymous-goes-after-sony-makes-it-personal-very-personal/; April 7, 2011 [last accessed between December 2012 and February

2013].
115. Greenberg A. Anonymous and ex-anonymous hackers wage war of identification. *Forbes*. http://www.forbes.com/sites/andygreenberg/2011/03/22/anonymous-and-ex-anonymous-hackers-wage-a-war-of-identification/; March 22, 2011 [last accessed between December 2012 and February 2013].
116. Ars Technica. Anonymous goes after sony, makes it personal . . . very personal. http://arstechnica.com/tech-policy/2011/04/anonymous-goes-after-sony-makes-it-personal-very-personal/; April 7, 2011 [last accessed between December 2012 and February 2013].
117. Goodchild J. Social engineering: the basics. *CSO Data Protection*. http://www.csoonline.com/article/514063/social-engineering-the-basics; not dated [accessed October 14, 2012].
118. Goodchild J. 15 Social media scams. *CSO Data Protection*. http://www.csoonline.com/slideshow/detail/52935/15-social-media-scams?source=csointcpt_ss#slide1; June 20, 2012 [last accessed between December 2012 and February 2013].
119. Bright P. Anonymous speaks: the inside story of the HBGary hack. *Ars Technica*. http://arstechnica.com/tech-policy/2011/02/anonymous-speaks-the-inside-story-of-the-hbgary-hack/; February 15, 2011 [last accessed between December 2012 and February 2013].
120. TriCk @ TeaMp0isoN. https://twitter.com/_TeaMp0isoN. [last accessed between December 2012 and February 2013].
121. The Telegraph. Two arrested after hackers attacked anti-terror hotline. http://www.telegraph.co.uk/news/9201621/Two-arrested-after-hackers-attacked-anti-terror-hotline.html; April 12, 2011 [last accessed between December 2012 and February 2013].
122. MSNBC. Team poison hacks MI6—then calls to boast. http://www.msnbc.msn.com/id/47032601/ns/technology_and_science-security/t/team-poison-hacks-mi-then-calls-boast/#.UBN4M7TY8Xs; April 12, 2012 [last accessed between December 2012 and February 2013].
123. V3. Team poison hackers threaten authorities over leader's arrest. http://www.v3.co.uk/v3-uk/news/2167934/team-poison-hackers-threaten-authorities-leaders-arrest; April 16, 2012 [last accessed between December 2012 and February 2013].
124. The Telegraph. Team poison' hacker who posted Tony Blair's details is jailed. http://www.telegraph.co.uk/technology/internet-security/9432459/Team-Poison-hacker-who-posted-Tony-Blairs-details-is-jailed.html; July 27, 2012 [last accessed between December 2012 and February 2013].
125. FoxNews. Exclusive: rival hacker group racing police to expose LulzSec. http://www.foxnews.com/tech/2011/06/23/hacker-vs-hacker-group-races-police-to-expose-lulzsec/; June 23, 2011 [last accessed between December 2012 and February 2013].

126. PCMag. Hacker promises to leak personal details of Tony Blair, MPs. http://www.pcmag.com/article2/0,2817,2387563,00.asp; June 24, 2011 [last accessed between December 2012 and February 2013].
127. MSNBC. British Cops arrest third 'team poison' hacker. http://www.msnbc.msn.com/id/47388075/ns/technology_and_science-security/t/british-cops-arrest-third-team-poison-hacker/#.UBNoi7TY8Xs; May 11, 2011 [last accessed between December 2012 and February 2013].
128. "iN^SaNe" quoted in PCMag. Hacker promises to leak personal details of Tony Blair, MPs. http://www.pcmag.com/article2/0,2817,2387563,00.asp; June 24, 2011 [last accessed between December 2012 and February 2013].
129. PCMag. Hacker promises to leak personal details of Tony Blair, MPs. http://www.pcmag.com/article2/0,2817,2387563,00.asp; June 24, 2011 [last accessed between December 2012 and February 2013].
130. FoxNews. Exclusive: rival hacker group racing police to expose LulzSec. http://www.foxnews.com/tech/2011/06/23/hacker-vs-hacker-group-races-police-to-expose-lulzsec/; June 23, 2011 [last accessed between December 2012 and February 2013].
131. FoxNews. Exclusive: rival hacker group racing police to expose LulzSec. http://www.foxnews.com/tech/2011/06/23/hacker-vs-hacker-group-races-police-to-expose-lulzsec/; June 23, 2011 [last accessed between December 2012 and February 2013].
132. FoxNews. Exclusive: rival hacker group racing police to expose LulzSec. http://www.foxnews.com/tech/2011/06/23/hacker-vs-hacker-group-races-police-to-expose-lulzsec/; June 23, 2011 [last accessed between December 2012 and February 2013].
133. Anonymous Central. OpRobinHood: TeaMp0isoN and anonymous. http://anoncentral.tumblr.com/post/13453268660/oprobinhood-teamp0ison-and-anonymous-hello-we; November 2011 [last accessed between December 2012 and February 2013].
134. V3. Anonymous and TeaMp0isoN launch Op Robin Hood to hack credit card details. http://www.v3.co.uk/v3-uk/news/2129032/anonymous-teamp0ison-launch-op-robin-hood-hack-card-details; November 30, 2011 [last accessed between December 2012 and February 2013].
135. V3. Team poison hackers threaten authorities over leader's arrest. http://www.v3.co.uk/v3-uk/news/2167934/team-poison-hackers-threaten-authorities-leaders-arrest; April 16, 2012 [last accessed between December 2012 and February 2013].
136. #FreeAnons. #Freeanons: solidarity with R3dH4ck—Redhack Ile Dayanisma. http://freeanons.org/freeanons-solidarity-with-r3dh4ck-redhack-ile-dayanisma/; April 23, 2012 [last accessed between December 2012 and February 2013].
137. Cyberguerilla. FreeAnons: solidarity with R3dH4ck—Redhack Ile Dayanisma. http://

www.cyberguerrilla.info/?p=5492; April 27, 2012 [last accessed between December 2012 and February 2013].
138. http://twitter.com/r3dh4ck. [last accessed between December 2012 and February 2013].
139. #OpSupportRedHack. To all anons. http://www.dinkypage.com/152691/; undated. [last accessed between December 2012 and February 2013].
140. AnonymousNews. Anonymous takes down Turkish police, Intel Websites/#OpSupportRedHack. http://anonymousnews.blogs.ru/2012/07/19/anonymous-takes-down-turkish-police-intel-websites-opsupportredhack/; July 19, 2012 [last accessed between December 2012 and February 2013].
141. YouTube. MalSec—don't worry, we're from the internet. http://www.youtube.com/watch?v=Fu_8qD8BrWQ; April 11, 2011 [last accessed between December 2012 and February 2013].
142. The Inquirer. Malicious security joins the anonymous cause. http://www.theinquirer.net/inquirer/news/2167188/malicious-security-joins-anonymous-cause; April 11, 2012 [last accessed between December 2012 and February 2013].
143. YouTube. MalSec—don't worry, we're from the internet. http://www.youtube.com/watch?v=Fu_8qD8BrWQ; April 11, 2011 [last accessed between December 2012 and February 2013].
144. Security News Daily. New anonymous spinoff vows to be ethical, breaks vow. http://www.securitynewsdaily.com/1719-anonymous-malsec-ethical-hacking.html; April 11, 2012 [last accessed between December 2012 and February 2013].
145. Softpedia. MalSec leaks data from Arizona state legislature. http://news.softpedia.com/news/MalSec-LeaksData-from-Arizona-State-Legislature-269797.shtml; May 16, 2012 [last accessed between December 2012 and February 2013].
146. Ars Technica. Hackers politely deface security firm website, suggest fixes. http:/ /arstechnica.com/business/2012/04/hackers-politely-deface-site-of-security-firm-suggest-fixes/; April 1, 2012 [last accessed between December 2012 and February 2013].
147. C4ss (Center for a Stateless Society). The anonymous hydra grows another head. http://c4ss.org/content/10179; April 25, 2012 [last accessed between December 2012 and February 2013].
148. C4ss (Center for a Stateless Society). The Anonymous Hydra Grows Another Head. http://c4ss.org/content/10179; April.25, 2012 [last accessed between December 2012 and February 2013].
149. LulzSec Facebook profile picture. https://www.facebook.com/TheLulzBoat?fref=ts [accessed October 14, 2012]. [last accessed between December 2012 and February 2013].

150. The Telegraph. LulzSec hacker group disbands. http://www.telegraph.co.uk/technology/news/8599700/LulzSec-hacker-group-disbands.html; June 26, 2011 [last accessed between December 2012 and February 2013].
151. The Telegraph. Lulz security: PROFILE. http://www.telegraph.co.uk/news/worldnews/northamerica/usa/8578707/Lulz-Security-profile.html; June 16, 2011 [last accessed between December 2012 and February 2013].
152. The Telegraph. Fear for patient's data after hackers hit NHS. http://www.telegraph.co.uk/technology/news/8567008/Fears-for-patients-data-after-hackers-hit-NHS.html; June 9, 2011 [last accessed between December 2012 and February 2013].
153. BBC News. LulzSec hackers claim CIA website shutdown. http://www.bbc.co.uk/news/technology-13787229; June 16, 2011 [last accessed between December 2012 and February 2013].
154. BBC News. Newsight online 'chat' with Lulz security hacking group. http://www.bbc.co.uk/news/technology-13912836; June 24, 2011 [last accessed between December 2012 and February 2013].
155. The Telegraph. Lulz security: profile. http://www.telegraph.co.uk/news/worldnews/northamerica/usa/8578707/Lulz-Security-profile.html; June 16, 2011 [last accessed between December 2012 and February 2013].
156. The Telegraph. Hackers place fake story on PBS website claiming Tupak Shakur is alive. http://www.telegraph.co.uk/news/8546912/Hackers-place-fake-story-on-PBS-website-claiming-Tupac-Shakur-is-alive.html; May 31, 2011 [last accessed between December 2012 and February 2013].
157. The Telegraph. Lulz security: profile. http://www.telegraph.co.uk/news/worldnews/northamerica/usa/8578707/Lulz-Security-profile.html; June 16, 2011 [last accessed between December 2012 and February 2013].
158. The Telegraph. CIA website hacked by Lulz security. http://www.telegraph.co.uk/news/worldnews/northamerica/usa/8578704/CIA-website-hacked-by-Lulz-Security.html; June 16, 2011 [last accessed between December 2012 and February 2013].
159. BBC News. LulzSec hackers claim CIA website shutdown. http://www.bbc.co.uk/news/technology-13787229; June 16, 2011 [last accessed between December 2012 and February 2013].
160. The Telegraph. FBI charges alleged anonymous hackers after supergrass claims. http://www.telegraph.co.uk/technology/news/9127004/FBI-charges-alleged-Anonymous-hackers-after-supergrass-claims.html; March 7, 2012 [last accessed between December 2012 and February 2013].
161. Pastebin entry by "A Guest." Operation anti-security. http://pastebin.com/9KyA0E5v;

June 19, 2011 [last accessed between December 2012 and February 2013].
162. The Telegraph. Fear for patient's data after hackers hit NHS. http://www.telegraph.co.uk/technology/news/8567008/Fears-for-patients-data-after-hackers-hit-NHS.html; June 9, 2011 [last accessed between December 2012 and February 2013].
163. HuffingtonPost. LulzSec hacker group now taking requests. http:/ /www.huffingtonpost.com/2011/06/15/lulzsec-hacker-group-now-_n_877309.html; June 15, 2011 [last accessed between December 2012 and February 2013].
164. KillerCube. LulsZec. http://pastebin.com/AC52iBuq; September 1, 2011 [last accessed between December 2012 and February 2013].
165. Pastebin entry "Sabu" by KillerCube. http:/ /pastebin.com/76TsPHeU; June 22, 2011 [last accessed March 16, 2012].
166. Pastebin entry "Sabu" by KillerCube. http:/ /pastebin.com/76TsPHeU; June 22, 2011 [last accessed March 16, 2012].
167. The Telegraph. Five 'Top LulzSec hackers' to face charges in New York. http://www.telegraph.co.uk/technology/news/9126410/Five-top-LulzSec-hackers-to-face-charges-in-New-York.html; March 6, 2012 [last accessed between December 2012 and February 2013].
168. Information Week. LulzSec Sabu arrest: don't relax yet, IT. http://www.informationweek.com/news/security/government/232602164; March 7, 2012 [last accessed between December 2012 and February 2013].
169. CNET. Will LulzSec arrests stop high-profile hacks? Don't bet on it. http:/ /news.cnet.com/8301-27080_3-57391872-245/will-lulzsec-arrests-stop-high-profile-hacks-dont-bet-on-it/; March 6, 2012; The Register. The one tiny slip that put LulzSec chief Sabu in the FBI's pocket. http://www.theregister.co.uk/2012/03/07/lulzsec_takedown_analysis/page2.html; March 7, 2012 [last accessed between December 2012 and February 2013].
170. CNET. Will LulzSec arrests stop high-profile hacks? Don't bet on it.http://news.cnet.com/8301-27080_3-57391872-245/will-lulzsec-arrests-stop-high-profile-hacks-dont-bet-on-it/; March 6, 2012 [last accessed between December 2012 and February 2013].
171. CNET. UK police say they've arrested LulzSec's 'topiary'. http:/ /news.cnet.com/8301-27080_3-20084255-245/u.k-police-say-theyve-arrested-lulzsecs-topiary/; July 27, 2011 [last accessed between December 2012 and February 2013].
172. The Daily Caller. Who is anonymous? A look at the hacktivists aiding revolution in the middle east. http://dailycaller.com/2011/02/26/who-is-anonymous-a-look-at-the-hacktivists-aiding-revolution-in-the-middleeast/2/; February 26, 2012 [last accessed between December 2012 and February 2013].
173. InformationWeek. LulzSec Sabu arrest: don't relax yet, IT. http://www.informationweek.

com/news/security/government/232602164; March 7, 2012 [last accessed between December 2012 and February 2013].

174. The Telegraph. FBI charges alleged anonymous hackers after supergrass claims. http://www.telegraph.co.uk/technology/news/9127004/FBI-charges-alleged-Anonymous-hackers-after-supergrass-claims.html; March 7, 2012 [last accessed between December 2012 and February 2013].

175. InformationWeek. LulzSec Sabu arrest: don't relax yet, IT. http://www.informationweek.com/news/security/government/232602164; March 7, 2012 [last accessed between December 2012 and February 2013].

176. InformationWeek. LulzSec Sabu arrest: don't relax yet, IT. http://www.informationweek.com/news/security/government/232602164; March 7, 2012 [last accessed between December 2012 and February 2013].

177. The Telegraph. FBI charges alleged anonymous hackers after supergrass claims. http://www.telegraph.co.uk/technology/news/9127004/FBI-charges-alleged-Anonymous-hackers-after-supergrass-claims.html; March 7, 2012 [last accessed between December 2012 and February 2013].

178. CNET. UK police say they've arrested LulzSec's 'topiary'. http://news.cnet.com/8301-27080_3-20084255-245/u.k-police-say-theyve-arrested-lulzsecs-topiary/; July 27, 2011 [last accessed between December 2012 and February 2013].

179. The Guardian. Inside LulzSec: chatroom logs shine a light on the secretive hackers. http://www.guardian.co.uk/technology/2011/jun/24/inside-lulzsec-chatroom-logs-hackers; June 24, 2011 [last accessed between December 2012 and February 2013].

180. The Guardian. Inside LulzSec: chatroom logs shine a light on the secretive hackers. http://www.guardian.co.uk/technology/2011/jun/24/inside-lulzsec-chatroom-logs-hackers; June 24, 2011 [last accessed between December 2012 and February 2013].

181. The Telegraph. FBI charges alleged anonymous hackers after supergrass claims. http:/ / www.telegraph.co.uk/technology/news/9127004/FBI-charges-alleged-Anonymous-hackers-after-supergrass-claims.html; March 7, 2012 [last accessed between December 2012 and February 2013].

182. Washington Post. LulzSec reborn' claims attack at military dating website. http://www.washingtonpost.com/business/technology/lulzsec-reborn-claims-attack-on-military-dating-site/2012/03/28/gIQA0UkJgS_story.html; March 28, 2012 [last accessed between December 2012 and February 2013].

183. The Inquirer. Anonymous offshoot 'CabinCr3w' member charged with hacking US police websites. http://www.theinquirer.net/inquirer/news/2168410/anonymous-offshoot-cabincr3w-charged-hacking-police-websites; April 17, 2012 [last accessed between

December 2012 and February 2013].

184. MSNBC. FBI arrests cabin Cr3w hacker for Utah police attacks. http://www.msnbc.msn.com/id/47075277/ns/technology_and_science-security/t/fbi-arrests-cabin-crw-hacker-utah-police-attacks/#.UBN9e7TY8Xs; April 4, 2012 [last accessed between December 2012 and February 2013].

185. The Inquirer. Anonymous offshoot 'CabinCr3w' member charged with hacking US police websites. http://www.theinquirer.net/inquirer/news/2168410/anonymous-offshoot-cabincr3w-charged-hacking-police-websites; April 17, 2012 [last accessed between December 2012 and February 2013].

186. Softpedia. CabinCr3w hacker arrested, admits being FBI informant. http://news.softpedia.com/news/CabinCr3w-Hacker-Arrested-Admits-Being-FBI-Informant-262907.shtml; April 5, 2012 [last accessed between December 2012 and February 2013].

187. MSNBC. FBI arrests cabin Cr3w hacker for Utah police attacks. http://www.msnbc.msn.com/id/47075277/ns/technology_and_science-security/t/fbi-arrests-cabin-crw-hacker-utah-police-attacks/#.UBN9e7TY8Xs; April 4, 2012 [last accessed between December 2012 and February 2013].

188. NineMSN. The Internet Pranksters who started a war. http://news.ninemsn.com.au/article.aspx?id=459214; May 8, 2008 [last accessed between December 2012 and February 2013].

189. Baltimore City Paper. Serious business. http://www2.citypaper.com/columns/story.asp?id=15543; January 21, 2008 [last accessed between December 2012 and February 2013].

190. IT World. That new Facebook friend might just be a spy. http://www.itworld.com/internet/136830/that-new-facebook-friend-might-just-be-a-spy; February 13, 2011 [last accessed between December 2012 and February 2013].

191. Times of India. Anonymous hacks CIA website. http://articles.timesofindia.indiatimes.com/2012-02-11/security/31049746_1_cia-site-cia-website-anonymous; February 11, 2012 [last accessed between December 2012 and February 2013].

192. Crenshaw A. Crude, inconsistent threat: understanding anonymous. *Irongeek*. http://www.irongeek.com/i.php?page=security/understanding-anonymous; undated. [last accessed between December 2012 and February 2013].

193. Peoples Liberation Front. Public Campaigns. http://peoplesliberationfront.net/campaigns.html. [last accessed between December 2012 and February 2013].

194. RFE/RL. What is 'anonymous' and how does it operate. http://www.rferl.org/content/explainer_what_is_anonymous_and_how_does_it_operate/24500381.html; March 3, 2012 [last accessed between December 2012 and February 2013].

195. Crenshaw A. Crude, inconsistent threat: understanding anonymous. *Irongeek*. http://www.irongeek.com/i.php?page=security/understanding-anonymous; undated. [last accessed between December 2012 and February 2013].

196. Corman J, Martin B. Cognitive dissidents. Building a better anonymous' series, part ii: fact vs fiction. http://blog.cognitivedissidents.com/2011/12/29/building-a-better-anonymous-series-part-2/; December 29, 2011. [last accessed between December 2012 and February 2013].

197. ZDNet. Anonymous launches 'operation global blackout', aims to DDoS the root internet server. http://www.zdnet.com/blog/security/anonymous-launches-operation-global-blackout-aims-to-ddos-the-root-internet-servers/10387; February 17, 2012 [last accessed between December 2012 and February 2013].

198. The Hacker News. #RefRef—Denial of Service (DDoS) tool developed by anonymous. http://thehackernews.com/2011/07/refref-denial-of-service-ddos-tool.html; July 7, 2011 [last accessed February 21, 2012].

199. Information Week. WikiLeaks supporters download botnet tool 50,000 times. http://www.informationweek.com/news/security/attacks/228800161; December 12, 2010 [last accessed between December 2012 and February 2013].

200. Crenshaw A. Crude, inconsistent threat: understanding anonymous. *Irongeek*. http://www.irongeek.com/i.php?page=security/understanding-anonymous; undated. [last accessed between December 2012 and February 2013].

201. Know Your Meme. Pool's closed. http://knowyourmeme.com/memes/pools-closed; April 2012 [last accessed between December 2012 and February 2013].

202. Know Your Meme. Pool's closed. http://knowyourmeme.com/memes/pools-closed; April 2012 [last accessed between December 2012 and February 2013].

203. Know Your Meme. Pool's Closed. http://knowyourmeme.com/memes/pools-closed; April 2012 [last accessed between December 2012 and February 2013].

204. Know Your Meme. Internet vigilantism. http://knowyourmeme.com/memes/subcultures/internet-vigilantism; May 2012 [last accessed between December 2012 and February 2013].

205. Cracked. Eight awesome cases of Internet vigilantism. http://www.cracked.com/article_17170_8-awesomecases-internet-vigilantism_p2.html#ixzz1RZFPycz6; March 23, 2009 [last accessed between December 2012 and February 2013].

206. IB Times. Anonymous takes on child pornography sites. http://www.ibtimes.com/articles/236744/20111024/anonymous-operation-darknet-child-pornography.htm; October 24, 2007 [last accessed between December 2012 and February 2013].

207. Mashable. Anonymous shuts down alleged twitter pedophile. http://mashable.

com/2012/08/09/anonymous-twitter-pedophile/; August 9, 2012 [last accessed between December 2012 and February 2013].

208. Cracked. Eight awesome cases of internet vigilantism. http://www.cracked.com/article_17170_8-awesomecases-internet-vigilantism_p2.html#ixzz1RZFPycz6; March 23, 2009 [last accessed between December 2012 and February 2013].

209. FoxNews. Hackers declare war on scientology. http://www.foxnews.com/story/0,2933,325586,00.html;January 25, 2008 [last accessed between December 2012 and February 2013].

210. WirtschaftsWoche (German language magazine). Wie anonymous scientology in die Knie Zwang. http://www.wiwo.de/technologie/digitale-welt/hackernetzwerk-wie-anonymous-scientology-in-die-knie-zwang/6908658.html; July 23, 2012 (excerpt of Parmy Olson's 2012 book on Anonymous). [last accessed between December 2012 and February 2013].

211. The Guardian. Hackers declare war on scientologists amid claim of heavy-handed cruise control. http://www.guardian.co.uk/technology/2008/feb/04/news; February 3, 2008 [last accessed between December 2012 and February 2013].

212. *LA Weekly*. My date with anonymous: a rare interview with the elusive internet troublemakers. http:/ /www.laweekly.com/2009-02-05/columns/my-date-with-anonymous-a-rare-interview-with-the-illusive-internet-troublemakers/; February 4, 2009 [last accessed between December 2012 and February 2013].

213. Jacobson, J. We are legion: anonymous and the war on scientology. http://www.lisamcpherson.org/pc.htm;undated. [last accessed between December 2012 and February 2013].

214. WirtschaftsWoche (German language magazine). Wie anonymous scientology in die Knie Zwang. http://www.wiwo.de/technologie/digitale-welt/hackernetzwerk-wie-anonymous-scientology-in-die-knie-zwang/6908658.html; July 23, 2012 (excerpt of Parmy Olson's 2012 book on Anonymous). [last accessed between December 2012 and February 2013].

215. Know Your Memes. Project chanology. http://knowyourmeme.com/memes/events/project-chanology;February 2012 [last accessed between December 2012 and February 2013].

216. Jacobson J. We are legion: anonymous and the war on scientology. http://www.lisamcpherson.org/pc.htm; undated. [last accessed between December 2012 and February 2013].

217. National Post. Online group declares war on scientology. http://web.archive.org/web/20080128145858/http://www.nationalpost.com/news/canada/story.html?id=261308;

January 26, 2008 [last accessed between December 2012 and February 2013].
218. Jacobson J. We are legion: anonymous and the war on scientology. http://www.lisamcpherson.org/pc.htm; undated. [last accessed between December 2012 and February 2013].
219. WirtschaftsWoche (German language magazine). Wie anonymous scientology in die Knie Zwang. http://www.wiwo.de/technologie/digitale-welt/hackernetzwerk-wie-anonymous-scientology-in-die-knie-zwang/6908658.html; July 23, 2012(excerpt of Parmy Olson's 2012 book on Anonymous). [last accessed between December 2012 and February 2013].
220. WirtschaftsWoche (German language magazine). Wie anonymous scientology in die Knie Zwang. http://www.wiwo.de/technologie/digitale-welt/hackernetzwerk-wie-anonymous-scientology-in-die-knie-zwang/6908658.html; July 23, 2012 (excerpt of Parmy Olson's 2012 book on Anonymous). [last accessed between December 2012 and February 2013].
221. CNet. Technical aspects of the DDoS attacks upon the church of scientology. http://news.cnet.com/8301-10789_3-9858552-57.html; January 25, 2008 [last accessed between December 2012 and February 2013].
222. LAist. Church of scientology strikes back—anonymous responds. http://laist.com/2008/03/23/church_of_scien.php; March 23, 2008 [last accessed between December 2012 and February 2013].
223. LA Weekly. Anonymous' vs. scientology: group targets 'church' headquarters. http://www.laweekly.com/2008-03-20/news/8220-anonymous-8221-vs-scientology/2/; March 17, 2008 [last accessed between December 2012 and February 2013].
224. Mancunian Matters. Manchester anonymous to hold anti-scientology protest following cruise-holmes split.http://mancunianmatters.co.uk/content/13074409-manchester-anonymous-hold-anti-scientology-protestfollowing-cruise-holmes-split; July 13, 2012 [last accessed between December 2012 and February 2013].
225. NineMSN. The internet pranksters who started a war. http://news.ninemsn.com.au/article.aspx?id=459214; May 8, 2008 [last accessed between December 2012 and February 2013].
226. WirtschaftsWoche (German language magazine). Wie anonymous scientology in die Knie Zwang. http://www.wiwo.de/technologie/digitale-welt/hackernetzwerk-wie-anonymous-scientology-in-die-knie-zwang/6908658.html; July 23, 2012 (excerpt of Parmy Olson's 2012 book on Anonymous). [last accessed between December 2012 and February 2013].
227. Atlantic Wire. The Hacks that mattered in the year of the hack. http://www.

theatlanticwire.com/technology/2011/12/hacks-mattered-year-hack/46731/; December 28, 2011 [last accessed between December 2012 and February 2013].
228. Peoples Liberation Front. Public Campaigns, Operation Syria. http://peoplesliberationfront.net/campaigns.html. [last accessed between December 2012 and February 2013].
229. IT World. A conversation with Commander X. http://www.itworld.com/internet/137590/conversation-commander-x?page=0%2C0; February 18, 2011 [last accessed between December 2012 and February 2013].
230. Al Arabiya. WikiLeaks might have triggered Tunis' revolution. http://www.alarabiya.net/articles/2011/01/15/133592.html; January 15, 2011 [last accessed between December 2012 and February 2013].
231. Al Jazeera. How Tunisia's revolution began. http://www.aljazeera.com/indepth/features/2011/01/2011126121815985483.html; January 26, 2011 [last accessed between December 2012 and February 2013].
232. BBC News. Tunisia suicide protester Mohamed Bouazizi dies. http://www.bbc.co.uk/news/world-africa-12120228; January 5, 2011 [last accessed between December 2012 and February 2013].
233. Al Jazeera. Tunisia's bitter cyberwar. http://www.aljazeera.com/indepth/features/2011/01/20111614145839362.html; January 6, 2011 [last accessed between December 2012 and February 2013].
234. Gawker. Anonymous attacks Tunisian Government over WikiLeaks censorship. http://gawker.com/5723104/anonymous-attacks-tunisian-government-over-WikiLeaks-censorship; January 3, 2011 [last accessed between December 2012 and February 2013].
235. Al Jazeera. Tunisia's bitter cyberwar. http://www.aljazeera.com/indepth/features/2011/01/20111614145839362.html; January 6, 2011 [last accessed between December 2012 and February 2013].
236. IT World. A conversation with commander X. http://www.itworld.com/internet/137590/conversation-commander-x?page=0%2C0; February 18, 2011 [last accessed between December 2012 and February 2013].
237. Al Jazeera. Tunisia's bitter cyberwar. http://www.aljazeera.com/indepth/features/2011/01/20111614145839362.html; January 6, 2011 [last accessed between December 2012 and February 2013].
238. Al Jazeera. Anonymous and the Arab Uprisings. http://www.aljazeera.com/news/middleeast/2011/05/201151917634659824.html; May 19, 2011 [last accessed between December 2012 and February 2013].
239. Al Jazeera. Tunisia's bitter cyberwar. http://www.aljazeera.com/indepth/features/2011/01/20111614145839362.html; January 6, 2011 [last accessed between December

2012 and February 2013].

240. Internetfeds. Remove Tunisian government phishing scripts. http://userscripts.org/scripts/show/94122;January 6, 2011 [last accessed between December 2012 and February 2013].

241. Al Jazeera. Anonymous and the Arab uprisings. http://www.aljazeera.com/news/middleeast/2011/05/201151917634659824.html; May 19, 2011 [last accessed between December 2012 and February 2013].

242. Agence France Press (AFP). Anonymous' group hacks Tunisian Islamist sites. http://www.google.com/hostednews/afp/article/ALeqM5hwgwVBJdpJa0Jm1LsoCpW0HnophQ?docId=CNG.a7aa7a5a7dd45ef26c7fad8a1c0a0dfe.401; March 17, 2012 [last accessed between December 2012 and February 2013].

243. Al Jazeera. Anonymous and the Arab uprisings. http://www.aljazeera.com/news/middleeast/2011/05/201151917634659824.html; May 19, 2011 [last accessed between December 2012 and February 2013].

244. Naked Security. Egypt versus the Internet—anonymous hackers launch DDoS-attack. http:/ /nakedsecurity.sophos.com/2011/01/26/egypt-versus-the-internet-anonymous-hackers-launch-ddos-attack/; January 26, 2011 [last accessed between December 2012 and February 2013].

245. NakedSecurity. Egypt versusthe Internet—anonymoushackerslaunch DDoS-attack.http://nakedsecurity.sophos.com/2011/01/26/egypt-versus-the-internet-anonymous-hackers-launch-ddos-attack/; January 26, 2011 [last accessed between December 2012 and February 2013].

246. Al Jazeera. Anonymous and the Arab uprisings. http://www.aljazeera.com/news/middleeast/2011/05/201151917634659824.html; May 19, 2011 [last accessed between December 2012 and February 2013].

247. Huffington Post. Syrian ministry of defense website hacked by anonymous. http://www.huffingtonpost.com/2011/08/08/syria-ministry-of-defense-hacked-anonymous_n_920733.html; August 8, 2011 [last accessed between December 2012 and February 2013].

248. Gawker. Anonymous hackers attack Yemeni government. http://gawker.com/5750513/anonymous-hackers-already-taking-down-yemeni-websites; February 2, 2011 [last accessed between December 2012 and February 2013].

249. Softpedia. Anonymous hackers publish details of Yemen's Internet filtering systems. http://news.softpedia.com/news/Anonymous-Hackers-Publish-Details-of-Yemen-s-Internet-Filtering-Systems-281745.shtml; July 17, 2012 [last accessed between December 2012 and February 2013].

250. The Hacker News. Operation Algeria, part 2 by anonymous hackers released. http://thehackernews.com/2011/02/operation-algeria-part-2-by-anonymous.html; February 11, 2011 [last accessed between December 2012 and February 2013].
251. Naked Security. Pro-WikiLeaks hackers attack Zimbabwe government websites. http://nakedsecurity.sophos.com/2010/12/31/pro-wikileaks-hackers-attack-zimbabwe-government-websites/; December 31, 2010 [last accessed between December 2012 and February 2013].
252. The Hacker News. Operation Italy press release: anonymous hackers will soon strike again. http://thehackernews.com/2011/02/operation-italy-press-release-anonymous.html; February 10, 2011 [last accessed between December 2012 and February 2013].
253. Daily Caller. Who is Anonymous? A look at the hacktivists aiding revolution in the middle east. http://dailycaller.com/2011/02/26/who-is-anonymous-a-look-at-the-hacktivists-aiding-revolution-in-the-middleeast/2/; February 26, 2011 [last accessed between December 2012 and February 2013].
254. Al Jazeera. Anonymous and the Arab uprisings. http://www.aljazeera.com/news/middleeast/2011/05/201151917634659824.html; May 19, 2011 [last accessed between December 2012 and February 2013].
255. Ars Technica. Anonymous speaks: the inside story of the HBGary Hack. http://arstechnica.com/tech-policy/2011/02/anonymous-speaks-the-inside-story-of-the-hbgary-hack/; February 15, 2011 [last accessed between December 2012 and February 2013].
256. Olson P. We are anonymous—inside the hacker world of LulzSec, anonymous, and the global cyber insurgency. New York, Boston, London: Little, Brown and Company; 2012 p. 17.
257. eSecurity. Anonymous hackers target HB Gary. http://www.esecurityplanet.com/headlines/article.php/3923906/Anonymous-Hackers-Target-HBGary.htm; February 8, 2011 [last accessed between December 2012 and February 2013].
258. Ars Technica. Anonymous speaks: the inside story of the HBGary hack. http://arstechnica.com/tech-policy/2011/02/anonymous-speaks-the-inside-story-of-the-hbgary-hack/; February 15, 2011 [last accessed between December 2012 and February 2013].
259. Ars Technica. Anonymous speaks: the inside story of the HBGary hack. http://arstechnica.com/tech-policy/2011/02/anonymous-speaks-the-inside-story-of-the-hbgary-hack/; February 15, 2011 [last accessed between December 2012 and February 2013].
260. Olson P. We are anonymous—inside the hacker world of LulzSec, anonymous, and the global cyber insurgency. New York: Little Brown; 2012 p.20.
261. Ars Technica. Anonymous speaks: the inside story of the HBGary Hack. http://arstechnica.com/tech-policy/2011/02/anonymous-speaks-the-inside-story-of-the-hbgary-

hack/; February 15, 2011 [last accessed between December 2012 and February 2013].
262. Ibid.
263. Ars Technica. Anonymous speaks: the inside story of the HBGary hack. http://arstechnica.com/tech-policy/2011/02/anonymous-speaks-the-inside-story-of-the-hbgary-hack/; February 15, 2011 [last accessed between December 2012 and February 2013].
264. eSecurity. Anonymous hackers target HB Gary. http://www.esecurityplanet.com/headlines/article.php/3923906/Anonymous-Hackers-Target-HBGary.htm; February 8, 2011 [last accessed between December 2012 and February 2013].
265. Ars Technica. Anonymous' attacks Sony to protest PS3 hacker law suit. http://arstechnica.com/tech-policy/2011/04/anonymous-attacks-sony-to-protest-ps3-hacker-lawsuit/; April 4, 2011 [last accessed between December 2012 and February 2013].
266. New Yorker. Machine politics—annals of technology. http://www.newyorker.com/reporting/2012/05/07/120507fa_fact_kushner; May 7, 2012 [last accessed between December 2012 and February 2013].
267. PS3News. PS3 is hacked by George Hotz—hello hypervisor, i'm GeoHot! http://www.ps3news.com/PS3-Hacks/ps3-is-hacked-by-george-hotz-hello-hypervisor-im-geohot/; undated. [last accessed between December 2012 and February 2013].
268. Technologizer. Sony and George Hotz settle PS3 hacking lawsuit. http:/ /technologizer.com/2011/04/11/sony-george-hotz-settle-ps3-hacking-lawsuit/; April 11, 2011 [last accessed between December 2012 and February 2013].
269. BusinessInsider. Famous iPhone Hacker George Hotz has left Facebook. http://articles.businessinsider.com/2012-01-24/tech/30658124_1_george-hotz-location-data-iphone; January 24, 2012 [last accessed between December 2012 and February 2013].
270. Olson P. We are anonymous—inside the hacker world of LulzSec, anonymous, and the global cyber insurgency. New York, Boston, London: Little, Brown and Company; 2012 p. 423f.
271. Know Your Meme. Operation Antisec. http://knowyourmeme.com/memes/events/operation-antisec; March 1, 2012. [last accessed between December 2012 and February 2013].
272. PCMagazine. LulzSec, anonymous team up for 'operation anti-security'. http://www.pcmag.com/article2/0,2817,2387264,00.asp; June 20, 2011 [last accessed between December 2012 and February 2013].
273. PCMagazine. LulzSec, anonymous team up for 'operation anti-security'. http://www.pcmag.com/article2/0,2817,2387264,00.asp; June 20, 2011 [last accessed between December 2012 and February 2013].
274. Know Your Meme. Operation antisec. http://knowyourmeme.com/memes/events/

operation-antisec; March 1, 2012 [last accessed between December 2012 and February 2013].
275. ITProPortal. Anonymous puts US counter terrorist program online. http://www.itproportal.com/2011/06/27/anonymous-puts-us-counter-terrorist-program-online/; June 27, 2011 [last accessed between December 2012 and February 2013].
276. Know Your Meme. Operation antisec. http://knowyourmeme.com/memes/events/operation-antisec; March 1, 2012 [last accessed between December 2012 and February 2013].
277. The Telegraph. FBI charges alleged anonymous hackers after supergrass claims. http://www.telegraph.co.uk/technology/news/9127004/FBI-charges-alleged-Anonymous-hackers-after-supergrass-claims.html; March 7, 2012 [last accessed between December 2012 and February 2013].
278. Peoples Liberation Front. Public campaigns, Operation Vendetta. http://www.peoplesliberationfront.net/campaignsArchive1.html; undated [last accessed August 12, 2012].
279. TPM. Occupy lawyer stuck with $35K bill after 'homeless hacker' jumps bail. http://idealab.talkingpointsmemo.com/2012/03/occupy-lawyer-stuck-with-35k-bill-after-homeless-hacker-jumps-bail.php; March 8, 2012 [last accessed between December 2012 and February 2013].
280. TPM. Homeless hacker' Christopher Doyon, AKA 'Commander X', joins up with occupy movement. http://idealab.talkingpointsmemo.com/2011/10/homeless-hacker-christopher-doyon-aka-commander-x-joins-up-with-occupy-movement.php; October 27, 2011 [last accessed between December 2012 and February 2013].
281. CBS News. Feds: homeless hacker 'Commander X' arrested. http://www.cbsnews.com/8301-31727_162-20110912-10391695.html; September 23, 2011 [last accessed between December 2012 and February 2013].
282. The Montreal Gazette. Christopher Doyon, one of the brains behind anonymous. http://www.montrealgazette.com/technology/Christopher+Doyon+brains+behind+Anonymous/6612381/story.html; May 12, 2012 [last accessed between December 2012 and February 2013].
283. Wired. Par:AnoIA: anonymous launches WikiLeaks-esque site for data dumps. http://www.wired.com/threatlevel/2012/07/paranoia-anonymous/all/; July 13, 2012 [last accessed between December 2012 and February 2013].
284. Wired. Anontune: the new social music platform from anonymous. http://www.wired.com/underwire/2012/04/anontune-anonymous/; April 19, 2012 [last accessed between December 2012 and February 2013].

285. RT.com. Anonymous unveils data-sharing websites amidst privacy concerns. http:/ / rt.com/usa/news/anonymous-pastebin-new-internet-605/; April 23, 2012 [last accessed between December 2012 and February 2013].
286. RT.com. Anonymous unveils data-sharing websites amidst privacy concerns. http:// rt.com/usa/news/anonymous-pastebin-new-internet-605/; April 23, 2012 [last accessed between December 2012 and February 2013].
287. RT.com. Anonymous unveils data-sharing websites amidst privacy concerns. http:// rt.com/usa/news/anonymous-pastebin-new-internet-605/; April 23, 2012 [last accessed between December 2012 and February 2013].
288. Information Week. Anonymous builds New Haven for stolen data. http://www. informationweek.com/news/security/vulnerabilities/232900590; April 19, 2012 [last accessed between December 2012 and February 2013].
289. PC Magazine. With PasteBin 'compromised', anonymous launches AnonPaste. http:// www.pcmag.com/article2/0,2817,2403283,00.asp; April 19, 2012 [last accessed between December 2012 and February 2013].
290. Wired. Par:AnoIA: anonymous launches WikiLeaks-esque site for data dumps. http:// www.wired.com/threatlevel/2012/07/paranoia-anonymous/all/; July 13, 2012 [last accessed between December 2012 and February 2013].
291. Wired. Par:AnoIA: anonymous launches WikiLeaks-esque site for data dumps. http:// www.wired.com/threatlevel/2012/07/paranoia-anonymous/all/; July 13, 2012 [last accessed between December 2012 and February 2013].
292. CNet. Anonymous OS: worth the risk? http://news.cnet.com/8301-13506_3-57397895-17/anonymous-os-worth-the-risk/; March 15, 2012 [last accessed between December 2012 and February 2013].
293. Mobiledia. Hackers' OS? Joke's on you. http://www.mobiledia.com/news/133380.html; March 16, 2012 [last accessed between December 2012 and February 2013].
294. The Next Web (TNW). Anonymous has just released its own operating system: anonymous OS. http://thenextweb.com/insider/2012/03/14/anonymous-has-just-released-its-own-operating-system-anonymous-os/; undated. [last accessed between December 2012 and February 2013].
295. The Hacker News. Anonymous-OS 0.1: Anonymous Hackers Released Their Own Operating System. http://thehackernews.com/2012/03/anonymous-os-01-anonymous-hackers.html; March 15, 2012 [last accessed between December 2012 and February 2013].
296. CNet. Anonymous OS: worth the risk? http://news.cnet.com/8301-13506_3-57397895-17/anonymous-os-worth-the-risk/; March 15, 2012 [last accessed between December 2012 and February 2013].

297. The Next Web (TNW). Anonymous has just released its own operating system: Anonymous OS. http:/ /thenextweb.com/insider/2012/03/14/anonymous-has-just-released-its-own-operating-system-anonymous-os/; undated. [last accessed between December 2012 and February 2013].
298. Softpedia. SourceForge closes anonymous-OS live CD project. http://news.softpedia.com/newsImage/SourceForge-Closes-Anonymous-OS-Live-CD-Project-2.jpg/; March 16, 2012 [last accessed between December 2012 and February 2013].
299. The Next Web. Anonymous claims that the operating system, 'anonymous-OS' is fake. http://thenextweb.com/insider/2012/03/15/anonymous-claims-that-the-operating-system-anonymous-os-is-fake/; undated. [last accessed between December 2012 and February 2013].
300. Softpedia. SourceForge closes anonymous-OS live CD project. http://news.softpedia.com/news/SourceForge-Closes-Anonymous-OS-Live-CD-Project-258944.shtml; March 16, 2012 [last accessed between December 2012 and February 2013].
301. The Next Web. Anonymous claims that the operating system, 'anonymous-OS' is fake. http:/ / thenextweb.com/insider/2012/03/15/anonymous-claims-that-the-operating-system-anonymous-os-is-fake/; undated. [last accessed between December 2012 and February 2013].
302. Mobiledia. Hackers' OS? Joke's on you. http://www.mobiledia.com/news/133380.html; March 16, 2012 [last accessed between December 2012 and February 2013].
303. The Next Web. Anonymous claims that the operating system, 'anonymous-OS' is fake. http:// thenextweb.com/insider/2012/03/15/anonymous-claims-that-the-operating-system-anonymous-os-is-fake/; undated. [last accessed between December 2012 and February 2013].
304. ZDNet. Fluid structure, leadership keep anonymous' threat alive. http://www.zdnet.com/fluid-structure-leadership-keep-anonymous-threat-alive-7000000957/; July 16, 2012 [last accessed between December 2012 and February 2013].
305. Radio Free Europe. What is anonymous and how does it operate? http://www.rferl.org/content/explainer_what_is_anonymous_and_how_does_it_operate/24500381.html; March 3, 2012 [last accessed between December 2012 and February 2013].
306. Mobiledia. A rising war between hackers. http://www.mobiledia.com/news/139185.html; April 24, 2012 [last accessed between December 2012 and February 2013].

第二部分

网络间谍与网络利用

本部分我们将主要讨论网络间谍与网络利用，主要应对通过计算机系统的信息窃取。在过去 10 年间，诸多类似的事件都被认为有政治因素参与其中。在很多案例中，信息窃取是情报搜集、窃取知识产权以及获取对手武器系统技术知识的一部分。本书在第 7 章还讨论了最近发现的基于网络的情报搜集平台，比如 Duqu、Flame 及 Gauss ；接着第 8 章中讲述了社交网络利用，这是社交工程和情报搜集的新趋势 ；第 9 章的网络利用以战术性观点，研究了在“伊拉克自由行动”期间，什叶派军事人员拦截了美军“捕食者”无人机的未加密视频。

[第7章]

Duqu、Flame、Gauss
——新一代网络攻击技术

本章概要

引言

内核模式 ROOTKIT

操作系统漏洞

密钥内容失窃

震网和 Duqu 的共同点

窃取信息木马

Duqu 的地理位置分布

TDL3 和其他恶意软件

面向对象的恶意软件：震网、Duqu、Flame 和 Gauss

Flame：大型恶意软件

Gauss：监控财务交易的恶意软件

面向对象的恶意软件之间的关系

本章信息

内核模式 ROOTKIT

操作系统漏洞

密钥内容失窃

震网和 Duqu 的共同点

信息窃取木马

Duqu 的地理位置

TDL3 和其他恶意软件

面向对象的恶意软件：震网、Duqu、Flame

引言

虽然有意思，但矛头指向情报搜集网络平台的网络间谍战确实已悄然发生。在过去的三年，出现的数种恶意软件有：震网、Duqu、Flame 和 Gauss。一些人士认为以上恶意软件代表了网络战的未来。本章详细描述了 Duqu 情报搜集平台，并扼要介绍了 Flame 和 Gauss——它们同样能从目标系统获取信息，同时也被认为是与 Duqu 有关的软件。研究人员认为震网和其他三个恶意软件密不可分，震网主要用来以攻击工程控制系统为目标，在本书第 12 章有详细介绍。在本章中，我们主要讨论震网与其余三个恶意软件在技术层面的相似点。

震网是最先被发现的这类高级恶意软件。2011 年，它震惊了整个世界。在过去，传统电脑病毒的概念就是一段并不复杂的代码通过几个步骤“感染”一台电脑，再多采取一些步骤“繁殖”给其他电脑。这些病毒，如“梅丽莎”（Melissa）和“我爱你”（ILoveYou）能带来持久的干扰和不计后果的损害。据媒体和公开安全社区的人员介绍，震网是一种独一无二的、复杂的软件系统，而不是电脑病毒。[1] 此外，震网还是被不明身份的组织用来进行直接篡改的工具，如篡改伊朗的核项目。[2]

震网是一个需要获得精确数据方能使得攻击卓有成效的系统。该恶意软件通过关联工业生产所使用的高精度发动机篡改其功能参数，这些被篡改的参数将在无网络连接的情况下（一种经常被称为“盲区”的环境）也能保留在系统中；因此，震网攻击需要事先获得精确的信息。另外，为了提高攻击效率，未来的震网类型攻击或需获取目标对应的类似信息。[3]

2011 年 10 月，Duqu 木马被发现，这是一种窃取信息的木马。经初步分析，Duqu 和震网恶意程序在战术和架构层面都有相似点。Duqu 和震网都是能在电脑系统上运行的软件，并能寄存于被感染的系统中。根据这两个恶意软件的相似性可以得出震网似乎有着明确的政治动机（阻止伊朗生产浓缩铀），而 Duqu 被设计成窃取信息的系统，可能就是为发动类似震网攻击而做准备。因此，我们把 Duqu 定位成一款情报搜集或网络间谍工具——不过比其他工具更加先进。另外，高级网络情报搜集战还在继续。近来，在中东所发现的相关恶意软件呈上升之势，尤其是 Gauss 和 Flame，揭示了以 Duqu 为代表的恶意软件已成为常态——这淘汰了之前所讨论的第一代部分网络技术。

这类程序需要隐藏在被感染的电脑中，伺机执行长期目标。诸如“梅丽莎”病毒和“Slammer”蠕虫则没有隐藏的目标。所以，Duqu（以及后来的 Flame 和 Gauss）被设计成在长期不被发现的情况下搜集信息。

本章详细介绍了 Duqu 如何与其他更具杀伤力的恶意软件相关联，重点描述了内核模式 rootkit、易遭受 Duqu 和其他恶意软件攻击的操作系统漏洞，以及如何利用窃取的密钥材料使得情报搜集更具隐蔽性。我们也会介绍发现 Duqu 的过程，以及它与其他恶意软件如震网和 TDL3 之间的联系。同时，我们将进一步研究近期发现的恶意软件 Flame 和 Gauss，并比较它们和 Duqu 的差异和关联。

内核模式 ROOTKIT

操作系统内核代表了现代通用计算机中的最高权限水平。该内核规定了进入受保护硬件的路径，同时控制着资源的分配，如在 CPU 的运行时间以及系统程序所使用的物理存储页面。如果该系统中有程序试图访问文件、网络以及查看配置数据，内核就是行使最高权力的软件，不仅决定着程序是否可以执行这些操作，也负责执行这些操作。

在计算机遭到攻破后，攻击者便开始寻找能够使他们隐身于被攻破的计算机的方法，不让计算机系统的使用者和管理者发现。“root kit”这个术语指一系列工具或装备，这些工具或装备能够进入系统根（管理）账户。更改系统软件的 rootkit 能够在操作系统内核的配合下测出来，因此 rootkit 开发商和计算机攻击者逻辑上的下一步是要攻破操作系统内核。被攻破的操作系统内核能以很难被发现的方式欺骗电脑系统的其他程序、用户和计算机管理者。内核模式 rootkit 极具吸引力，因其能够取得进入所有文件和程序的完整权限。

由于操作系统内核从理论上来说是该操作系统的中央单元，因此内核模式 rootkit 具有高复杂性也就讲得通了。从这一点上说是有道理的，然而，如今却存在诸多与此假设不相符的因素。如何建立内核模式 rootkit 以及理解破解操作系统内核背后的概念？这一系列“食谱书”能够从网上免费获取，也可在书店购买。

内核模式 rootkit 现在也慢慢成为了商业化的产物，网上的一些不法分子愿意为其恶意软件花钱购买 rootkit。尽管操作系统内核看上去复杂，但如今很多本科的课程都已包含有该系统的设计和功能介绍，同时网上也可免费获得相关信息。

Duqu 内置了内核式元件，能够协调恶意软件的整体操作。内核模式驱动程序能够用来执行逻辑动作和导入一段代码到运行程序中。在

Windows 操作系统中，程序就是执行单元“线程”的容器，多重线程能够在一个程序上运行，很可能 Duqu 就是通过其中一个线程来运行程序的内部逻辑动作。例如在浏览器或 Microsoft Word 中，其中的线程就能够执行与本程序无关的代码。在 Duqu 和其他框架案例中，通过线程，内核式驱动器能够在系统运行的程序上，导入并执行关联恶意程序的代码。Duqu 注入程序的代码和线程有自己的选择标准，尤其是根据程序的名称进行设定。Duqu 更加倾向于注入代码于 Windows 操作系统的核心程序，如 services.exe 或 lsas.exe. 。同时，为了保证与命令控制服务器的交流，Duqu 还会根据程序配置在 firefox.exe、iexplore.exe 或 svchost.exe 上装载组件。

内核模式 rootkit 一般与恶意软件的实际运行情况无直接关联。内核模式 rootkit 的任务就是出现在系统中，重复执行恶意代码，同时操纵恶意代码的实施位置。一旦执行了恶意软件的逻辑操作，内核模式 rootkit 就固定在后台，并为恶意软件提供所需的逻辑操作服务。

操作系统漏洞

在 Windows 内核组件中，Duqu 利用了隐蔽的组件漏洞，即 win32k.sys 的字体规范解析器组件，该组件是在 Windows 系统中执行最高权限的核心构件，同时还负责展示对话图片和渲染文本。为了支持由第三方字体加密的渲染文本，win32k.sys 需通过外部来源加载处理字体规范。由于该字体规范格式极其复杂，其数据处理极有可能是由不受信任的个体完成。win32k.sys 字体规范指令错误可导致 Windows 内核的内存损坏，而这种损坏可使得黑客得以执行任意程式码。[4]

若 Microsoft Word 或其他办公文件附带有可导致系统内核内部内存损坏的字体规范文件，在此情况下，装载 Duqu 就可执行任意程式码。这样一来，只需一个简单的操作：打开任一文件就可获得受害计算机用户的最高权限，并启动 Duqu 攻击。

浏览器和 Microsoft Word 等用户模式程序与操作系统内核的边界是受信任的，能够代理程序之间的交互操作，保证安全策略的实施。漏洞的最大危害就是能够在操作系统内核执行任意代码，使操作系统失去作用，摧毁整个安全机制。通过利用这些漏洞，攻击者就可以绕过任何装置在计算机的安全策略。

用户程序与操作系统之间包含广阔的边界，并组成各种设备与服务供操作系统运行程序。导入操作系统的数据一旦出现难以检测和解析的情况，操作系统就有可能已受到安全威胁。由于这类攻击的攻击面广，史上发生的操作系统内核漏洞事件数不胜数，这类漏洞通常被命名为“权限升级漏洞”（privilege escalation vulnerability）。

密钥内容失窃

通过窃取代码签名密钥，Duqu 和震网从此在网络安全界赢得了人们的眼球。自发布 Windows Vista 操作系统后，微软要求所有使用 Windows 设备驱动程序的公司和个人都要在“公钥基础设施”（Public Key Infrastructure，PKI）上为设备驱动程序“签名”。该签名能够检测出设备驱动程序的真实生产商。

电子签名信息能够识别文本是否发生了更改，不论签名信息是可读文本，还是设备驱动程序的二进制代码。有了这些规则，操作系统得以确保执行正当的签名代码。

PKI 的密钥由公钥和密钥两个部分组成。公钥是开放的，全球通用；而密钥仅为使用者个人所有。PKI 代码签名的用户为生产设备驱动程序的公司和操作系统供应商微软；密钥则存储在通用计算机中。保护密钥的科技手段包括将其存储在高安全性模块上，然而，高安全性模块基本结构与用于产生运行设备驱动程序的基本结构并不兼容。

在这种情况下，企业事实上也要设法保护他们的密钥。微软提供了一套机制：将 Windows 置于“签名测试”（test signing）模式，使得设备驱动器在没有获得全球认证的密钥签名的情况下也能够成功装载。但是，“测试签名”模式过于繁琐，要求在企业编写设备驱动程序中要具备二级公钥基础设施。值得一提的是，代码签名密钥盗窃的威胁一直被人们认为是一件遥远的、不可能发生的事，直到最近才成为了现实。代码签名密钥价值不大，而且显然没有哪个机构会冒险被大规模破解的风险。[5]

人们并不清楚 Duqu 和震网的设计者如何为其设备驱动程序获得代码签名证书。唯一可以确定的是，震网所窃取的证书产自瑞昱半导体股份有限公司（Realtek Semiconductor Corp.）和智微科技集团（JMicron Technology Corp.）[6]。而 Duqu 所窃取的证书源自骅讯电子企业股份有限公司（C–Media Electronics）。[7] 已经证实这些企业并没有参与恶意软件的开发，因此，最合理的解释就是：攻击者所使用的代码签名证书是窃取的。值得注意的是，瑞昱公司和智微集团都在台湾新竹科技园设有办事处，[8] 地理位置暗示了震网的盗窃者很可能就是来自这个地方。另外，骅讯也是一家台湾的公司。[9]

更明显的问题是，密钥失窃成了使用 PKI 的难题。因为这个原因，可以信任、握有密钥的高安全性模块被开发出来了。高安全性模块能为密钥提供存储内存和与数据交互的处理器，但又让密钥不能脱离安全模块。通过该技术，攻击者将只能在窃取到物理模块后才能窃取密钥。

然而，由于密钥是装载在开发者工作站的操作系统中的，攻击者入侵其中一个工作站就能够伪装成密钥的原用户对设备驱动程序实施签名。被窃取的密钥能够继续正常使用，直到窃取行为被发现，被窃的密钥被添加到由微软所管理的“证书撤销机制”中。一旦被添加到撤销名单，用那些密钥签名的驱动程序将会被屏蔽，不能再执行。

若是在震网和 Duqu 大肆破坏之前，就发现了密钥被窃取的问题，加入到撤销名单的密钥对攻击者来说将是一个不小的麻烦。

震网和 Duqu 的共同点

Duqu 和震网都利用了内核模式 rootkit。一些分析师曾试图从恶意软件所使用的内核模式 rootkit 的结构和功能中找出相似点。总体上来说，震网和 Duqu 的功能明显不同。震网是一种蠕虫病毒，不需要借助人类主体就能够自行执行相关行为；而 Duqu 似乎只是用来回应命令控制服务器和窃取信息的工具。该结论是在 Duqu 内部发现了键盘记录组件的基础上得出的，同时也是从修复了 Duqu 损坏的计算机上的信息（如局域网上计算机的信息）而验证的结果。据目前人们所了解的情况，震网并不是搜集情报的工具。[10] 或许似乎 Duqu 更像是一款情报搜集工具——用来为后续攻击做准备。

然而，卡巴斯基实验室确实发现了 Duqu 和震网的一些相似之处，这一结论使他们相信 Duqu 和震网是出自同一个开发团队。[11] 值得一提的是，他们指出了架构方面的相似点——这两款恶意软件运行的总体设计。另外，来自于美国空军的安全专家（以非军方身份参与研究）检测出 Duqu 和震网之间有大量相似的源代码，在二进制上也有很多共同之处。[12]

卡巴斯基同时发现了两种不同的设备驱动文件，一种源自震网，另一种源自 Duqu。他们发现同一个失窃的数字签名被应用于这两种文件。这意味着拥有这两种驱动文件的组织或个人掌握了代码签名证书的密钥。有可能是同一个组织破解了代码签名证书并将其应用于震网和 Duqu，这就暗示了这两款恶意软件是由同一团队开发的。该推断与卡巴斯基实验室和美国空军安全专家的理论相符，但还存在另一种情况，那就是由多个组织各自窃取了代码签名证书，鉴于代码签名证书存储位置安全性低，故并不难破解，或者有一个破解了代码签名证书的第三方，将窃取的信息出售或交给不同的两组人员，一组负责实施震网攻击，另一组开发了Duqu。[13]

窃取信息木马

窃取信息木马是由控制者指挥，旨在搜寻、反馈各种类型信息。窃取的信息可能是文件系统所储存的信息，也可能电脑使用者在被攻破的电脑上通过键盘输入的信息。窃取信息木马的控制者所搜寻的各种类型的信息在不断发生着变化，搜寻的具体参数也在随之改变，因此这些木马程序的控制者需要与某个中心服务器保持稳定或接近稳定的联系。这些服务器的运行通常都有风险，也是恶意软件活动过程的薄弱环节。这些木马需要将信息上传到互联网上某个通常无法公共访问的服务器上。大多数恶意软件设计者使用破解的服务器，或是从“防弹主机托管公司”（bulletproof hosting company）租用或购买服务器。这些主机托管公司宣称其不受国际法律执行机构的管制，并出售服务器供僵尸网络操控者使用。[14]

恶意软件命令与控制的中心式服务器存在着一个隐患：一旦反病毒程序公司或执法机构检测出该服务器，在分析恶意软件代码时，可能也会暴露命令控制服务器的互联网地址。在发现服务器地址后，调查者就可以采取行动，同时使得命令控制服务器丧失响应能力，拒绝接受恶意软件控制器的访问，并重新获得存储在这些系统中的所有信息。这些信息可以包括木马程序从被破解的计算机上获得的信息，以及有可能发现并确认木马控制者的信息。我们曾评述了几个案例，其中就包括安全专家发现并利用了由伊朗使用的命令控制服务器(参见第5章)。[15]

卡巴斯基实验室对各类服务器进行了细致的解析，包括他们破解的曾用来控制Duqu木马的系统。分析表明，在卡巴斯基获得调查该系统的访问权限的前几天，系统的大量信息已被清除。但是，残留的信息却成了可能的指示器，展示了Duqu木马控制者系统管理员的习惯，这些指示器包括管理员指令、拼写错误以及配置、操作系统的错误指令。同时，管理者遗留的信息还包括一个由 Linux 操作系统维护的日志文件，该文件详细记录了恶意软件管理员的远程地址，这些管理员都曾获得过该攻破系统的访问权。[16]

Duqu 的地理位置分布

在应对 Duqu 期间，反病毒组织掌握了许多 Duqu 命令控制系统的地理位置分布以及电脑被入侵的情况。使用 Duqu 架构的用户和操作者对软件地理位置的设定，有着完全决断的权力，这包括用来执行命令控制服务器的系统位置，以及他们将哪些系统设为安装 Duqu 客户端软件的目标。

攻击者根据服务器的易受攻击程度，选用命令控制服务器，然而，易受攻击的服务器在全球都存在。因此，攻击者可构建一个被由破解服务器组成的网络，根据需要选用集中或分散的服务器。Duqu 的控制者更倾向于破解分布在全球范围内的服务器。另外，被装在电脑桌面，包括了控制者希望提取的信息的客户端软件集中在一定的地区。Duqu 的部署位置也完全由控制者选择，所以找到它的所在地，至少在很大程度上能看出它正在寻找并偷窃的信息类型。卡巴斯基报告说只在伊朗和苏丹发现 Duqu。[17]

在研究 Duqu 命令控制服务器结构时，卡巴斯基发现，在过去三年里，Duqu 控制者至少使用了 12 台命令控制服务器。每台卡巴斯基所检测的服务器中与 Duqu 活动有关的大量信息都在几天前被清除，该行为传递了这样一个信号：Duqu 控制者清楚自己暴露了，打算（也有能力）将暴露对自己造成的危害降到最低。[18]

TDL3 和其他恶意软件

还有一些恶意软件是多阶段进行注入的。TDL3 rootkit（大约 2009 年）与震网和 Duqu 有许多共性。TDL3 曾使用隐蔽的手段，绕过了防病毒软件，在 Windows 系统上将其操作权限提升到“内核模式”。TDL3 还会篡改操作系统上的驱动程序，使得每次在启动操作系统的同时也会装载 TDL3。TDL3 是一种通用型 rootkit 框架，使得购买 TDL3 的用户能够随心所欲对能安装在被破解的计算机上的恶意软件进行组装。部分使用 TDL3 制作的恶意软件为窃取信息木马，还有一些恶意软件专门用来发送垃圾邮件，或是诱使被破解的计算机用户购买虚假防病毒软件。

TDL3 避开检测的手段是利用反 rootkit 技术使用的算法中的弱点。TDL3 之所以成功避开检测，在于研究了反病毒软件对之前 rootkit 的反应，以及如何利用反应中的缺陷。[19]

媒体强调了 Duqu 使用的各种先进技术，但与其他恶意软件相比较时，Duqu 的技术似乎也没什么先进之处，因为其他的一些恶意软件也采用了类似的有效技术。

面向对象的恶意软件：震网、Duqu、Flame 和 Gauss

Duqu 和震网有一个共同的特征，因为两款软件都大量使用了名叫做“**面向对象编程**”（object–oriented programming，OOP）的范式编写，所以研究人员把这两款软件称为“姊妹软件”。在计算机编程的更传统方法中，软件就是用来集结一系列任务并确保计算机顺利执行来达到预期的结果。不同的是，在“面向对象编程”中，程序员能创造以各种方式操作数据以达到理想结果的对象。使用“面向对象编程”的一个最大的优势，就是方便开发人员建立和维护复杂的大型软件。开发恶意软件并不经常用到“面向对象编程”，因为要维持小足迹的需要，让传统编程范式更适合恶意软件。

Flame：大型恶意软件

最近（2012 年），人们发现了其他一些主要使用“面向对象”代码的恶意软件。其中包括最先在伊朗发现的一款名为“Flame”的复杂大型恶意软件，该软件被用来从目标系统中窃取信息——例如，除了传统的信息窃取（例如窃取电子邮件或密码等）以外，Flame 还能够拦截 Skype 通话或是对通话内容进行录音。[20] Flame 包含大量信息收集工具及分发机制（包括 U 盘和打印机共享等）[21]，因此，Flame 从本质上说就是一个通用的情报搜集平台。这也导致 Flame 成了惊人的大型恶意软件，把所有模块算在一起的话，Flame 可达 20 兆。[22]

Flame 能够通过局域网感染其他计算机。其他恶意软件没有用过这种方法。一般说来，恶意软件会设法通过局域网将病毒复制到其他计算机。有的是通过利用 Windows 服务器软件的漏洞连接远程计算机，从而操纵、感染远程计算机；有的则是使用简单的技术，如感染远程计算机上的可执行文件，然后等待远程计算机运行这些文件。

Flame 使用网络技巧能够冒充微软 Windows 软件的自动更新服务器。这种中间人式的攻击操作起来并没有什么难度。而应对这种攻击的对抗措施就是使用公钥基础设施（PKI）以确认远程系统的身份。Flame 的设计者针对公钥基础设施实施了一次攻击，使得 Flame 能够冒充 Windows 更新操作系统。在不使用内存损坏漏洞、破解密码和任何其他已知攻击的情况下，Flame 攻击就能够成功将自己复制到其他计算机上。[23]

Gauss：监控财务交易的恶意软件

在过去的几个月中（2012 年），另一款使用面向对象编程的高级恶意软件 Gauss 也开始崭露头角。这个网络间谍平台就是要从目标系统中尽可能多地窃取信息。[24] Gauss 窃取系统信息有：目标局域网的数据、目标运行进程以及硬件信息。通过将其模块插入到不同浏览器中，Gauss 即可破解浏览器的会话信息。同时 Gauss 还能够从社交网站、电子邮件和即时信息账户上搜集信息。也许最重要的是，Gauss 还包括收集黎巴嫩银行数据信息的程序——包括贝鲁特银行、比布鲁斯银行和弗兰萨银行。另外值得注意的是黎巴嫩大部分的计算机系统都感染了 Gauss 病毒。

和震网一样，Gauss 也能感染 U 盘，但实施方式不同。当感染 Gauss 病毒的 U 盘载入计算机时，操作系统并未受到感染，但信息被从系统中收集并被存储在 U 盘中。惊人的是，在感染 Gauss 的 U 盘在被使用一定次数后 [a]，Gauss 病毒就会从 U 盘中自动消失。像 Gauss 其他许多组件一样，感染 U 盘的组件中包含加密内容——通过这种加密编写程序给商业和网络安全研究人员带来了未知的挑战。[25]

一些网络安全研究人员推测了恶意软件使用了加密技术。内特 · 劳森（Nate Lawson）在一篇解析震网的报告中，称其“不惊人，却难为人”。在报告中，劳森把编码保护系统称为“安全触发器”（secure trigger），该分析报告最先由布宜诺斯艾利斯大学的研究人员发布。[26]“安全触发器”系统指的是一种进程，程序可以通过该进程将自己绑定到特定的计算机系统上。[27]

劳森认为建构此类系统的技术早在多年前（自 2003 年）已为世人所熟知，且该技术安全性能较高。劳森声称并不是震网，而是 Gauss 使用了这一系统加密技术。此外，他还宣称正是由于 Gauss 使用了系统保护手段，才导致卡巴斯基实验室无法解析出相关信息。[28]

[a] 在当前的 Gauss 样本中，这一情况被观察到出现了 30 次。

同时，我们还应该注意到震网的一些缺陷（如对逆向工程的敏感性），这些缺陷表明震网很有可能是一大型组织的产物。由于实施震网攻击的不同团队成员知识、技能和能力有所差别，就导致软件的组件质量参差不齐。对负责该项目的管理团队来说，最大的挑战就是如何根据成员的能力，将技术更好的人分配到更重要的组件开发中去。

面向对象的恶意软件之间的关系

基于本章前面的描述，一些网络安全研究人员，尤其是来自于卡巴斯基实验室的研究人员认为震网和 Duqu 出于同一组黑客之手。因为震网和 Duqu 的文件名称都以“d”开头。卡巴斯基将这些恶意软件的来源标为“波浪式平台”（Tilded platform）。[29] 尽管 Duqu 和 Flame 的结构和功能确有相似之处，但大多数网络安全研究员都主张它们是出自不同的平台。因此，Duqu 通常被认为更像是震网而不是 Flame。例如，在卡巴斯基解析 Flame 的命令控制服务器时——使用了 DNS 重定向——重点突出了 Duqu 和 Flame 的命令和控制元素迥然不同。[30] 然而，有证据证实了 Flame 和震网或 Duqu 的开发人员之间有过合作，目前普遍接受的假设是，震网和 Duqu 代表一种架构，而 Flame 代表另一种架构。

在本书写作期间，Gauss 和震网、Duqu 或 Flame 之间的关系仍是人们争论的话题。根据 Flame 和 Gauss 的模块设计以及命令控制服务器的通信方式，卡巴斯基实验室将 Gauss 定位为基于 Flame 平台的恶意软件。[31] 但是，网络安全公司 ESET 比较了 Gauss、震网和 Flame 三者的编码手段的异同，从而得出了这样的结论：根据制作这些软件时使用的编程技术和数据结构，Gauss 更加接近震网[a]。[32] 在网络攻击发生后，这些有些矛盾的调查结果给恶意软件的分析和定论带来了更大的挑战。

---

[a] 对比是在有 IDA 专业反汇编程序的 BinDiff 插件的情况下进行的。

小结

Duqu 是一种窃取信息木马软件，它的研发者和目的至今仍未能明确。Duqu 在躲避杀毒软件的查杀方面很成功，在被公开披露之前，它已潜藏运行多年。一旦被发现，Duqu 就会对控制者的优先级和作出的决策进行识别。Duqu 延续了同类软件使用被窃取的代码签名材料的趋势，它在微观层面上，向我们展示了有目标的信息窃取活动的过程。对网络世界中的 Flame 和 Gauss 的最新研究表明，类似于 Duqu 这样强大的信息搜集平台，或许会成为未来网络利用武器的模板。

推荐阅读

Duqu 由布达佩斯理工大学的研究人员首先发现并命名。发现者后来写了一篇描述他们发现的报告，并包括了在《未来互联网》（*Future Internet*）上发表的一篇名为《震网姊妹软件：Duqu、Flame 以及 Gauss》（*The Cousins of Stuxnet: Duqu, Flame, and Gauss*）的论文中的一些信息。卡巴斯基实验室的研究人员瑞安 · 纳瑞恩（Ryan Naraine）发表于 SecureList 上的文章《Duqu Faq》是另一篇优秀的参考文献。卡巴斯基实验室对 Flame 和 Guass 的研究同样深入。他们的报告《Gauss：非正态分布》（*Gauss: Abnormal Distribution*）以及亚历山大 · 高斯特夫（Alexander Gostev）刊登于 SecureList 的文章《关于 Flame 的疑问和解答》（*The Flame: Questions and Answers*）需要特别关注。至于 Flame 恶意软件在互联网上的传播形式，我们推荐参考亚历克斯 · 索特威（Alex Sotirov）撰写，由 Trail of Bits 公司发表的文章《解析 Flame 中的 MD5 碰撞》（*Analyzing the MD5 collision in Flame*）。

参考文献

1. Matrosov A, Rodionov E, Harley D, Malcho J. *Stuxnet Under the Microscope*. Retrieved August 16, 2012, from ESET:http://go.eset.com/us/resources/white-papers/Stuxnet_Under_the_Microscope.pdf; October 20, 2010.
2. Gross M. *A Declaration of Cyber-War*. Retrieved August 16, 2012, from Vanity Fair: http://www.vanityfair.com/culture/features/2011/04/Stuxnet-201104; April 1, 2011.
3. Naraine R. *Duqu FAQ*. Retrieved August 16, 2012, from Securelist: http://www.securelist.com/en/blog/208193178/Duqu_FAQ; March 27, 2012.
4. Soumenkov I. *The Mystery of Duqu:* Part Five. Retrieved August 16, 2012, from SecureList: http://www.securelist.com/en/blog/606/The_Mystery_of_Duqu_Part_Five; November 15, 2011.
5. Khor S-M. *Digital Code Signing Step-by-Step Guide.* Retrieved August 16, 2012, from MSDN: http://msdn.microsoft.com/en-us/library/office/aa140234%28v¼office.10%29.aspx; March 1, 2002.
6. Matrosov A, Rodionov E, Harley D, Malcho J. Stuxnet under the microscope revision 1.2. Bratislava, Slovakia: ESET; 2010.
7. Roberts Paul. *Virus Experts Warn of Stuxnet Variant 'Duqu'*. Retrieved February 4, 2012 from ThreatPost: http://threatpost.com/en_us/blogs/virus-experts-warn-stuxnet-variant-duqu-101811; October 18, 2011.
8. Matrosov A, Rodionov E, Harley D, Malcho J. Stuxnet under the microscope revision 1.2. Bratislava, Slovakia: ESET; 2010.
9. Roberts Paul. *Virus experts warn of Stuxnet Variant 'Duqu'*. Retrieved February 4, 2012 from ThreatPost: http://threatpost.com/en_us/blogs/virus-experts-warn-stuxnet-variant-duqu-101811; October 18, 2011.
10. Passeri P. *Stuxnet, Duqu, Stars And Galaxies*. ... Retrieved August 16, 2012, from Hackmageddon.com: http://hackmageddon.com/2011/10/21/Stuxnet-Duqu-stars-and-galaxies/; October 21, 2011.
11. Gostev A, Soumenkov I. Stuxnet/Duqu: the evolution of drivers, SecureList December 28, 2011; https://www.securelist.com/en/analysis/204792208/Stuxnet_Duqu_The_Evolution_of_Drivers [accessed October 21, 2012].
12. Sparks J, Lee RM, Brandau P. Duqu: father, son, or unholy ghost of Stuxnet?, SC Magazine November 2,2011;http://www.scmagazine.com/duqu-father-son-or-unholy-ghost-of-stuxnet/article/215851/.
13. Naraine R. *Duqu FAQ*. Retrieved August 16, 2012, from Securelist: http://www.securelist.com/en/blog/208193178/Duqu_FAQ; March 27, 2012.

14. Krebs B. *Body Armor for Bad Web Sites*. Retrieved August 16, 2012, from Krebs on Security: http://krebsonsecurity.com/tag/bulletproof-hosting/; November 9, 2010.
15. Shankland S. *The long arm of Microsoft tries taking down Zeus botnets*. Retrieved August 16, 2012, from CNet: http:// news.cnet.com/8301-30685_3-57404275-264/the-long-arm-of-microsoft-tries-taking-down-zeus-botnets/; March 25, 2012.
16. Kamluk V. *The Mystery of Duqu: Part Six (The Command and Control servers)*. Retrieved August 16, 2012, from SecureList:http://www.securelist.com/en/blog/625/The_Mystery_of_Duqu_Part_Six _The_Command and_Control_servers; November 30, 2011.
17. Gostev A. *The Mystery of Duqu: Part Two*. Retrieved August 16, 2012, from SecureList: http://www.securelist.com/en/blog/208193197/The_Mystery_of_Duqu_Part_Two; October 25, 2011.
18. Kamluk V. *The Mystery of Duqu: Part Six (The Command and Control servers)*. Retrieved August 16, 2012, from SecureList: http://www.securelist.com/en/blog/625/The_Mystery_of_Duqu_Part_Six _The_Command and Control_servers; November 30, 2011.
19. So'n NP. *TDL3: Part I "Why so serious? Let's put a smile . . ."*. Retrieved August 16, 2012, from Open Malware: http://openmalware.org/?q=node/1442; November 25, 2009.
20. Morton KF, Grace D.Acase study on Stuxnet and Flame Malware, viXa.org September 14, 2012; http://vixra.org/abs/1209.0040 [accessed October16, 2012].
21. Fiaidhi J, Gelogo YE. *SCADA cyber attacks and security vulnerabilities review*. Preprint from Department of Computer Science, Lakehead University, Canada. http://onlinepresent.org/proceedings/vol14_2012/37.pdf; 2012 [accessed October 21, 2012].
22. Gostev A. The Flame: questions and answers, SecureList May 28, 2012; http://www.securelist.com/en/blog/208193522/ [accessed October16, 2012].
23. Sotirov Alex. *Analyzing the MD5 collision in Flame*. Retrieved November 6, 2012, from... and You Will Know Us by the Trail of Bits: http://blog.trailofbits.com/2012/06/11/analyzing-the-md5-collision-in-flame/; June 11, 2012.
24. Kaspersky Lab Global Research and Analysis Team. *Gauss: abnormal distribution. Kaspersky Lab*. http://www.securelist.com/en/downloads/vlpdfs/kaspersky-lab-gauss.pdf; August 9, 2012 [accessed October 17, 2012].
25. Ibid.
26. Bendersky D, Futoransky A, Notarfrancesco L, Sarraute C, Waissbein A. Advanced software protection now. Buenos Aires: CORE Security; 2003.
27. Lawson N. Stuxnet is embarrassing, not amazing, Root Labs Rdist January 17, 2011; http://rdist.root.org/2011/01/17/stuxnet-is-embarrassing-not-amazing/ [accessed November 8, 2012].
28. Lawson N. Cyber-weapon authors catch up on blog reading, Root Labs Rdist August 14, 2012; http://rdist.root.org/2012/08/14/cyber-weapon-authors-catch-up-on-blog-reading/

[accessed November 8, 2012].
29. Gostev A, Soumenkov I. Stuxnet/Duqu: the evolution of drivers, SecureList December 28, 2011; https://www.securelist.com/en/analysis/204792208/Stuxnet_Duqu_The_Evolution_of_Drivers [accessed October 21, 2012].
30. Gostev A. The roof is on fire: tackling Flame's C&C servers, SecureList June 4, 2012; https://www.securelist.com/en/blog/208193540/The_Roof_Is_on_Fire_Tackling_Flames_C_C_Servers [accessed October 21, 2012].
31. Global Research and Analysis Team. *Gauss: abnormal distribution. Kaspersky Lab.* http://www.securelist.com/en/analysis/204792238/Gauss_Abnormal_Distribution; August 9, 2012 [accessed October 21, 2012].
32. Rodionov E. Interconnection of Gauss with Stuxnet, Duqu & Flame, ESET Security Blog August 19, 2012;http://blog.eset.com/2012/08/15/interconnection-of-gauss-with-stuxnet-duqu-flame [accessed October 21, 2012].

[第8章]

在社交网络中失去信任

本章概要

本章信息

社交网冒牌货：你真的认识你在社交网中的所有朋友吗？

欺骗企业与军事人员：罗宾·塞奇

传递式信任的危险

想让老板印象深刻，却泄露了自己的个人数据：欧洲盟军总司令冒牌者案例

设计常识：影响社交网络

叙利亚电子军队攻击 Facebook 上的对手

影响社交网络的未来

引言

2000 年初，互联网领域个人交流和表达的阵地从单纯的个人主页和论坛小组转移到了社交媒体和社交网站上，例如 Twitter、Facebook 以及 LiveJournal。这些网站通过人际交往中内在的网络结构来促进个人信息的传播。这一转变致使上百万用户将这些社交网站当成与家人、朋友、同事保持联系的一种方式。但这些网站的安全问题也随之而来。在社交网站上急于表达自我的个人用户往往并没有遵循最常见的网络安全惯例。结果，像 Facebook 这样的社交网络对军界和商业公司都构成了重大的运营安全（operational security，OPSEC）隐患，这种情况在全世界都很普遍。

在本章中，我们考虑的不是社交媒体所带来的简单的安全隐患，即敏感的私人信息会不知不觉中被动地被别有用心的人窃取。我们更为关注网络战士利用社交媒体获得信息或影响社交网络的事件。首先，我们看看社会工程师是如何利用网络来搜集信息，特别是他们是如何利用个人在社交媒体上轻易与新的“朋友”在这些网站上分享信息。“罗宾·塞奇”训练演习很好地解释了这一现象，这一“演习”就是美国安全公司捏造了一个虚拟用户的 Facebook 账户，引诱其他用户加她好友，并以适当的方式进行信息共享。最近发生的事件是使用虚假的 Facebook 账户来获得北约总部的用户信息。关于第二点，我们研究的是网络战士如何影响社交网络，这里有一个典型案例，2011 年叙利亚的亲政府黑客设计了一个虚假的 Facebook 登录页面，企图从支持叙利亚革命派的人那里窃取登录信息。随后我们会展望未来，探讨攻击者如何通过网络结构以社交网络为目标进行有效的宣传运动。

社交网冒牌货：
你真的认识你在社交网中的所有朋友吗？

假设下面的情景。一个商人登录了他的社交账户。他收到了一个好友请求。他记不清是否见过这个人——对方的头像不熟悉，名字也记不起来。然而，当他点击了对方的个人资料时，发现他们有三个共同好友，他们上的同样的 MBA 课程，不过是在不同的年份毕业。“好吧。”这个商人这样想到，“这个人应该是个正派人。”然后，他就点击了同意，允许这个陌生人访问他的个人主页。

如果你觉得这个经历听起来很熟悉，或是你怀疑**你的**公司或是军事组织中，有人也以这样的方式行事，请思考以下两个案例研究。第一个案例是，一家安全公司在几大社交网站用假冒的用户，包括领英（LinkedIn），成功地欺骗了数以百计的来自于各种企业和军事组织的人加为好友。第二个案例是一个真实的例子，一个冒牌货用 Facebook 账户渗透社交网络，“几乎伪装”成了北约指挥官——欧洲盟军总司令（SACEUR）。

欺骗企业与军事人员：罗宾·塞奇

2010 年，美国安全公司供应安全（Provide Security）的托马斯·瑞恩（Thomas Ryan）进行了一场实验。他设计了一个名为“罗宾·塞奇”[1]的虚拟用户账户在 Facebook、领英和 Twitter 上活动。

这个名字在美国陆军特种部队资格课程的终极实地演习中被提及过。他用一张色情网站上的女人照片，创建了一份受人尊敬的简历，包括有麻省理工的文凭和国家安全局的实习经历以及目前在海军网络战司令部的工作。尽管有一些微妙的暗示这个账户是伪造的，但确实看似令人信服。在 28 天的实验里，罗宾在领英上获得了 300 个联系人，在 Facebook 上获得超过 100 个联系人，在 Twitter 上大约有 150 名粉丝。她设法联系上参谋长联席会议成员，其中包括国家安全局的首席信息官（Chief Information Officer，CIO）、美国国会幕僚长、国防部的其他人员和美国国防部承包商。瑞恩通过他伪造的塞奇账户为掩护进行互动，很有说服力。一些公司甚至向他抛出工作的橄榄枝，例如洛克希德 · 马丁公司（Lockheed Martin）。他擅长引导塞奇与军事人员对话。在一次讨论中，甚至有陆军游骑兵把有地理定位的照片[a]上传到她的图片墙。瑞恩注意到在有些网站上，每一个相信罗宾 · 塞奇和他在同一个司令部工作的人都加了她好友，当然他们从来都没有见过这个虚构的"塞奇"。美国国家航空航天局艾姆斯研究中心（NASA Ames Research Center）的一位网络安全专家还请求她帮忙评阅一些技术论文。[2]

瑞恩提出了几个可能有助于罗宾 · 塞奇在各种社交网络成功，与其他人成为朋友的因素。他指出的其中一个因素就是罗宾的性别和吸引力。他指出，一些男性用户在她的在线个人资料的照片中称赞她并留下一些有趣的评论，事实上她的大多数联系人是男性。另一个吸引别人加她好友的因素是她虚假的证书。虽然大多数用户没有验证就接受了这些信息，但有一个用户能可以证明她是吹牛并揭露她的真实身份。[3,4]

传递式信任的危险

或许，最有趣的一个方面就是罗宾 · 塞奇的账户资料是怎样通过传递式信任关系扩散的。假设用户 A 信任用户 B，用户 B 信任用户 C。在这种传递式信任的关系下，用户 A 也将信任用户 C，但仅仅是基于对用户 B 的信任（见图 8–1）。

[a] 包含能确定照片拍摄具体位置数据的照片。

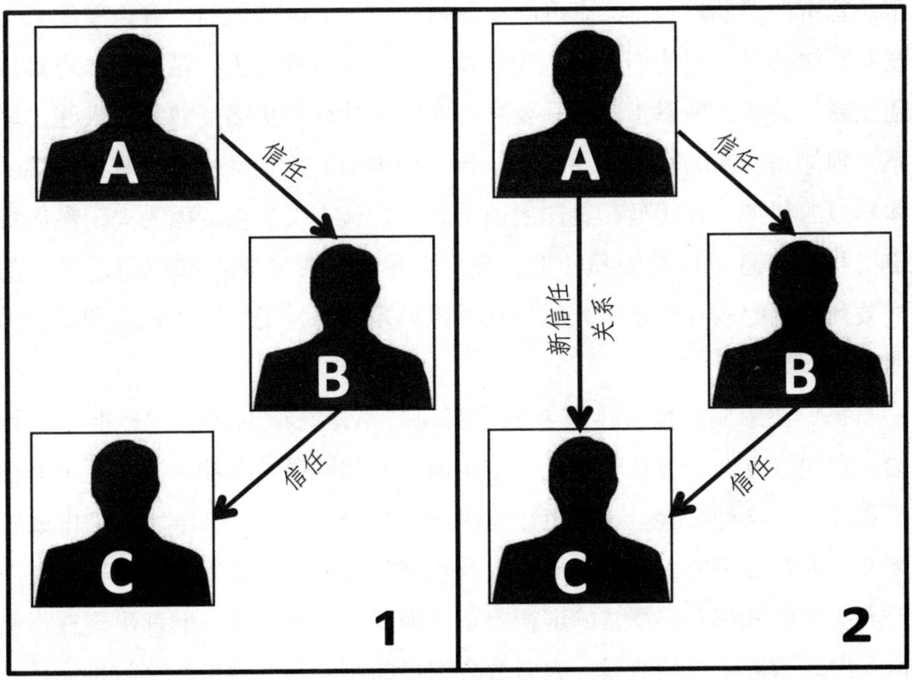

图 8–1 A 与 B、B 与 C 之间的信任关系将使 A 与 C 之间产生传递式信任的关系。

传递式信任可以被认为是一个人对另一个人“担保”。在网络社区中，对一个新成员信任仅仅靠查看他的朋友，这种过程很快（比如，用户 A 将会看到用户 B 是用户 C 的朋友之一）。此外，通过对社交网络分析的研究表明，相对没有关联的个体与一个共同的朋友，往往为了减少社会压力而形成朋友关系。[5] 在网络上，这就形成了一个“三角”（如上图所示），也被称为“集群”。[6]

瑞恩指出，在他用虚构的资料结交更多的朋友的过程中，传递式信任发挥了重要的作用。[7] 这种传递性主要以三种方式呈现。第一，传递性直接基于人际关系，如上图所示。在这个研究中，瑞恩引用了一个用户发给罗宾 · 塞奇的信息 :“我没见过你，但我在你的 Facebook 好友上看到了 Marty，这对我来说就已经足够了。”[8] 第二种传递性是基于有声望的人士是塞奇的“朋友”。其他用户觉察到这一点，即使他们与有声望的人士没有直接关系，但他们仍然认为她是一个值得信赖的人，结果与塞奇直接建立新的关系。瑞恩指出，只要塞奇在安全社区与更多受尊重的人建立联系，她加到好友的几率就会增加。第三种类型的传递性仅仅是基于对某团体相似的纽带。很明显，这比之前听到的传递类型更弱，因为关于参加特定机构的信息可以被轻易伪造。瑞恩声称，圣保罗学院和麻省理工学院（被列在她的教育背景中）的校友可能只是因为她的教育关系就和她成为朋友。[9]

我们注意到，罗宾·塞奇的“实验”不是在最高的学术标准下进行的。在很多方面，与其说这是一个实验，不如说是一个噱头。然而，值得注意的是，这种实验——即使在非常严格的控制下——在学术环境中或主要非商业实验室中也是不可能，或者极难实现的。这是因为这些机构对涉及人类的研究都有着严格的道德要求。因此，这种实验一般都出现在行业内，但因为很明显的原因，大多数公司可能不愿透露结果。这就是为什么罗宾·塞奇的实验如此重要：这也许是唯一的公开的研究，清楚地说明了，这种可传递的信任关系在真实的网络环境中能起到多大的宣传作用，显示了它在辅助敌人搜集情报上扮演了极为重要的角色。

一方面，虽然罗宾·塞奇实验证明了实验本身是非常有见地的，我们也必须考虑到本实验中很重要的一点，即这个实验在某种程度上与现实脱节。托马斯·瑞恩自己作为信息安全专业的一员，也经常与和那些加罗宾·塞奇好友的人进行合乎情理的互动。事实上，瑞恩最初只是在安全社群内锁定了几个人[10]，然后以虚构的人物身份与塞奇的许多“联系”进行个人互动。[11]瑞恩将一种可能的混淆变量加入了这个混合中：他自己。他精通安全社群的个人和专业知识，以及他试图通过用罗宾·塞奇的身份渗透安全社群使他成了一个强有力的对手。而在现实世界里，对手可能必须通过大量的初步情报收集，才能获得接近瑞恩的资源。

另一个潜在的混淆因素是事实上，托马斯·瑞恩不会允许那些发现罗宾·塞奇真实身份的人更大范围泄露信息。比如，奥马多内斯·奥加利（Omachonu Ogali）搜索了罗宾·塞奇，发现她是一个骗子，然后把这条信息放在了她的 Facebook 墙上。瑞恩联系他，并请求他把塞奇的真实身份保密。[12] 一个重要的方面是将瑞恩利用的社交网络中的弱点，即这种人与人之间会轻信对方的情况，可能看作也是一种优势，因为只要有不知名的第三方声称罗宾·塞奇不可信（"圈外人"），那么整个社群也可能会相信。可惜，在某种程度上人们会把罗宾·塞奇当做是一个未知的圈外人（outer），而不是一个可能的冒牌货，到底是哪些因素影响这种复杂的情况，由于瑞恩实验的计划没有涉及，所以这个问题并未探究。不过，这可能是研究未来问题的一个有趣的途径。

想让老板印象深刻，却泄露了自己的个人数据：欧洲盟军总司令冒牌者案例

罗宾·塞奇实验后约 2 年，一个现实中的 Facebook 诈骗者成功从北约总部收集到一些高级别的联系人。2012 年初，几个英国高级军事官员在 Facebook 上接受了来自欧洲盟军总司令（Supreme Allied Commander of European Forces，SACEUR），北约总司令美国海军上将詹姆斯·斯塔夫里迪斯（James Stavridis）的好友请求。但是，这个账户是假冒的，接受这个诈骗者的好友请求导致他们账户上的个人数据轻而易举地就被采集走。Facebook 迅速注销了该虚假账户。欧洲盟军国最高司令部（Supreme Headquarters of Allied Powers Europe，SHAPE）的代表确认该事件，但随即只是将其称之为"社交工程"（social engineering），而不是"黑客"或"间谍"活动。[13]

那些伪造欧洲盟军总司令的 Facebook 账户的人，可能目标不在于海军上将斯塔夫里迪斯，而是组织内的其他高级官员。如果他们的目标是快速获取一些关于这类官员有限的个人信息，那么攻击可能会成功——因为

有些好友请求已被接受。但是，通过冒充如此显赫的人士发起攻击的时间可能有所限制[a]，这和“罗宾 · 塞奇”例子中利用更为普通的账户截然相反。话虽如此，但也要注意冒充欧洲盟军总司令更有可能让其他用户立刻接受好友请求——这与为产生传递式信任而花数天或数周建立关系的“罗宾 · 塞奇”截然相反。由于军队是等级结构组织，许多高级官员有可能很快接受来自海军上将的好友请求。

我们并不知道冒充海军上将斯塔夫里迪斯的真正目的。然而，根据北约官员说法，伪造海军上将 Facebook 账户被识破这样的诈骗事件已经不是第一次了。[14] 当这类社交工程可能有情报搜集目的时，也许在未来攻击事件中，会利用它们为攻击进行准备。通过获取个人信息——特别是在 Facebook 足够高级能与海军上将加好友的人——攻击者通过个人账户的可见部分中获取一些个人信息。这些数据随后经过社交工程编辑成邮件，发给组织中的其他人。经过精心社交工程的信息为攻击既定计算机网络提供了基础。有趣的是，在那章所指出的这些技术，被**“夜龙”**（Night Dragon）[15] 攻击行动所采用（在斯塔夫里迪斯 Facebook 事件发生的 1 年前），黑客最初在社交工程时的目标是高层企业行政人员。我们注意到斯塔夫里迪斯 Facebook 事件也与中国有关（但这个结论只来自媒体报道，而不是出自技术分析）。[16] 有可能被用于获取企业信息的“夜龙”战略修订版被用来对付北约（见图 8–2）。

罗宾 · 塞奇实验解释了虚拟用户如何获取成百上千人的信任。看似合法的证件、吸引眼球的照片、传递式信任的雪球效应以及其操作者的专业知识，这些组合起来使得罗宾 · 塞奇可以潜入美国国防部信息安全社区中，让她有机会获取未发表的技术论文甚至一些战术信息。同样，冒充高层官员的替代策略也可能是许多好友请求发送的原因——特别是如果攻

---

[a] 海军上将斯塔夫里迪斯伪造 Facebook 账户获取了多少信息不得而知。但是，北约发言人称，这些诈骗账户通常会在 24—48 小时内删除（见本章章后注中引用的《卫报》尼克 · 霍普金斯的文章）。

图 8-2 2011 年，美国欧洲司令部和北约最高盟军司令海军上将詹姆斯·斯塔夫里迪斯在由美国欧洲司令部于德国举行的会议上讲话。2012 年，冒牌货斯塔夫里迪斯的 Facebook 账户向北约的几个高层官员发送好友请求。伪造的 Facebook 页面有可能是搜集情报之用。

图片来源：欧洲司令部。

击者知道目标人物是谁。但是，通过使用这种技巧获取信息的时间窗口（time window）可能比利用罗宾 · 塞奇要短得多。

设计常识：影响社交网络

2011 年初，“阿拉伯之春”蔓延到叙利亚。大部分伊斯兰逊尼派教徒反抗什叶派统治的政府。随着“阿拉伯之春”期间发生的许多事件，社会媒体也因此被广泛运用。鉴于社会媒体的效用性可以传播消息，以及让全球散居的犹太人能够提供道德和信息方面的支持，一个实体（如国家）如何影响革命分子团体的社会网络，甚至可能逆转他们在宣传前线中所取得的进展？这可能是叙利亚政权的许多支持者要问自己的问题。

2011 年年中，**叙利亚电子军**（Syrian Electronic Army，SEA）诞生——这是一个专业的叙利亚政府黑客组织，因为发动了一系列针对革命分子的攻击事件而在大众传媒中声名鹊起。人们认为，该组织与**叙利亚计算机协会**（Syrian Computer Society）有联系，该组织自 20 世纪 90 年代开始，由现任叙利亚总统巴沙尔·阿萨德（Bashar al–Assad）领导。[17] 叙利亚电子军注意到革命分子对社交媒体的有效利用，因此着手抑制其价值。

叙利亚电子军攻击 Facebook 上的对手

叙利亚电子军的工作目标是 Facebook 这一社交媒体——在撰写本书时 Facebook 还是主要的大众社交网络。叙利亚电子军对 Facebook 使用的其中一项技术就是"垃圾邮件"，目标往往是关注度高的页面或者政治页面。一旦目标页面被选定，一两个小时内大量的评论就会出现在页面上。[18] 因此，大量的伪造信息会使原先关注这些页面的社会群体不能继续使用目标页面。

叙利亚电子军还使用更多的科技方式攻击革命者的在线社交网络。叙利亚电子军通过不同的 Twitter 账户发送"攻击叙利亚政权的惊人视频片段"的链接，将接收者引导到一个虚假的 Facebook 登录页面。紧接着 Twitter 让受害者以为要再次登陆 Facebook 作为"双重保险"。[19] 如果受害者点击链接，第一个 Facebook 页面会获得使用者用户的账号和密码并发送给叙利亚电子军，而第二个才是真正的登录页面。

当这似乎变成一个透明的策略时，我们就必须考虑真实世界中叙利亚网络的使用情况。2003 年，上线人数不到人口的 18%，[20] 而这个有 2200 万人口的国家只有 420 台主机，在世界上排名 187 位（比美国波多黎各地区还要靠后）。[21] 因此，叙利亚社会网络普及的缺乏可能会增加个人登录虚假 Facebook 网站的几率。（见图 8–3）

图 8—3 叙利亚电子军标志。
图片来源：http://victor.thepro.sy/。

虽然不知道入侵的是哪个 Facebook 账号，但叙利亚电子军确确实实成功入侵了其中几个。而且通过众所周知的 Facebook 密码重置系统的漏洞，攻击可能会进一步扩大（约在 2011 年中期）。[22] 如果使用者试图找回密码并登录 Facebook，通过一系列包括回答安全问题在内的步骤可以重置密码。如果使用者不能正确回答问题，Facebook 会根据发送给用户三个朋友的代码提供一个密码重置的特别设置，这三个朋友由重置密码者自己选择。如果这三个朋友的账号事先被破解，那这个代码很容易就能得到。最后得出的情况，实际上就是本章稍后会介绍的经典的“引爆模型”（tipping model）案例。

叙利亚电子军至少入侵了 17 个属于政权反对者的网站，他们通过在显眼处贴上他们的标志来篡改网站，这又为账户做了宣传。被入侵的 Facebook 网站仍保持活跃，但参观这些网站的（敌方）粉丝却在叙利亚电子军的行动后大量减少。[23] 我们无处得知 Facebook 账户的合法使用者需要多长时间才能拿回账户，或者账户是否拿的回来。

影响社交网络的未来

尽管在 Facebook 上与革命者信息的斗争略有成效，但叙利亚电子军依然只触及了在线社交网络影响的表面。Facebook 网站上的无数联系形成一个社交网络的关键原因之一是信息、趋势和行为能在网络上迅速传播开来。让我们设想一下由诺贝尔奖得主托马斯·谢林（Thomas Schelling）[24] 提出的“引爆模型”，在这一理论里，如果某个人有一定数量的朋友（如 50%）在这之前接纳了某个趋势，那么这个人也会接纳这个新趋势。[a]

根据原始节点的特征，这样的引爆事件会导致社交连锁效应，趋势便随着该效应在网上传播（以下页图为例）。最近，麻省理工的戴蒙·森托拉（Damon Centola）展示了引爆模型在现实世界实验中的可行性（见图 8-4）。[25]

能否以网络上某些特定的个体为目标，让我们确保这样的连锁反应确实会发生？如果某个群体能在对手的在线社交网络上发起反信息战，他们也可能用他们的信息（很可能是错误的信息）占领目标。结果是我们最近的研究表明这是可以被发现的。个体的“子集合”说的是如果个体最初接纳了某一趋势，根据引爆模型，这一趋势会扩散到整个社交网络。[b]

进一步说，一台电脑找到这样的集合是相对容易的，这一集合对于大部分在线社交网络来说都很小。例如，我们的研究发现，友人网（Friendster）社交网络在起始子集合少于人口 1% 的情况下，能完全被影响（假设每个使用者在大多数朋友接纳某一趋势的时候也会接纳这一趋势）。[26] 所以，像叙利亚电子军这样的团体能在入侵一小部分 Facebook 账

---

[a] 如果我们细想 Facebook 密码重置系统的弱点，我们可以看到这一趋势作为“被攻破账户”被接纳，而之前“正在接纳”（将要被攻破）的朋友的数量是 3，正等于 Facebook 要求使用者为了不用回答安全问题而设定的 3 个“可信任朋友”的数量。

[b] 本书的其中一位作者最近发表过关于该现象的研究。该演讲视频可以在 YouTube 上找到。网址是：http://m.youtube.com/watch?v=cl_88YoYoPY。

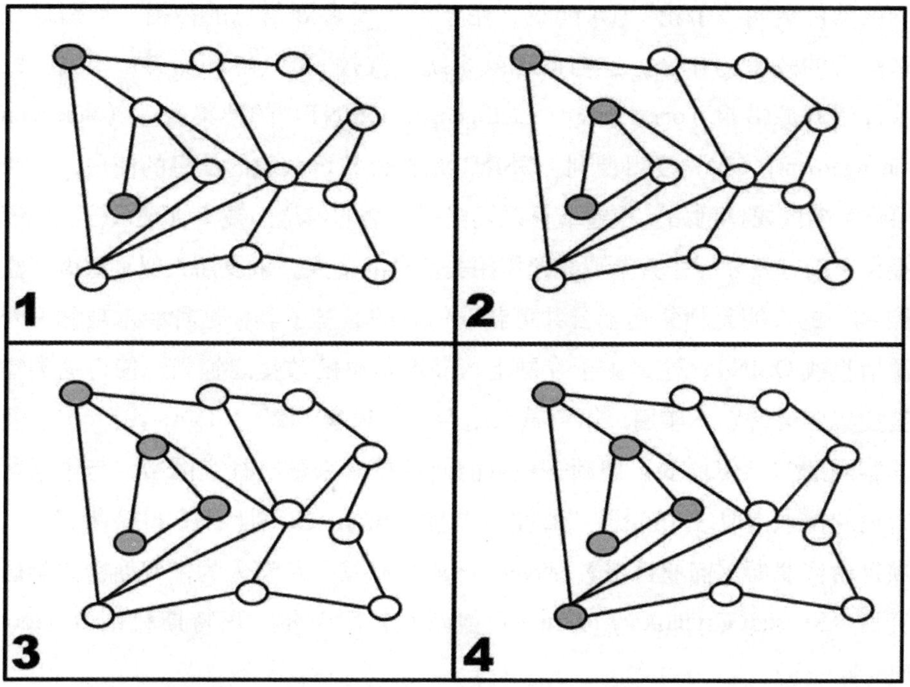

图 8—4 在引爆模型下趋势的传播，即个人在至少两个朋友接纳了某一趋势后，他也会接纳这一趋势。圆圈代表个人，线条代表他们的关系（如在线社交网络的“朋友”关系）。带阴影的圆圈代表已接纳一些趋势的个人。在这个例子里，第一个板块最初只有两个人接纳了某一趋势，他们的存在导致节点逐渐增多，这些节点在第 2—4 板块里成为连锁反应发展的“引爆点”。

户后画出使用者的社交网络图。然后，使用我们已开发的技术，他们能选定一组节点作为信息（或者错误的信息）的目标，希望它像病毒一样传播给更多的人。

最近，这项关于影响社交网络使用和信息战的调查，看似已在作战使用上迈出了重要的一步。2012 年 8 月，据 RT.com（今日俄罗斯）报道，俄罗斯对外情报局（Russia’s Foreign Intelligence Service）已在三款软件上投资了一百万美元，这三款软件专门设计用来监控和影响在线社交网络。[27] 第一款软件名叫**“争论”**(Dispute)，用于监控博客圈信息的传播，特别是识别流行的故事与作者。这与第二款系统**“监控-3”**(Monitor-3）相关，该软件使开源情报（open–source intelligence，OSINT）的搜集管理（collection management，CM）变得便利。OSINT是指公共可获取的信息的使用，比如可作为新闻媒体网站、电台节目以及电视广播的信息。搜集管理系统能让情报领导们有效分配任务给那些搜集相关信息的个人。俄罗斯人似乎觉得**“监控-3”**的发明是搜集适当公共可获取信息的必备工具，这种经常被称为开源情报或OSINT。这是由于在网上可获取信息的数量之惊人，使得这类情报搜集变得特别不实用。第三款系统名为**“风暴-12”**(Storm–12)，用于使博客圈的信息传播变得便利——可能使用技术来影响社交网络，与本章所讨论的技术相似。**“争论”**、**“监控-3”**和**“风暴-12”**计划在2012年完成。项目由俄罗斯**《商业日报》**(*Kommersant*）开发，负责人为俄罗斯密码学研究所（Russian Cryptology Institute）前副所长伊戈尔·玛特斯科维奇（Igor Matskevich)。

俄罗斯网络安全中心（Center for Safe Internet）的负责人乌尔万·帕芬特耶夫（Urvan Parfentyev)，指出该软件是宣传/反宣传技术自然进化的产物。他这种说法有他的道理。[28] 当前在线社交网站上营销方面的研究与发展的工作，在冲突的情况下显然有两种用途。由于越来越多的人清楚信息如何流入社交网络，这些技术可能会变得越来越普遍。

值得注意的是，这些俄罗斯人的努力与十年前由美国国防部国防高级研究计划局（Defense Advanced Research Projects Agency，DARPA）开展的一个名为“全面信息识别”（Total Information Awareness）的项目离奇地相似。[a] 但是，由于考虑到美国公民的隐私，该项目最终被取消。[29]

在前面几章中，我们可以看到，因为网络上的社交媒体能使拥有有限

[a] 国防高级研究计划局，或简称为DARPA，是国防部负责为各类美国技术领先项目提供资金的机构，包括互联网前身以及军事技术如无人机。我们在下一章会更多地讨论DARPA。

资源的组织发送全球都能收到的信息，在文明冲突中产生巨大的影响。结果，对立的集团（如现有政权）会着力抑制通过各种手段开展以社会媒体为驱动的信息战的效果。比如，叙利亚电子军采用的手段，通过社交工程技术利用 Facebook 账户来限制社交媒体的影响。另外，在这类网站上用户账户之间的连接会形成复杂的社交网络，这往往容易受通过连锁反应传播的思想的影响。这一情况表明，在不久的将来，在宣传战中会影响在线用户群体大部分人的技术将在冲突中诞生。

小结

在线社交媒体已进入到如何在冲突状态中管理信息的全新时代。这些信息战能支持网络战或被其所支持。我们从罗宾 · 塞奇和 Facebook 的诈骗者可以看出，为了获得敏感信息，网络战士会利用此类网站上的信任关系，而这些敏感信息会引发网络漏洞以及间谍行动。另一方面，如叙利亚电子军等此类集团利用网络战技术入侵在线社交网站的用户账户，企图破坏对手的可信度。最后，在未来，这些技术可能将和研究复杂网络的工具一道被人使用，力图在冲突中影响大部分的在线用户群体。

推荐阅读

罗宾 · 塞奇实验在托马斯 · 瑞恩名为《和罗宾 · 塞奇上床》一文中做了大概介绍，也在 2010 年的**黑帽大会**中展示过。黑帽大会是最高级别的黑客大会之一。叙利亚电子军的行动被“信息战监控”团体在一篇名为《公开、有组织的亲政府网络攻击在中东的诞生 ：叙利亚电子军》（*The Emergence of Open and Organized Pro–Government Cyber Attacks in* *the Middle East: The Case of the Syrian Electronic Army*）的论文中阐述过，而这篇文章在信息战监控网站可以查阅到（http://www.infowar–monitor.net/2011/08/fake–Facebook–page–targets–pro–revolution–syrian–users/）。更多关于非法获取 Facebook 或 Twitter 用户账户的常见黑客技术信息，在由尼特什·汉加尼（Nitesh Dhanjani）、比利·瑞欧斯（Billy Rios）和布雷特·哈丁（Brett Hardin）撰写的《入侵：下一代》（*Hacking: The Next Generation*）一书中有描述到，该书也介绍了有多少基于网页的商业邮件应用程序可以被入侵——尤其是如何在 2008 年副总统参选人莎拉·佩林（Sarah Palin）参选期间破解其电子邮箱账户。顺便提及下，一些佩林的个人通信内容被放在 4chan 网站的 b–board 版上，其意义详见第 6 章。

复杂社交网络是一个激动人心的新兴科学领域，汇集了计算机科学、社会学、物理学、数学、经济学和生物学等学科。作为这个新兴领域的入门，笔者推荐由大卫·伊斯利（David Easley）和乔恩·克莱因伯格（Jon Kleinberg）撰写的《网络、群体与市场：对高度连接的世界的推论》（*Networks, Crowds, and Markets: Reasoning About a Highly Connected World*）。

"引爆模型"在托马斯·谢林具有里程碑意义的《微观动机与宏观行为》（*Micromotives and Macrobehavior*）一书中首次从经济学角度引出。在 20 世纪 70 年代末的同一时间，社会学家马克·格兰诺维特（Mark Ganovetter）在社交网络方面研究了相同的现象。格兰诺维特的研究成果可在他的博士论文和发表于《美国社会学杂志》（*American Journal of Sociology*）的《集体行为的阈值模型》（*Threshold models of collective behavior*）论文中查到。由于马尔科姆·格拉德威尔（Malcolm Gladwell）所著的畅销书《引爆点》（*The Tipping Point*），该模型受到广泛关注。格拉德威尔在该书中描述到几个关于引爆现象的趣事。在一个更为严格的实践性研究中，戴蒙·森托拉展示了个体采取新行为的可能性与他（她）采取该行为的联系人的成正比。在其研究中，森托拉开发了一个独立的在线社交网站，在这个网站中，他可以确定所研究的传播活动只能通过网络连接来传播。最近，本书的其中一位笔者也在研究引爆。我们设计一种能产生节点集的新算法，若一开始被感染，那么这组节点在数学上能保证引起连锁反应，最终感染全部选择了该传播内容的人。这篇名为《大型社交网络能成为小子集病毒式营销目标》（*Large Social Networks Can Be Targeted for Viral Marketing with Small Seed Sets*）的文章，发表在 2012 年 IEEE/ ACM 社交网络分析与数据挖掘国际学术研讨会上。

参考文献

1. Kelly Jackson Higgins. 'Robin Sage' Profile Duped Military Intelligence, IT Security Pros. *DarkReading*; 6 July, 2010.
2. Ryan Thomas. Getting in Bed with Robin Sage. *Provide Security*. Also presented at the BlackHat conference in 2010; 2010.
3. Ibid., Ryan.
4. Lisko Tim. The Robin Sage Experiment—Interview with Omachonu Ogali. Privacywonk blogspot. http://www.privacywonk.net/2010/09/the-robin-sage-experiment-interview-with-ogali-om.php; September 6, 2010.
5. Easley David, Kleinberg Jon. Networks, crowds, and markets: reasoning about a highly connected world. New York: Cambridge University Press; 2010.
6. Ibid.
7. Ibid., Ryan.
8. Ibid., Ryan.
9. Ibid., Ryan.
10. Ibid., Lisko.
11. Ibid., Ryan.
12. Ibid., Lisko.
13. Lewis Jason. How spies used Facebook to steal Nato chiefs' details. *The Telegraph*. http://www.telegraph.co.uk/technology/9136029/How-spies-used-Facebook-to-steal-Nato-chiefs-details.html; March 2012 [accessed June 21, 2012].
14. Nick Hopkins. "China suspected of Facebook attack on Nato's supreme allied commander", The Guardian.http://www.guardian.co.uk/world/2012/mar/11/china-spies-

facebook-attack-nato; March 10, 2012 [accessed October 7, 2012].

15. Global Energy Cyberattacks: 'Night Dragon'. *McAffe White Paper* February 10, 2011.
16. Ibid., Lewis, Hopkins.
17. Information Warfare Monitor.The Emergence of Open and Organized Pro-Government Cyber Attacks in the Middle East: The Case of the Syrian Electronic Army.http://www.infowar-monitor.net/2011/05/7349/; May 30, 2011 [accessed June 22, 2012].
18. Ibid, Information Warfare Monitor.
19. Information Warfare Monitor. Fake Facebook Page Targets Pro-Revolution Syrian Users. http://www.infowarmonitor.net/2011/08/fake-facebook-page-targets-pro-revolution-syrian-users/; August 29, 2011 [accessed June 22, 2012].
20. Syria Internet Usage and Marketing Report. *Internet World Stats*.http://www.ternetworldstats.com/me/sy.htm; July 12, 2010 [accessed October 8, 2012].
21. *The World Fact Book*, U.S. Central Intelligence Agency. https://www.cia.gov/library/publications/the-world-factbook/geos/sy.html; [accessed October 7, 2012].
22. Shahapurkar Ashwin. Facebook's Security Question vulnerability—Bypassing Security Question! hacker 9. http://www.hacker9.com/facebooks-security-question-vulnerability-bypassing-security-question.html; May 24, 2011 [accessed October 7, 2012].
23. Information Warfare Monitor. Syrian Electronic Army: Disruptive Attacks and Hyped Targets. http://www.infowar-monitor.net/2011/06/syrian-electronic-army-disruptive-attacks-and-hyped-targets/; June 25, 2011 [accessed June 22, 2012].
24. Schelling Thomas C. Micromotives and macrobehavior. New York: W.W. Norton and Co.; 1978.
25. Centola Damon. The spread of behavior in an online social network experiment. Science 2010;329(5996): 1194–7.
26. Shakrian Paulo, Paulo Damon. Large social networks can be targeted for viral marketing with small seed sets. *IEEE/ACM international conference on advances in social networks analysis and mining*, August 2012.
27. RT.com. Facespook: Russian spies order $1mln software to influence social networks. http://rt.com/politics/intelligence-orders-influencing-social-619/; August 27, 2012 [accessed August 27, 2010]. 28. Ibid.
29. Lee Newton. Facebook Nation. New York: Springer; 2012.

[第9章]

战术战场上的信息窃取：伊拉克叛乱分子黑入美国“捕食者”无人机的视频信号

本章概要

本章信息

“捕食者”无人机

黑入“捕食者”的视频信号

“捕食者”的安全隐患

溯源与伊拉克真主旅

“捕食者”安全隐患历史

引言

本章将重点介绍以利用各种漏洞为重点的网络间谍行动——其中的数据漏洞与现在进行中的战术军事行动有关。本章描述的漏洞利用事件涉及到从无人驾驶飞行器（UAV）系统上传输或接收的信息。[1]因此，与第8章讨论到的内容相反，本章讨论的事件是更为直接的后果。另外，与第8章讨论的网络间谍行动不同，本章中窃取的数据一般为“传输”状态的数据，而第8章窃取的数据为“存储”状态的数据。在此，操作员更加关注传送至或来自无人机系统的数据，而不是硬盘设备中的静态数据。本章将会简要地描述“捕食者”（Predator）——美国军队旗舰版无人机（UAV）——以及2009年的一次事件，在该事件中，美军发现伊拉克武装分子截获了无人机系统的视频馈给信号。

我们注意到，即使本章重点在于针对美国无人机的网络行动，在这次任务中采用的网络间谍方法和技术很可能会用于针对其他国家的无人机。我们同样注意到，美国无人机项目也许拥有全球最为成熟的手段和技术。因此，随着其他国家在这项军事技术上追赶美国，它们很可能会遭遇类似针对其系统的网络间谍行动。

“捕食者”无人机

美国国防部国防高级研究计划局（DARPA）是国防部的一个部门，其任务是使美国保持对对手的技术优势。与为美国军事服务赞助科学研究的组织——如陆军研究实验室（Army Research Laboratory）、海军研究局（Office of Naval Research）以及空军研究实验室（Air Force Research Labs）不同，DARPA不会为了满足近期的军事需求而进行研究工作——相反却会在风险较高但回报率高的方面进行探索，从而让美国能对其敌对者获得“战略突袭”的能力。1958 年，为了回应苏联发射人造卫星，DARPA 成立，负责军事革新方面的事宜，如研发隐形飞机和 M16 步枪。[2] 在 DARPA 对军事革新的技术贡献中，让人更为熟知的是阿帕网（ARPANET）——也就是我们今天广为人知的互联网前身。

20 世纪 70 年代末期，一家名为领先系统（Leading Systems）的公司提出了一项长航程无人机的设计方案，该设计随后在 80 年代早期获得 DARPA 的资助——从而有了后来的“蚊蚋 –750”（Gnat–750）空中作业平台。因为美国国会将无人机技术的研究强行提高优先权，科研圈的焦点转向了为短程任务设计的系统。随后，领先系统公司破产，其开发的远程无人机技术被通用原子公司（General Atomics）收购。在超视距测试获得成功后，人们称赞蚊蚋 –750 为“军事革命”。接着对其进行了进一步的开发。飞机经改造后，机身变得更长，翼展更大，摇身一变成了“捕食者”（飞机）——第一次试飞是在 1994 年 7 月（见图 9–1）。[3]

图 9–1 2004 年 9 月，“RQ–1 捕食者”在伊拉克巴拉德空军基地（Balad Air Base）起飞，支援“伊拉克自由行动”。

图片来源：DARPA，www.darpa.mil。

美国空军第一次在战争中部署“捕食者”是在1995年年底，为“警觉牧民行动”（Operation Nomad Vigil）提供支援，当时无人机在阿尔巴尼亚空域执行任务。随后，在20世纪90年代后期，“捕食者”被部署到支援巴尔干半岛战争行动中。[4]“捕食者”最初的任务都是侦察，但后来，无人机发展成为目标锁定工具。在巴尔干地区发现敌方目标后，“捕食者”会用激光标注目标，为另外一个空中平台——如F–16战斗机——发射武器做准备。因此，为“捕食者”加装武器，使其能攻击目标似乎是飞机演变的一个自然过程。2001年年中，美国空军开始通过“捕食者”试射“地狱火”导弹。9·11恐怖袭击后，武装起来的“捕食者”被部署到阿富汗战场展开运动战。2008年，记录显示“捕食者”每个月在伊拉克和阿富汗的飞行时长为1万小时。[5]

黑入“捕食者”的视频信号

2008年年末，在伊拉克作战的美军人员抓了一名什叶派民兵，从他的身上搜出一台笔记本电脑，电脑里保存着“捕食者”的视频馈给片段。[6] 2009年7月，美方在其他武装分子的笔记本中也找到了“捕食者”的馈给信号。当时，人们普遍怀疑，在伊拉克作战的什叶派民兵团体是由伊朗资助并训练的——这让一些官员得出结论，认为截获这些视频馈给信号片段的能力当时已经驾轻就熟。特别是伊拉克“真主旅”（Kata’ib Hezbollah），这个组织控制着当时伊朗支持的萨德尔城城外的地区，该组织同样也被发现获得这类馈给信号并配备有获得记录的必要设备。[7]进一步说，关于“捕食者”在阿富汗遭受拦截一事的报道也浮出了水面。事件首次由《华尔街日报》通过新闻媒体进行报道，由此媒体间展开了猛烈炮轰。在这方面而言，我们描述“捕食者”的安全隐患，并讨论其安全隐患可能被美国空军忽略掉的潜在原因——最后在军事行动期间，造成严重的机密信息漏洞。

“捕食者”的安全隐患

“捕食者”可能配备各种各样高端的侦察工具，如分辨率达到 1 英尺（约 0.3 米）的合成孔径雷达（synthetic aperture radar，SAR）、激光指示器和激光测距仪、移动目标指示器（moving target indicator，MTI）以及多光谱目标系统（multi–spectral targeting system，MTS）。多光谱目标系统可提供战场的实时成像——还有变焦摄影和伸缩测位仪等特殊功能对其补充。[8] 这些先进的工具同样可以用于跟踪目标——正好解释为什么要特别选择“捕食者”作为打击行动的无人机（使用“地狱火”导弹，见图 9–2）。

两台设备之间成功进行无线电通信，需要两者使用相同的频率。国际标准已经将频率范围确定为“波段”（bands）。“捕食者”使用不同的波段

图 9–2 2005 年，伊拉克巴拉德空军基地，飞行员在为一架“MQ–1 捕食者”无人机安装雷达天线罩。

图片来源： www.defense.gov。

摄影者： 罗伯特·库思 – 贝克少校（Maj. Robert Couse-Baker）。

进行信息传送。对“捕食者”的初始测试是依靠 C 波段视线通信（无线电信号发送者和接收者必须对彼此可见）进行的。[9] 但是，在视距任务之外的现实世界，经常使用到的是 K_u 波段（K_u 代表 Kurtz–under[a]）卫星通信（SATCOM）。此外，“捕食者”结合了超高频（UHF）和甚高频（VHF）无线电中继通信技术（这些波段通常应用于调频无线电通信和无线电视）。[10] 值得注意的是，K_u 波段 SATCOM 一般是商用的。事实上，“捕食者”依靠商用通信卫星基础设施传送数据。使用商用通信而不是军事通信设备的设计方案，代表了美国军队在世纪之交的一种趋势。20 世纪后期，美国军方采取重大举措，开始使用消费者现成技术（consumer off–the–shelf technology，COTS），其原因是两方面的。首先，这种技术可以节约成本，消费者信息技术（IT）设备的价格在 20 世纪 90 年代时大幅下跌。其次，这种技术可以让军方很好地跟上技术发展的步伐。在 COTS 被广泛应用之前，军方开发自己的“强化”系统，结果在这项技术已经出现在市场上后，军方的系统一般才进入开发的第二轮。结果是军事技术往往落后了一代。

无线网络

“捕食者”使用 K_u 波段卫星通信在空中平台搜集的情报数据泄露一事上起了重要的作用。这些数据特别容易受到破坏，因为数据在没有加密的情况下在广为人知的媒介上传送。“捕食者”存在安全隐患的其中一个关键点是不可避免地使用无线网络的广播模型（见图 9–3）。

在有线计算机网络中，像交换机和路由器等设备决定哪一台电脑发送指定的信息，或者通过无线网络（依靠无线电信号运作）采用广播模型。所有在发送器发送范围内的设备，调整至各自的频率，都会接收到发送器的信息。一般而言（即依据大多数无线协议，如 802.11 家庭无线协议），如果信息没有发送给接收设备，信息就会作废。但是，如果系统设为接收

[a] 国际电信联盟（ITU）规定，这种波段根据地理位置进行划分。

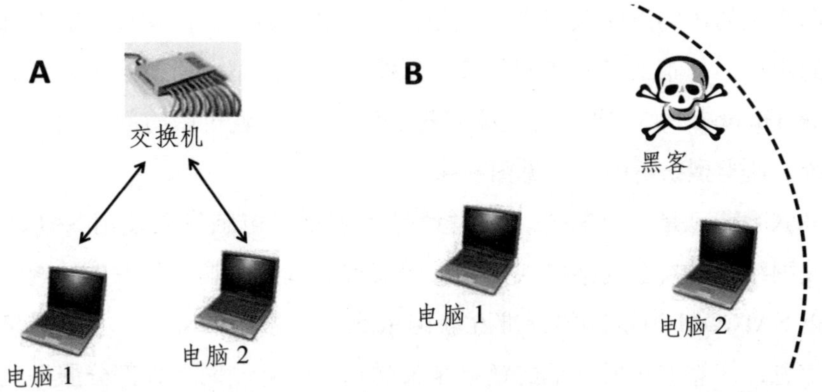

A 在有线网络中，电脑 1 发送信息到电脑 2。连接两台电脑的交换机接收到来自电脑 1 的信息，然后发送到电脑 2 连接的端口。

B 在无线网络中，电脑 1 发送信息到电脑 2，电脑 1 的传送范围由虚线标出。

注意：任何在传送范围内的电脑都能接收到信息——即使是黑客也能接收到。

图 9–3 有线网络与无线网络

任何信息，就是所谓的“混杂模式”（promiscuous mode），设备就会继续接收所有的信息。为了在混杂模式时避免敌对者的电脑拦截通信，大多数管理员都会对无线流量加密。

卫星通信提供的广播模型允许多用户“收听”以查看馈给内容。例如，在波斯尼亚战争期间，控制站（飞行员）查看了“捕食者”的馈给信号，“特洛伊精神”（Trojan Spirit）通信终端支持美国前沿部署总部进行操作，英国通信站的信号随后发送到华盛顿特区和美国军事网络。[11]“捕食者”的视频馈给通过商用 K_u 波段 SATCOM 进行传送，但在传送过程中，数据没有加密，因此，任何可以接收到信号的人都可能看到视频内容。虽然要识别出精确的频率不是一般大众都能做到的事情，但是要发现它依然是有可能的。可依据的信息还鲜为人知，但人们却把作为安全手段的明显信息称为“隐匿的安全”。在那种情况下，真实的访问控制是不可能实现的——没有软件决定允许还是拒绝访问。相反，管理员指望通过某些方法将通向系统的访问点隐藏起来。但是，一旦这些访问点被发现，能发现访问点的用户，基本上可以访问系统。系统通过使用俄罗斯业余爱好者的软件“SkyGrabber”（一款离线卫星下载工具），用户就可以访问“捕食者”的系统。这类型窃听的说明见图 9–4。

SkyGrabber 是一种软件，其设计是为了授权电脑进入使用 SATCOM 的无线网络，转换至混杂模式——从而实现截取或“嗅探”流入的网络流量。以 SATCOM 为基础的标准互联网依靠——顾名思义——卫星连接来接收信息，依靠卫星或其他的链接来发送信息。互联网上大部分服务是交

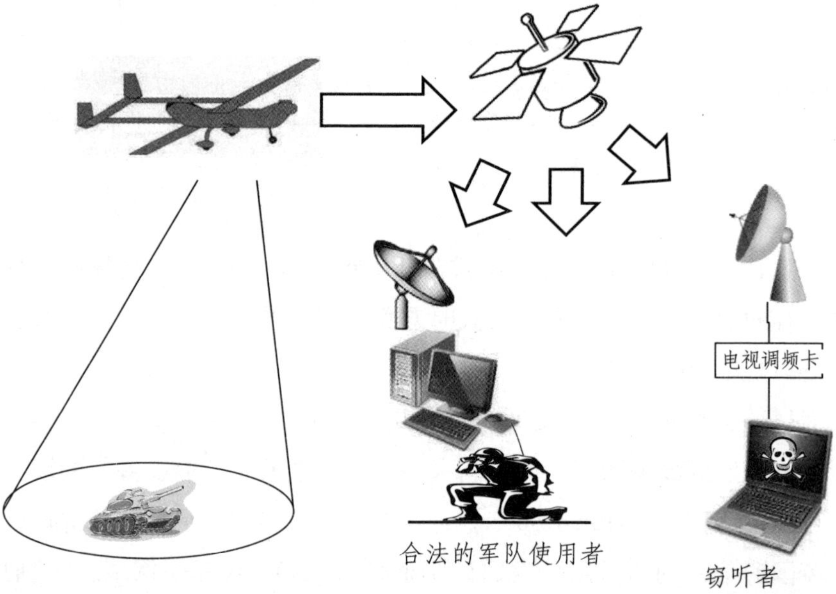

图 9–4 “捕食者”无人机搜集情报信息（以上图片中，其传感器探测到敌方的坦克）。进行超视距通信时，无人机向卫星广播数据。接着，卫星将数据广播给用户。虽然正规的军队用户可以获得信号并解码读取无人机搜集到的信息，但信息可能被第三方窃听者接收到。英国业余爱好者或是伊拉克“真主旅”武装分子都能通过结合使用 SkyGrabber 软件和电视调频器卡，从商用卫星上截获“捕食者”的视频馈给信号。

互的（即提出请求和接受网页、在线聊天和电子邮件），信息的流动是双向的。但是，一些信息流量，如流媒体或互联网广播，这类信息是单向流进的。SkyGrabber 的广告将其宣传为免费接收这类单向流进信息的工具。因此，想要接收信号，但却没有各自的服务提供商的账号的 SATCOM 设备的用户，可以通过 SkyGrabber 查看到其他有账号的用户下载到的内容。因此，SkyGrabber 作用很大，可以截获没加密的“捕食者”视频馈给信号。2009 年，《华尔街日报》发文章透露，SkyGrabber 只售 26 美元。[12] 也许正如“捕食者”事件的结果那样，当时该软件的成本是 91 美元。[13]

溯源与伊拉克真主旅

本书中提到的一些事件，在探索有关“捕食者”馈给信号容易被截获的情况方面，溯源是一个有趣的问题。由于安全漏洞的本质和 SkyGrabber 软件的可用性，伊拉克武装分子团体很可能拥有一些懂技术的人，能找到漏洞并加以利用。但是，有证据表明，“捕食者”视频馈给信号被截获，可能是因为某个国家，具体来说是伊朗提供的训练课程导致的。伊拉克真主旅（简称 KH，意为“上帝党的军队”[14]）此前被发现获得“捕食者”的视频馈给信号，在随后针对其进行的调查中，揭露了其与伊朗政权之间的联系。[15]

真主旅属于伊朗“特殊组织”之一，它在“伊拉克自由行动”期间表现活跃。人们认为，所有这些群体都属于什叶派的武装力量且都获得了伊朗政府的支持。[16] 这个组织的目标是结束美国在伊拉克的占领并建立一个什叶派伊斯兰政府。进一步而言，人们认为真主旅赞同黎巴嫩真主党铲除以色列的目标（见图 9–5 与图 9–6）。[17] 该群体自 2007 年起，在伊拉克就表现活跃——主要在萨德尔城和南部的一些省份。[18] 2009 年 6 月，美国国务院认定其为境外恐怖组织。[19]

图 9—5 伊拉克真主旅标志

图 9—6 黎巴嫩真主党标志

真主旅与伊朗间的联系，比起其他特殊群体与伊朗间的联系显得更为突出，在公开资料中也有证据佐证。以下是一些联系的例子：伊拉克籍贾马尔 · 加法尔 · 穆罕默德（Jamal Ja’far Muhammad）[a]，亦称阿布 · 马赫

[a] 另外一个信息源中提到其真实名字为贾马尔 · 艾尔 · 易卜拉希米（CTC 哨兵 [11/01/2010]）。有关伊朗特殊组织演变的详细内容见：http://www.ctc.usma.edu/posts/the-evolution-of-iran%E2%80%99s-special-groups-in-iraq。

迪·阿尔–穆罕迪斯[a]（Abu Mahdi al–Muhandis，“工程师”——因他在从20世纪70年代末到80年代初都在科威特城当工程师），被怀疑与伊朗圣城旅（Al–Quds）的首领卡西姆·苏莱曼尼（Qassem Suleimani）的联系密切[20]，并认为其参加了民兵组织的领导层。阿尔–穆罕迪斯声称其参与了1983年科威特城法国大使馆和美国大使馆的爆炸事件，以及1985年暗杀时任科威特酋长的计划行动，在两伊战争期间，这可能意在阻止科威特对伊拉克的支持。他随后潜逃到伊朗，在那里，他当上了伊斯兰革命最高委员会旗下巴德尔旅（SCIRI's Badr Brigade）的高级领导人，该旅在两伊战争期间参与了对萨达姆·侯赛因军队的作战行动。阿尔–穆罕迪斯是伊朗和伊拉克公民，是“圣城旅”的高级顾问。2006年在伊拉克议会工作，服务于什叶派伊拉克团结联盟（United Iraqi Alliance）。“圣城旅”是伊斯兰革命卫队（Islamic Revolutionary Guard Corps，IRGC）的一支武装力量，负责指挥以伊朗为支撑，在伊朗外部活动的武装团体。黎巴嫩真主党和什叶派反萨达姆民兵仅是其手笔中最为人所知的例子。真主旅被认为是圣城旅在巴格达的代理，负责武器和炸药的大规模走私活动，从2007年春季至2008年夏季，民兵集团把目标定为美国军队，（黎巴嫩）真主党媒体玛纳电视台（Al–Manar）对此进行过特别报道，其结果是，真主旅成为最出名的什叶派武装团体。[21] 阿尔–穆罕迪斯不仅是因为创造了诸如真主旅和迈赫迪军（JAM）等民兵组织而闻名，他同样广为人知的还有在两国之间运输武器。[22,23]

· 2008年，美国财政部称伊斯兰革命卫队为真主旅的支持者。[24]
· 2010年，美国驻伊拉克最高指挥官上将雷·奥迪尔诺（Ray Odierno）将军声明，真主旅战士最近从伊朗接受培训回来，前往攻击美军基地，伊斯兰革命卫队的顾问也参与到该行动中。[25]
· 真主旅曾使用过的伊朗供应的简易火箭助推炸药，这也许是伊拉克

[a] “阿布”这个名字（源于父亲的名字）通常是男人第一个儿子的名字，在闪米特语系中，“阿布”可以按字面翻译为“……的父亲”，一般为昵称或绰号。

战争中武装分子使用的杀伤力最强的简易武器。[26]

即使不靠伊朗的支持者，真主旅也能发现“捕食者”的缺陷，但两者间的合作水平表明，伊朗第一个发现了系统的安全隐患，然后才对他们的民兵代理人进行培训，培训时间是代理人在伊朗做好攻击准备期间或在伊拉克接受顾问的时间段内。同样让人关注的是真主旅可能是拥有技术更多的民兵组织——能维护品质高、最新的，可以提供视频下载的交互式网站——对于在伊拉克活动的武装分子而言并不常见。[27]

“捕食者”安全隐患历史

在《华尔街日报》发表他们的报道后，《连线》杂志紧跟其后发表了声明，对前者的报道进行补充，第一次关注到“捕食者”的安全隐患是1996年美国空军作战司令部在简报中提到了这个问题。[28] 美国哥伦比亚广播公司（CBS）随后介绍说，1999年时任美国空军少将杰弗里·斯蒂芬森（Jeffrey Stephenson）在阿拉巴马州空军高级空天力量研究学院（School of Advanced Airpower Studies）做的简报表达了类似的担忧。媒体同样提到“捕食者”的高空继承者“暗星”（Dark Star），其通过加密通信实行操作。[29] 但是，“暗星”计划后来被取消。[30]

哥伦比亚广播公司同样于2002年发布了有关英国业余爱好者约翰·洛克（John Locker）的消息，约翰曾成功地在北大西洋公约组织（NATO）对马其顿的行动中截获“捕食者”的馈给信号——其方法类似于叛乱分子使用SkyGrabber。美国官员申明，与北大西洋公约组织同盟国共享信息时需要未加密的通信，但这会来带安全隐患，因为馈给资料只用于侦查。[31] 但是，紧随真主旅在伊拉克拦截“捕食者”的信号后，美国空军决定将“捕食者”的所有馈给信号加密。[32]

“捕食者”无人机的缺陷体现了几个有趣的地方。首先，信息的机密性遭受到破坏。“捕食者”依然发送正确信息到地面指挥中心，但是使用信息的用户却不能继续肯定信息没有被敌对者截获。其次，美国空军及相关承包商使用的“隐匿的安全”被证明效用不大。20 世纪 90 年代，公开的资料披露了“捕食者”无人机漏洞，随后，21 世纪初期，哥伦比亚广播公司以确凿的证据报道了它的缺陷，敌对国家可能对此进行记录并加以利用（比如伊朗，然后再将漏洞提供给真主旅组织这样的代理人）。第三，无线网络的使用。由于广播模型的使用，无线网络给了窃听者窃听的机会。最后，行动监控视频的想法依然有安全风险——这一概念甚至应用到了马其顿更为日常的行动中，因为理解“捕食者”部署的战术、技术和程序（tactic，technique，and procedure，TTP）对敌对者而言，可能是重要的信息（且不说之后在更为激烈的冲突中使用了该技术）。

小结

本章中，我们讨论了“捕食者”的系统以及其视频馈给信号如何被伊拉克武装分子成功截获。叛乱分子下载视频馈给信号破坏了信息的机密性。但是，值得我们注意的是，没有证据证明飞行员对“捕食者”无人机的控制也曾受到影响。[33] 这一点，可以直接从一个事实中看出：通过监控 SATCOM 传送信息而成功截获信息——叛乱分子并没有试图传送他们自己的信息，这需要更加高级的复杂操作。2011 年，《连线》杂志报道称，“捕食者”及“收割者”地面控制站（Ground Control Stations，GCS）——用以驾驶无人机的电脑——在内华达克里奇空军基地（Creech Air Force Base）被入侵，其罪魁祸首为键盘记录器 [34]——这是一款记录键击并将键击信息发送给第三方的恶意软件。随后的报道描述了该事件起因于一款更加常见的恶意软件，旨在窃取用户凭证。[35] 进一步说，这个恶意软件实际上没有影响到地面控制站，而是影响了执行更少任务的独立系统，例如后备电源和环境控制系统。最有可能的是，这款恶意软件仅仅是因为用户不小心，通过光碟或U盘，从互联网被传送到机密的工作站，而不是因为复杂的网络间谍互动对“捕食者”进行控制或甚至窃取其馈给信号。另外，若该恶意软件无目的地在机密系统中运行，软件不可能与命令控制服务器通信——因为美国军方的机密网络是与互联网隔绝的。迄今为止，人们还没有获得证据，证明敌对者利用网络间谍对美国无人机进行控制。

推荐阅读

《华尔街日报》首先对有关“捕食者”通信中的安全隐患进行报道，随后其他新闻媒体也对后面的消息进行报道，如《连线》和《陆军时报》（*The Army Times*）——本文参考到的具体资料，可见本章末尾。

如需了解捕食者的基本资料以及有关其历史的详细信息，推荐阅读比尔·耶讷（Bill Yenne）的书《猛禽：捕食者、收割者以及美国最新无人战斗机》（*Birds of Prey: Predators*，*Reapers*，*and America's Newest UAVs in Combat*）或休·迈克戴德（Hugh McDaid）以及 大卫·奥利弗（David Oliver）的《智能武器》（*Smart Weapons*）。有关伊拉克真主旅的信息在开源信息中也有很详细的记录。网站 http://www.understandingwar.org/ 和詹姆斯敦基金会（Jamestown Foundation, http://www.jamestown.org）是真主旅和其他武装组织相关信息的很好来源。

参考文献

1. Note that this differs from the Sykipot incident described in the last chapter where information about the UAV projects was stolen. This information had to do with U.S. DoD projects concerning the design and testing of the next generation of UAV's—not the theft of current operational UAV data.

2. Van Atta R. *Fifty years of innovation and discovery.* DARPA. Available from: http://www.darpa.mil/About/History/History.aspx; 2008 [accessed February 25, 2012].
3. Hirschberg M. *DARPA's legacy takes flight: contributions to aeronautics*. DARPA. Available from: http://www. darpa.mil/About/History/History.aspx; 2008 [accessed February 25, 2012].
4. Yenne B. Birds of prey: Predators, reapers, and America's newest UAVs in combat. North Branch, MN: Specialty Press; 2010, p. 39.
5. Hirschberg M. *DARPA's legacy takes flight: contributions to aeronautics*. DARPA. Available from: http://www. darpa.mil/About/History/History.aspx; 2008 [accessed February 25, 2012].
6. Gorman S, Dreazen YJ, Cole A. $26 software is used to breach key weapons in Iraq; Iranian backing suspected. Wall Street Journal December 17, 2009; Available from: http://online.wsj.com/article/SB126102247889095011.html [accessed March 11, 2012].
7. Hoffman M, Reed J, Gould J. Fixes on the way for nonsecure UAV links. Army Times December 18, 2009; Available at: http://www.armytimes.com/news/2009/12/airforce_uav_hack_121809w/ [accessed March 11, 2012].
8. Yenne B. Birds of prey: predators, reapers, and America's newest UAVs in combat. North Branch, MN: Specialty Press; 2010, p. 39.
9. McDaid H, Oliver D. Smart weapons. New York, NY: Welcome Rain; 1997 p. 113.
10. Yenne B. Birds of prey: predators, reapers, and America's newest UAVs in combat. North Branch, MN: Specialty Press; 2010, p. 39.
11. McDaid H, Oliver D. Smart weapons. New York, NY: Welcome Rain; 1997 p. 113.
12. Gorman S, Dreazen YJ, Cole A. $26 software is used to breach key weapons in Iraq; Iranian backing suspected. Wall Street Journal December 17, 2009; Available from: http://online.wsj.com/article/SB126102247889095011. html [accessed March 11, 2012].
13. *SkyGrabber: satellite Internet downloader.* Available at: http://www.skygrabber.com/en/skygrabber.php [accessedMarch 12, 2012].
14. Strouse T. Kata'ib Hezbollah and the intricate web of Iranian military involvement in Iraq. Jamestown Terrorism Monitor March 4, 2010;8(9). Available at:http://www.jamestown.org/single/?no_cache=1&tx_ttnews%5Btt_news%5D¼36109.
15. Hoffman M, Reed J, Gould J. Fixes on the way for nonsecure UAV links. Army Times December 18, 2009; Available at: http://www.armytimes.com/news/2009/12/airforce_uav_hack_121809w/ [accessed March 11, 2012].
16. Cochrane M. Special groups regenerate. Institute for the Study of War; Iraq Report 11; August 29, 2008. Available at: http://www.understandingwar.org/sites/default/files/eports/IraqReport11. pdf [accessed March 12, 2012].

17. *Kata'ib Hezbollah*, International Center for Political Violence and Terrorism Research, S. Rajaratnam School of International Studies, Nanyang Technological University, Singapore. Available at: http://www.pvtr.org/pdf/GroupProfiles/Kata'ibHezbollah-05March10.pdf; March 5, 2010 [accessed March 12, 2012].
18. Harari M. Status update: Shi'a Militias in Iraq. Institute for the Study of War; August 16, 2010 Available at:http://www.understandingwar.org/sites/default/files/Backgrounder_ShiaMilitias.pdf [accessed March 12, 2012].
19. *Designation of Kata'ib Hezbollah as a Foreign Terrorist Organization*. U.S. Department of State. Available at: http://www.state.gov/r/pa/prs/ps/2009/july/125582.htm; July 2, 2009 [accessed March 12, 2012].
20. Strouse T. Kata'ib Hezbollah and the intricate web of Iranian military involvement in Iraq. Jamestown Terrorism Monitor March 4, 2010;8(9). Available at:http://www.jamestown.org/single/?no_cache=1&tx_ttnews%5Btt_news%5D¼36109.
21. Strouse T. Kata'ib Hezbollah and the intricate web of Iranian military involvement in Iraq. Jamestown Terrorism Monitor March 4, 2010;8(9). Available at: http://www.jamestown.org/single/?no_cache=1&tx_ttnews%5Btt_news%5D¼36109.
22. Designation of Kata'ib Hezbollah as a Foreign Terrorist Organization. U.S. Department of State, International Center for Political Violence and Terrorism Research. Available at: http://www.state.gov/r/pa/prs/ps/2009/july/125582.htm; July 2, 2009 [accessed March 12, 2012].
23. Ibid., Harari.
24. Ibid., International Center for Political Violence and Terrorism Research.
25. Ibid., Harari.
26. Ibid., Harari.
27. Ibid., Harari.
28.Shachtman N. Insurgents intercept drone videos in king-size security breach. Wired December 17, 2009; Available at: http://www.wired.com/dangerroom/2009/12/insurgents-intercept-drone-video-in-king-sized-securitybreach/ [accessed March 12, 2012].
29. McCullagh D. U.S. was warned of Predator drone hacking. CBS News December 17, 2009; Available at: http://www.cbsnews.com/8301-504383_162-5988978-504383.html?tag=stack [accessed March 12, 2012].
30. Yenne B. Birds of prey: predators, reapers, and America's newest UAVs in combat. North Branch, MN: Specialty Press; 2010. p. 34.
31. Phillips M. Military surveillance hack warning. CBS News (posted) 17 December 2009; Available at: http://www.cbsnews.com/video/watch/?id¼5990213n&tag¼contentMain;contentBody [accessed March 12, 2012].

32. Hoffman M, Reed J, Gould J. Fixes on the way for nonsecure UAV links. Army Times December 18, 2009; Available at: http://www.armytimes.com/news/2009/12/airforce_uav_hack_121809w/ [accessed March 11, 2012].
33. Ibid.
34. Shachtman N. Exclusive: computer virus hits U.S. drone fleet. Wired October 7, 2011; Available at: http://www. wired.com/dangerroom/2011/10/virus-hits-drone-fleet/ [accessed March 13, 2012].
35. Hennigan WJ. Air Force says drone computer virus poses 'no threat'. Los Angeles Times October 13, 2011; Available at: http://latimesblogs.latimes.com/technology/2011/10/drone-computer-virus-air-force.html [accessed March 13, 2012].

第三部分

针对基础设施的网络攻击行动

本部分我们将主要介绍如何利用网络行动来攻击社会基础设施。不同于本书第一部分中着重于攻击计算机系统的网络战，以下章节中所介绍的网络行动的目的是对现实世界造成破坏。首先，让我们了解被攻击的各种系统：第 10 章的工业控制系统（ICS），马卢奇河水电站事故——澳大利亚一处水处理设施遭到网络攻击并被操控。第 11 章主要介绍黑客对电网发动攻击的可能性，在该章里，信息技术被用于攻击美国电力设施，其部件自身存在的缺陷和拓扑结构为黑客提供了机会。在美国能源部的“极光测试”中，遭到攻击而损坏的发电机为“网络攻击可能威胁社会民用基础设施”以及“这些设施自身存在局限性”的说法提供了现实依据。第 12 章将主要介绍著名的震网——它被认为可能是过去十年里破坏性最大的病毒，有报道称震网被用于攻击伊朗铀浓缩设施。

[第10章]

针对工业的网络战

本章概要

引言

工业控制系统：现代化国家的关键基础设施

信息技术 VS 工业控制系统：传统信息安全措施失去了效力？

现实依赖性升级攻击：基础设施攻击与网络拓扑结构

网络攻击引发水污染：马卢奇河水冲破堤坝

本章信息

工业控制系统：现代化国家的关键基础设施

信息技术 VS 工业控制系统：传统信息安全措施失去了效力？

现实依赖性升级攻击：基础设施攻击与网络拓扑结构

网络攻击引发水污染：马卢奇河水冲破堤坝

引言

在本书创作初期，公众对基础设施可能遭受攻击的担忧进一步加剧，害怕伊利诺斯州的供水系统[1]和西北铁路系统[2]都有可能成为攻击目标——后来发现这两个都不是网络攻击的目标。然而，不可否认的是，网络攻击基础设施的案例的确发生过。例如，2000年，一位心怀怨愤的澳大利亚员工就曾擅自将一百万公升未经处理的污水排入下水道。[3]另一起最近发生的网络攻击代表就是震网，我们在随后章节将做介绍。随着网络攻击事件接踵而至，美国总统奥巴马近期颁布了一条总统令，以提高重点基础设施的网络安全。[4]该总统令由美国国家标准与技术研究院（U.S. National Institute of Standards and Technology，NIST）负责执行，旨在简化政府与民营部门的网络攻击信息分享，同时发展出一种网络安全架构，以便应对未来可能发生的针对核心基础设施的攻击。该框架也能很容易就被修改，满足有需要的私人用户（比如公司）的网络要求。[5]总统政策指令（Presidential Policy Directive，PPD）与总统令都是为了进一步完善2003年发布的第7号国土安全总统令（Homeland Security Presidential Directive–7）的内容，明确了新的风险和高新技术，并将保护核心基础设施免遭网络攻击总结的经验教训付诸实践。[6]由于早期并没有出台相应法案，这一做法曾饱受诟病，因此当下出台的总统令着重强调了保护公民私有财产和自由权利的重要性。[7]

基础设施通常是传统战争中的攻击目标，因此在网络战中，基础设施也很有可能遭受攻击。本章主要围绕核心基础设施控制系统的具体问题展开讨论，尤其重点探讨它们与信息技术有何区别。同时，我们还将分析控制系统内置结构的相互依赖性，如何使其容易被利用网络拓扑结构的攻击当成目标，并简要讨论工业网络攻击的个案研究，即澳大利亚水处理设施遭受网络攻击以及对基础设施控制系统带来的广泛影响。

工业控制系统：现代化国家的关键基础设施

当今社会的众多基础设施都是通过计算机网络直接操控运营的，如水电供应、污水处理和公共交通都属于工业控制系统（industrial control systems，ICS）这一范畴。该范畴还包括数据采集与监控系统（SCADA）、分布式控制系统（DCS）和程序逻辑控制系统（PLC）等，这些系统都是工业基础设施在提供服务时必不可少的配置。[8]

图10–1展示了工业控制系统中一般组件的交互。各种组件被安排设置在一起，被称为"控制回路"（control loop）。工业流程正是由这一系统操控（如水、电、污水处理等），使用传感器收集信息，也就是"受控变量"（controlled variables）。这些变量被发送给控制器，控制器又解读信息来制造"操纵变量"（manipulated variables）——可以被制动器调节，与控

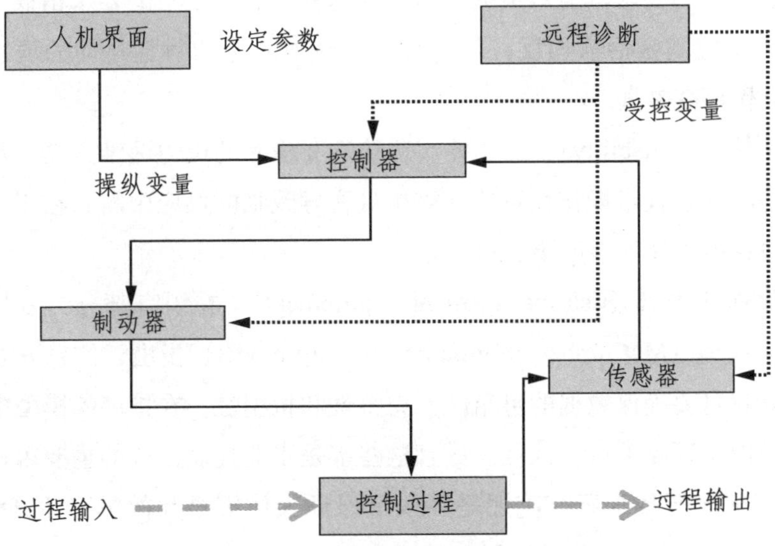

图10–1 工业控制系统控制回路图解

制进程相关的数据。一旦进程被中止或更改，系统就会调整操纵变量。操作人员通过人机界面（human–machine interface，HMI）和系统交互，从而设定参数和（或）控制系统相关的算法。另外，操作人员能够使用远程诊断系统和维护系统排查异常活动。

信息技术 VS 工业控制系统：传统信息安全措施失去了效力？

表面上，工业控制系统似乎就是一种信息技术系统——不过是增加了控制部分工业设备的专业软件。事实上，美国国家标准与技术研究院的一份报告指出了两者之间明显的差异。[9]

性能（performance）：工业控制系统通常对时延（信息传递所需的实际时间）和时延抖动（jitter，数据信号与理想时钟之间的时间差或相位差）有着严格的要求，但对带宽（网络发送的信息容量）的要求稍低；而信息技术系统则是恰恰相反，信息技术系统对时延和时延抖动的要求不高，但要保证高带宽。

可用性（availability）：工业控制系统需要稳固的电力网维护其正常运营，典型的信息技术操作如重启计算机（将导致临时供应中断）在工业控制系统设置中往往是不可接受的。

风险管理需求（risk management requirement）：在引言部分，麦坎伯信息安全模型（McCumber information security model）指出，信息安全的首要目标就是要确保数据的可用性、完整性和机密性。在扩展的模型中还增加了身份验证和不可否认性。尽管这些都是工业控制系统的重要因素，美国国家标准与技术研究院还是加入了保证人体安全和故障容差（fault tolerance）的功能。这些举措至关重要，因为工业控制系统的操作必须防止人员伤亡和危害公共健康或信任事件的发生。因此，在工业控制系统的世界中，信息安全和公众安全存在着重要的关联。

架构（architecture）：如本书信息技术开发章节所述，许多信息技术系统，尤其是那些应用于知识产权的系统都使用集中化的“存储”系统。不管这样做有没有道理，众多信息技术行业人士都是采用这种集中的模式来简化各种要求——他们把更多的心思放在了“存储”系统的保护上。虽然在工业控制系统中，集中式服务器同样很重要，但是外围系统也很重要：一是因为外围系统直接控制着工业设备（如变电站直接负责给用户供电）；二是外围系统的电力中断将导致相继的连锁故障。

物理交互作用（physical interaction）：在典型的信息技术系统中，电力中断可能不会给现实世界带来严重的后果；然而，在工业控制系统中，电力中断常常会影响到实体设备——直接影响到现实世界。

时延敏感响应（time–critical response）：在信息技术系统中，访问控制一般可以不需要考虑数据流就可执行。美国国家标准与技术研究院指出，在操作工业控制系统时，是自动化还是需要人员交互控制的软件响应的问题变得至关重要。例如，在某个时刻，操作人员要先输入密码后方可完成紧急操作，这种延迟的做法很可能带来人员伤亡和设备严重损毁的后果。

系统操作（system operation）：工业控制系统通常是大规模控制设备复杂结构的组成部分，其管理需要娴熟的操作人员作为控制工程师，该工程师除了要掌握信息安全技术以外，还要精通如何在控制操作中实现安全性。

资源限制（resource constraint）：依照现代标准，现在使用中的一些残旧的工业控制系统，尤其是电网系统，大多都处在供电能力和资源不足的状况。这些限制使得它们直接放弃使用通用且便捷的信息技术解决方案，尽管这些方案能够大大提高工业安全性。另外，由于这些专有解决方案的许可证协议问题，这阻止了第三方安全解决方案的使用。

通信协议（communication protocol）：在工业控制操作系统中，很多互联网共享连接（ICS）通信协议也是专有的，因此这又将为更为常见的网络协议设计的信息技术解决方案排除在外，如互联网协议。此外，在许多结构中，工业控制系统涉及的网络协议更多，如电网就采用了不同的通信协议，而不是像互联网协议一样只采用一种通信协议。[10]

变更管理（change management）：在信息技术系统中，只要找到系统漏洞，系统软件的升级与补丁修复就变得轻而易举。工业控制系统引进了不同复杂程度的软件升级和补丁修复。由于避免人员伤亡和设备损毁被摆在了核心位置，软件升级和补丁修复需要供应商经过更为严格的程序认证后才能发布。终端用户（即地方电力公司）也要先进行验证测试，完成电力中断测试后方可升级系统。而其中的问题是，供应商不支持一些陈旧的工业控制系统设备使用的操作系统——结果就导致一些新的漏洞无法通过安装补丁修复。

管理支持（managed support）：信息技术界有着通用的行业标准，例如包含传输控制协议的互联网协议套件、互联网协议（TCP/IP）、超文本传输协议（HTTP）等，因此在面对共同的问题时，这就使得多供应商的互相操作解决方案成为可能。而在工业控制系统中，由于系统具有专有性，因此只能得到单个供应商的技术支持。

组件寿命（component lifetime）：信息技术系统组件寿命在3—5年。很多系统漏洞问题只需通过简单的技术升级和购置新的计算机就可得到解决。对于工业控制系统，组件的平均寿命在15—20年或更久。这意味着只能通过与老旧的硬件以及各自的认证或品牌兼容才能升级。

组件访问（access to component）：信息技术系统多为本地的实体系统，因此在操作上易于访问（如机房内的机架式服务器）。而工业控制系统由于特定的工业设备有内部联系，因此相比之下多为孤立的、远程的，不易进行物理访问。例如，离心机（在本书介绍震网章节时还会提到离心机）逻辑控制卡和继电保护中的固件（下章内容也有涉及）。

在随后几章中，我们将介绍数例案例分析，重点介绍工业控制系统与生俱来存在的特殊问题，同时也为信息安全专家提出了新的挑战。

现实依赖性升级攻击：基础设施攻击与网络拓扑结构

在过去的十年中，“网络科学”(Network Science) 作为新的学术领域开始兴起。物理学家、社会学家、数学家、生物学家以及计算机专家都在进行跨学科合作，着手研究复杂的网络系统，寻求网络模型的表达方式。比如，社交网络是可以被研究的，如果我们画一张社交网络表，个人以“节点”(node) 表示，边线 (edge) 把在每对具有朋友关系的节点相连。[a] 本书前面章节已重点提及社交网络对网络战造成的影响。

重要基础设施的许多部分都可以看作是由网络组成的。例如，铁路系统就好比一个网络系统，其中的节点就是站点，边线就是两个站点之间的连接线路。我们甚至可以把互联网（以粗粒分辨率）当成一个网络，其中节点就是主要的网络服务供应商，边线就是网络连接。在下一章内容中，我们将介绍电网也能被当成一种网络。

这类网络的主要问题是一旦关键节点和边线处于离线状态，相互依赖的节点将会给失联带来更加严重的影响。例如，某一铁路线的停运可能会影响到整个铁路系统，因为其他列车必须绕路。另外，如果没有其他线路替代已经停运的铁路线，停运铁路线上的某些站点就无法到达。1990 年发生的事故就是现实世界的一个例子，纽约的一台电话交换机在通话数超过限制时发生了自动复位，交换机重新上线后，会试图处理复位时收集到的电话信号，这使得交换机崩溃的信号导致其他交换机也超载——导致了电话系统的连锁故障。约 50% 的电话无法拨通，这种状态

[a] 比如，本书作者之一保罗最近就提出把武装组织比作社交网络的说法，并以此得出“斩首行动”并不能有效地遏制该组织继续活动。和他的同仁一道，保罗觉得要实现长期削弱武装组织的实际能力，较可靠的办法是干扰相互连接的某些战略性节点之间的联系（边线）。参见：“Shaping Operations to Attack Robust Terror Networks” by Devon Callahan，Paulo Shakarian，Jeffrey Nielsen and Anthony Johnson. *ASE Hum J* 2013:1(1)。

持续了 9 个多小时，未能接通的通话给美国电报电话公司（AT&T）造成了高达 6000 万美元的损失（还不包括当时依靠电话系统进行商业活动的公司所遭受的损失）[11]。

特定节点与网络其余部分断开联系（无法到的站点）以及丢失节点或边线，导致信号转向其他节点，这两种情况通常分别被叫做“网络片段化”和“连锁故障”。在下一章，我们将联系电网内容，详细讨论连锁故障，本章则简要介绍网络片段化这一概念。

在描述网络时，如果边线最终能够连接节点，我们就可以说两个节点之间存在路径。如图 10–2A, 节点“a”和节点“h”之间存在一条路径，经过节点“c”和“g”。然而，在图 10–2B 的网络示意图中，图上方的“a”和“h”之间的路径被去除了。在大多数基础设施网络系统中，尤其是用来通信、交通和发电的基础设施网络，节点对之间的路径至关重要，因为

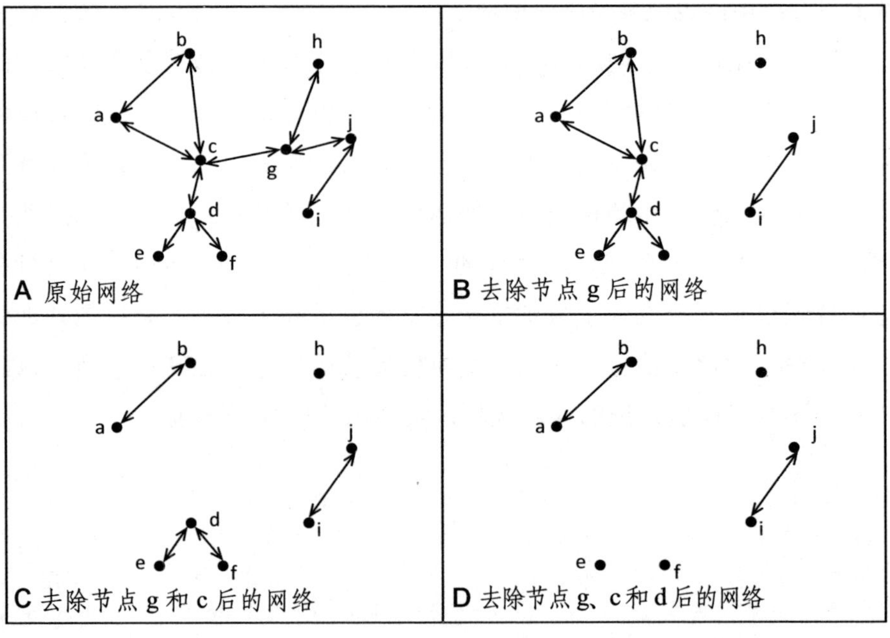

图 10–2 网络示例和去除选定节点的片段化效应

这些路径确保从其他节点到任一给定节点的可用性。因此，“连通组件”（connected component）这一概念将一组节点设置在给定的网络中，该网络通过节点对（在一组节点内）之间的路径得以相互连接。网络科学家常常醉心于“最大连通组件”的研究——该研究能够揭示相互连接节点的最大量。

假设对手通过去除节点进行网络攻击（这一设想同样可以轻易扩展到边线），攻击者只需删除其在工业控制系统所留下的痕迹（地址）便可实施以上操作。或许攻击者（他或她）这样做的目的是为了最大化网络片段化效应（同时减小“最大连通组件”的规模）。例如，以攻击交通网络系统为例，只需锁定少数交通站点（由于交通网络拓扑结构的构成）为目标便可使整个交通系统陷入瘫痪。通过仔细阅读以上数据，便可得到一个更加形象化的案例结果：图 A 展示了 10 个相互连接的节点的完整网络结构；图 B 描述了去除单个节点（g）后的网络结构。结果表明，其他 3 个节点（h、i 和 j）呈孤立状态，有效缩小了原始网络的最大连通组件。如果节点 h、i 和 j 为地铁站，那么此时它们将难以正常工作。同时，地铁网络的其余部分将因列车过载的问题而更加易于遭受干扰——这些列车本应连接其他 4 个停运的车站（g、h、i、j）。在图 C、D 中，网络片段化也因去除其他 2 个节点（分别是 c 和 d）而进一步恶化。

连接每个节点的边线的数量通常被称为“节点度”（node degree）。因此，明显的攻击战略就是以一些拥有很多连接的节点为目标，即锁定高节点度的节点为目标以便将阻断节点连接的效果最大化。另外，一种更先进的策略就是根据在网络遭受（初次）攻击后，根据该节点度来选择目标节点。例如，在图 10–2，节点“d”初始节点度为 3（图 A 和 B），但在去除“c”后（见图 C），其节点度则降为 2。施奈德（Schneider）和其同事在美国国家科学院会议论文集[12]中指出：该方法将带来具有伤害性的结果。研究人员研究了在欧洲电网和欧洲主要网络服务提供商，即“入网点”（Point of Presence，PoP 网络）中去除节点的影响。在电网中，使用上述高级攻击策略，仅仅去除 10% 的节点就可以让网络大幅度损失 90% 的完整性。在 PoP 网络中，去除 12% 的节点也可带来相似的影响。

通过对“片段化”的讨论，我们不禁疑惑：怎样才能阻止该攻击呢？一个最大限度减小攻击危害程度的办法就是通过增加冗余以加大系统的弹性，达到这一目的主要依靠增加边线和（或）节点。很明显，兴建新火车站、铺设火车轨道与架设输电线路都不是容易的事，需要投入大量的物力财力。为了节省时间和资源的投入，施奈德等人想出了一个更简单的办法来改善网络的强度。他们利用网络稳健性测度，迭代挑选边线对，在需要进一步强化的地方增加更多的边线。他们在文中指出，针对节点去除的攻击模式，这种算法大幅度提高了网络稳健性——因此，为此类基础设施网络的设计和升级提供了更好的选择。

施奈德对这类稳健性策略的提出具有深远的意义，因为工业控制系统不仅容易遭受独立攻击，同时还会遭受系统群体之间（例如地区性电网，将在下一章介绍）交互作用的影响。研究很重要，不仅有助于创造策略来强化网络（尽管不能保证一直都能实现），同时能够识别和监控“置身险境”的节点和边线。如果它们被利用，便会带来灾难性后果或连锁故障。尽管我们对一片地区中的相互依存系统之间的连锁故障或片段化问题的研究刚刚开始，但其重要性不可小觑。

网络攻击引发水污染：马卢奇河水冲破堤坝

本章以案例分析为结尾，具体研究了网络攻击如何针对工业控制系统，并给现实世界带来重大灾难。该网络攻击目标直接锁定的是澳大利亚昆士兰阳光海岸的供水装置。[13]

马卢奇河污水处理厂的数据采集与监控系统（SCADA）由两个监控站组成，该监控站利用 3 个无线电频率监控 142 个污水泵站。数次故障的发生引起了泵站员工的担忧，故障包括毫无缘由的警报、激增的无线电通行量、SCADA 系统无故遭人篡改、出现特殊事故警报失灵（例如抽水泵不工作）以及抽水泵持续运转等现象。主管运营的土木工程师罗伯特 · 斯特林费洛（Robert Stringfellow）开始怀疑可能是因为程序安装错误而引起的故障。由于近期刚刚完成了系统升级，他这种推测也在情理之中，然而，经过几次排查，包括重新安装 SCADA 的一些软件，他发现系统参数持续发生莫名其妙的变化。因此，他得出这样一个结论：这不是一般的系统故障，而是有人在发起恶意攻击。

通过监控设备，斯特林费洛发现一名黑客正在使用无线通信技术连接 SCADA 系统。安全专家吉尔 · 斯莱（Jill Slay）和迈克尔 · 米勒（Michael Miller）提到，斯特林费洛一度和这名黑客展开网上较量，在黑客试图访问系统时抓住了他。最终，这名黑客证实为一名为维特克 · 博登（Vitek Boden）的男子，该男子曾是监控站前工程师，因马卢奇郡委员会没有聘用他，作为报复，他发起了网络攻击。仅靠 1 台手提电脑和 1 台无线电发射机，博登就成功控制了 142 个泵站长达 3 个月之久。在这期间，他还将 100 万升未处理的污水排入雨水排水道，后流入地方水道。博登最终因他的行为而被警方逮捕，并受到了法律的惩罚。

此次事故突出了工业控制系统在安全问题方面所面临的挑战。首先，发现此类网络攻击可能很难，这完全是因为工业控制系统的复杂性带来的难题。系统异常问题很有可能是机械故障、错误参数和不熟练的操作人员等原因引起的，这还只是问题众多可能原因中的一小部分。另外，工业控制系统容易遭受内部威胁的侵害（因为工业控制系统并不像一般的信息技术系统那样能够经常进行系统升级或安装补丁）。因此，只有内部人员才更有机会掌握系统漏洞——显然博登掌握了马卢奇厂的系统漏洞信息。最终，与一般信息技术系统导致的损害相比，由工业控制系统引发的危害给人类生活带来了更直接的影响。由于污水排入雨水水道而形成了水污染，这很可能影响到了阳光海岸许多居民的生活。

小结

本章介绍了工业控制系统，并描述了其与信息技术系统的不同之处，同时还以网络结构的形式，探讨了工业控制系统的复杂交互作用，提出了值得注意的问题。我们还就发生在 2000 年的马卢奇供水装置遭受攻击事件进行了简明的案例分析，该事件揭示了在保障工业控制系统所面临的困难和网络攻击给现实世界带来的后果。

推荐阅读

想了解更多，我们强烈推荐美国国家标准与技术研究院的特别出版物 SP800–82《工业控制系统安全指南》(*Guide to Industrial Control System Security*)，该手册就工业控制系统安全问题进行了深入的探讨，适用于各种工业背景中，同时还为最小化工业控制系统漏洞提供了解决之道。

我们还建议阅读《美国科学院会议录》(*Proceedings of the National Academy of Science*，*PNAS*) 发表的《恶意网络攻击的缓解应对措施》(*Mitigation of malicious attacks on networks*) 一文（卷 108，第 10 期，2011 年 3 月)，该文章详细探讨了在复杂交互网络中应对网络片段化的新策略——尤其是针对工业控制系统。

参考文献

1. Schwartz MJ. DHS, FBI Dispute Illinois Water Hack. *InformationWeek*. Available at: http://www.informationweek.com/news/security/attacks/232200199; November 23, 2011 [accessed May 6, 2012].

2. Sternstein A. Hackers manipulated railway computers, TSA memo says. *NextGov.* Available at: http://www.nextgov.com/cybersecurity/2012/01/hackers-manipulated-railway-computers-tsa-memo-says/50498/; January 23, 2012 [accessed May 6, 2012].
3. Slay Jill, Miller Michael. Lessons learned from the Maroochy Water Breach. In: Goetz E, Shenoi S, editors. Crit Infrastruct Prot. New York, Heidelberg, Dordrecht, London: Springer; 2007.
4. Obama B. Executive order—improving critical infrastructure cybersecurity. *Office of the Press Secretary, The White House.* Available at: http://www.whitehouse.gov/the-press-office/2013/02/12/executive-order-improving-critical-infrastructure-cybersecurity; February 12, 2013.
5. Office of the Press Secretary. Executive order on improving critical infrastructure cybersecurity. *The White House*. Available at: http://www.whitehouse.gov/the-press-office/2013/02/12/executive-order-improving-critical-infrastructure-cybersecurity-0; February 12, 2013.
6. Office of the Press Secretary. Fact sheet: presidential policy directive on critical infrastructure security and resilience. *The White House.* Available at: http://www.whitehouse.gov/the-press-office/2013/02/12/fact-sheet-presidential-policy-directive-critical-infrastructure-securit; February 12, 2013.
7. Andy G. President Obama's cybersecurity executive order scores much better than CISPA on privacy. *Forbes*. Available at: http://www.forbes.com/sites/andygreenberg/2013/02/12/president-obamas-cybersecurity-executive-order-scores-much-better-than-cispa-on-privacy/; February 12, 2013.
8. Stouffer Keith, Falco Joe, Scarfone Karen. Guide to Industrial Control System Security. Washington, DC: National Institute of Standards and Technology; 2011.
9. Stouffer Keith, Falco Joe, Scarfone Karen. Guide to Industrial Control System Security. Washington, DC: National Institute of Standards and Technology; 2011.
10. Wei Dong, Lu Yan, Jafari Moshen, Skare Paul M, Rohde Kenneth. Protecting smart grid automation systems against cyber attacks. IEEE Trans Smart Grid 2011;2(4):782–95. http://ieeexplore.ieee.org/xpl/login.jsp?tp=&arnumber=6003813&url=http%3A%2F%2Fieeexplore.ieee.org%2Fxpls%2Fabs_all.jsp%3Farnumber%3D6003813 [accessed April 6, 2012].
11. Burke D. All circuits are busy now: the 1990 AT&T long distance network collapse. *California Polytechnic State University technical report CSC440-01*. Available at: http://users.csc.calpoly.edu/jdalbey/SWE/Papers/att_collapse.html; November 1995.
12. Schneider Christian M, Moreira Andre′ A, Andrade Jr. Jose′ S, Havlin Shlomo, Herrmann Hans J. Mitigation of malicious attacks on networks. Proc Natl Acad Sci USA 2011;108(10):3838–3841.
13. Ibid., Slay and Miller.

［第 11 章］

针对电力基础设施的网络战能让国家陷入黑暗？

本章概要

本章信息

针对国家电网的网络攻击

通过网络攻击摧毁发电机：极光测试

电网关闭最简单的办法：利用网络拓扑结构发动攻击

针对重点输电变电站

连锁故障

依赖计算机网络会导致连锁故障

引言

2009 年 4 月，《华尔街日报》刊登了一篇名为《美国国家电网遭间谍入侵》（*Electricity Grid in US Penetrated by Spies*）的文章，文章援引了几个不愿透露姓名的政府官员的谈话，他们称，俄罗斯黑客在美国国家电网系统内植入开放式后门，导致电网系统的一些组件将遭到攻击。[1] 尽管我们掌握的有关电网被攻击的信息不多，但是有大量文献指出了国家电网遭受攻击的可能性。本章我们首先将探讨美国传统电网以及正在普及的“智能电网”技术之间各自存在的缺陷，接着我们将探讨美国爱达荷国家实验室（U.S. Idaho National Labs）的“极光测试”（Aurora Test，不同于“极光行动”），该测试用于测试网络攻击是否会对电网的发电设备造成破坏。最后我们将探讨敌对势力如何利用电网网络拓扑结构来扩大网络攻击的影响，即通过对数量有限的电网组件的精确定位来造成更全面的破坏。

针对国家电网的网络攻击

简单来说，电网就是通过电力发电站将电力消费者连接起来的基础设施。输电网需要通过不同形式的信息技术，使信息在某些节点之间进行传输，以保证输电网可以对故障点进行测量和确认。当前电网通信用的信息技术设备的水平参差不齐，从业内最顶尖到几十年老旧电话通信技术都有。近来兴起的“智能电网”就是通过升级这些通信设备来加强监测，增强保护，提高效率。[2] 然而，和所有会牵扯到计算机网络的系统一样，无论我们所讨论的电网是使用传统设备还是现代设备，都不可避免地要面对网络安全问题这个重要隐患。而且，电力是现代社会赖以生存的基础，所以对于许多国家来说，攻击电力系统被认为是军事攻击的手段之一。这就是我们将电力囊括进网络战讨论范围的原因。本节概述了魏东等人发表的文章[3]，以此来大致了解电网系统的运行，其主要组成部件以及可能遭受的网络攻击。

如上文所述，电网用于连接电力消费者和电力生产者。电网有两个基本组成部分：输电和配电。输电的过程就是将电力从源发电站输送到位于较接近消费者的变电站处。这个过程的电力输送需要高电压（大于等于 100 千伏）来运转。第二部分是配电，此时电力从变电站输送至消费者处，这个过程中的电压通常低于 100 千伏。为了方便配送，电力在变电站变压器的作用下逐步从高压降至中低压。

魏东等人将电网的主要功能划分为三个不同的层面：企业、控制中心和变电站。商业管理和运营管理职能在企业层面执行。监测、预测和其他实时操作在控制中心层面执行。在变电站层面，实时监控与常规操作主要在变电站层面执行。在这三个层面里信息技术系统被用于不同的功能。在企业层面，信息技术系统决定了第二天的发电量计划，信息技术系统同时也用于资产管理，预测某变电站何时需要维修，这将导致更改变电站的输电线路。在控制层面，像能源管理系统（energy management system，EMS）、人机界面（human–machine interface，HMI），以及前端处理器（Front End Processor，FEP）这些自动化系统主要用于调节和监测输送到变电站的电力。最后，在变电站层面，信息技术系统主要用于监测配送给消费者的电力。像远程测控单元（remote terminal unit，RTU）和可编程逻辑控制器（PLC）的设备就主要应用于这一层面。

针对电网的网络攻击大致可以分为三类：组件方式、协议方式和拓扑方式。**组件方式**主要攻击电网信息技术基础设施的特定部分。本章中所提到的组件方式攻击的一个例子是“极光测试”，测试中用某种方式打开或关闭断路器，这使得发电机与其余的电网不同步，这样一来就会造成损害。我们将在本章后面对这类攻击做详细介绍。组件方式攻击的其他例子包括（但不限于）以下这些以及它们的组合：

- 旨在呈现给运营商误导性数据的攻击（即违反了不可否认性）。
- 旨在破坏电网设备的攻击（即“极光测试”，本章后面有所介绍）。
- 旨在切断其中一片电网设备的攻击。

在**协议方式**攻击中，犯罪者将目标锁定在用于传输电网信息的协议上。在前面我们提到过，电网控制中心和变电站经常使用的协议与通常的信息技术设备，如国际控制中心协议（Inter Control Center Protocol，ICCP）和分布式网络协议（Distributed Network Protocol，DNP）不一致。但是，这些协议在电力自动化设备领域比较常见。例如，魏东等人指出，只要通过象征性的费用就可以获得 DNP 规格。协议方式攻击的一个主要类型是中间人攻击，在这种攻击方式下攻击者能够操控双方之间的通信。这种攻击类型造成的潜在后果可能包括：

- 发电企业因电力过度输出而造成经济损失。
- 安全问题（电气人员尝试修复电线时恢复通电）。
- 功率过载造成设备损坏。

我们在前一章讨论过协议方式攻击中一个非常基本的例子——针对马卢奇水利设施的攻击。在这起事件中，攻击者几乎能够利用每一个不安全的无线通信方案的漏洞来获得污水泵站的控制权。

第三种攻击方式针对的是电网的拓扑结构。这种攻击方式可能有多个目标。例如，变电站层面系统中一个 DoS 攻击将导致控制层做出错误决定。拓扑攻击的另一个例子是供电连锁故障，我们将在本章后面对此做详细介绍。

魏东等人论文的最后一部分是关于电网攻击的典型方法。他们认为这是一个三步走的过程：访问、发现和控制。他们还指出，经验丰富的攻击者会增加第四个步骤——隐藏（如删除日志文件的条目等），这使得系统管理员难以确定黑客在系统上的存在（这类似于第 6 章“X 行动”中黑客所采取的行动）。下面我们将依次讨论这三个步骤。

访问

黑客必须首先获取访问权限，用于监视或控制该电网元件的数据采集与监控系统（SCADA）。魏东等人介绍了三种未经授权就可以访问这些系统的常用方法：连接 SCADA 通信的企业网络、连接虚拟专用网络（VPN）和连接 SCADA 的远程站点通信。我们将依次简要讨论每种方法。企业层面用户经常需要从不同的数据采集与监控系统上获取信息。通常 SCADA 连接 SQL（有时是定制的）的数据库，反过来，企业用户出于商业目的而进行询问。数据从 SCADA 传递给数据库服务器的这个间隙，为黑客创造了攻击的机会。VPN 连接到 SCADA 是获得未授权访问权限的另一常用方法。通常，如果客户端系统运行的 VPN 软件被攻陷，办公室中用于供应商支持或用户访问要求的 SCADA 的连接将会被黑客攻击。通过远程站点通信是获取访问的第三种方法。这是因为某些电网组件之间隐含的信任关系可以被物理隔离。如果两个类似系统之间的通信线路被破坏，黑客就有可能获得访问权限。类似远程站点的例子包括备份设施、质量系统和变电站。

发现

黑客在获得系统的访问权限之后，需要了解系统如何运转，以便正确发动蓄谋已久的攻击。除非黑客可以获得额外的情报（我们怀疑在震网病毒中，黑客就是获得了额外的情报，这点我们将在后面章节中进行介绍)，否则黑客必须从电网自动化系统里搜索到可以破译目标 SCADA 内在运作方式的信息。魏东等人指出 ："SCADA 的复杂性是应对攻击最好的措施之一。" 因为攻击者需要投入大量的时间来破译系统。攻击者这样做的方法可能包括对访问和下载 SCADA 的流量进行被动监控来识别所使用的通信协议（接下来可能是供应商）。除了被动监控以外还有主动扫描。主动扫描对攻击者来说危险系数较高，因为扫描活动可能被安全管理员发现。

控制

在了解了 SCADA 运行的情况之后，黑客会尝试发动实际攻击，这包括系统控制。在这一点上，黑客可能会锁定高回报的目标（high–payoff target，HPT）——受控制的系统将大大增强入侵者取得控制的能力。魏博士等人指出了两个类似的系统 ：前端处理器（FEP）和人机界面（HMI）。前端处理器（在某些情况下可能会出现多个前端处理器）从 SCADA 向不同过程的控制器发送命令。虽然这些控制器的协议会有不同，前端处理器拥有与其他全部控制器进行通信的能力。因此，如果攻击者获得接入前端处理器的权限，这样就可以避免去破译每个过程控制器的协议。在许多情况下，前端处理器不需要对发送给它的命令进行身份确认或验证。此外，在大多数情况下，前端处理器不记录命令。对前置处理器的攻击将在协议层面完成，因为黑客必须给他发送命令。我们要讨论的第二个是人机界面。人机界面存在于计算机工作站上，操作人员通过人机界面与 SCADA 进行互动。因此，如果人机界面被攻陷，黑客就更容易了解和操控它。不同于对前端处理器的攻击，这是一个协议层面的攻击，而人机界面是一个组件层面的攻击。此外，因为它存在于工作站上，机器上已知信息的技术漏洞就有可能被黑客利用。然而，人机界面往往试图防止操作者出现错误，想要在这里进行破坏比较困难，因此作为替代，入侵者可能试图访问专为开发而设计的工程工作站（EWS）。它可能和人机界面有相似的屏幕界面，但安全功能较少。

接下来，我们通过考查爱达荷国家实验室的“极光测试”来看看这样的攻击在实际工作中是如何进行的。在这个测试中，研究人员设法通过网络攻击摧毁发电机。

通过网络攻击摧毁发电机：极光测试

在 2007 年，美国能源部（DOE）发起了“极光测试”，为了确定对发电机发动网络攻击的可行性（注意，这与“极光行动”不同，“极光行动”是一种网络攻击，旨在窃取谷歌和其他大公司的知识产权资产）。在 2007 年由美国能源部爱达荷国家实验室进行的测试中，一组发电机受到了网络攻击。[4] 发电机以柴油作为动力，以 3.8 兆伏（MV）以及其额定功率的 60%运转。[5] 其结果以视频方式被记录了下来，美国国土安全部（Department of Homeland Security, DHS）将视频解密，并发送给美联社。在视频中，发电机开始摇晃，几秒钟后开始冒烟，满屏幕的烟显示发生了严重故障（见图 11–1）。

当发电机连接到电网时，它的频率、电压和相位旋转必须在一定预先设定好的公差范围内相匹配。如果不匹配，保护继电器就不会允许它进行连接。然而，为了确保供电保持一致，这些公差的参数在短时间内可以发生变化。这样能够避免发电机过早断开。“极光测试”正是在这短暂的时间内进行的。为了让发电机无法运转，极光测试式攻击将造成发电机在这短暂的间隔内无法与电网保持同步，这样一来就避免发电机断开并造成损害。[6]

极光漏洞使得断路器在一定时间间隔内会打开和关闭，该时间间隔小于保护继电器所允许的最大值。发电机与电网不同步运行的时候，要承受更大的压力，特别是在机轴上。具体步骤如下：打开断路器，发电机在

图 11–1 “极光测试”的发电机由于反复高电磁转矩导致旋转设备的轴应力过大，它的寿命迅速缩短（国土安全部录像截图）。

与电网不同步的很短时间周期内将要经受很大的压力，然后断路器再次闭合——这时正好避免了电源被保护继电器断开（图 11–2）。如果多次重复进行，机轴的累积应力将导致机轴故障。经过 13 次反复的极光测试，发电机振动开始发生异常。经过 22 次的反复测试，发电机开始冒烟。[7]

实施极光测试式攻击

爱达荷国家实验室的测试很是发人深省，但人们还是会问，这类型的攻击在现实世界中到底有没有可能发生。该类型的发电机采取一些必要的安全措施相对来说是很正常的（即振动监测限位开关、柴油发动机超速

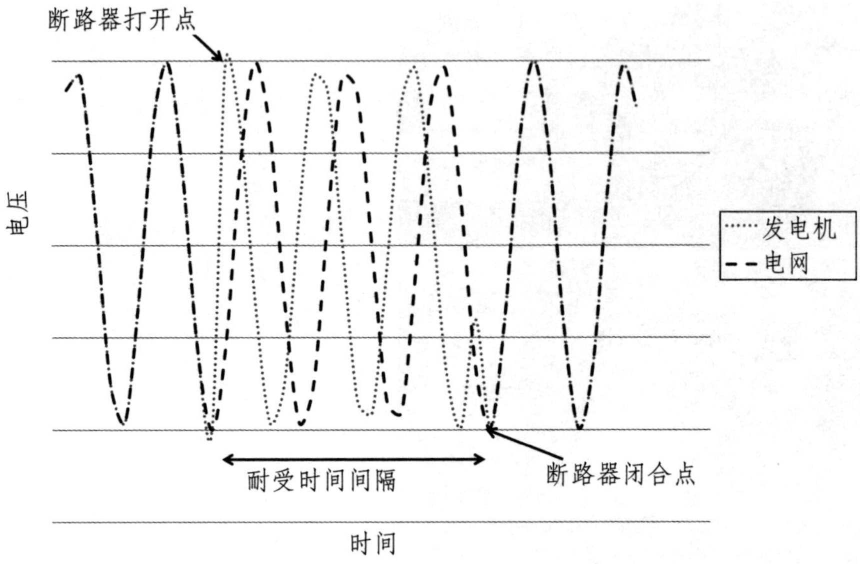

图 11—2 从魏东等人的实验结果中我们可以发现发电机和电网必须在频率、电压和相位旋转上保持一致。继电器的开和关使得发电机与电网不同步。然而，这个过程所消耗的时间是在一定公差允许范围内的（旨在防止发电机过早从电网分离）。断路器反复开闭导致发电机旋转体的机轴承受严重的应力，机轴寿命将大幅缩短。

限制、在测试中禁用连接断路器同步检查、在视频演示时禁用保护继电器同步检查)，然而有一点可以确定的是本次测试中并不包括安全措施，尤其发布给美联社的演示视频正是这样操作的。[8] 然而，随着计算机网络和发电机知识的普及，发生攻击的可能性还是存在的。来自史怀泽工程实验室（Schweitzer Engineering Laboratories）的工程师马克 · 泽勒（Mark Zeller）在继电保护工程师 IEEE 会议上描述了几个黑客在发动攻击时可能考虑到的策略：[9]

1. **物理攻击**：入侵者通过打开和关闭断路器来手动破坏发电机。虽然这种方法并不复杂，但如果在随机的时间间隔内重复破坏发电机，就可能对机器造成严重损害。

2. **损害通信电路**：在这种情况下，攻击者能够通过任何介质来发送用于与断路器进行通信的命令。断路器在接收到攻击者的指令后按照指示会自行打开和关闭断路器。

3. **直接入侵保护继电器**：黑客直接连接到保护继电器端口，从而绕过所有阻止他损坏通信通道的网络安全措施。在这种情况下，用于保证发电机在连接到电网之前，其电压、频率和相位旋转参数保持相匹配的保护算法就可能被彻底删除。攻击者可以利用同样的方法来控制断路器。

4. **保护继电器的嵌入式程序**：在这种目前看来最先进的攻击方式中，黑客会上传新的软件或固件到继电器（注意攻击者很可能也利用先前所述的策略 2 或 3 来发动攻击）。通过直接在继电器的逻辑和操作系统中嵌入代码，再辅以其他形式的网络攻击，黑客可直接操控时间或功率级。如果黑客成功移植了这样的程序，他就可以轻松绕过大多数安全措施。这样就让系统有机会发布虚假报告，而报告（违背事实）显示继电器正常运转。

除了上述四个攻击方案以外，当应对极光测试式攻击时，我们需要考虑其他几个因素。例如，一些发电机中内含了“同步检查”这一步骤，只有当发电机和电网的电压和频率保持一致时才允许打开或关闭断路器。在极光测试中，发电机“同步检查”的功能是被禁用的。[10] 然而，也有一些断路器不直接连接到发电机。如果对断路器与发电机分离的节点发动极光测试式攻击，发电机将无法进行同步检查[11]（当然，前提是假设搭配断路器没有同步检查这一步骤）。

萨尔蒙等人综述了黑客在发动极光测试式攻击时必须解决的安全措施问题后，发现了三种可以阻止黑客的方法。[12] 三种方法都涉及系统的网络安全问题。对于一般的网络安全问题而言，攻击者必须了解控制发电机运转的计算机网络，并解决类似验证以及加密通信等常规网络问题。对发电机断路器的保护至关重要（这点我们已在极光测试中见识到了它的重要性），因为黑客可能通过开关继电器或访问保护性调度程序来阻止发电机和电网保持同步。黑客必须通过开关断路器的方式来操纵装置，以避免保护继电器与发电机断开连接（可以通过精确定时或破坏保护继电器的方式来达到目的）。最后，黑客必须对目标系统有准确了解。举个例子，如果要使断路器发生系统故障，黑客需明白断路器在产生实际损耗前必须承受住多次接通以及一系列开关动作带来的压力。

预防极光攻击：我们已经提出了几个防止极光攻击的方法。[13] 这里我们将讨论以下可采取的一些措施，例如：

· **延迟断路器闭合时间**：该技术增加了断路器闭合时额外的间隔时间。这样做是为了消除时间窗口，因为攻击者可以在这个时间窗口内发动极光攻击。我们可以通过硬件来消除时间窗口，以规避手动攻击。显然，延长向计算机网络发送命令的间隔时间是更可取的。

· **保护继电器的指令监控**：通过这种技术，管理员将会收到关于某种形式的开关指令，而且管理员可以制定策略来发布警告信息，防止断路器闭合，延长时间。

· **实施第二个继电器**：通过这个对策可以在安装时增加一个多余的继电器，为发电机提供全面防御。跟第一个继电器比起来，第二个继电器可以在不同的网络上工作，使用不同的认证方式。

· **本地发电机隔离检测逻辑**：在这种情况下对频率变化速度进行监控。当速度超出可接受的范围（"隔离条件"）时，发电机将断开连接。

在实际操作中，以上所举的各种措施采取的是相结合的方式，外加其他可靠的安全措施。但这样也会带来负面影响，因为极光攻击造成的是频率低、影响大的事件，任何限位设备都无法妨碍电力的常规运行。例如，基于继电器的硬件缓解装置（Hardware Mitigation Devices，HMDS）采用的保护措施与上面列举的方法相似，它加剧了 2006 年 11 月欧洲大规模电力故障的影响。[14]

虽然极光测试只是试验性的，但它成功地向世界表明了网络攻击会对现实世界造成严重的影响。此外，本次极光测试让人们开始潜心研究如何减少网络攻击对电网带来的影响。正如本书前面章节中描述的其他攻击法一样，极光测试的攻击目标是特定的工业设备。在下一节中，我们将讨论如何通过攻击电网关键系统来造成更严重的影响。这些攻击利用电网网络的拓扑结构扩大其影响。

电网关闭最简单的办法：利用网络拓扑结构发动攻击

在本章引言中，我们提到中国研究人员王建伟和荣莉莉 2009 年发表了一篇文章。2010 年美中经济安全与评估委员会主席对这篇文章发表了自己的看法：研究人员“在论文中阐述如何发动对小型电网分网的攻击，这种攻击会使整个美国西海岸电网产生连锁故障”。[15]《纽约时报》后来发表文章探讨了委员会主席对这篇论文的看法，并认为这项研究并不值得重视。[16] 当我们再次认真阅读这篇文章后发现，这两位中国研究人员的成果很明显只是在一个很有发展前途的学术研究领域增加了自己的贡献而已。在这个学术领域内，研究人员发现基础设施的拓扑结构很容易受到攻击，并探讨可用的缓解措施。因为数据是公开的，所以中国研究人员很可能只是对美国西部电网进行研究而已，并没有不怀好意。

然而，这并不能说明利用电网拓扑结构发动的攻击不值得重视的，或者不可能发生类似的攻击。例如，2003 年夏，美国东部地区因俄亥俄州的连锁故障导致大面积停电。同年晚些时候，意大利很多地方发生电力基础设施连锁故障。[17] 虽然没有任何确凿证据证明这些故障是网络攻击造成的，但许多学术文章已经证明这是有可能发生的。在本节中，我们将探讨三种情形，在每种情形中，网络拓扑结构都充当杠杆的作用。我们首先考查如何通过攻击重点输电变电站来扩大攻击的影响。其次是如何通过攻击特定电源线来加剧电网连锁故障。最后，我们将探讨电网和互联网基础设施之间的相互依赖带来的连锁故障。

针对重点输电变电站

阿尔伯特等人于2004年发表的一篇论文，也许是迄今为止对电网拓扑结构漏洞研究的最高成果了。[18] 应用网络科学方法，作者将北美电网建模为一系列节点和边线。边线表示传输线，而节点被归为以下三类：发电机、输电变电站（逐步减弱发电机高压输入，以便分配电力到配电变电站）、配电变电站（其目的是为消费者提供低电压电力）。电力从发电机节点发送至配电站节点。沿着电力传输的路径，发电机和配电站节点之间有着一个或多个输电站。阿尔伯特等人将一个传输节点的负载（也称为介数）定义为通过它的路径数。在图 11–3 中，传输节点有四个负载：它位于从发电机 A 到配电站 X，从发电机 A 到配电站 Y，从发电机 B 到配电站 X，从发电机 B 到配电站 Y 的四条路径上。

阿尔伯特等人将高负载的变电站视为电网的重要组件，从拓扑的角度来看这是很重要的，因为变电站允许发电机到配电站之间存在多个路径。从发电机的角度来看，这些节点很重要，因为负荷类似于通过某些变电站的电力。通过计算机模拟我们可以发现，专门针对高负荷变电站的攻击策略会产生网络碎片，网络断开将会使配电站被孤立，使其无法从发电机处获得任何电力，导致变电站服务片区内的客户遭遇停电。我们将在图 11–4 举例说明这种类型的攻击。

在由阿尔伯特等人进行的模拟实验中，如果只对 2% 的节点发动攻击，电力网络将遭受 60% 的连接损失。如果取 8% 的节点，大部分电网都将无法运转。相对于追求随机节点或高节点度节点（节点连接大量电线）而言，高负载节点会导致更多的网络碎片。

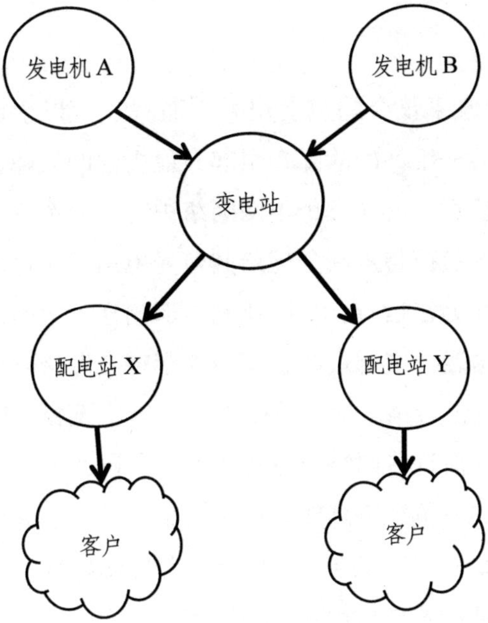

图 11–3 发电机、变电站以及配电站的电力网络示意图

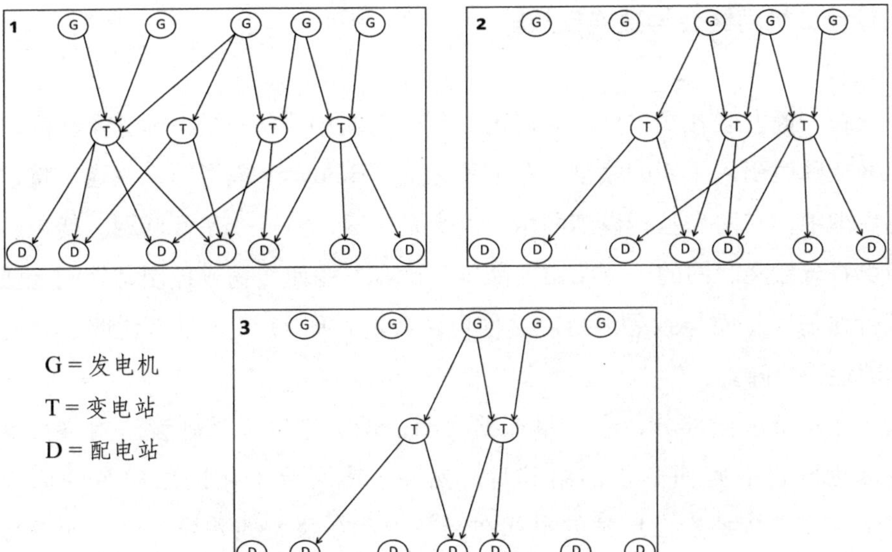

图 11–4 迭代去除高负载节点的电力网络示意图

连锁故障

反复把传输节点作为攻击对象不仅会隔离变电站，而且还可以引起连锁故障。在一个连锁故障中，某一组件的故障会引起其他组件的故障，这又将导致更多组件无法运转。这意味着在一个电网网络中，当一个变电站发生故障，它平时运行所承受的负荷将重新分配给其他变电站。这可能会导致其他变电站容量过载，从而无法运转。美国亚利桑那州立大学的研究人员发表了一篇重要的论文，这篇论文通过数学模型来解释产生这一切的经过。[19]研究人员研究了几种攻击策略。他们特别考查了随机选择、高节点度、高负载的节点进行研究，而这些网络节点代表的是美国西部的电网。有趣的是，他们发现将单一的高负载节点作为攻击对象常常会引起连锁故障（除了造成前面提到的网络碎片之外）。这在理论上可能导致电网网络的连接设备在原来大小的基础上减少一半左右。

依赖计算机网络会导致连锁故障

在一篇发表在《自然》杂志的原创性论文中[20]，一组物理学家在应对电网故障时引入了新的模型（我们称之为“Buldyrev 模型”）。在这个特定的模型中，有两个基础设施网络，一个是电网，另一个是互联网。变电站断电将导致互联网的一些路由器断电，这有可能使传输或控制站之间无法进行通信，从而导致更多变电站停电。我们在图 11–5 中举例说明这种类型的连锁故障。

在本章前面部分，有大量证据表明，现实世界中基础设施网络很少会因为随机故障而产生网络碎片。然而，电网会产生网络碎片的原因在于许多连接特定发电站的电线在网络中存在很大的差异。但是如果有可能因为依存于另一个网络（比如互联网路由器的网络）而产生连锁故障，那么这个网络就更容易受到随机故障的影响。对黑客来说，高度依

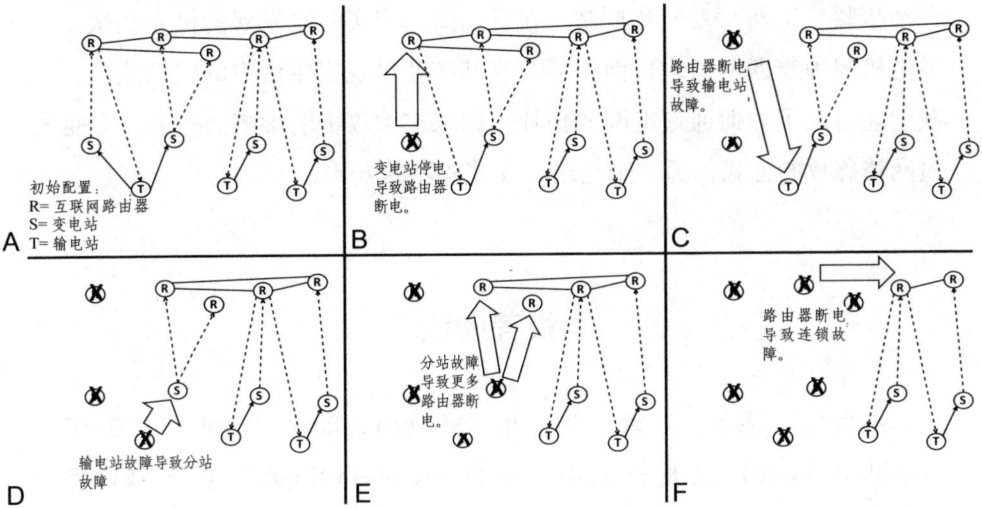

图 11-5 (A)初始电网和互联网路由器网络(S,变电站;T,输电站;R,互联网路由器)。(B)单一变电站受到网络攻击。(C)变电站停电引起一个相应的互联网路由器断电。(D)互联网路由器断电导致电力传输节点失效。(E)传输节点的故障导致另一个变电站停电。(F)第二个变电站停电导致更多的互联网路由器断电。

赖于通信设施的电网更易攻击。

Buldyrev 模型不仅有很高的理论价值，而且还有其他方面的价值。2003 年 9 月意大利电网就遭遇了该故障。意大利的电网系统高度依赖于网络，从而导致整个国家发生大面积停电。

小结

在本章中，我们探讨了电网被网络攻击的可能性，这些网络攻击可以分为以下三类：组件方式、协议方式和拓扑方式。这种网络攻击方法包括三个步骤：访问、发现和控制。在爱达荷国家实验室发起的极光测试中，发电机因为遭遇网络攻击而损坏，这其实就是现实生活中的组件式攻击。我们还讨论了如何通过电网的拓扑结构来扩大攻击的影响力——一个是通过网络碎片的方式，另一个是通过连锁故障的方式。

推荐阅读

由魏东、路延、莫森·贾法里（Moshen Jafari）、保罗·M. 斯卡尔（Paul M. Skare）以及肯尼斯·罗德（Kenneth Rohde）在《IEEE 智能电网期刊》发表了一篇名为《保护智能电网自动系统免受网络攻击》（*Protecting Smart Grid Automation Systems Against Cyberattacks*）的文章。这篇文章介绍了电网的攻击种类以及方法。

欲进一步了解极光测试以及其他可能的应对措施，我们建议读者阅读《神话还是现实——极光脆弱性是否给我的发电机带来威胁》（*Myth or Reality — Does the Aurora Vulnerability Pose a Risk to My Generator*？）。这是一篇由史怀泽工程实验室的工程师马克·泽勒在 2011 年第 64 届 IEEE 继电保护工程师年度会议发表的会议报告。

欲进一步了解由拓扑结构引起的电网连锁故障，我们建议读者阅读由 R. 阿尔伯特（R. Albert）、I. 阿尔伯特（I. Albert）和 G. L. 纳卡拉多（G. L. Nakarado）发表在《物理评论 E》上的一篇文章《北美电网的结构性弱点》（*Structural vulnerability of the North American power grid*）。

参考文献

1. Gorman S. Electricity grid in U.S. penetrated by spies, Wall Street Journal April 9, 2009; http://online.wsj.com/article/SB123914805204099085.html [accessed March 26, 2012].
2. Joskow PL. Creating a smarter U.S. electricity grid. J Econ Perspect 2012;26(1):29–48.
3. Wei D, Yan L, Jafari M, Skare PM, Rohde K. Protecting smart grid automation systems against cyberattacks, IEEE Trans Smart Grid 2011;2(4):782–95. http://ieeexplore.ieee.org/xpl/login.jsp?tp=&arnumber=6003813&url=http%3A%2F%2Fieeexplore.ieee.org%2Fxpls%2Fabs_all.jsp%3Farnumber%3D6003813 [accessed April 6, 2012].
4. Meserve J. Sources: staged cyber attack reveals vulnerability in power grid, CNN September 26, 2007; http://articles.cnn.com/2007-09-26/us/power.at.risk_1_generator-cyber-attack-electric-infrastructure?_s=PM:US[accessed March 15, 2012].
5. Bernabeu EE, Katiraei F. Aurora vulnerability issues & solutions hardware mitigation devices (HMDs), In: IEEE 2011 power and engineering society general meeting; 2011. http://www.ieee-pes.org/images/pdf/pesgm2011/supersessions/mon/Aurora_Vulnerability-Issues_Solutions_PES-GM-V2.pdf [accessed March 15, 2012].
6. Zeller M. Myth or reality—does the Aurora vulnerability pose a risk to my generator?, In: IEEE 64th annual conference for protective relay engineers; 2011. http://ieeexplore.ieee.org/xpl/freeabs_all.jsp?arnumber=6035612 [accessed March 15, 2012].
7. Emanuel E, Katiraei F. Aurora vulnerability issues & solutions hardware mitigation devices (HMDs), In: IEEE 2011 power and engineering society general meeting; 2011. http://www.ieee-pes.org/images/pdf/pesgm2011/supersessions/mon/Aurora_Vulnerability-Issues_Solutions_PES-GM-V2.pdf [accessed March 15, 2012].
8. Zeller M. Common questions and answers addressing the aurora vulnerability. *Schweitzer Engineering Laboratories Technical Report*. http://www.selinc.com/WorkArea/DownloadAsset.aspx?id=9487; 2010 [accessed March 15,2012].
9. Ibid., Zeller 2011.
10. Ibid., Bernbeau and Katiraei 2011.
11. Ibid., Zeller 2011.
12. Salmon D, Zeller M, Guzman A, Mynam V, Donolo M. Mitigating the aurora vulnerability with existing technology. *Schweitzer Engineering Laboratories Technical Report*. http://www.selinc.com/WorkArea/DownloadAsset.aspx?id=6379; 2009 [accessed March 15, 2012].
13. 参见 Zeller 2011, Bernbeau and Katiraei 2011, Salmon et al. 2009 or Zeller 2010。
14. Ibid., Bernbeau and Katiraei 2011.
15. Wortzel LM. China's approach to cyber operations: implications for the United States,

testimony before the committee on foreign affairs. House of representatives, hearing on "The Google Predicament: Transforming U.S. Cyberspace Policy to Advance Democracy, Security, and Trade", March 10, 2010. http://www.internationalrelations.house.gov/111/wor031010.pdf [accessed March 26, 2012].

16. Markoff J, Barboza D. Academic paper in china sets off alarms in U.S. NY Times 2010.
17. Buldyrev SV, Parshani R, Paul G, Stanley HE, Havlin S. Catastrophic cascade of failures in interdependent networks. Nature 2010;464:1025–8.
18. Albert R, Albert I, Nakarado GL. Structural vulnerability of the North American power grid. Phys Rev E 2004;69:025103.
19. Motter AE, Lai Y-C. Cascade-based attacks on complex networks. Phys Rev E 2002;66:065102R.
20. Ibid., Buldyrev.

[第12章]

攻击伊朗核设施：震网

本章概要

本章信息

震网锁定工业控制系统

震网成功锁定纳坦兹铀浓缩厂

震网是恶意软件的重大发展

震网成功推翻一些安全假定

引言

在前两章，我们讨论了工业控制系统和电网中的网络战。尽管前面章节描述的，针对工业控制系统的网络战是有可能发生的，但严格来说，这并不是真正意义上的网络战。例如，马卢奇河污水泄漏事件是员工报复而实施的犯罪行为；极光测试只是一次试验；意大利电力连锁中断事故被证实是因为设备故障，而不是恶意攻击。在本章中，我们将介绍震网（Stuxnet)，震网曾成功对伊朗纳坦兹铀浓缩厂（Iranian Natanz Uranium Fuel Enrichment Plant，FEP）发起过攻击。与之前提到的针对工业控制系统的事件不同，震网病毒似乎是出于政治目的，因此我们将其归于网络战的范畴。

有意思的是，在发现震网之前，很多人都认为对工业控制系统实施网络战攻击是一件不可能的事——至少是不太可能。例如，在2004年，马库斯·让姆（Marcus Ranum）就曾断言仅仅电网系统的复杂性就可使其不可能成为攻击目标。[1] 然而，2010年7月，白俄罗斯的一家小公司发现了一种名为VirusBlockAda[2]新型恶意软件，该发现颠覆了人们的传统理念，这种新发现的恶意软件就是人们后来所熟知的震网病毒。

在发现VirusBlockAda的几个月后，计算机安全界便迅速活跃起来——最后揭露了该软件为“蠕虫”恶意软件，也就是能够“自我繁殖”，目标是攻击工业控制系统。自蠕虫软件被发现后，伊朗就成了感染该恶意软件最多的地区[3]，同时伴随着伊朗纳坦兹铀浓缩厂（FEP）的离心机无故出现故障[4]，多家媒体猜测震网病毒的终极目标在于伊朗的核设施。2010年11月，其中的一些猜测得到了证实，伊朗总统马哈茂德·艾哈迈迪–内贾德向外宣布：“某种计算机蠕虫为我们某些（核）离心机制造了点麻烦。”[5]

计算机安全界的权威专家认为震网“史无前例”[6]和“飞跃进化”[7]，

以及“这是我们不想再次遇到的威胁”[8]。在本章，我们将研究该恶意软件代表了网络战中发生的彻底革新——这是一种被称为军事革命（RMA）进步。[9]首先我们需要介绍的是伊朗纳坦兹铀浓缩厂——人们广泛认为这是震网病毒的首要攻击目标。随后，我们将具体描述震网如何操作，震网为何代表最先进恶意软件的发展方向，以及震网如何推翻了网络安全的几种假定。

攻击目标：纳坦兹铀浓缩厂

在震网的筹划部署期间，纳坦兹成为了伊朗主要的铀浓缩厂所在地，而纳坦兹吸引了世界的注意是在 2002 年夏天，那时纳坦兹铀浓缩厂开工建设已达两年之久，为了观察其进一步动向，国际原子能机构（IAEA）对纳坦兹铀浓缩厂（见图 12–1）实施了监控。该浓缩厂的设计明显能够抵抗空袭，两座梯级大厅由厚壁水泥箱建造而成，屋顶则是由 8 米厚的土壤覆盖层组成，各自能够容纳大约 5 万台离心机。[10]

2007 年 4 月下旬，纳坦兹的 IR–1 离心机开始进行铀浓缩。[72]在 2009 年 2 月，国际原子能机构报道了纳坦兹的 6 组（164 台）离心机在某地下工厂进行铀浓缩活动（但不是在真空环境下作业，真空环境其实更能加速铀浓缩进程）。[73]

2009 年年底可谓是达到了其顶峰阶段，安装的 IR–1 离心机数量达 9000 台[74]。2009 年春，在纳坦兹铀浓缩厂实际进行铀浓缩的气体离心机数量，据推测达到了 5000 台。可能由于震网的作用[a]，这一数字在下一年减少了约 1000，然而 2011 年，约有 6000 台离心机在制造六氟化铀（UF_6）。[75]

自发现纳坦兹铀浓缩厂以来，世人对它的存在一直争论不休。美方官员担心伊朗试图制造核武器，而伊朗官方则明确否认这一说法，称浓缩厂

[a] 由于产出与馈给比率大幅降低，我们可以认为震网大大损耗了浓缩铀的生产能力。

图 12–1 纳坦兹铀浓缩厂（FEP）谷歌地球影像以及试验性铀浓缩试验厂（PFEP）型反应堆。

图片版权：2012 年，谷歌。

的建立是出于伊朗未来发电的需要。2009 年夏末，伊朗在库姆附近又兴建了另一处铀浓缩厂，该消息经西方三大国的披露，立马引发了人们对伊朗制造核武器野心的担忧。按照福尔多铀浓缩厂（Fordow fuel enrichment plant）的设计，这个位于地下的浓缩厂能够容纳 3000 台气体离心机。[76] 在接下来的几年，生产浓度为 19.95% 铀 235 的铀浓缩生产转到了该厂。[77]

六氟化铀达到浓度为 20% 的铀 235 时，可以有多种用途。在伊朗，这种浓缩铀的唯一民用用途就是用在德黑兰的研究反应堆（TRR）中，尽管科学与国际安全研究所（ISIS）的专家认为伊朗拥有的浓度为 20% 的低浓缩铀（low–enriched uranium，LEU）实际上已经超过了急需的量。另外，伊朗欲将积攒的浓缩铀“存货”转换成为燃料，从而为该研究用反应堆提供能量，然而伊朗并不具备这种能力。[78]

2009 年，普林斯顿大学的斯科特 · 肯普（Scott Kemp）和亚历山大·格拉泽（Alexander Glaser）预测，伊朗制造出军用等级的浓缩铀武器的时间约需 8 个月到 3 年的时间。[79] 随后在 2011 年，科学与国际安全研究所的专家断言，纳坦兹不具备生产出伊朗核电厂所需燃料的能力，这家核电厂也是伊朗唯一的一家，位于布什尔（Bushehr）附近。[80,81] 同时他们还认为，纳坦兹的铀浓缩厂需要使用浓度为 3.5% 的铀 235 的六氟化铀进行浓缩，同时在福尔多进行再次浓缩。[82] 在福尔多，多组 174 台相互连接的 IR–1 离心机分 17 个阶段进行铀浓缩，而在纳坦兹则为 15 个阶段。[83]

2012 年 11 月，伊朗已经生产了 7611 千克（5%）的浓缩六氟化铀，而福尔多工厂更为先进的气体离心机则使用了其中的 1029 千克用来生产浓度为 19.95% 的铀 235。同时，加上已经完成的 232.8 千克浓度为 19.75% 的低浓缩铀和目前对更高纯度的铀 235 进行的浓缩加工，这些举措使得西方国家恐慌不已，因为 200 千克，纯度将近 20% 的浓缩六氟化铀，被认为是已经达到制造第一代核武器所需的武器级浓缩铀（weapon–grade uranium，WGU）的标准。[84]

根据 2008 年秋天发布的报告，大卫·奥尔布莱特（David Albright）和他的两个同事分析了如何利用传统军事手段削弱伊朗生产武器级核武器材料的可能性，结果得出这样一个结论：空袭和传统军事手段不可能摧毁纳坦兹，因此诸如震网病毒这样的网络武器不失为一个选择。

震网锁定工业控制系统

几家主流计算机安全公司仔细检查了震网[85]，发现该软件的首要目标是在工业设备上制造不易察觉的小故障。另外，该软件似乎是只盯上了工业控制系统。例如，其他恶意软件包含了实施各种网络攻击的标准代码——包括身份盗用、密码盗用、发起 DoS 攻击和发送垃圾邮件的代码。[86] 尽管震网病毒技术高度复杂，但它并不是用来实施以上攻击活动的病毒，

[87] 而是试图感染基于 Windows 的操作系统，并和工业设备有数据交换的计算机，从而达到自我复制的目的。这与其他用于各种犯罪活动的网络恶意软件大不相同。震网唯一目的就是要搞破坏，并不是用于盗取身份信息的复杂工具。

震网病毒所感染的工业控制系统类型被称作 SCADA。该系统被设计用来收集实时信息和监控关键基础设施，包括发电厂、石油天然气管道、炼油厂、供水系统以及其他各种需要计算机控制的设备程序。[11] SCADA 进程使用可编程逻辑控制器（Programmable Logic Controllers，PCL），即计算机硬件控制物理部件。为了给这些设备编制程序，管理员要将设备连接到标准 Windows 系统的计算机，随后在使用时通常保持接入状态。

因此，在离心机需要提速时，可编程逻辑控制器需要接入一台 Windows 系统计算机，然后才能启动软件和计算机联络的软件并上传指令。一旦震网病毒感染了装有可编程逻辑控制器的计算机，震网在攻击中就扮演了一个“中间人”的角色：病毒软件首先拦截发送给可编程逻辑控制器的原始指令，并代之发送震网自己设定的指令（见图 12–2）。而软件却错误地向 Windows 计算机报告说原始指令已经上传。通过捏造虚假的报告，震网能过隐藏身份，并为未来的反复攻击奠定基础。震网能够突破计算机的不可否认性（nonrepudiation，在第 1 章有介绍）的安全屏障就是因为其捏造了虚假的成功记录。这保证了数据的发送者能够持有递送证明，同时接收者也持有发送者的身份证明。震网病毒能成功伪造这种递送证明。

震网被设计用来攻击西门子 Step 7 软件控制的可编程逻辑控制器 [12]——具体来说，就是震网病毒只感染可编程逻辑控制器的两个模块——西门子 S7–315 和 S7–417。前者是一种通用控制器，负责控制单列阵装置。举例来说，由 S7–315 控制的该系列设备控制工业生产制造过程中的不同阶段。后者是最高级计算机模块，负责多列阵装置，因此能够比 S7–315 操控更多的工业设备。[13] 安全专家认为，震网只有在可编程逻辑控制器以特

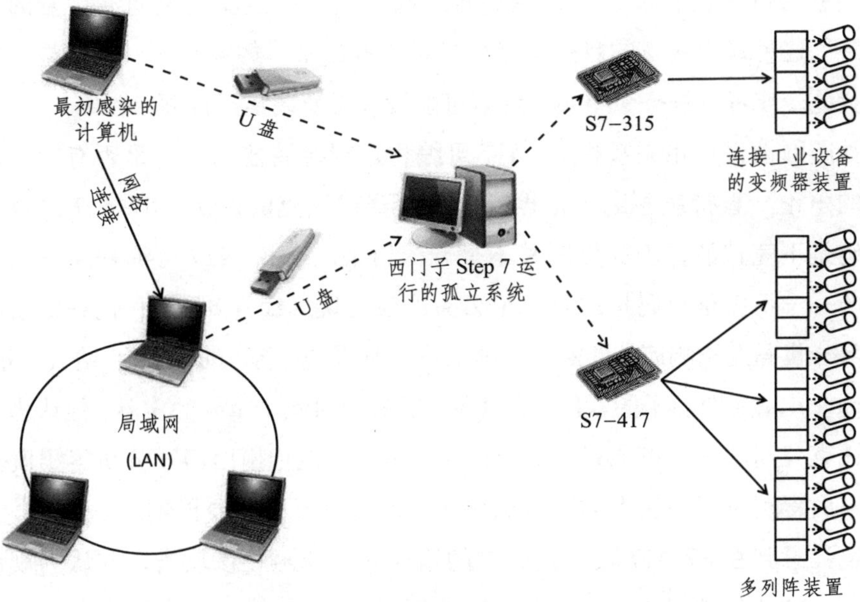

图 12–2 震网病毒的复杂繁殖过程[18]

殊的方式连接工业设备的情况下，才能为攻击提供可乘之机。例如，在蠕虫病毒检测到 S7–315 时，它只会在可编程逻辑控制器连接了 33 个以上的变频驱动器的情况下才会发起攻击——这些设备被用来控制特定设备的运转速度（如马达的转速）。[14] 同样，需要找到配置 6 级联 164 个变频驱动器时，才能攻击 S7–417。[15] 同时，该恶意软件还需要确认变频驱动器是由伊朗法拉罗巴耶利公司（Fararo Paya）或者芬兰伟肯公司（Vacon）制造时，才能满足发动攻击的条件。[16]

一旦震网在被定位目标的变频驱动器的系统完成感染，就会展开攻击。基于对该软件的分析，专家们发现，该病毒发现驱动器在 807—1210 Hz 运转后，会定期改变设定频率，使驱动器在 2—1410 Hz 不断变速。[17] 通过这种方式，由变频驱动器控制的装置就以意想不到的方式运转。但震网向操作人员发送的报告却称设备的可编程逻辑控制器的编程正确，操作人员就会以为设备在正常范围运行。震网调整设定参数说明了重要的一点——这种蠕虫病毒的目的就是要损坏工业设备。如果震网只不过是个概念验证，或者只是一个噱头，那就可能没有必要调整运行频率。[19]

震网被设计用来攻击 S7–417 可编程逻辑控制器的代码是否有效？这样的争论一直持续不断。根据安全公司赛门铁克的说法，S7–417 的攻击代码是不完整的，因此震网并不是专门用来攻击 S7–417 可编程逻辑控制器的——不完整代码指的是一个丢失的数据块（编号 8061）、代码错误以及部分代码无法响应。[20] 由于德国工业控制系统专家拉尔夫 · 兰纳（Ralph Langne）精通西门子的软件[a]，他在分析震网时做了重要的贡献，他认为赛门铁克公司的分析可能是不完整的。[21] 第一，他指出西门子分析得出既然震网病毒利用了“丢失的”数据块——因此就没有必要再创造一块。[22] 兰纳也注意到在 S7–417 攻击代码中的错误并不能阻止该攻击，并认为规模如此大的软件项目中（大约有 12000 行代码），出错也是在所难免的。最后，他说道，S7–417 的攻击途径有部分没有响应，似乎可能是软件开发工具造成的结果。

震网成功锁定纳坦兹铀浓缩厂

震网不仅以攻击工业控制系统为设计目的，而且还有证据显示其攻击取得了成功。成功的标志可以从以下情况中推理出来。首先，这种蠕虫病毒最初的感染似乎发生在伊朗；第二，震网代码的数据结构和伊朗纳坦兹铀浓缩厂离心机的配置类似；第三，伊朗政府官员承认他们的离心机的运转受到该病毒的影响。

---

[a] 更多关于震网和其背后的计算机科学信息，参见兰纳的网站：http://www.langner.com/en/news/。

震网主要集中地：伊朗

伊朗似乎是这次攻击的中心，这从感染震网病毒数量以及对病毒采样的分析可以看出。截至 2010 年 9 月 29 日，网络安全公司赛门铁克追踪了 10 万台被感染的计算机，其中大约 60000 台位于伊朗。印度尼西亚大约有 15000 台被感染。[23] 我们注意到，伊斯兰国家印度尼西亚和伊朗有着密切的政治经济往来。[24] 因此，病毒从伊朗传播到印度尼西亚是完全有可能的。

赛门铁克与其他安全公司合作，收集了 3280 份独特的震网软件及其变种样本，[25] 这些样本代表了总共 12000 个感染案例，这是因为该病毒内部有一份之前感染过的系统名单。对于一个特定的样本来说，研究人员能确定该蠕虫病毒进入某个计算机的传播路径。通过在每一个案例中追溯 5 个不同机构的其中一个机构的感染历史，我们发现所有的机构都位于伊朗。[26]

震网源代码与纳坦兹铀浓缩厂的级联配置代码相似

通过对伊朗纳坦兹铀浓缩厂的了解发现，其离心机的配置和震网代码极为相似。根据国际原子能机构的信息，纳坦兹浓缩工厂运行的的 IR–1 离心机是 6 组 164 台级联离心机。[27] 这与震网在攻击 S7–417 控制器时寻找的配置一致。另外一个可能的指标是 IR–1 离心机的最大速度为 1400—1432 Hz[28]，该频率范围非常接近震网在攻击时设定的最大速度：1410 Hz。[29] 将 IR–1 离心机调到如此高的频率运行很可能导致设备毁坏。

如果铀浓缩的过程被分阶段进行，每个阶段有多台离心机同时运行，那么浓缩过程就能得到最优化处理。[30] 从 2006 年发布的一次采访得知，伊朗人正采用 15 个阶段来进行铀浓缩。[31] 每个阶段都配备特定数量的离心机，以获取最佳生产结果。普林斯顿大学核未来实验室的教授亚历山大 · 格拉泽研究了 164 台离心机级联的最优配置。专门从事数据采集与监控系统研究的兰纳通信技术有限公司创始人拉尔夫 · 兰纳将前者的分析与震网中的数据构造对比，他发现恶意软件中的数据结构反映了格拉泽的分析。[32] 这种病毒可能严重干扰每个阶段的离心机最优配置，结果形成的配置似乎与格拉泽认定的最优配置正好相反。如果震网的攻击目标是纳坦兹的离心机，攻击的结果将导致浓缩铀的产出达不到原定的最优水平，亦即产量大大低于设计能力。

拉尔夫·兰纳的其他证据也说明震网的目标是纳坦兹，他仔细研究了伊朗总统马哈茂德·阿哈迈迪－内贾德在 2008 年初访问纳坦兹的照片后得出这一结论。[33] 尽管不引人注意，且位于照片底端，但有一张照片拍到了两块计算机屏幕的一部分——屏幕上显然是数据采集与监控系统的控制器，兰纳从中窥得了离心机的结构化组织。兰纳指出，照片中该离心机级联的分布恰好与其公司对震网病毒分析得出的数据结构一模一样。该病毒正是被设计用来锁定攻击纳坦兹单台离心机的级联方式，该图片为此结论提供了强有力的证据（见图 12–3）。[34]

震网对纳坦兹铀浓缩厂的攻击效力

如果震网成功锁定了纳坦兹，那么纳坦兹的离心机报废的数量必将上升，低浓缩铀的产量也将下降。2009 年底—2010 年初，伊朗报废并替换了纳坦兹铀浓缩厂大约 1000 台 IR–1 离心机（6 个级联，每个级联 164 台离心机）。[35] 报废这些离心机的时间，以及离心机停机的数量，同震网攻击的时机以及数据结构一致。

国际原子能机构证实，伊朗在 2008 年第一季度的浓缩铀产量有所上升 [36]，同时值得注意的是，在 2009 年夏——也就是震网入侵纳坦兹的大概时间——根据伊朗官员的估计，在过去半年，伊朗利用 5723 千克的六氟化铀生产了 500 千克的低浓缩铀，科技与国际安全研究所报告称，纳坦兹的低浓缩铀日产量大约增加了 20%。[37] 但是，这仍然被看作是产能下降的表现，因为当时组成级联的离心机的数量增多了，同时低浓缩铀的生产率

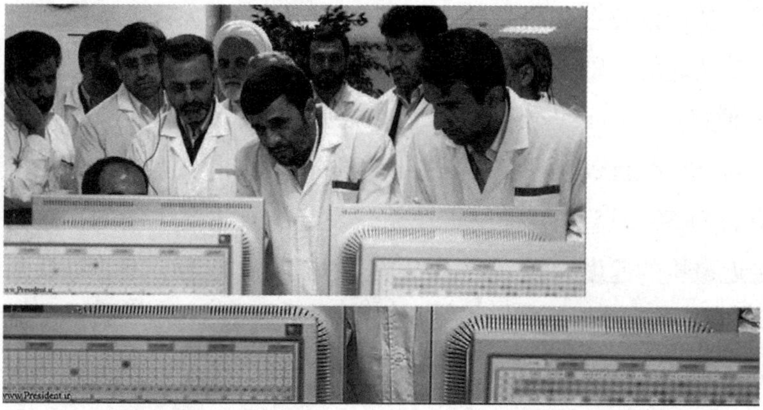

图 12–3 伊朗总统访问纳坦兹的照片，2008 年 4 月被贴在了伊朗总统官网上，暴露了本来应该被保守的秘密。图片下方为增强比对之后的局部图。

也在不断提高。[38] 再次值得注意的是，低浓缩铀生产停滞的时间和公认的震网病毒启用的时间表一致。

对离心机故障最常用的另外一个解释是设备制造有缺陷。IR–1 气体离心机存在设计问题，可靠性差，寿命短。例如，2011 年，低浓缩铀产能率只有 3.5%，原因就是这些陈旧离心机的损坏。再加上受到震网攻击，IR–1 离心机设备状况就更加堪忧，震网病毒能够使得离心机保持在不同的转速，从而使其损坏。[39] 但是，IR–1 离心机的问题揭示了伊朗在面临设备维修时的无能为力，更不用说在制裁进口和紧缺关键原材料的情况下制造这些离心机了。[40] 在震网入侵时期，纳坦兹至少有一个地下级联厂房感染了病毒，该厂房在浓缩铀过程中独独使用显然成为目标的 IR–1 离心机。然而，2012 年 11 月，还是在这个军事基地，位于地面的核燃料浓缩试验厂采用了更加先进的离心机。

另一个需要考虑的方面就是震网的意图。有两种观点：第一种是震网病毒试图立即摧毁离心机；第二种是震网病毒通过更隐秘的方式破坏离心机，使得生产周期在相对长的时间内都达不到最优水平。第一种观点的形成大体上是基于赛门铁克[41]和科学与国际安全研究所[42]的发现；而第二种观点则是源自兰纳通信的研究成果。[43]

对于第一种观点，如果震网是设计用来摧毁离心机的，那么1000台废弃的IR–1离心机就是该病毒所取得的最重要的成果。[44]按照这种观点，震网病毒只有针对S7–315可编程逻辑控制器发起的攻击是主动的，这导致离心机以接近最快的速度运转（S7–417攻击代码更加隐秘，通常被认为是不完整的，因此这和赛门铁克的分析一致，和兰纳的分析不同）。无论如何，科学与国际安全研究所指出，损失1000台离心机很可能直接减缓了伊朗扩大铀浓缩生产的进程。[45]

第二种观点主要由兰纳提出，兰纳认为摧毁离心机和震网的“主旨精神”背道而驰。简单来说，研发恶意软件需耗费大量时间，还需投入大量的财力和心血，因此开发者的目的不可能只是摧毁离心机这么简单，因为摧毁离心机本身就是一件容易发现的事情——因此这说明恶意软件的开发者本意应该是想推迟损毁离心机的。除了这些，兰纳还指出，离心机高速运转不一定就会立即摧毁它们，而是会造成技术损坏，在一段时间后才会被发现。另外，依照该观点，攻击S7–417控制器的代码应该是主动的——这样会为更离散的攻击打开渠道。如果该理论是准确的，那么这1000台废弃的离心机应该正好满足了震网开发者的意图。再者，低浓缩铀生产停滞也可以看作支撑该理论的一个论据。这种更加隐秘复杂的攻击手段很难被检测出来，因为IR–1离心机本身就容易出现技术问题。这样一来，判断设备故障是由蠕虫病毒引起，还是浓缩过程造成的就变得更加困难。

但是，最近赛门铁克的研究发现似乎给这一难题的解决带来了曙光。震网过去的版本是震网0.5，由赛门铁克公司于2013年初发现。[46]该版本的代码包含了曾被用来锁定目标S7–417控制器的路径，并且创建了（之前推测的）软件丢失的部分程序以备攻击之用。[47]事实上，震网0.5仅仅是设计用来发动针对S7–417控制器的攻击，而没有针对攻击S7–315。在查看其源代码时，赛门铁克分析员得出这样一个结论：该攻击是设计用来干扰控制六氟化铀气体流向离心机的阀门——与在之后的震网版本中找到的提升离心机速度的 S7–315 代码相比，这种攻击手段就显得更加隐秘。[48] 赛门铁克专家猜测震网病毒开发者可能不满足于这种限制，因此继续开发了更具威力的 S7–315 攻击。[49]

伊朗就震网的回应

除上述提到的指标分析外，伊朗领导人在谈话中还透露出一些震网病毒潜在影响的证据。艾哈迈迪－内贾德总统在 2010 年 11 月证实恶意软件感染了伊朗的离心机，不过他并没有明确描述震网的存在。[50] 伊朗最高国家安全委员会秘书长赛义德 · 贾利利（Saeed Jalili）在接受德国《明镜在线》（*Spiegel Online*）周刊采访时，被特别问到震网攻击纳坦兹的问题。虽然贾利利并没有详细谈论该病毒造成的损害（再次低调处理该病毒的作用），但是他承认发生了一次攻击事件。他说：“我们的专家很久前就阻止了这次攻击。”[51]

至于震网病毒的具体部署手段，则很可能是由一名破坏者用一个 U 盘将此病毒植入到纳坦兹的系统中。[52] 在这种情况下，该蠕虫病毒设计者可大大地增加成功的几率，而不是被动地等待该病毒蔓延纳坦兹。2010 年 10 月，伊朗情报部长海达尔 · 穆斯利希（Heydar Moslehi）宣布，数量不明的“核间谍”人员因涉嫌震网病毒被捕。[53] 尽管被捕的细节和性质未知，但这至少可以说明伊朗承认震网病毒可能传播的方式是多种多样的，并且给其设备的运行带来了严重的后果。

虽然伊朗在 2010 年底宣称，震网病毒对他们核项目产生的影响甚微，但是安全专家兰纳断言，该病毒致使伊朗的核计划退回到两年前。[54] 有两个层面的原因：第一，如之前提到的那样，震网病毒造成的损害更隐秘——不过似乎收效很大。由此恶意软件造成的设备故障难以查出原因。第二，鉴于震网病毒扩散的程度，要清除铀浓缩过程中涉及的所有计算机设备的病毒是非常困难的。也许正是这些忧虑使得伊朗在 2010 年 11 月（因不明原因）全面暂停了纳坦兹的铀浓缩生产。[55]

纳坦兹是震网的唯一目标吗？

人们自然会有疑问："震网还影响了其他哪些国家？"尽管有报道称，德国[56]、芬兰[57]和中国[58]的监控设备中也发现了这种病毒，但这些国家的工业系统没有因受到感染而损坏。这可能是由于各国的可编程逻辑控制器配置不同，因为震网病毒仅对某种特定配置发动攻击。西门子宣称，使用其软件的用户中，只有 15 个系统报告病毒感染。在这 15 个系统中，没有发生过设备损害的情况。[59]伊朗很可能没有向西门子报告感染情况。伊朗虽然是在 2002—2003 年间购买了西门子 S7–315 和 S7–417 控制器卡，但国际原子能机构证实，伊朗很可能将这些硬件设备转移到其核项目中，这使得西门子停止了向伊朗的销售活动。[60]但是在此之后，通过俄罗斯一家名为 Power Machines Corp 的电力设备公司，伊朗最终还是购得了西门子制造的 S7–417，并安装进了伊朗在布什尔的 Teleperm 系统。[61]布什尔可能也是震网病毒攻击的一个目标。然而，并没有足够的证据证明这样的猜测，震网病毒的数据结构说明了其目标指向纳坦兹，而不是在布什尔。

从震网攻击的硬件目标以及工厂内离心机的配置，可以看出将纳坦兹铀浓缩厂作为目标显示出病毒研发者事先搜集了大量与目标有关的情报。虽然情报可能通过更传统的手段搜集，比如人员搜集或信号搜集，但有些人认为这种情报也是通过网络战搜集的。其中一个假设是 Duqu 病毒（详见第 7 章）就是以搜集情报为目的编写的。

震网是恶意软件的重大发展

和其他恶意软件一样，震网利用了此前系统软件中未认证的安全漏洞：零日漏洞（zero–day）。由于这种漏洞此前未被发觉，因而未被杀毒软件识别。供读者参考的有“极光行动”（第 6 章），该病毒就是利用了一个零日漏洞。此前还没有出现能利用两个零日漏洞的病毒，[62] 而震网竟然利用了四个零日漏洞用来对付 Windows 操作系统，以及另外一个零日漏洞用来攻击西门子软件。震网利用的 Windows 系统的四个零日漏洞中，有两个漏洞与提升权限功能有关，这使得震网病毒能够合法进入或以管理员身份访问被感染的系统。另外，通过利用这种 rootkit 方法获得管理员身份的访问权限，避免多数杀毒软件对该蠕虫病毒的检测。[63] 另两个漏洞与病毒传播相关，通过 U 盘或局域网传播病毒。在撰写本书之际，自我传播的计算机病毒并不多见，因为这种病毒难以控制。以“僵尸网络”为例，大量计算机被病毒感染，同时受到与感染计算机没有合法关联的命令控制服务器的控制。[64] 僵尸网络主要通过垃圾邮件和恶意网站传播病毒，自我传播的方式非常有限。[65] 通过比较得知，震网似乎主要是依靠自我传播病毒，而不是通过像僵尸网络这样的典型传播方式。

震网成功推翻一些安全假定

我们讨论的震网病毒在美国军事事务革命中的最后一个方面是，它推翻了一些安全假定。第一个假定是，孤立系统比联通的系统更安全。按照定义，SCADA 控制对任务具有关键意义的设备，很多管理员不把这些计算机同网络相连，试图通过隔离的方式来保证安全，结果只能采用通过可移动媒介的形式把文件传至计算机。这实际上指的就是一种“空气间隙”

系统（air–gap system），或是“跑腿网络”（sneakernet）。震网的设计者利用了这一假定，使病毒通过U盘等可移动存储设备来传播。一旦U盘被感染，震网病毒软件就会在锁定识别的目标上运行，并随后使用被感染的驱动器。

另一个后来被震网病毒推翻的关键安全假定是数字签名证书设立的信任关系。为了提供更好的稳定性，包括微软 Windows 系统在内的当代操作系统，限制计算机的程序访问系统组件。正常的程序要求系统通过驱动软件与硬件沟通。在这种情况下，与其他程序相比，驱动软件具有访问低层系统组件的更高权限。为了避免不经意间产生恶意驱动软件，微软 Windows 系统遂依靠数字签名证书进行识别。为躲过杀毒软件的检测，震网使用了合法的数字签名证书。这是此前没有发现的病毒的另一个方面。早期的震网版本使用瑞昱半导体系统公司（Realtek Semiconductor Systems）提供的证书，后来的版本是智微科技公司的证书。使用这些证书使得震网在 Windows 系统中呈现出合法软件的假象。ESET 的安全专家指出，两家公司都在台湾，因此怀疑这些证书可能已被盗。此外，他们相信，这极可能是物理盗窃（甚至有可能是监守自盗），因为驱动软件的数字证书在网络黑市上并不常见。[66]

震网对未来的影响

震网具有重大意义——这种新一代恶意软件，突破了现有安全假定中的缺陷，并能对与互联网断开的工业系统造成损害。让我们来比较观察比较另外两起攻击事件。第一，俄罗斯 2008 年对格鲁吉亚发起的网络攻击（详见第 3 章），这些 DoS 攻击主要依赖僵尸网络病毒和黑客，目标直指格鲁吉亚互联网的基础设施。这些攻击使得格鲁吉亚的互联网连接暂时陷入瘫痪，攻击时间主要集中在俄罗斯发动常规军事行动期间。虽然这种攻击方式当时在安全界众所周知，但由于其规模之大，以及与常规军事行动同时发生，仍然具有重要意义。但是，对格鲁吉亚的这些攻击是针对计算机的基础设施——而不是 SCADA。在很多方面，那些攻击属于典型的计算机网络攻击，目的就是为了降低计算机网络的工作能力。

另一起与震网病毒同时发生的网络攻击称为“极光行动”（详见第 6 章），黑客在 2009 年 12 月渗透谷歌公司的网络盗取信息，包括电子邮件账户，还有可能包含计算机源代码等信息。“极光行动”利用了微软 IE 浏览器的零日漏洞，这是利用许多用户每天都要使用的常见应用软件。[67] 这种特别的网络攻击是网络间谍战的典型案例——攻击目的是为了从攻击目标中窃取信息。

震网病毒在几个方面与这两个案例不同。无论是针对格鲁吉亚还是针对谷歌的攻击，都是将目标指向直接或间接与互联网相连的计算机网络。在以上的两种攻击中，只要与网络断开连接，系统就不会受到损害。但是，震网病毒则并非如此，这种先进的病毒具有连接“空气间隙”的能力。负责孤立系统安全的管理人员面对一种棘手的窘境：为了确保其系统不受最新恶意软件的侵扰，他们必须定期进行更新；但这样做，他们又得冒着病毒传播的风险（例如通过局域网或存储器进行更新——而震网病毒能通过这两种方式进行传播）。

另一个关键的区别是，在“极光行动”和“格鲁吉亚攻击事件”中，目标都是指向其他的计算机。而震网对信息系统造成的损害甚小，它的目的就是破坏真实世界的设备。伊朗人承认震网成功影响了一个非虚拟实体。这是武器的重大进步——在计算机打开后才存在的软件能成功对真实世界造成破坏。震网清楚地展示，网络武器能给现实世界带来巨大的危害，这反驳了之前人们持有的观点，即这种软件最多不过是一种“大规模烦人武器”（详见第 1 章）。

恶意软件对真实世界设备造成什么影响？ 现在到了必须重视很多问题的时候了。参议院在震网事件后举行的听证会上，探讨了美国如何能更好地保护其关键基础设施免遭类似的攻击。[68] 但是，预防只是一部分，还有很多政策问题——其中有些问题，总的来说，和网络战有关——它们显得越来越重要。我们如何追踪此类攻击的来源？[69] 我们如何应对政府外团体对 SCADA 基础设施发起的攻击？ 陆地战争法则如何应用于对真实世界造成损害的网络武器？

还有一些操作层面和技术层面的问题也必须得到回答。在网络战领域，技术和操作问题的考量常是分不开的。例如，我们如何能更好地识别零日漏洞（零日漏洞在定义上就是未知的漏洞）？我们如何找到诸如震网这种在设计上不易发觉的恶意软件？我们所做的安全假定中还有哪些可能被推翻？我们如何模拟一个未知的网络威胁？

诸如震网的网络病毒武器将会扩散吗？ 根据一些安全专家的推测，与震网类似的变种病毒将会越来越会普遍。[70] 还有报道指出，中国的工业设备受到了非震网病毒的网络攻击。[71] 值得注意的是，尽管赛门铁克、卡巴斯基实验室、ESET 和兰纳通信公司提供的是免费分析，从防御的角度来说对人们是大有好处的，但是这些分析也可能恰恰发挥相反的作用，启发人们从中获得制造类震网病毒的灵感。

网络战具有快速变化的性质。激进分子、政府、企业、学术团体和黑客界都在持续关注和分析系统中的最新漏洞。但是，先进的震网病毒确实代表了一流的水准——无论是作为一款软件，还是它所取得的成果，都可以说到了最先进的水平。它揭示出我们的安全假定中的缺陷，需要在多个层面进行修整；但最重要的或许是，它展示了软件也能被当做具有决定性意义的武器系统。

小结

本章介绍了震网如何被设计用来锁定攻击工业控制系统，并成功发起了对纳坦兹铀浓缩厂的攻击。震网不仅利用了 5 个零日漏洞，同时还利用了工业控制系统中常见的隐含信任关系。这款特定的恶意软件在设计之初就指向明确，而且在设计上似乎有意限制了其带来的附带伤害。也许震网病毒向人们揭示的是，网络武器的时代已经来临。

推荐阅读

本章内容以保罗 · 沙克瑞恩的《震网：军事中的网络革命》（*Stuxnet: Cyberwar Revolution in Military Affairs*）一文为创作依据，这篇文章最早发表于 2011 年 4 月份的《小规模战争杂志》（*Small Wars Journal*）——在线发布于 smallwarsjournal.com。同时可从《空天力量杂志》（*Air and Space Power Journal*）[a] 获取西班牙语版译文。

说到关于震网最著名的技术分析，就不得不提到赛门铁克公司的尼古拉斯 · 法利尔（Nicolas Falliere）、利亚姆 · O. 莫楚（Liam O Murchu）和埃里克 · 钱（Eric Chien）合写的《W32. 震网蠕虫档案》（*W32. Stuxnet Dossier*）。另一篇优秀的技术分析文章《详论震网病毒》（*Stuxnet under the Microscope*），由安全公司 ESET 的亚历山大 · 马特洛索夫（Aleksandr Matrosov）、尤金 · 罗迪诺夫（Eugene Rodionov）、大卫 · 哈利（David Harley）和尤拉伊 · 马乔（Juraj Malcho）合写。

赛门铁克和 ESET 从信息安全的角度讲述了震网病毒的技术层面。但是，兰纳通信股份有限公司的拉尔夫 · 兰纳则重点从工业控制系统的角度介绍震网病毒。有意思的是，我们应该注意到兰纳的研究结果可能与赛门铁克的结论有出入。兰纳的相关文章详见其博客 http://www.langner.com。

[a] 参见 http://www.airpower.au.af.mil/apjinternational/apj-s/2012/2012-3/2012_3_06_shakarian_s.pdf。

参考文献

1. Ranum MJ. CyberWar: reality or hype? In: Vanguard security conference, 2004, Reno Nevada; 2004. http://www.ranum.com/security/computer_security/archives/myth-of-cyberwar.pdf [accessed April 17, 2013].
2. Oleg K, Sergey U. Trojan-Spy.0485 and Malware-Cryptor.Win32.Inject.gen.2 Review; July 2010 VirusBlockAda.
3. Falliere N, Murchu LO, Chien E. W32.Stuxnet Dossier Version 1.4. Symantec Corporation; February 7, 2011.
4. Albright D, Brannan P, Walrond C. Did Stuxnet take out 1,000 centrifuges at the Natanz Enrichment Plant? Institute for Science and International Security (ISIS). Washington, DC; 2010.
5. Erdbrink T. Ahmadinejad: Iran's nuclear program hit by sabotage, Washington, DC: Washington Post; November 29, 2010. http://www.washingtonpost.com/wp-dyn/content/article/2010/11/29/AR2010112903468.html [accessed February 16, 2011].
6. Quote from Roel Schouwenberg, Senior Anti-Virus Researcher at Kaspersky Labs in an interview at the Virus Bulletin conference. http://www.youtube.com/watch?v=C9H3MrtLgUc; October 2010 [accessed February 16, 2011].
7. Brunner M, Hofinger H, Krauss C, Roblee C, Schoo P, Todt S. Infiltrating critical infrastructures with next-generation attacks W32.Stuxnet as a showcase threat. Fraunhofer SIT; December 2010. Version 1.4. p. 23.
8. Falliere *et al.* 55.
9. Murray W. Thinking about revolutions in military affairs. Joint Forces Q 1997;(Summer).
10. Brannan P, Albright D. SIS imagery brief: new activities at the Esfahan and Natanz nuclear sites in Iran. The Institute for Science and International Security; 2006. http://isis-online.org/uploads/isis-reports/documents/newactivities.pdf [accessed April 17, 2013].
11. Fernandez JD, Fernandez AE. SCADA systems: vulnerabilities and remediation. J Comput Sci Coll 2005;20 (4):160–8.
12. Brandstetter T. Stuxnet Malware. CIP Seminar, Siemens; November 2010.
13. Langer Ralph.Howto hijack a controller—why stuxnet isn't just about Siemens PLCs,ControlMag January 13, 2011;http://www.controlglobal.com/articles/2011/IndustrialControllers1101.html [accessed February 16, 2011].
14. Falliere *et al.* 39.
15. Langer R. 417 Data structures=cascade structure=reported damage. Langer Communications GmbH Blog; December 29, 2010. http://www.langner.com/en/2010/12/29/417-data-structures-cascade-structure-reporteddamage-reported-damage/

[accessed February 16, 2011].

16. Falliere *et al.* 39.
17. Ibid., 41.
18. Shakarian P. Stuxnet: cyberwar revolution in military affairs, Small Wars J 2011; http://smallwarsjournal.com/jrnl/art/stuxnet-cyberwar-revolution-in-military-affairs [accessed February 26, 2013].
19. Langer. *Control Magazine*.
20. Falliere *et al.* 45.
21. Langner R. Matching Langner's Stuxnet analysis and Symantic's dossier update, Langner Communications GmbH; February 2011. http://www.langner.com/en/2011/02/21/matching-langner%E2%80%99s-stuxnet-analysis-and-symantec%E2%80%99s-dossier-update/[accessed December 29, 2012].
22. SIMATIC WinCC/SIMATIC PCS 7: information about Malware/Viruses/Trojan horses. Siemens. http://support.automation.siemens.com/WW/llisapi.dll?func=cslib.csinfo&lang=en&objid=43876783&caller=view; November 2011 [accessed December 29, 2012].
23. Falliere *et al.* 5.
24. Farrar-Wellman A, Frasco R. Indonesia-Iran foreign relations, AEI Iran Tracker June 2010; http://www.irantracker.org/foreign-relations/indonesia-iran-foreign-relations [accessed December 29, 2012].
25. The designers of Stuxnet launched attacks in three phases, each phase using an updated version of the software.The technical details can be found in Falliere *et al.*
26. Ibid., 7.
27. Albright *et al.* 2.
28. Ibid., 4.
29. Falliere *et al.* 41.
30. Glaser A. Characteristics of the gas centrifuge for uranium enrichment and their relevance for nuclear weapon proliferation (corrected). Sci Global Secur June 2008; vol. 16, 1–25, 14.
31. Ibid.
32. See Ralph Langner's January 2012 talk at the S4 conference. http://www.digitalbond.com/blog/2012/01/31/langners-stuxnet-deep-dive-s4-video/ [accessed 29.12.12].
33. Langner R. The Prez shows his cascade shape. Langner Communications GmbH. Hamburg: Germany; December 2011. http://www.langner.com/en/2011/12/07/the-prez-shows-his-cascade-shape/[accessedDecember 29, 2012].
34. Pauli D. Stuxnet a 'perfect match' to Iran nuclear facility, photo reveals, SC Magazine December 9, 2011; http://www.scmagazine.com.au/News/282735,stuxnet-a-perfect-match-to-iran-nuclear-facility-photo-reveals. aspx [accessed April 17, 2013].

35. Albright *et al.* 2.
36. Kerr PK. Iran's nuclear program: status, Congressional Research Service, Washington, DC.; August 11, 2009. http://isis-online.org/uploads/conferences/documents/CRS_Iran_August2009_1.pdf [accessed April 17, 2013].
37. Kerr PK. Iran's nuclear program: status, Congressional Research Service, Washington, DC.; August 11, 2009.http://isis-online.org/uploads/conferences/documents/CRS_Iran_August2009_1.pdf [accessed April 17, 2013].
38. IAEA Report by the Director General . Implementation of the NPT Safeguards Agreement and Relevant Provisions of Security Council Resolutions 1737 (2006), 1747 (2007), 1803 (2008), and 1835 (2008) in the Islamic Republic of Iran, http://www.iranwatch.org/international/IAEA/iaea-iranreport-060509.pdf [accessed April 17, 2013].
39. Albright D, Walrond C. Performance of the IR-1 Centrifuge at Natanz, Institute for Science and International Security, Washington, DC.; October 18, 2011. http://isis-online.org/uploads/isis-reports/documents/IR1_Centrifuge_Performance_18October2011.pdf [accessed April 17, 2013].
40. Albright D, Walrond C. Performance of the IR-1 Centrifuge at Natanz, Institute for Science and International Security, Washington, DC.; October 18, 2011. http://isis-online.org/uploads/isis-reports/documents/IR1_Centrifuge_Performance_18October2011.pdf [accessed April 17, 2013].
41. Falliere *et al.*
42. Albright D, Brannan P, Walrond, C. Stuxnet Malware and Natanz: update of ISIS December 22, 2010 Report. *ISIS Reports*. http://isis-online.org/isis-reports/detail/stuxnet-malware-and-natanz-update-of-isis-december-22-2010-reportsupa-href1/8; February 15, 2011 [accessed December 29, 2012].
43. See Ralph Langner's January 2012 talk at the S4 conference. http://www.digitalbond.com/blog/2012/01/31/langners-stuxnet-deep-dive-s4-video/; 2012 [accessed December 29, 2012].
44. Albright, Brannan, and Walrond.
45. Albright, Brannan, and Walrond.
46. McDonald G, Murchu LO, Doherty S, Chien E, *Stuxnet 0.5: The Missing Link*, Symantec Corporation; February 2013.
47. Stuxnet 0.5: disrupting uranium processing at Natanz. Symantec Connect (blog). http://www.symantec.com/connect/blogs/stuxnet-05-disrupting-uranium-processing-natanz; February 26, 2013 [accessed February 26, 2013].
48. Ibid.
49. McDonald *et al.*, ibid.

50. Erdbrink.
51. Bednarz D, Follath E. Iran's chief nuclear negotiator:we have to be constantly on guard.SPIEGELONLINEJanuary 18, 2011; http://www.spiegel.de/international/world/0,1518,739945-2,00.html [accessed February 16, 2011].
52. Falliere *et al.* 3.
53. Leyden J. Iran boasts of Stuxnet 'nuclear spies' arrests. *The Register.* http://www.theregister.co.uk/2010/10/04/stuxnet_conspiracy_theories/; October 4, 2010 [accessed February 16, 2011].
54. From an interview with Ralph Langer by Yaakov Katz in "Stuxnet Virus Set Back Iran's Nuclear Program by 2 Years." Jerusalem Post. http://www.studentnewsdaily.com/daily-news-article/stuxnet-virus-set-back-irans-nu clear-program-by-2-years/; December 15, 2010 [accessed February 16, 2011]. 55. Albright *et al.* 6.
56. Stuxn*et al*so found at industrial plants in Germany. The H Security. http://www.h-online.com/security/news/item/Stuxnet-also-found-at-industrial-plants-in-Germany-1081469.html; September 17, 2010 [accessed February 16, 2011].
57. Stuxnet Spreads to Finland. *The New Internet.* http://www.thenewnewinternet.com/2010/10/14/stuxnet-spreads-to-scandinavia/; October 2010 [accessed February 16, 2011].
58. Leyden J.Stuxnet worm slithers into China. *The Register* http://www.theregister.co.uk/2010/10/01/stuxnet_china_analysis/; October 2010 [accessed February 16, 2011].
59. Brandstetter.
60. Albright *et al.* 5.
61. Langer R. 417 Installed in Bushehr NPP. *Langer Communications GmbH Blog.* http://www.langner.com/en/2010/12/14/417-installed-in-bushehr-npp/; December 14, 2010 [accessed February 16, 2011].
62. Interview with Roel Schouwenberg at Virus Bulletin (see note 2).
63. Davis M. Stuxnet reality check, Inf Week analytics 2013; http://www.savidtech.com/wp-content/themes/sti/im ages/stories/PDF/S2840511_DR_stuxnet.pdf [accessed February 26, 2013].
64. Barford and Yegneswaran, 2.
65. Ibid., 3.
66. Matrosov *et al.* 13. Also see the related ESET technical blog post at http://blog.eset.com/2010/07/22/why-stealdigital-certificates; [accessed February 16, 2011].
67. Matrosov *et al.* 5.
68. For details on the November 2010 U.S. Senate hearing in the aftermath of Stuxnet, see http://hsgac.senate. gov/public/index.cfm?FuseAction=Hearings.Hearing&Hearing_id=954c3149-042e-4028-ae23-754868902c44 [accessed February 16, 2011].

69. See Jeffrey Carr, Inside Cyber Warfare for a detailed analysis of these issues.
70. Stuxnet-like attacks have been predicted by several computer security professionals, including Symantec Corporation (see MessageLabs Intelligence: 2010 Annual Security Report). Several experts also make such predictions in eWeek (http://www.eweek.com/c/a/Security/Stuxnet-Variants-Will-Wreak-Havoc-on-More-Information-Systems-in-2011-373179/) ComputerWeekly (http://www.computerweekly.com/Articles/2010/12/22/244626/StuxNet-prepare-for-worse-in-2011.htm) [accessed April 17, 2013].
71. Rashid F. Stuxnet-Like Trojans Can Exploit Critical Flaw in Chinese Industrial Software. *eWeek*. http://www.eweek.com/c/a/Security/StuxnetLike-Trojans-Can-Exploit-Critical-Flaw-in-Chinese-Industrial-Software-296674/; January 12, 2011 [accessed February 16, 2011].
72. Kerr PK. Iran's nuclear program: status, Congressional Research Service. Pdf-file available at; http://isis-online.org/uploads/conferences/documents/CRS_Iran_August2009_1.pdf; August 11, 2009 [accessed April 17, 2013].
73. IAEA. *Implementation of the NPT Safeguards agreement and relevant provisions of Security Council Resolution 1737 (2006), 1747 (2007), 1803 (2008) and 1835 (2008) in the Islamic Republic of Iran*, Pdf-file available at: http://www.iaea.org/Publications/Documents/Board/2009/gov2009-8.pdf; February 19, 2009 [accessed April 17, 2013].
74. Albright ,WalrondC. *Performance of the IR-1Centrifuge at Natanz*. Institute for Science and International Security: Pdf-file available at; http://isis-online.org/uploads/isis-reports/documents/IR1_Centrifuge_Performance_18October2011.pdf; October 18, 2011 [accessed April 17, 2013].
75. Albright D,Walrond C. *Performance of the IR-1 Centrifuge at Natanz*. Institute for Science and International Security: Pdf-file available at; http://isis-online.org/uploads/isis-reports/documents/IR1_Centrifuge_Performance_18October2011.pdf; October 18, 2011 [accessed April 17, 2013].
76. ISIS Report. *Satellite imagery of two possible sites of the Qom enrichment facility in Iran.* Available at: http://isisonline.org/isis-reports/detail/satellite-imagery-of-two-possible-sites-of-the-qom-enrichment-facility-in-i/8#images; September 25, 2009 [accessed April 17, 2013].
77. Albright D, Brannan P, Stricker A, Walrond C. *Natanz Enrichment Site: Boondoggle or Part of an Atomic Bomb Production Complex?* ISIS Reports. Available at: http://isis-online.org/isis-reports/detail/natanz-enrichment-siteboondoggle-or-part-of-an-atomic-bomb-production-comp/; September 21, 2011 [accessed April 17, 2013].
78. Albright D, Brannan B, Stricker A, Walrond C. *Natanz enrichment site: Boondoggle or part of an atomic bomb production complex?* ISIS Reports. Available at: http://isis-online.org/isis-reports/detail/natanz-enrichment-site-boondoggle-or-part-of-an-atomic-bomb-production-comp/; September 21, 2011 [accessed April 17, 2013].

79. Kemp SR, Glaser A. *Statement on Iran's ability to make a nuclear weapon and the significance of the 19 February 2008 IAEA Report on Iran's Uranium-Enrichment Program*. Pdf available at: http://www.princeton.edu/~aglaser/2009aglaser_iran.pdf; March 2, 2009 [accessed April 17, 2013].
80. Albright D, Walrond C. *Performance of the IR-1 centrifuge at Natanz*. Institute for Science and International Security. Pdf-file available at: http://isis-online.org/uploads/isis-reports/documents/IR1_Centrifuge_Performance_18October2011.pdf; October 18, 2011 [accessed April 17, 2013].
81. Albright D, Brannan P, Stricker A, Walrond C. *Natanz enrichment site: Boondoggle or part of an atomic bomb production complex?* ISIS Reports. Available at: http://isis-online.org/isis-reports/detail/natanz-enrichmentsite-boondoggle-or-part-of-an-atomic-bomb-production-comp/; September 21, 2011 [accessed April 17, 2013].
82. Albright D, Brannan P, Stricker A, Walrond C. *Natanz enrichment site: Boondoggle or part of an atomic bomb production complex?* ISIS Reports. Available at: http://isis-online.org/isis-reports/detail/natanz-enrichmentsite-boondoggle-or-part-of-an-atomic-bomb-production-comp/; September 21, 2011 [accessed April 17, 2013].
83. Albright D, Walrond C. *Iranian production of 19.75 percent enriched uranium: beyond its realistic needs*. ISIS Report. Pdf available at: http://isis-online.org/uploads/isis-reports/documents/Twenty_percent_production_15June2012. pdf; June 15, 2012. p. 3 [accessed April 17, 2013].
84. Albright D, Walrond C. *Iranian production of 19.75 percent enriched uranium: beyond its realistic needs*. ISIS Report. Pdf available at: http://isis-online.org/uploads/isis-reports/documents/Twenty_percent_production_15June2012. pdf; June 15, 2012. p. 9 [accessed April 17, 2013].
85. These include Symantec, Kaspersky Labs, ESET, and Langer Communications GmbH.
86. Barford P, Yegneswaran V. An inside look at Botnets. In: Christodorescu M, Jha S, Maughan D, Song D, Wang C, editors. *Malware detection*. New York: Springer; 2007.
87. Matrosov A, Rodionov E, Harley D, Malcho J. *Stuxnet under theMicroscope Revision 1.2*. ESET; November, 2010. p. 5.

网络战的结论与未来

本书探讨了近十年来发生的许多主要网络事件。2000年以前，网络战只是存在于理论中的一个概念，但是没有迹象表明现实生活中爆发过网络战（至少在公共领域未曾出现过）。20世纪90年代末到21世纪初，有人甚至将网络战贬得一文不值，在他们看来，网络战根本没有可能会对社会造成严重的威胁。从那时起，2008年俄格战争、2009年无人机视频被盗取后在网络上曝光、2010年震网病毒的影响、2011年“匿名者”黑客组织对“阿拉伯之春”的支持等一系列事件，似乎将人们对网络战的讨论从“网络战重要吗？”变为“面对网络战我们该采取什么措施？”在撰写此书时我们意识到，许多在20世纪90年代只是存在于理论中的网络攻击，仅仅只是十年之后就变为了现实。我们考查了互联网在现实纷争中扮演的角色，从政府利用互联网进行网络宣传（第4章），到政府镇压国内叛乱（第5章），再到对地面作战的支持（第3章和第9章）。然而，利用网络去达到一定政治目的的行为，不只是局限于国家和政府机关层面。最明显的一个例子就是网络十字军“匿名者”旗下许多团体组织。在第6章中，读者可以看到许多通过在线社交网络进行全球、跨境犯罪的行为初见端倪。尽管网民这个群体只是在过去几年才引起广泛重视，但他们只是世界公民群体的扩大而已，当世界其他角落发生的事让人们感到不满时，他们可以在网络上吐露心声，这比以往任何时候都来得简单。全球互联性

（global interconnectedness）存在其固有的危险性，不幸的是，要使人们认识到这个基本常识还有很长的一段路要走。在主要犯罪事件以及更小范围内带有政治目的的社交网络事件中都突出了全球互联性的危险性。我们在第 8 章通过罗宾 · 塞奇实验来概述可以让这个努力大获成功的突出机制。2012 年，全球有 34% 的人获得使用网络的有利地位——这比 2000 年 12 月增长了 500% 多。在本书中，我们只接触过为数不多的普通网民，从他们身上获悉如何通过社交网站来迅速实现改变世界的可能性（第 2 章和第 5 章）。而且我们可以声称本书关注的大多都是富有组织纪律性且协同合作的行动，这些成功的行动让他们脱颖而出。啊，好在我们可以从主流媒体的报道里找到关于他们很多人的身影。因此在后面的章节中（第 7 章以及第三部分所有章节）阐述了工业控制系统，以及其他工业设施在未来可能遇到的威胁。

在此，我们用完整的一章（第 12 章）来介绍错综复杂的震网，这种病毒被用于控制伊朗主要核生产基地的铀浓缩活动——这个核电站呈地下室结构，底下是层层叠叠的大厅，安全系数较高。

本书在一些章节中不仅讲述了历史上的一些案例，而且重点强调了未来网络空间将带来的变化。根据科学研究和技术的最新成果，作者试图预测网络战在未来现实生活中的策略。现实中确实存在其他因素使得网络战在未来十年内会变得比现在更富有趣味，这些因素也是值得我们考虑的。具体如下：

• 对大数质因子的分解非常艰巨，但它们却是当下许多加密技术赖以生存的基础。20 世纪 90 年代晚期，皮特 · 秀尔（Peter Shor）创立了能够迅速分解质数的算法，这个发现使理论计算机科学得到了长足的发展。[1] 然而，这一种算法需要在以量子力学（支配自然界中极小的亚原子粒子的物理学）为基础的新型计算机系统上运行。这种计算机一般被称作量子计算机，截至本书出版之际，这种量子计算机还未问世。最近，一些由 IBM[2]、加州大学圣巴巴拉分校（UC Santa Barbara）[3] 以及耶鲁大学 [4] 联合开发的量子计算（quantum computing）解决了这个技术难题，这是计算机系统领域一个很大的进步。结果表明加州大学圣巴巴拉分校研究团队开发的量子处理器可以成功分解质数 15[5]，这项开发虽看起来不起眼但却为人们成功破解大数质因子做出了重要贡献。如果这项技术可以得到大规模开发，那么许多现有的加密技术都将被淘汰。

• 黑客在新兴市场上向情报机构出售最新六位数零日漏洞技术[6,7]，是否会引起网络军备竞赛？

• 理论上的"移动僵尸网络"[8]，缺乏抵抗力的庞大网军，以及具有网络功能且高带宽的移动手机，是如何改变网络战场上 DDoS 攻击局面的？对此我们已经掌握了僵尸网络的一些初步证据。[9]

• 伊朗是否希望通过称霸中东网络领域来建立一个"网络什叶新月派"？截至到本书出版之际，我们注意到不仅伊朗将网络战视为重点发展领域（第 5 章），伊朗的盟友及其代理人的网络悟性（cyber sarry）也得到很大的进步。具体例子参见黎巴嫩真主党（第 4 章）、叙利亚电子军（第 8 章）以及伊拉克真主旅（第 9 章）。所有这些集团都与什叶派伊斯兰国家组织关系密切，并且已成功发动多次网络战。或许是因为伊拉克、黎巴嫩及叙利亚都类似"什叶新月派"[10]，所以伊朗常被认为在这些国家建立自己的代理人。而这些国家的网络战士也可以在国内建立属于自己的"网络什叶新月派"。

总之，网络战场将继续得到多维度的发展。我们尚处在新信息安全时代（new era of information security）的开端，在它进入某种常态之前，可能还要经历多次变化。当然，前提是这种常态有存在的可能性。

参考文献

1. Shor PW. Polynomial-time algorithms for prime factorization and discrete logarithms on a quantum computer. Proceedings of the 35th annual symposium on foundations of computer science, Santa Fe, NM, November 20–22,1994.
2. IBM Research Advances Device Performance for Quantum Computing. *IBM*. http://www-03.ibm.com/press/us/en/pressrelease/36901.wss; February 28, 2012.
3. Physicists Make Breakthrough in Quantum Computing. *UC Newsroom*. http://www.universityofcalifornia.edu/news/article/26209; September 1, 2011.
4. Gershon E. At Yale, quantum computing is a (qu)bit closer to reality. *Yale News*. http://news.yale.edu/2012/02/14/yale-quantum-computing-qubit-closer-reality; February 14, 2012.
5. Researchers Make Quantum Processor Capable of Factoring a Composite Number into Prime Factors. *Science Daily*. http://www.sciencedaily.com/releases/2012/08/120819153743.htm; August 19, 2012.
6. Greenberg A. Meet the Hackers Who Sell Spies the Tools to Crack Your PC (and Get Paid Six-Figure Fees). *Forbes*. http://www.forbes.com/sites/andygreenberg/2012/03/21/meet-the-hackers-who-sell-spies-the-tools-tocrack-your-pc-and-get-paid-six-figure-fees/; April 9, 2012.

   Greenberg A. Shopping for Zero-Days: A Price List for Hackers' Secret Software Exploits. *Forbes*. http://www.forbes.com/sites/andygreenberg/2012/03/23/shopping-for-zero-days-an-price-list-for-hackers-secret-software-exploits/; March 23, 2012.
7. The Digital Arms Trade. *The Economist*. http://www.economist.com/news/business/21574478-market-software-helps-hackers-penetrate-computer-systems-digital-arms-trade; March 30, 2013 [accessed April 23, 2013].
8. Traynor P, et al. On cellular botnets: measuring the impact of malicious devices on a cellular network core. ACM conference on computer and communication security, November 2009; 2009.
9. Zink T. Spam from an Android botnet. *Terry Zink's Cyber Security Blog*. http://blogs.msdn.com/b/tzink/archive/2012/07/03/spam-from-an-android-botnet.aspx; July 3, 2012.
10. For further discussion on Iranian influence in the Middle East and the Shi'ite crescent, we recommend Vali Nasr's *The Shia Revival: How Conflicts Within Islam Will Shape the Future*. W.W. Norton; 2006.

[附录 I]

LulzSec 黑客行为大事表

“LulzBoat”或“LulzSec”组织（而非其他衍生组织）的一系列黑客行动。由于黑客行为本身的特性，列出该组织全部黑客行为的做法是不现实的。尽管黑客的嚣张行为在一开始引起了媒体的关注，然而这正是黑客组织的意图，通过大肆宣传获取大众的关注。但是，通过媒体的报道，LulzSec 能够隐藏他们失败的攻击，只利用成功的攻击来造势。以下所列目录仅包含公开的媒体来源以及能够进一步分析黑客行为动机的细节。尽管 LulzSec 一再重申他们一些公开的黑客行为只是出于娱乐的目的，但是我们相信，政治因素必定扮演了不可缺少的角色。

大约日期	目标、黑客攻击活动及方式（目前可知的）	细节
2011 年 5 月 5 日	由于 Fox.com 遭入侵，至少 73000 名参赛者的个人信息被窃取。[1,2]	嘲弄之举。[3]
2011 年 5 月 10 日	Fox.com 的销售数据和用户个人信息遭泄露。[4]	
2011 年 5 月 13 日	入侵并公示 400 余名福克斯广播员工的姓名和邮箱（密码和用户名），鼓动支持者利用公开的信息骚扰员工。[5,6]	@FOXUPTV，反感福克斯新闻频道[7]，嘲弄之举[8]。
2011 年 5 月 15 日	LulzSec 窃取并公布英国 3100 台 ATM 机的交易记录。[9,10]	

大约日期	目标、黑客攻击活动及方式（目前可知的）	细节
2011 年 5 月 23 日	索尼日本网站（sonymusic.co.jp）数据遭窃取并篡改，后公布于网络。[11–13]	索尼征服计划（Sownage）[14]，SQL 注入，目的是让索尼难堪。[15–17]
2011 年 5 月 30 日	篡改美国公共网络电视台（PBS）官网网页；利用 PBS 系统漏洞发布了超过 2000 名员工的密码和登录信息。[18, 19]	认为维基解密记录有失公正。[20]
2011 年 6 月 2 日	比利时的索尼 BMG 数据库遭入侵和披露。[21]	索尼征服计划。[22]
2011 年 6 月 2 日	索尼影视的遭受攻击使得 100 多万名用户[23–24]的个人信息外泄，至少 50000 人的个人信息被发布在网络上。[25–28]	索尼征服计划[29]，SQL 注入，无密码加密[30]，发表在 MediaFire，揭露索尼无法保护用户信息的安全。[31, 32]
2011 年 6 月 2 日	荷兰索尼 BMG（sonybmg.nl）数据库遭窃取。[33]	索尼征服计划。[34]
2011 年 6 月 3 日	组织入侵任天堂公司，上传了可以用于入侵的系统漏洞，任天堂公司[35]及时做出了回应。LulzSec 的道歉声明为：我们太喜欢 N64 了——我们只是希望任天堂公司能够及时修补这个系统漏洞。[36]	揭露该公司在信息技术方面的漏洞。[37]
2011 年 6 月 3 日	亚特兰大 Infragard 也曾遭遇网络篡改事件，信息被窃取，随后 180 名 FBI 人员的个人信息被公开。黑客搜集的信息中还包括网络安全公司 Unveillance CEO 的账户密码，该网络安全公司后来发布了与 LulzSec 成员的聊天记录，记录表明 LulzSec 组织试图敲诈勒索 Unveillance 公司，获取敏感信息，而 LulzSec 反驳说 Unveillance 出钱找人攻击生意竞争者的网站。[38–39]	作为回应，美国国防部认为根据纲要，来自其他国家的计算机破坏行为可以被视为战争行为，并将会对这种行为做出适当的回应。[40–41]
2011 年 6 月 4 日	杂志《2600》遭黑客攻击。[42]	由于它隶属于荷兰黑客旗下，正是 LulzSec 组织的死对头。[43]

大约日期	目标、黑客攻击活动及方式（目前可知的）	细节
2011 年 6 月 6 日	54MB 的索尼娱乐公司开发人员网络地址源代码和索尼 BMG 纽约办事处的网络地图源代码被公布。[44-45]	索尼征服计划[46]；源代码允许对网络做逆向工程操作，并有可能创造新版本的软件。[47]
2011 年 6 月 7 日	28 岁的赫克特·蒙赛格（晚上 10:15）纽约下东区被逮捕，他是匿名者组织、LulzSec 和网络联邦的组织成员。[48-52]	"rooter"，即检测目标计算机的系统漏洞。[53]
2011 年 6 月 8 日	接受挑战篡改 Black & Berg 网络安全咨询公司网站，拒绝了奖品。[54]	
2011 年 6 月 9 日	入侵英国国家医疗服务体系（NHS）。[55-57]	通过 Twitter 通知管理员该网站的系统漏洞。[58-60]
2011 年 6 月 11 日	从色情网站 www.pron.com 截取的内容，公布了 26000 多名用户邮件地址和登录密码。[61]	
2011 年 6 月 13 日	入侵、窃取、发布美国参议院网站 www.senate.gov 用户电子邮件地址和登录密码。[62]	LulzSec 宣布对该黑客行为负责，LulzSec 声称，此举源于对美国政府的反感，但目的在于帮助美国政府修复漏洞。[63]
2011 年 6 月 13 日	入侵、窃取美国毕士大游戏工作室网络，但没有发布用户数据。[64-65]	
2011 年 6 月 14 日	《我的世界》《星战前夜》《英雄联盟》、The Escapist[66] 和 FinFisher（信息安全公司）[67] 网站地址因遭受 DDoS 攻击而出现故障。[68]	按要求发起[70-72]"星期二全面崩溃"（Titantic Takeover Tuesday）行动，中断服务以提高警觉[69]。
2011 年 6 月 15 日	针对 www.cia.gov（美国中央情报局网站）发动 DDoS 攻击，使得网站在美国东部时间下午 5：48—8：00 遭遇停机故障。[73,74]	嘲弄之举。[75]
2011 年 6 月 16 日	向 MediaFire（免费文件和图片共享网站）发布了 62000 封电子邮件和密码，让收件人尝试看哪些网站是可以用这些登录信息登录。[76]	
2011 年 6 月 19 日	入侵康乃狄格州 InfraGard，披露了 1000 多名 FBI 相关人员的个人信息。[77]	SQL 注入。[78]

大约日期	目标、黑客攻击活动及方式（目前可知的）	细节
2011 年 6 月 20 日	宣布与匿名者组织合作，发起反网安行动（OpAntiSec）。[79–80]	反网安行动。[81–82]
2011 年 6 月 20 日	英国打击重大有组织犯罪署（SOCA, soca.gov.uk）遭受 DDoS 攻击。[83–84]	反网安行动。[85]
2011 年 6 月 21 日	伦敦警察厅逮捕了 19 岁的英国人瑞安·克利里，匿名者组织否认了他的成员身份，LulzSec 在 Twitter 发文表示他仅仅是他们一个公开论坛的版主；被控罪名是计算机滥用行为和欺诈行为。[86]	克利里承认攻破并对（或）对以下机构的网站实施了 DDoS 攻击：国民健康服务机构、英国重大有组织犯罪署（SOCA）、美国中央情报局、新闻国际、索尼、任天堂、美国亚利桑那州警察局以及二十世纪福克斯等等。[87]
2011 年 6 月 22、25 日	巴西政府网站和石油巨头“巴西石油”因 DDoS 攻击遭遇停机故障；2 天后，巴西石油员工信息被窃取，而该公司否认有此事。[88,89]	巴西章节 [90]，政治原因 [91]。
2011 年 6 月 23 日	美国亚利桑那公安局网站的文件、电子邮件地址和密码被截取和公示。“chinga la migra”。[92]	反网安行动 [93]；抗议亚利桑那州备受争议的移民法。[94]
2011 年 6 月 25 日	LulzSec 宣布终结其“50 天之旅”[95–96]，收集的数据包括来自北约、美国在线 [97]、联邦调查局 [98]、hackforums.net 和美国电话电报公司的文件以及优先调查组织的电子邮件地址和密码，使用默认身份验证设置的公开路由器清单 [99]，各种网络游戏的用户名和密码，包括战地英雄测试版以及 IP 模块信息，包括索尼、迪斯尼、维亚康姆、液体网络，EMI、佐贺、QWEST 等公司的 IP 地址范围。[100–101]	惹是生非，充分发挥反网安行动的影响力。[102,103]
2011 年 7 月 4 日	Apple 服务器成为目标 [104–105]，用户名和密码信息被窃取并发布。	反网安行动。[106]

大约日期	目标、黑客攻击活动及方式（目前可知的）	细节
2011 年 7 月 18 日	LulzSec 劫持英国《太阳报》的网站，将其转到被攻击的《泰晤士报》，即《泰晤士报》遭受篡改的网页并贴上了报道默多克去世的文章。后来该网站链接到 LulzSec 的 Twitter 账户，但不久就出现了脱机故障。[107]	
2011 年 7 月 19 日	当局逮捕了 16 名与匿名者和 LulzSec 有关的人员[108]，其中有被指控为 LulzSec 成员，位于伦敦，代号为“Tflow”的 16 岁少年[109]。此外还有 23 岁的克里斯托弗·韦恩·库珀（Christopher Wayne Cooper），又名“Anthrophobic”。26 岁的约书亚·柯凡力（Joshua John Covelli），又名“Absolem”，代号为“Toxic”。26 岁的基思·威尔逊·唐尼（Keith Wilson Downey）。20 岁的梅赛德斯·蕾妮·黑费尔（Mercedes Renee Haefer），又名“No”、“MMMM”。29 岁的“唐纳德·哈斯班德（Donald Husband），又名“Ananon”。文森特·克肖（Vincent Charles Kershaw），27 岁，又名“Trivette”、“Triv”和“Reaper”。伊桑·迈尔斯（Ethan Miles），33 岁。詹姆斯·C. 墨菲（James C. Murphy），36 岁。德鲁·菲利普斯（Drew Alan Phillips），26 岁，又名“Drew010”。杰弗里·普利西（Jeffrey Puglisi），28 岁，又名“Jeffer”、“Jefferp”和“Ji”。特雷西·安·巴伦苏埃拉（Tracy Ann Valenzuela），42 岁。克里斯托弗·全·沃（Christopher Quang Vo），22 岁。斯科特·阿奇恰斯基（Scott Matthew Arciszewski），21 岁和兰斯摩尔（Lance Moore），21 岁。[110–111]	
2011 年 7 月 19 日	新闻国际网站由于 DDoS 攻击出现脱机故障，英国小报网站《太阳报》网页遭到篡改，出现了“默多克去世”的伪造的新闻报道并随后转到了 LulzSec 的 Twitter 账户。[112]	

大约日期	目标、黑客攻击活动及方式（目前可知的）	细节
2011年7月27日	19岁的杰克·戴维斯（Jake Davis），又名“Topiary”，在英国设得兰群岛的勒威克被捕[113]，被控两项罪名。[114]	宣布对以下网站的黑客行为负责：英国国民健康服务（NHS）、新闻国际、索尼、任天堂、美国亚利桑那州警察局、二十世纪福克斯、韦斯特伯勒浸信会（Westboro Baptist Church）、毕士大游戏、《星战前夜》、HBGary和HBGary联邦、美国公共广播公司和Infragard（与瑞安·克利里一起）。[115]
2011年8月15日	赫克特·蒙塞格尔（Hector Xavier Monsegur）承认了12项刑事指控，包括3项串谋从事黑客活动、诈骗、非法接入设备以及银行诈骗和身份信息盗窃——这些指控加起来可判有期徒刑124年。[116–118]	
2011年8月18日	黑客从理查德·加西亚（Richard Garcia，先锋国防工业高级副总裁）电子邮件账户收集了1 GB的个人信息，随后发布在Pastebin上。[119–120]	反网安行动；加西亚与InfraGard和FBI洛杉矶分局的前助理局长相关联。[121]
2011年9月22日	23岁的科迪·克雷琴格（Cody Andrew Kretsinger，又名“recursion”）在亚利桑那州凤凰城被捕。[122–123]	被指控要为索尼电影娱乐公司遭遇的黑客入侵负责。[124, 125]
2011年9月22日	48岁的克里斯托弗·杜容，又名“指挥官X”因共谋犯罪在加州的圣克鲁斯被捕，随后被保释出狱[126]，后来为了逃避当局追捕而移居加拿大。[127, 128]	对圣克鲁斯县的服务器实施了DDoS攻击（2010年12月16日）。[129, 131]
2011年11月18日	IACIS内部与白帽计算机犯罪调查员有关的电子邮件存档和个人数据（包括38000封电子邮件、语音邮件、短信日志）遭泄。[132–133]	反网安行动，FFF；针对白帽黑客，后者的工作是维护现状，而匿名者及其附属组织都在试图摧毁这种现状。[134]

大约日期	目标、黑客攻击活动及方式（目前可知的）	细节
2011 年 12 月 3 日	葡萄牙的 LulzSec 对葡萄牙政府相关的网站发起 DDoS 攻击，此举是回应发生在 11 月 24 日的警察暴力镇压抗议活动事件。[135]	
2011 年 12 月 11 日	执法和零售联盟（Coalition of Law Enforcement and Retail，CLEAR）认为会员的具体情况、个人信息和超过 2400 组散列密码遭到披露。[136]	Exphinty、AntiSec 和匿名者组织相关的黑客；抗议执法者暴力对待“占领华尔街”的示威者。[137]
2011 年 12 月 6–24 日	私人情报公司网站，战略预测公司（stratfor）网页遭篡改；黑客窃取了近三百万封电子邮件，86 万用户的个人信息被暴露，其中（60000）一些透露出向慈善组织（70 万美元）捐款的银行信息。[138–139]	反网安行动[140]，鲁兹圣诞快乐（Lulzmas），[141] 对国企联盟企图遏制信息自由一事做了研究[142]，内部电子邮件后来通过维基解密泄露，杰里米·哈蒙德（Jeremy Hammond）被控是这次行动的头目。[143–144]
2012 年 2 月 3 日	@AnonymousIRC 在 Twitter 发文提到对美国联邦调查局和英国执法部门之间一次电话会议的窃听记录（有 YouTube 的链接）。这次会议内容涉及对匿名者组织的调查。[145]	瑟伯赫尔（Donncha O'Cearrbhail）被认为需要对此负责。[146]
2013 年 3 月 6 日	自一波横跨两大洲的逮捕行动开展以来，三个国家的当局控制了五个涉嫌 LulzSec、Internet Feds 以及匿名者黑客攻击的人员：瑞安·阿克罗伊德（Ryan Ackroyd，又名“kayla”、“lol”及“lolspoon”）；杰克·戴维斯（Jake Davis，又名“topiary”、“atopiary”）；达伦·马丁（Darren Martyn，又名“pwnsauce”、“raepsauce”、“networkkitten”）；瑟伯赫尔（Donncha O'Cearrbhail，又名“palladium”）以及杰里米·哈蒙德（又名“Anarchaos”、“sup_g”、“burn”、“yohoho”、“POW”、“tylerknowsthis”、“crediblethreat”）；他们声称是反网安行动成员）。[147–148]	

大约日期	目标、黑客攻击活动及方式（目前可知的）	细节
2012 年 3 月 26 日	军事交友网站（militarysingles.com）遭黑客侵入，170937 名用户的电子邮件地址和个人信息被公布在 Pastebin 上。[149–151]	自 2011 年起，LulzSec 重生，“自 2011 年起就对您的安全防护不屑一顾”。[152–154]
2012 年 11 月 6 日	厄瓜多尔政府和军事网站遭篡改。[155]	厄瓜多尔 LulzSec。[156]

参考文献

1. Landesman M. LulzSec: X-factor, Fox, and the FBI. Available at: http://antivirus.about.com/b/2011/05/13/lulzsec-x-factor-fox-and-the-fbi.htm; May 13, 2011.
2. Mack E. Lulzsec: A Short History of Hacking. *PC World*. Available at: http://www.pcworld.com/article/231215/lulzsec_a_short_history_of_hacking.html; June 27, 2011.
3. Landesman M. LulzSec: X-factor, Fox, and the FBI. Available at: http://antivirus.about.com/b/2011/05/13/lulzsec-x-factor-fox-and-the-fbi.htm; May 13, 2011.
4. Don. LulzSec Hacks. *KnowYourMeme*. Available at: http://knowyourmeme.com/memes/events/lulzsec-hacks;May 2011.
5. Liebowitz M. Hackers leak Fox.com employee info. NBC News Security. Available at: http://www.nbcnews.com/id/43027482/ns/technology_and_science-security/#.URWNwqX7JjY; May 13, 2011.
6. Mack E. Lulzsec: a short history of hacking. *PC World*. Available at: http://www.pcworld.com/article/231215/lulzsec_a_short_history_of_hacking.html; June 27, 2011.
7. Liebowitz M. Hackers leak Fox.com employee info. *NBC News Security*. Available at: http://www.nbcnews.com/id/43027482/ns/technology_and_science-security/#.URWNwqX7JjY; May 13, 2011.
8. Landesman M. LulzSec: X-factor, Fox, and the FBI. Available at: http://antivirus.about.com/b/2011/05/13/lulzsec-x-factor-fox-and-the-fbi.htm; May 13, 2011.
9. Farrah K. Hacker Group LulzSec Signals Break Up. *Silicon Angle*. Available at: http://siliconangle.com/blog/2011/06/27/hacker-group-lulzsec-signals-break-up/; June 27, 2011.
10. Cramer D. The rise of LulzSec: a hacking chronology. *mybroadband*. Available at: http://mybroadband.co.za/news/security/29706-the-rise-of-lulzsec-a-hacking-chronology.html;

July 21, 2011.
11. Attrition.org. Absolute Sownage—a concise history of recent Sony hacks. Available at: http://attrition.org/security/rants/sony_aka_sownage.html; June 4, 2011.
12. Kumar M. LulzSec Leak Sony's Japanese website database. *The Hacker News*. Available at: http://thehackernews.com/2011/05/lulzsec-leak-sonys-japanese-websites.html; May 23, 2011.
13. Wisniewski C. Sony Music Japan hacked through SQL injection flaw. *Naked Security*. Available at: http://nakedsecurity.sophos.com/2011/05/24/sony-music-japan-hacked-through-sql-injection-flaw/; May 24, 2011.
14. Stuart K. Why are LulzSec and Anonymous hacking games companies? *The Guardian*. Available at: http://www.guardian.co.uk/technology/2011/jun/16/lulzsec-anonymous-hacking-games-companies; June 16, 2011.
15. Attrition.org. Absolute Sownage—a concise history of recent Sony hacks. Available at: http://attrition.org/security/rants/sony_aka_sownage.html; June 4, 2011.
16. Kumar M. LulzSec Leak Sony's Japanese website database. *The Hacker News*. Available at: http://thehackernews.com/2011/05/lulzsec-leak-sonys-japanese-websites.html; May 23, 2011.
17. Wisniewski C. Sony Music Japan hacked through SQL injection flaw. *Naked Security*. Available at: http://nakedsecurity.sophos.com/2011/05/24/sony-music-japan-hacked-through-sql-injection-flaw/; May 24, 2011.
18. Mack E. Lulzsec: a short history of hacking. *PC World*. Available at: http://www.pcworld.com/article/231215/lulzsec_a_short_history_of_hacking.html; June 27, 2011.
19. Paul I. Hackers Deface PBS Site, Promise More Lulz. *PC World*. Available at: http://www.pcworld.com/article/228983/hackers_deface_pbs_site_promise_more_lulz.html?tk=rel_news; May 30, 2011.
20. Paul I. Hackers Deface PBS Site, Promise More Lulz. *PC World*. Available at: http://www.pcworld.com/article/228983/hackers_deface_pbs_site_promise_more_lulz.html?tk=rel_news; May 30, 2011.
21. Attrition.org. Absolute Sownage—a concise history of recent Sony hacks. Available at: http://attrition.org/security/rants/sony_aka_sownage.html; June 4, 2011.
22. Stuart K. Why are LulzSec and Anonymous hacking games companies? *The Guardian*. Available at: http://www.guardian.co.uk/technology/2011/jun/16/lulzsec-anonymous-hacking-games-companies; June 16, 2011.
23. Attrition.org. Absolute Sownage—a concise history of recent Sony hacks. Available at: http://attrition.org/security/rants/sony_aka_sownage.html; June 4, 2011.
24. Wisniewski C. Sony Pictures hacked again, 4.5 million records exposed. *Naked Security*.

Available at: http://nakedsecurity.sophos.com/2011/06/02/sony-pictures-attacked-again-4-5-million-records-exposed/; June 2, 2011.

25. Mack E. Lulzsec: a short history of hacking. *PC World*. Available at: http://www.pcworld.com/article/231215/lulzsec_a_short_history_of_hacking.html; June 27, 2011.
26. Mediati N. LulzSec Hacks SonyPictures.com; 1 million accounts exposed. *PC World*. Available at: http://www.pcworld.com/article/229308/lulzsec_sacks_sonypictures.html; June 2, 2011.
27. Biddle S. Hackers spill over 1,000,000 Sony pictures online accounts. *Gizmodo*. Available at: http://gizmodo.com/5807996/hackers-spill-over-1000000-sony-online-accounts; June 2, 2011.
28. Mills E. Alleged LulzSec, Anonymous hackers arrested in Ariz., Calif. *CNet*. Available at: http://news.cnet.com/8301-27080_3-20110264-245/alleged-lulzsec-anonymous-hackers-arrested-in-ariz-calif/; September 22, 2011.
29. Stuart K. Why are LulzSec and Anonymous hacking games companies? *The Guardian*. Available at: http://www.guardian.co.uk/technology/2011/jun/16/lulzsec-anonymous-hacking-games-companies; June 16, 2011.
30. Mediati N. LulzSec hacks SonyPictures.com; 1 million accounts exposed. *PC World*. Available at: http://www.pcworld.com/article/229308/lulzsec_sacks_sonypictures.html; June 2, 2011.
31. Biddle S. Hackers spill over 1,000,000 Sony pictures online accounts. *Gizmodo*. Available at: http://gizmodo.com/5807996/hackers-spill-over-1000000-sony-online-accounts; June 2, 2011.
32. Ars Technica. Lulz? Sony hackers deny responsibility for misuse of leaked data. Available at: http://arstechnica.com/tech-policy/2011/06/lulz-sony-hackers-deny-responsibility-for-misuse-of-leaked-data/; June 3, 2011.
33. Attrition.org. Absolute Sownage—a concise history of recent Sony hacks. Available at: http://attrition.org/security/rants/sony_aka_sownage.html; June 4, 2011.
34. Stuart K. Why are LulzSec and Anonymous hacking games companies? *The Guardian*. Available at: http://www.guardian.co.uk/technology/2011/jun/16/lulzsec-anonymous-hacking-games-companies; June 16, 2011.
35. Dotson K. LulzSec Hacks Nintendo with gentle pat on the head and candy. *Silicon Angle*. Available at: http://siliconangle.com/blog/2011/06/06/lulzsec-hacks-nintendo-with-gentle-pat-on-the-head-and-candy/; June 6,2011.
36. The Lulz Boat. Twitter "tweet". Available at: https://twitter.com/LulzSec/status/76783069939511296; June 3,2011.
37. Dotson K. LulzSec Hacks Nintendo with gentle pat on the head and candy. *Silicon Angle*.

Available at: http://siliconangle.com/blog/2011/06/06/lulzsec-hacks-nintendo-with-gentle-pat-on-the-head-and-candy/; June 6,2011.

38. Wisniewski C. Infraguard Atlanta, an FBI affiliate, hacked by LulzSec. *Naked Security.* Available at: http://nakedsecurity.sophos.com/2011/06/04/infragard-atlanta-an-fbi-affiliate-hacked-by-lulzsec/; June 4, 2011.
39. Ribeiro J. LulzSec claims it hacked FBI linked organization. *PC World.* Available at: http://www.pcworld.com/article/229430/article.html; June 5, 2011.
40. Gorman S, Julian EB. Cyber Combat: Act of War. *Wall Street Journal.* Available at: http://online.wsj.com/article/SB10001424052702304563104576355623135782718.html; May 30, 2011.
41. Bartz D, David M. Hackers might face stiffer sentences in U.S. *Reuters* Available at: http://www.reuters.com/article/2011/06/18/us-usa-cybersecurity-sentences-idUSTRE75H0ZM20110618; June 18, 2011.
42. Mick, J. Updated: LulzSec's strikes latest victim—Hacker Mag. 2600, FBI affiliate *Daily Tech.* Available at: http://www.dailytech.com/Updated+LulzSecs+Strikes+Latest+Victims++Hacker+Mag+2600þFBI+Affiliate/article21818.htm; June 4, 2011.
43. Mick J. Updated: LulzSec's strikes latest victim—Hacker Mag. 2600, FBI affiliate. *Daily Tech.* Available at: http://www.dailytech.com/Updated+LulzSecs+Strikes+Latest+Victims++Hacker+Mag+2600þFBI+Affiliate/article21818.htm; June 4, 2011.
44. Oswald E. Sony gets hacked again and again, pilfered data released. *PC World.* Available at: http://www.pcworld.com/article/229520/sony_gets_hacked_again_and_again_pilfered_data_released.html?tk=rel_news;June 6, 2011.
45. Olson P. LulzSec hackers post Sony Dev. Source Code, Ge $7K Donation. *Forbes.* Available at: http:/ /www.forbes.com/sites/parmyolson/2011/06/06/lulzsec-hackers-posts-sony-dev-source-code-get-7k-donation/; June 4,2011.
46. Stuart K. Why are LulzSec and Anonymous hacking games companies? *The Guardian.* Available at: http://www.guardian.co.uk/technology/2011/jun/16/lulzsec-anonymous-hacking-games-companies; June 16, 2011.
47. Shan R. LulzSec hacker arrested, group leaks Sony database. *The Epoch Times.* Available at: http:/ /www.theepochtimes.com/n2/technology/lulzsec-member-arrested-group-leaks-sony-database-57296.html; July 2, 2011.
48. Bray, C. FBI's Sabu' hacker was a model informant. *Wall Street Journal.* Available at: http://online.wsj.com/article/SB10001424052970204603004577269844134620160.html; March 9, 2012.
49. Bright P. Doxed: how Sabu was outed by former Anons long before his arrest. *Ars Technica.* Available at: http://arstechnica.com/tech-policy/2012/03/doxed-how-sabu-was-

outed-by-former-anons-long-before-his-arrest/;March 2, 2012.

50. Uncovered. The Sabu Connection. Available at: http://ceaxx.wordpress.com/uncovered/; Aug. 17, 2011.
51. Chen A. I m Not Scared of Jail: My Phone Call With Sabu, the FBI's Anonymous Informant. *Gawker* Available at:http://gawker.com/hector-monsegur/; March 6, 2012.
52. FBI New York Field Office. Six hackers in the United States and Abroad charged for crimes affecting over one million victims. Available at: http://www.fbi.gov/newyork/press-releases/2012/six-hackers-in-the-unitedstates-and-abroad-charged-for-crimes-affecting-over-one-million-victims; March 6, 2012.
53. Mills E. Will LulzSec arrests stop high-profile hacks? Don't bet on it. *CNet*. Available at: http://news.cnet.com/8301-27080_3-57391872-245/will-lulzsec-arrests-stop-high-profile-hacks-dont-bet-on-it/; March 6, 2012.
54. Podolak E. LulzSec hacks security firm Black & Berg, Turns Down $10,000 Prize. *GeekoSystem*. Available at: http://www.geekosystem.com/lulzsec-black-berg-hack/; June 8, 2011.
55. Mills E. Will LulzSec arrests stop high-profile hacks? Don't bet on it. *CNet*. Available at: http://news.cnet.com/8301-27080_3-57391872-245/will-lulzsec-arrests-stop-high-profile-hacks-dont-bet-on-it/; March 6, 2012.
56. Solomon K. LulzSec reveals NHS web security holes. *TechRadar*. Available at: http://www.techradar.com/us/news/internet/lulzsec-reveals-nhs-web-security-holes-964323; June 10, 2011.
57. BBC News Technology. Hackers warn NHS over security. Available at: http://www.bbc.co.uk/news/technology-13712377; June 9, 2011.
58. Mills E. Will LulzSec arrests stop high-profile hacks? Don't bet on it. *CNet*. Available at: http://news.cnet.com/8301-27080_3-57391872-245/will-lulzsec-arrests-stop-high-profile-hacks-dont-bet-on-it/; March 6, 2012.
59. Solomon K. LulzSec reveals NHS web security holes. *TechRadar*. Available at: http://www.techradar.com/us/news/internet/lulzsec-reveals-nhs-web-security-holes-964323; June 10, 2011.
60. BBC News Technology. Hackers warn NHS over security. Available at: http://www.bbc.co.uk/news/technology-13712377; June 9, 2011.
61. Cluley G. 26,000 sex website passwords exposed by LulzSec. *Naked Security*. Available at: http://nakedsecurity.sophos.com/2011/06/12/26000-sex-website-usernames-and-passwords-exposed-by-lulzsec/; June 12, 2011.
62. Mack E. Lulzsec: a short history of hacking. *PC World*. Available at: http://www.pcworld.com/article/231215/lulzsec_a_short_history_of_hacking.html; June 27, 2011.

63. Mack E. Lulzsec: a short history of hacking. *PC World.* Available at: http://www.pcworld.com/article/231215/lulzsec_a_short_history_of_hacking.html; June 27, 2011.
64. Mack E. Lulzsec: a short history of hacking. *PC World.* Available at: http://www.pcworld.com/article/231215/lulzsec_a_short_history_of_hacking.html; June 27, 2011.
65. McMillan R. Lulzsec sets sights on U.S. Senate and Game-maker Bethesda. *PC World.* Available at: http://www.pcworld.com/article/230235/article.html; June 13, 2011.
66. Stuart K. Why are LulzSec and Anonymous hacking games companies? *The Guardian.* Available at: http://www.guardian.co.uk/technology/2011/jun/16/lulzsec-anonymous-hacking-games-companies; June 16, 2011.
67. Administrator. Eve Online, Minecraft, Finfisher, & Escaptist Magazine—all hacked by LulzSec. *InfoSecWreck.*Availableat:http://www.infosecwreck.com/eve-online-minecraft-finfisher-escaptist-magazine-all-hacked-by-lulzsec; June 14, 2011.
68. Gilbert D. LulzSec takes down CIA website—calls for requests. *Trusted Review*. Available at: http://www.trustedreviews.com/news/lulzsec-take-down-cia-website-call-for-requests; June 16, 2011.
69. Stuart K. Why are LulzSec and Anonymous hacking games companies? *The Guardian.* Available at: http://www. guardian.co.uk/technology/2011/jun/16/lulzsec-anonymous-hacking-games-companies; June 16, 2011.
70. Administrator. Eve Online, Minecraft, Finfisher, & Escaptist Magazine—all hacked by LulzSec, *InfoSecWreck.*Availableat:http://www.infosecwreck.com/eve-online-minecraft-finfisher-escaptist-magazine-all-hacked-by-lulzsec; June 14, 2011.
71. Gilbert D. LulzSec takes down CIA website—calls for requests. *Trusted Review*. Available at: http://www.trustedreviews.com/news/lulzsec-take-down-cia-website-call-for-requests; June 16, 2011.
72. BBC News Technology. LulzSec opens hack request line. Available at: http://www.bbc.co.uk/news/technology-13777129; June 15, 2011.
73. Newman J. LulzSec hacks Arizona State Police, Posts Officer Info. *PC World.* Available at: http://www.pcworld.com/article/231156/lulzsec_hacks_arizona_state_police.html; June 24, 2011.
74. Gilbert D. LulzSec takes down CIA website—calls for requests. *Trusted Review.* Available at: http://www.trustedreviews.com/news/lulzsec-take-down-cia-website-call-for-requests; June 16, 2011.
75. Batty D. LulzSec hackers claim breach of CIA website. *The Guardian*. Available at: http://www.guardian.co.uk/technology/2011/jun/16/cia-website-lulzsec-hackers; June 15, 2011.
76. Newman J. LulzSec hacks Arizona State Police, Posts Officer Info. *PC World*. Available at: http://www.pcworld.com/article/231156/lulzsec_hacks_arizona_state_police.html; June

24, 2011.
77. Levinson M. Anonymous, LulzSec, AntiSec, etc.: a brief history of hacktivism. *CIO*. Available at: http://www.cio.com/slideshow/detail/24995#slide13; Jan. 6, 2012.
78. Levinson M. Anonymous, LulzSec, AntiSec, etc.: a brief history of hacktivism. *CIO*. Available at: http://www.cio.com/slideshow/detail/24995#slide13; Jan. 6, 2012.
79. Mills E. LulzSec, Anonymous announce hacking campaign. *CNet*. Available at: http://news.cnet.com/8301-27080_3-20072675-245/lulzsec-anonymous-announce-hacking-campaign/; June 20, 2011.
80. Kumar M. 50 days of Lulz—LulzSec says goodbye & operation AntiSec will continue. *The Hacker News*. Availableat: http://thehackernews.com/2011/06/50-days-of-lulz-lulzsec-says-goodbye.html; June 25, 2011.
81. Mills E. LulzSec, Anonymous announce hacking campaign. *CNet*. Available at: http://news.cnet.com/8301-27080_3-20072675-245/lulzsec-anonymous-announce-hacking-campaign/; June 20, 2011.
82. Kumar M. 50 days of Lulz—LulzSec says goodbye & operation AntiSec will continue. *The Hacker News*. Available at: http://thehackernews.com/2011/06/50-days-of-lulz-lulzsec-says-goodbye.html; June 25, 2011.
83. Keizer G. LulzSec launches anti-government crusade, takes down U.K. Police Site,. *PC World*. Available at: http://www.pcworld.com/article/230760/LulzSec_launches_anti_government_crusade_takes_down_UK_police_site.html; June 20, 2011.
84. BBC News Technology. Soca website taken down after LulzSec 'DDoS attack'. Available at: http://www.bbc.co.uk/news/technology-13848510; June 20, 2011.
85. Keizer G. LulzSec launches anti-government crusade, takes down U.K. Police Site. *PC World*. Available at: http://www.pcworld.com/article/230760/LulzSec_launches_anti_government_crusade_takes_down_UK_police_site.html; June 20, 2011.
86. BBC News Technology. Teenager arrested on suspicion of hacking. Available at: http://www.bbc.co.uk/news/technology-13859868; June 21, 2011.
87. The Telegraph. LulzSec's Ryan Cleary admits to hacking into CIA and the Pentagon. Available at: http://www.telegraph.co.uk/technology/news/9354188/LulzSecs-Ryan-Cleary-admits-hacking-into-CIA-and-the-Pentagon.html; June 25, 2012.
88. Rapoza K. LulzSec strikes Brazil again; Petrobras denies being hacked. *Forbes*. Available at: http://www.forbes.com/sites/kenrapoza/2011/06/25/lulzsec-strikes-brazil-again-petrobras-denies-being-hacked/; June 25,2011.
89. McMillan R. Brazilian government, energy company latest LulzSec victim. *Network World*. Available at: http://www.networkworld.com/news/2011/062211-brazilian-government-energy-company-latest.html; June 22,2011.

90. Rapoza K. LulzSec strikes Brazil again; Petrobras denies being hacked. *Forbes*. Available at: http://www.forbes.com/sites/kenrapoza/2011/06/25/lulzsec-strikes-brazil-again-petrobras-denies-being-hacked/; June 25,2011.
91. McMillan R. Brazilian government, energy company latest LulzSec victim. *Network World*. Available at: http://www.networkworld.com/news/2011/062211-brazilian-government-energy-company-latest.html; June 22, 2011.
92. Newman J. LulzSec hacks Arizona State Police, Posts Officer Info. *PC World*. Available at: http://www.pcworld.com/article/231156/lulzsec_hacks_arizona_state_police.html; June 24, 2011.
93. Newman J. LulzSec hacks Arizona State Police, Posts Officer Info. *PC World*. Available at: http://www.pcworld.com/article/231156/lulzsec_hacks_arizona_state_police.html; June 24, 2011.
94. Mack E. Lulzsec: a short history of hacking. *PC World*. Available at: http://www.pcworld.com/article/231215/lulzsec_a_short_history_of_hacking.html; June 27, 2011.
95. Kumar M. 50 days of Lulz—LulzSec says goodbye & operation AntiSec will continue. *The Hacker News*. Availableat: http://thehackernews.com/2011/06/50-days-of-lulz-lulzsec-says-goodbye.html; June 25, 2011.
96. A Guest. 50 days of Lulz. *Pastebin*. Available at: http://pastebin.com/1znEGmHa; June 25, 2011.
97. A Guest. AOL internal data, *Pastebin*. Available at: http://pastebin.com/08zJHQeA; June 25, 2011.
98. A Guest. FBI Being Silly. *Pastebin*. Available at: http://pastebin.com/hCnvTy0z; June 25, 2011.
99. A Guest. Silly routers. *Pastebin*. Available at: http://pastebin.com/ennsYDM5; June 25, 2011.
100. Ragan S. As LulzSec sails into Anonymous seas—AntiSec lives on. *The Tech Herald*. Available at: http://www.thetechherald.com/articles/As-LulzSec-sails-into-Anonymous-seas-AntiSec-lives-on/13903/; June 27, 2011.
101. Kumar M. 50 days of Lulz—LulzSec says goodbye & operation AntiSec will continue. *The Hacker News*. Available at: http://thehackernews.com/2011/06/50-days-of-lulz-lulzsec-says-goodbye.html; June 25, 2011.
102. A Guest. 50 days of Lulz. *Pastebin*. Available at: http://pastebin.com/1znEGmHa; June 25, 2011.
103. Ragan S. As LulzSec sails into Anonymous seas—AntiSec lives on. *The Tech Herald*. Available at: http://www.thetechherald.com/articles/As-LulzSec-sails-into-Anonymous-seas-AntiSec-lives-on/13903/; June 27, 2011.

104. Mills E. Will LulzSec arrests stop high-profile hacks? Don't bet on it. *CNet*. Available at: http://news.cnet.com/8301-27080_3-57391872-245/will-lulzsec-arrests-stop-high-profile-hacks-dont-bet-on-it/; March 6, 2012.

105. Dignan L. Hackers target Apple server. *CNet*. Available at: http://news.cnet.com/8301-1009_3-20076688-83/hackers-target-apple-server/; July 4, 2011.

106. Dignan L. Hackers target Apple server. *CNet*. Available at: http://news.cnet.com/8301-1009_3-20076688-83/hackers-target-apple-server/; July 4, 2011.

107. Levinson M. Anonymous, LulzSec, AntiSec, etc.: a brief history of hacktivism. *CIO*. Available at: http://www.cio.com/slideshow/detail/24995#slide15; Jan. 6, 2012.

108. Mills E. Will LulzSec arrests stop high-profile hacks? Don't bet on it. *CNet*. Available at: http://news.cnet.com/8301-27080_3-57391872-245/will-lulzsec-arrests-stop-high-profile-hacks-dont-bet-on-it/; March 6, 2012.

109. Zetter K. Feds arrest 14 'Anonymous' suspects over PayPal attack, raid dozens more. *Wired*. Available at: http://www.wired.com/threatlevel/2011/07/paypal-hack-arrests/; July 19, 2011.

110. Zetter K. Feds arrest 14 'Anonymous' suspects over PayPal attack, raid dozens more. *Wired*. Available at: http://www.wired.com/threatlevel/2011/07/paypal-hack-arrests/; July 19, 2011.

111. Mills E. FBI arrests 16 in Anonymous hacking investigation. *CNeT*. Available at: http://news.cnet.com/8301-27080_3-20080746-245/fbi-arrests-16-in-anonymous-hacking-investigation/; July 19, 2011.

112. Meyer D. News International sites taken down in LulzSec attack. *ZDNet*. Available at: http://www.zdnet.com/news-international-sites-taken-down-in-lulzsec-attack-3040093444/; July 19, 2011.

113. Mills E. Will LulzSec arrests stop high-profile hacks? Don't bet on it. *CNet*. Available at: http://news.cnet.com/8301-27080_3-57391872-245/will-lulzsec-arrests-stop-high-profile-hacks-dont-bet-on-it/; March 6, 2012.

114. The Telegraph. LulzSec's Ryan Cleary admits hacking into CIA and the Pentagon. Available at: http://www.telegraph.co.uk/technology/news/9354188/LulzSecs-Ryan-Cleary-admits-hacking-into-CIA-and-the-Pentagon.html; June 25, 2012.

115. The Telegraph. LulzSec's Ryan Cleary admits hacking into CIA and the Pentagon. Available at: http://www.telegraph.co.uk/technology/news/9354188/LulzSecs-Ryan-Cleary-admits-hacking-into-CIA-and-the-Pentagon.html; June 25, 2012.

116. Bright P. Doxed: how Sabu was outed by former Anons long before his arrest. *Ars Technica*. Available at: http://arstechnica.com/tech-policy/2012/03/doxed-how-sabu-was-outed-by-former-anons-long-before-his-arrest/;March 2, 2012.

117. Uncovered. The Sabu Connection. Available at: http://ceaxx.wordpress.com/uncovered/; August 17, 2011.
118. Chen A. 'I'm Not Scared of Jail': my phone call with Sabu, the FBI's Anonymous Informant. *Gawker*. Available at:http://gawker.com/hector-monsegur/; March 6, 2012.
119. Voice. #FFF IV: Vanguard Defense. *Pastebin*. Available at: http://pastebin.com/PjiXmwNk; August 18, 2011.
120. Skillings J. AntiSec hackers target Vanguard Defense exec. *CNet*. Available at: http://news.cnet.com/8301-1009_3-20094621-83/antisec-hackers-target-vanguard-defense-exec/; August 19, 2011.
121. Skillings J. AntiSec hackers target Vanguard Defense exec. *CNet*. Available at: http://news.cnet.com/8301-1009_3-20094621-83/antisec-hackers-target-vanguard-defense-exec/; August 19, 2011.
122. Mills E. Alleged LulzSec, Anonymous hackers arrested in Ariz., Calif. *CNet*. Available at: http://news.cnet.com/8301-27080_3-20110264-245/alleged-lulzsec-anonymous-hackers-arrested-in-ariz-calif/; September 22, 2011.
123. Zetter K. FBI arrests U.S. suspects in LulzSec Sony Hack; Anonymous also targeted. *Wired*. Available at: http://www.wired.com/threatlevel/2011/09/sony-hack-arrest/; Sept. 22, 2011.
124. Mills E. Alleged LulzSec, Anonymous hackers arrested in Ariz., Calif. *CNet*. Available at: http://news.cnet.com/8301-27080_3-20110264-245/alleged-lulzsec-anonymous-hackers-arrested-in-ariz-calif/; September 22, 2011.
125. Zetter K. FBI arrests U.S. suspects in LulzSec Sony Hack; Anonymous also targeted. *Wired*. Available at: http://www.wired.com/threatlevel/2011/09/sony-hack-arrest/; September 22, 2011.
126. Mills E. Alleged LulzSec, Anonymous hackers arrested in Ariz., Calif. *CNet*. Available at: http://news.cnet.com/8301-27080_3-20110264-245/alleged-lulzsec-anonymous-hackers-arrested-in-ariz-calif/; September 22, 2011.
127. Anderson N. Anon on the run: how Commander X jumped bail and fled to Canada. *Ars Technica*. Available at:http://arstechnica.com/tech-policy/2012/12/anon-on-the-run-how-commander-x-jumped-bai/; December 11, 2012.
128. Solyom C. Insider tells why Anonymous 'might well be the most powerful organization on Earth. *National Post*. Availableat:http://news.nationalpost.com/2012/05/12/insider-tells-why-anonymous-might-well-be-the-most-powerful-organization-on-earth/; May 13, 2012.
129. Mills E. Alleged LulzSec, Anonymous hackers arrested in Ariz., Calif. *CNet*. Available at: http://news.cnet.com/8301-27080_3-20110264-245/alleged-lulzsec-anonymous-

hackers-arrested-in-ariz-calif/; September 22, 2011.
130. Anderson N. Anon on the run: how Commander X jumped bail and fled to Canada. *Ars Technica*. Available at: http:/ /arstechnica.com/tech-policy/2012/12/anon-on-the-run-how-commander-x-jumped-bai/; December 11, 2012.
131. Solyom C. Insider tells why Anonymous 'might well be the most powerful organization on Earth. *National Post*. Availableat:http://news.nationalpost.com/2012/05/12/insider-tells-why-anonymous-might-well-be-themost-powerful-organization-on-earth/; May 13, 2012.
132. A Guest. #FuckFBIFriday official #antisec release text. *Pastebin*. Available at: http://pastebin.com/NwN8ehFW; November 18, 2011.
133. Levinson M. Anonymous, LulzSec, AntiSec, etc.: a brief history of hacktivism. *CIO*. Available at: http://www.cio.com/slideshow/detail/24995#slide19; January 6, 2012.
134. A Guest. #FuckFBIFriday official #antisec release text. *Pastebin*. Available at: http://pastebin.com/NwN8ehFW; November 18, 2011.
135. Michael S. LulzSec: Anonymous hacktivists strike Portugal after police brutality. *Examiner*. Available at: http://www.examiner.com/article/lulzsec-anonymous-hacktivists-strike-portugal-after-police-brutality; December 3, 2011.
136. Levinson M. Anonymous, LulzSec, AntiSec, etc.: a brief history of hacktivism. *CIO*. Available at: http://www.cio.com/slideshow/detail/24995#slide21; January 6, 2012.
137. Exphin1ty. Exphin1ty—CLEARUSA.org Leak. *Pastebin*. Available at: http://pastebin.com/HkP55NWC; December 11, 2011.
138. Levinson M. Anonymous, LulzSec, AntiSec, etc.: a brief history of hacktivism. *CIO*. Available at: http://www.cio.com/slideshow/detail/24995#slide23; January 6, 2012.
139. Perlroth N. Inside the Stratfor attack. *The New York Times Bits*. Available at: http://bits.blogs.nytimes.com/2012/03/12/inside-the-stratfor-attack/; March 12, 2012.
140. Levinson M. Anonymous, LulzSec, AntiSec, etc.: a brief history of hacktivism. *CIO*. Available at: http://www.cio.com/slideshow/detail/24995#slide23; January 6, 2012.
141. Durden T. Stratfor Hacked, 200 GB of emails, credit cards stolen, client list released, includes MF Global, Rockefeller Foundation. *fwe*. Available at: http://www.zerohedge.com/news/stratfor-hacked-200gb-emails-credit-cards-stolen-client-list-released-includes-mf-global-rockef; December 24, 2011.
142. BarrettBrown. On Stratfor. *Pastebin*. Available at: http://pastebin.com/WPE73rhy; December 26, 2011.
143. Perlroth N. Inside the Stratfor Attack. *The New York Times Bits*. Available at: http://bits.blogs.nytimes.com/2012/03/12/inside-the-stratfor-attack/; March 12, 2012.
144. Sengupta S. Arrests sow mistrust inside a clan of hackers. *New York Times*. Available at: http://www.nytimes.com/2012/03/07/technology/lulzsec-hacking-suspects-are-arrested.

html?_r=2&hp&; March 6, 2012.

145. LaMonica M. Anonymous: we snooped an FBI cybercrime call. *CNet*. Available at: http://news.cnet.com/8301-1009_3-57371146-83/anonymous-we-snooped-an-fbi-cybercrime-call/; February 3, 2012.

146. Sengupta S. Arrests sow mistrust inside a clan of hackers. *New York Times*. Available at: http://www.nytimes.com/2012/03/07/technology/lulzsec-hacking-suspects-are-arrested.html?_r=2&hp&; March 6, 2012.

147. FBI New York Field Office. Six hackers in the United States and abroad charged for crimes affecting over one million victims. Available at: http://www.fbi.gov/newyork/press-releases/2012/six-hackers-in-the-united-states-and-abroad-charged-for-crimes-affecting-over-one-million-victims; March 6, 2012.

148. Mills E. U.K. police say they've arrested LulzSec's 'Topiary'. *CNet*. Available at: http://news.cnet.com/8301-27080_3-20084255-245/u.k-police-say-theyve-arrested-lulzsecs-topiary/; July 27, 2012.

149. A Guest. *#LulzSecReborn. Pastebin*. Available at: http://pastebin.com/JRY3cA5T; March 25, 2012.

150. Liebowitz M. 'LulzSec Reborn' hacks military dating site. *Tech News Daily.* Available at: http:/ /www.technewsdaily.com/7636-lulzsec-reborn-military-singles.html; March 27, 2012.

151. Sottek TC. LulzSec claims hack of Military Singles dating website, dumps over 170,000 account details. The Verge.Available at: http://www.theverge.com/2012/3/26/2904641/lulzsec-reborn-with-military-singles-hack; March 26, 2012.

152. A Guest. #LulzSecReborn. *Pastebin*. Available at: http://pastebin.com/JRY3cA5T; March 25, 2012.

153. Liebowitz M. 'LulzSec Reborn' hacks military dating site. *Tech News Daily*. Available at: http://www.technewsdaily.com/7636-lulzsec-reborn-military-singles.html; March 27, 2012.

154. Sottek TC. LulzSec claims hack of Military Singles dating website, dumps over 170,000 account details. *The Verge*. Available at: http://www.theverge.com/2012/3/26/2904641/lulzsec-reborn-with-military-singles-hack; March 26, 2012.

155. Kovacs E. LulzSec Ecuador hacks military and government websites. *softpedia*. Available at: http://news.softpedia.com/news/LulzSec-Ecuador-Hacks-Military-and-Government-Websites-304823.shtml; November 6, 2012.

156. Kovacs E. LulzSec Ecuador hacks military and government websites. *softpedia*. Available at: http://news. softpedia.com/news/LulzSec-Ecuador-Hacks-Military-and-Government-Websites-304823.shtml; November 6, 2012.

[附录II]

匿名者组织大事表

以下是匿名者组织发动过的所有网络攻击。消息按来源总共有以下三种：匿名者黑客组织官方宣传媒体、匿名者黑客组织发言人或者其他匿名者黑客组织隶属机构。网络攻击行为自身的特性导致作者无法一一展示匿名者所参与过的所有攻击事件，这是因为匿名者最初只是一个默默无闻的黑客组织，对该组织网络攻击事件的报道还相对较少。就算后来它成了新闻焦点，媒体对其进行了大量的报道（包括失败的攻击事件），它在未来仍有可能失去新闻热度，再次乏人问津（或者在一定程度上如此）。以下列举的一系列黑客攻击行为全部来自媒体的公开报道，因此理所当然，它反映了匿名者在一个周期内各个阶段的网络攻击行为。而且有很多黑客以匿名者之名进行网络攻击。由于黑客遍布全球而且活动范围影响甚广，所以攻击活动可以 24 小时持续进行。为了让读者对这些活动有进一步了解，本书同时也提供了一个或者多个黑客组织隶属机构在发动网络攻击时背后所隐藏的意识形态动机的相关信息。从以下所列举的示例中我们可以发现，匿名者黑客集团发迹于美国贴图讨论板，由一群爱搞破坏的黑客发起，他们主要的兴趣就是骚扰其他网民，或影响人们的线下生活，而且很显然他们的行为不受道德约束也不带任何政治因素。匿名者从根源上来说与其名字所隐含的意义一样。有人在网络社区（比如美国 4chan/b–tards，还有 fags）上面发布煽动性言论谴责道德苦工（不喜欢或者不参与更为极端活动）这个在全球范围内越来越热门的匿名者分支，因为道德苦工这个阵营的人虽然被称为匿名者，但是却严格遵守一定的道德标准。这样看来 4chan 匿名者在 2008 年掀起的反对基督教科学派的“反科学教行动”成了这个组织的转折点。对于那些将道德责任带进“反科学教行动”的参与者来说，现实世界中大量的反对者和电话整蛊者可能为他们敲醒了警钟。活动本身的政治动机越来越明显。后来黑客们被逮捕，媒体对此也进行了大量的报道。两年后越来越多的黑客受政治因素驱动发动网络攻击，所以匿名者成了这样一个组织：任何心怀不满的理想主义者只要能付诸行动，他就能成为该组织的一员（互联网连接全球）。

大约日期	目标，黑客攻击活动以及方式（目前可知的）	黑客所宣示的动机（目前可知的）
2006 年	“哈宝宾馆”网络游戏反复遭到攻击——成千上万的黑客使用外形统一的游戏人物堵在酒店入口，导致其他玩家无法进入大厅，同时暗示或声称游戏涉嫌种族主义。因为“哈宝宾馆”这款游戏并没有为用户提供美籍黑人的游戏人物，使得拥有该人物的玩家无法参与到游戏中，黑客们用人物排成了纳粹的万字符标志。[1]	无聊的匿名者黑客骚扰其他互联网用户。[2]
2006—2007 年	4chan/b/–tards/fags 网络社区以一个七年级学生自杀的事件为素材开始了一场网络暴行，捏造死者自杀的原因是丢失了心爱的 iPod（这个小男孩曾在 MySpace 发布过类似的消息），b–tards 板块中有人篡改了死者 MySpace 的主页，发布了死者与 iPod 的图片，并且重演了死者自杀的情景，制作成视频，发布在 YouTube 上。整整一年多的时间里不断有人假扮成死者的鬼魂打电话骚扰他父母。[3]	嘲笑之举。[4]

大约日期	目标，黑客攻击活动以及方式（目前可知的）	黑客所宣示的动机（目前可知的）
2006—2007 年	4chan/b/–tards/fags 以及匿名者黑客攻击了白人至上主义者的在线广播节目，通过不断拨打骚扰电话来阻止其支持者拨入电话。广播网站还遭到来自 b–tards 社区的 DDoS 攻击。该组织随即煽动其支持者进行反击并且公布了电话骚扰者的个人详细信息，之后 b–tards 也公布了该组织成员的个人资料。[5]	嘲笑及抗议广播节目的种族主义倾向。[6]
2007 年 7 月	福克斯新闻频道播出了对匿名者黑客组织的调查报告。[7]	目前尚无可知动机。
2007 年 12 月 7 日	加拿大恋童癖克里斯·佛康德（Chris Forcand）在网上被一名匿名者黑客引诱并被报告给警方，最后克里斯被警方逮捕。[8]	目前尚无可知动机。
2008 年 1 月 21 日	反科学教行动。美国视频网站 YouTube 上一段关于汤姆·克鲁斯支持基督教科学派的视频引发了反科学教行动。攻击活动包括骚扰电话、虚假披萨派送、恶意传真以及基督教科学派分支机构前的现场示威活动。[9]	因为基督教科学派试图移除一份教徒汤姆·克鲁斯的采访视频，这被黑客们认为是网络审查对自由的限制。[10]
2008 年 6 月	美国新闻网站“支持在线嘻哈”（SOHH）遭到了大规模 DDoS 攻击，网站内容被黑客删除和篡改（跨站脚本）。[11]	匿名者声称对此次活动负责，称这是对 SOHH 成员名为“滚蛋吧”论坛无理行为的反击。[12]
2009 年 1 月	黑客组织匿名者盯上了“禁止粗口俱乐部”网站的维护者，利用窃取到的个人信息对其进行电话骚扰，并在现实中开了他许多恶意“玩笑”。[13]	“禁止粗口俱乐部烂透了”活动。[14]
2009 年 1 月 26 日	网络上出现一段视频声称随着新技术的发展以及公共意识不断增强，向来喜欢利用和误导美国大众的保守力量将走向灭亡。[15]	目前尚无可知动机。
2009 年 6 月	匿名者黑客组织与全球最大的 BT 网站“海盗湾”联手声援伊朗“绿色革命”。因为伊朗反对派候选人认为近期大选存在舞弊行为，所以爆发了此次的“绿色革命”。匿名者黑客在网站上发布了关于隐私维护的内容并且指导伊朗反对派向伊朗政府网站发动 DDoS 攻击，如何避开伊朗政府的网络审查以上传文件以及与如何与 Twitter 上的其他反对者取得联系。[16]	伊朗大选结束后，现任总统马哈茂德·艾哈迈迪–内贾德成功连任，反政府示威活动蔓延至全国各地。伊朗当局过滤网络内容，并封锁 Twitter 以及 Facebook 等支持“绿色革命”的社交网站。[17]

大约日期	目标，黑客攻击活动以及方式（目前可知的）	黑客所宣示的动机（目前可知的）
2009 年 6 月	因反对全球网络审查制度而诞生的“天网项目”（Project Skynet）。[18]	电影《终结者》系列虚构出一套有自我意识的电脑系统——天网项目很可能就是以此为蓝本。
2009 年 9 月 9 日	黑客发动 Didgeridie 行动（didgeridoo 为澳大利亚土著使用的一种乐器，某种意义上已成为该国的一个象征，die 是嘲笑澳大利亚人英语发音——译注），原因是澳大利亚在网络服务提供商层面加大网络审查力度。[19]	Didgeridie 行动 [20]
2009 年 9 月 10 日	由于遭受 DDoS 攻击，澳大利亚政府官方网站 www.pm.gov.au 在短时间内处于瘫痪状态。[21, 22]	Didgeridie 行动。[23]
2010 年 2 月 10 日	黑客对澳大利亚政府相关网站发动 DDoS 攻击，目标包括检察官办公室、宽带、通信与数字经济部。黑客发动网络攻击之后还拨打骚扰电话，发送恐吓传真、邮件，以及澳大利亚政府正在审查的黄色视频（因此本次行动被称作 Titstorm 行动）。[24, 25]	Titstorm 行动——因反对澳大利亚政府的网络审查制度而发起的抗议活动。[26]
从 2010 年 9 月 17 日起	报复行动的攻击目标是反盗版组织、其支持律师以及游说者。黑客以“匿名者”之名攻击了 ACS：法律界、美国唱片工业协会（RIAA）、Aiplex 软件、美国电影协会（MPAA）、索尼[27]、国际唱片业协会（IFPI）、英国唱片业协会以及其他一些机构。全球唱片和电影行业在遭 DoS 攻击以及报复行动之后的第一个月，故障时间长达 550 小时，服务中断 742 次。[28, 30]	索尼公司对一名黑客提起诉讼[31]，以及一个文件共享网站遭到 DDoS 攻击，这两起事件成了抗议行动的导火索，此次对支持正版以及反盗版组织的攻击被称为报复行动。[32, 33]
2010 年 10 月 6 日	黑客对西班牙版权保护协会（SGAE）、西班牙文化部以及 Promusicae 网站发动 DDoS 攻击，导致这些网站服务中断多达 119 次，故障时间长达 68 小时。[34, 35]	报复行动——网络犯罪黑客为了维护免费 P2P 文件共享方式而发起的攻击。[36, 37]
2010 年 10 月 18 日	美国 KISS 摇滚乐队贝斯手吉恩·西蒙斯的两个网站遭到 DDoS 攻击。[38]	报复行动。[39]

大约日期	目标，黑客攻击活动以及方式（目前可知的）	黑客所宣示的动机（目前可知的）
2010 年 10 月 19 日	葡萄牙反盗版机构（ACAPOR）网站遭到攻击，黑客窃取了 640MB 的邮件数据并发布在海盗湾网站上。[40]	报复行动——匿名者组织为了报复葡萄牙政府封锁海盗湾网站的行为。[41]
从 2010 年 12 月 2 日起	贝宝，瑞士银行，维萨，万事达信用卡的网站因多次遭到 DoS 攻击而瘫痪。[42–43]	报复行动——在维基解密发布美国外交电报后，这些公司切断了维基解密的资金支持。[44]
2010 年 12 月 2 日	攻击瘫痪亚马逊网站的行动宣告失败。[45,46]	报复行动——亚马逊宣布停止为维基解密提供网络空间。[47–48]
2010 年 12 月早期	美国网站 Facebook 删除“报复行动”页面。[49–50]	社交网站 Facebook 表明了自己的对违法行为以及敏感内容采取措施的立场。[51]
2010 年 12 月	乔·利伯曼（Joe Lieberman）和莎拉·佩林（Sarah Palin）的个人网站成了黑客的攻击目标，因为这两位美国政客发表了反对维基解密的言论。[52]	报复行动——任何对维基解密以及其创始人朱利安·阿桑奇的批评或打击都被黑客认为是对言论和信息自由的阻碍。[53]
2010 年 12 月	熊猫安全实验室发布报告，称匿名者组织报复行动的在线总部网站遭遇故障，但是故障持续时间较短。[54]	入侵者可能是反维基解密的黑客。[55]
2010 年 12 月 6 日	黑客们发动“阿桑奇复仇行动”（Op Avenge Assange）旨在帮助维基解密发布关于美国政府的电报文件。[56]	阿桑奇复仇行动。[57]
2010 年 12 月 8 日	Twitter 和 Facebook 封锁了和匿名者有关的账号（比如 @Anon_Operation），这些账号用来组织以及报道报复行动。[58–59]	报复行动。[60]
2010 年 12 月 9 日	Twitter 封锁了匿名者 Anon_Operation 的账号，这个账号被用于组织网络攻击。黑客又开通了 OpPayback 以及 AnonOpsNet 这两个账号。[61]	Twitter 方面尚未对此做出回复。[62]

大约日期	目标，黑客攻击活动以及方式（目前可知的）	黑客所宣示的动机（目前可知的）
2010 年 12 月 9 日	瑞典政府的官方网站遭到 DDoS 攻击。[63]	报复行动[64]或阿桑奇复仇行动。
2010 年 12 月 13 日	解密旋风行动（Leakspin Operation）——美国陆军士兵布雷德利·曼宁盗取政府机密文件并泄露给维基解密，之后黑客们号召每个网民行动起来帮助散播美国政府的机密文件。[65–66]	解密旋风行动——目的是信息自由。[67–68]
2010 年 12 月 28 日	4chan 社区板块也遭遇 DDoS 攻击，网站瘫痪长达 24 小时之久。[69]4chan 在 2010 年 1 月及 7 月都遭受过类似的攻击。	尽管目前还无法确认攻击者的身份，但可以推测的是幕后主谋是反匿名者以及反维基解密的黑客。[70]
2010 年 12 月 30 日	津巴布韦政府官方网站遭到攻击。[71]	有报纸援引维基解密的文章，称津巴布韦总统夫人格蕾丝·穆加贝卷入非法钻石交易（报复行动），随后遭到穆加贝的起诉。随后该报遭到政府审查（反网安行动）。[72–73]
2011 年 1 月 2 日	黑客向突尼斯政府相关网站发动 DDoS 攻击，目标包括突尼斯证券交易所以及突尼斯工业部。[74]	突尼斯行动（OpTunisia）——抗议突尼斯总统宰因·阿比丁·本·阿里的网络审查制度。[75]
2011 年 1 月 10 日	爱尔兰统一党网站遭篡改。[76]	黑客在网络上发表言论批评该党的政策。[77]
2011 年 1 月 27 日	5 位 15 到 26 岁的英国人因涉嫌为匿名者组织黑客，攻击与反维基解密行动相关的公司的网站而遭到逮捕。[78]	报复行动。[79]
2011 年 1 月 27 日	网络匿名访问工具 Tor 被用于绕过埃及政府对网站的封锁[80]，法国数据网络公司也为埃及人提供免费拨号连接的服务。[81]	没有任何动机声明。

大约日期	目标，黑客攻击活动以及方式（目前可知的）	黑客所宣示的动机（目前可知的）
2011 年 2 月 2 日	埃及官方政府网站遭到 DDoS 攻击。[82]	早些时候，埃及政府试图通过网络封锁来镇压抗议组织在社交媒体[84]上的势头[83]，政府先是封锁了一些社交媒体，比如 Twitter、谷歌、Facebook 以及黑莓和短信服务，随后全面封锁了网络。[85]
2011 年 2 月 6 日	美国计算机安全公司 HBGary 被黑客攻击，数据遭窃取之后被公之于众[86]，公司网页也被篡改；随后 HBGary 的行政长官格雷格·霍格伦的个人网站、rootkit.com 同样也遭到了 DDoS 攻击，数据遭窃取之后被公之于众。[87]	HB Gary Federal 首席执行官亚伦·巴尔称在深入调查了此次攻击活动之后，他已经确认了匿名者黑客的核心人物。[88]
2011 年 2 月 6 日	意大利政府官方网站（governo.it）在遭到国内匿名者攻击之后，出现过短暂的瘫痪。[89]	为了抗议意大利政府近来出台的一系列限制言论自由的政策。[90]
2011 年 2 月 17 日	巴林行动（Op Bahrain）——此次行动是为了声援巴林国内的抗议活动，反对政府的不透明管理、网络审查、限制言论自由权和抗议权。[91]	巴林行动。[92]
2011 年 2 月 28 日	威斯康星行动（OpWisconsin）——黑客将目标锁定在大富豪科赫兄弟身上，呼吁人们抵制科氏工业集团的产品（乔治亚太平洋品牌）[93,94]，并且黑入“Americans for Prosperity”以及“Northern Quilt”这两个隶属于科氏的网站。[95]	威斯康星行动——科赫兄弟因为支持反对工会的活动而遭到攻击。[96,97]
2011 年 3 月 4 日	布雷德利行动（Op Bahrain）——匿名者黑客组织发言人巴雷特·布朗公开威胁将曝光所有牵扯到布雷德利·曼宁这个案子中的人。[98]	布雷德利/布拉迪克行动：[99]曼宁在匡提科监狱受虐的消息引起了黑客们的愤怒。[100]
2011 年 4 月 2 日以及整个 4 月份	索尼公司 PlayStation Network（PSN）以及旗下几个网站连续遭到大规模 DDoS 攻击，陷入瘫痪。[101]	为了抗议索尼禁止（后来起诉）PS 用户 GeoHot 修改自己所拥有的硬件，并禁止他将教程发布到网络平台上。[102]

大约日期	目标，黑客攻击活动以及方式（目前可知的）	黑客所宣示的动机（目前可知的）
2011 年 4 月 20 日	F1 官网（Formula1.com）及 F1-racers.net 网站遭遇 DDoS 攻击而瘫痪。[103]	巴林行动——黑客批评 F1 格兰披治大奖赛组织者罔顾巴林阿勒·哈利法政府践踏国内民众人权的事实，仍选择在此举办比赛。匿名者黑客同时要求巴林当局释放被囚禁的政治犯。[104]
2011 年 5 月	发起伊朗行动（Op Iran）。[105]	伊朗行动目的是抗议伊朗当局的镇压行为。[106]
2011 年 5 月 2 日	发起闪电行动（Op Blitzkrieg）[107]，黑客建立信息网站 nazi-leaks.net(现已不存在)，目的是为了揭露许多西方国家中欧洲白人至上主义组织之间的联系，一年之后黑客向依然在线的白人至上主义组织以及其相关网站发动大规模 DDoS 攻击。	闪电行动——为抗议白人至上主义 [108]
2011 年 5 月 3 日	几个属于白人至上主义组织相关的网站以及该组织相关网络主机因遭到黑客攻击而瘫痪。[109]	闪电行动。[110]
2011 年 5 月 6 日	发起印度行动（OpIndia）。[111]	印度行动——为抗议印度政府封锁了 BT 种子服务器“海盗湾”、高清视频播客网站“vimeo”以及视频分享网站“Daily Motion”[112]，后来政府的网络审查制度以及腐败行为也成了黑客攻击的原因。[113]
2011 年 5 月 18 日	印度政府相关网站（高等法院、两个政党：印度人民党和印度国大党、印度电信部以及印度电子和 IT 部）和几家反盗版公司因遭到 DDoS 攻击而瘫痪。[114]	印度行动。[115]
2011 年 6 月	发起土耳其行动（Op Turkey）——土耳其政府因出台了一系列饱受争议的网络过滤政策而引来黑客的攻击。[116]	土耳其行动。[117]

大约日期	目标，黑客攻击活动以及方式（目前可知的）	黑客所宣示的动机（目前可知的）
2011 年 6 月 9 日	除了虚拟网络攻击以外，抗议者还将不满带到现实生活中。印度当局出台新法规，规定政府有权对新德里网络进行审查，这招致抗议者的批评。黑客催促印度政府尽快签署信息权利法案（RTI），使公众有权获悉网络上被政府过滤掉的信息。[118]	India 行动，RTIEngaged 行动。[119]
2011 年 6 月 11 日	伊朗外交部网站遭黑客攻击，10365 封邮件失窃并被黑客公布在 MediaFire 网络硬盘上，随后伊朗外交部相关网站也相继发生瘫痪。[120]	伆朗行动。[121]
2011 年 6 月 11 日	马来西亚政府相关网站遭 DDoS 攻击和黑客入侵而瘫痪，黑客攻击政府网站的目的可能是为了盗取数据并将其公之于众。[122] www.malaysia.gov.my 瘫痪；www.sabahtourism.com 遭入侵之后数据泄露；www.cidb.gov.my/ 遭入侵；陆路公共交通委员会（www.spad.gov.my）疑似有目标入侵；马来西亚气象局（www.kjc.gov.my）疑似有目标入侵；（www.aseanconnect.gov.my）疑似有目标入侵；教育部（www.moe.gov.my）瘫痪；消防部（Bomba），www.bomba.gov.my 瘫痪；马来西亚选举委员会（Suruhanjaya Pilihanraya Malaysia）www.daftarj.spr.gov.my 瘫痪；马来西亚首要通信服务部（TMNet），www.tm.com.my 瘫痪；建筑工程部 www.kkr.gov.my 瘫痪；财政部 www.treasury.gov.my 瘫痪；马来西亚议会 www.parlimen.gov.my 瘫痪；信息、通信与文化部 www.kpkk.gov.my 瘫痪；www.jobsmalaysia.gov.my 瘫痪。[123]	马来西亚行动——为抗议马来西亚政府实施的网络审查制度。[124]
2011 年 6 月 11 日	帝国叛乱行动（Op Empire Stae Rebellion）。匿名者称他们将终结美联储的腐败欺诈行为、政府游说制度以及全球性银行大而不倒、权力膨胀和巧取豪夺的现状。[125,126]	帝国叛乱行动——0.1% 的大型公司和银行通过有组织的政府结构获取暴利，这损害了 99.9% 美国人的利益，黑客们决心摧毁这种结构。[127,128]

大约日期	目标，黑客攻击活动以及方式（目前可知的）	黑客所宣示的动机（目前可知的）
2011 年 6 月 20 日	反网安行动，匿名者两个有力分支 Lulz security 和 Anons 联手揭发全球政府、银行，以及其他大型公司的腐败行为。黑客称此次目标是找到并揭露政府机密信息。[129] 第一批被黑客攻击的网站包括 FBI 相关官网（不是第一次反复被攻击的网站 [详见 LulzSec]）以及 FBI 下属机构网站（比如 Infraguards）。[130,131]	反网安行动。[132]
2011 年 6 月 23 日	奥兰多行动（OpOrlando）旨在每天攻占一个与奥兰多市相关的网站，被攻击目标包括奥兰多旅游局官网 (www.orlandofloridaguide.com)、奥兰多政府官网以及奥兰多商会官网。[133,134]	奥兰多行动是为了声援奥兰多城市的流浪者。非营利组织“要食物不要炸弹”（Food not Bombs）的数名成员因向流浪者派发食物而遭到奥兰多政府的逮捕。[135]
2011 年 6 月 28 日	Intifada 行动（Intifada：1987 年底爆发以色列占领区的巴勒斯坦人的暴动——译注）黑客将攻击目标锁定为以色列国会官网。[136]	抗议以色列和美国联合开发震网病毒，用于攻击伊朗纳坦兹核项目。[137]
2011 年 6 月 29 日	奥兰多市长用于竞选连任的官网反复遭到黑客攻击。匿名者黑客组织声称要让网站在整个竞选期间都无法使用。他们通过占用网站实时通信订阅功能来降低任务成本。脚本在进入新建的假邮箱之后不断发送实时通信订阅请求，让网站超负荷处理订阅请求，最终造成瘫痪。[138]	奥兰多行动。[139]
2011 年 6 月 29 日	奥兰多“旅馆 25”以及警察兄弟会官网因不断遭到 DDoS 攻击而瘫痪。[140]	奥兰多行动。[141]
2011 年 7 月 6 日	奥兰多法院官网由于遭受 DDoS 攻击而瘫痪。[142]	奥兰多行动。[143]
2011 年 7 月 11 日	军界灾难性星期一——黑客未经授权入侵博思艾伦汉密尔顿控股公司，盗取美国国防部通讯录。[144]	审核系统安全性（反网安行动）。[145]

大约日期	目标，黑客攻击活动以及方式（目前可知的）	黑客所宣示的动机（目前可知的）
2011年7月12日	末日项目（Project Tarmageddon）——黑客们希望找到关于加拿大亚伯达沥青砂公司消息被封锁的缘由。当地政府大举砍伐和破坏国家森林资源，制成炼化设备后出售给加拿大亚伯达沥青砂公司，再加上美国12号观景公路不断扩大，这两起事件引起了爱达荷州人民的愤怒。匿名者表示支持爱达荷人民的抗议行动。[146,147]	绿色权利行动（Operation Green Rights）。[148]
2011年7月13日	绿色权利行动——向污染环境企业发起抗议活动；美国著名农业生化公司孟山都公司官网遭DDoS攻击，随后公司2500多名员工以及合作公司的个人资料被黑客窃取之后公布到网络上。[149]	绿色权利行动主要针对以下几家环境污染企业：埃克森美孚、康菲石油公司、加拿大油砂公司、帝国石油公司、苏格兰皇家银行、，孟山都公司。[150]
2011年7月13日	加拿大反消费主义组织Adbusters杂志发起“占领华尔街行动”，呼吁2万多名抗议者9月17日到曼哈顿举行示威活动。[151]	华尔街证券交易所被看作是“我们民主的最大腐蚀者”。华尔街是美国的罪恶之都(Gomorrah:俄摩拉城，《圣经》中因其居民罪恶深重而与所多玛城同时被神毁灭的古城——译注）。[152]
2011年7月14日	美国农业生物生化公司孟山都公司网站遭到黑客入侵，数据外泄，公司约2500多名员工个人信息被泄露。[153]	有机农场主因为宣传自己产品不含孟山都农产品而遭到后者的起诉。[154]
2011年7月18日	部分匿名者组织宣布建立AnonPlus匿名社交网站。[155]	为抗议社交网站谷歌+对匿名者账号的封杀。[156]
2011年7月19日	FBI在全美逮捕了14名疑似匿名者黑客组织的成员。[157]	报复行动。[158]
2011年7月21日	匿名者宣布入侵北约官网，获取约1G容量的数据，但他们并不打算公布这些资料，因为这是一种不负责任的行为。[159]	尚未发现可知动机。

大约日期	目标，黑客攻击活动以及方式（目前可知的）	黑客所宣示的动机（目前可知的）
2011 年 7 月 22 日	由 Anons 自主建立的社交网站 AnonPlus 网页遭到土耳其黑客组织 Akincilar（奥托曼突击队[160]）的篡改。[161]	AnonPlus 网站被黑。[162]
2011 年 7 月 30 日	美国安全服务承包商曼泰克国际公司对外宣称，有黑客从公司窃取约 400MB 容量的数据并陆续公布在海盗湾网站上。[163]	反网安行动，FFF。曼泰克国际公司受雇于北约以及其他政府网站，为他们提供网络安全服务。尽管黑客并没有窃取到敏感数据，但是此次网站被攻击，数据泄露事件还是让这家安全服务商颜面尽失。[164]
2011 年 8 月 5 日	周六扫荡警界（Shooting Sheriffs Saturday）。匿名者黑客组织周六宣布成功入侵代管美国南部众多警方网站的 Brooks–Jeffrey Marketing（BJM），并取得约 10GB 的资料，估计约有超过 70 个美国小镇警察网站和执法机构网站遭入侵，数据泄露，并陆续被公布在网络上，事件发生时间不超过 24 小时。[165,166]	反网安行动。目的是为了报复美国警方七月份的大规模逮捕行动。[167]
2011 年 8 月 6 日	白人至上主义者官网 Blood&Honour（nazi-leaks.net）遭黑客入侵，大量私人资料被窃取并公布在网络上。[168]	闪电行动。[169]
2011 年 8 月 11 日	Pharisee 行动。黑客通过 DDoS 攻击来阻止马德里世界青年节的举办，使与活动相关的网站运行缓慢，无法访问。[170]	Pharisee 行动。匿名者希望关于天主教神职人员性侵上万儿童的丑闻能够引起社会的关注。[171]
2011 年 8 月 14 日	BART 行动（BART：海湾地区捷运系统——译注）。此次活动将矛头指向 BART 网站。几日之后有人计划到市民中心（7 月 3 日奥斯卡·格兰特被 BART 警察约翰内斯·梅塞尔处决的地方）举行示威活动。几周之后，BART 员工个人信息泄露，系统网站也遭到黑客的篡改。[172,173]	BART 行动。自 1972 年该地区成立警局以来，包括查尔斯·希尔与奥斯卡·格兰特在内，总共有 6 人命丧 BART 警察之手，2009 年至 2011 年[175]有三人死于枪杀，为镇压群众的抗议活动，警方屏蔽了该地区的信号。[174]这引起匿名者的愤怒，因此发动 BART 行动声援当地的抗议活动。

大约日期	目标，黑客攻击活动以及方式（目前可知的）	黑客所宣示的动机（目前可知的）
2011 年 8 月 15 日	美国国防承包商先锋黑客防御公司（VDI）网站遭黑客入侵，约 4713 封邮件和上千份文件泄露，并陆续被公布在网络上。[176]	反网安行动。报复 VDI 公司与美国执法机关的合作关系（如 FBI 下属的 Infraguard）。[177]
2011 年 8 月 23 日	匿名者认可美国视频网站 YouTube 上一段有关“占领华尔街”的活动。[178]	共同宗旨与目标。[179]
2011 年 9 月 1 日	黑客入侵德州警长协会官网，篡改网页，盗取资料，并陆续公布在网络。[180]	反网安行动，FreeAnon。报复警方对匿名者黑客的逮捕。[181]
2011 年 9 月 13 日	德国匿名者黑客组织发动“Summerstorm 行动”，入侵国内极右党派德国国家民主党（NPD），致使该党官网瘫痪。[182]	Summerstorm 行动。[183]
2011 年 9 月 17 日	在几个月紧锣密鼓的筹划之后，由加拿大反消费主义组织 Adbuster 杂志发起的“反对华尔街企业腐败”活动终于拉开帷幕，并很快席卷全球，在短短几个月内，包括芝加哥、多伦多、伦敦、东京、米兰、马德里、斯德哥尔摩在内的全球众多城市都加入到这场抗议活动中，活动的抗议者都头戴盖伊·福克斯的面具。（盖伊·福克斯：企图在国会大厦炸死英王詹姆士一世“火药阴谋”的策划者）。[184]	占领华尔街运动。[185]
2011 年 10 月 14 日	黑客通过 DDoS 攻击成功端掉儿童色情网站“洛丽塔之城”（Lolita City），利用 SQL 注入法获得该网站 1589 名注册者的信息，并公布在网络上。[186]	暗网行动。[187]
2011 年 10 月 15 日	黑客发动暗网行动（Op Darknet），以此警告爱尔兰匿名网络托管服务商 Freedom Hosting，这家公司涉嫌传播儿童色情内容。[188]	儿童色情网站的存在让恋童癖现象愈演愈烈，这不利于下一代的健康成长。[189]

大约日期	目标，黑客攻击活动以及方式（目前可知的）	黑客所宣示的动机（目前可知的）
2011 年 10 月 24 日	波士顿警察局遭黑客入侵，大量警员的个人资料遭窃并在网上疯传。[190]	警方大规模逮捕黑客的活动；2011 年 10 月 11 日警察对“占领华尔街”行动中的抗议者采取暴力行为，这引起了匿名者黑客的愤怒。[191]
2011 年 11 月 7 日	匿名者发动 Brotherhood 追辑行动（Brotherhood：穆斯林兄弟会——译注），兄弟会官网（ikhwanonline）多次遭黑客攻击而瘫痪。[192]	Brotherhood 追缉行动是为了震慑对埃及革命造成威胁的穆斯林兄弟会。[193]
2011 年 11 月 15 日	4chan 官网继 4 月和 7 月之后再次遭到 DDoS 攻击，造成网络瘫痪，无法使用。[194]	尚未发现可知动机。
2011 年 11 月 22 日	烤猪行动（Op PigRoast）（pig：猪。英语中猪是对警察的一种蔑称——译注）。匿名者黑客组织分支 Cabin Cr3w 对涉嫌暴力执法的警察行政研究论坛（PERF）、警察、安全人员发起攻击。[195]	烤猪行动——为抗议警察对“占领华尔街”抗议者采取的暴力行为。[196]
2011 年 11 月 23 日	加利福尼亚一位保安人员因涉嫌在加州大学戴维斯分校对手无寸铁的抗议者喷胡椒剂而遭到人肉，事后一段关于他个人信息的视频在网上疯传。[197]	为报复警方在加州大学戴维斯分校对抗议者做出的残酷行为。[198]
2011 年 11 月 29 日	TeaMp0isoN 联合匿名者（poisaNoN）以及其他黑客组织入侵联合国发展计划署官网，随后在 Pastebin 上公布所获得的 1000 多封邮件、用户名以及密码。[199]	对联合国在欧洲帝国主义发展过程中所扮演的角色以及面对卢万达、达尔富尔、南斯拉夫、以色列惨剧时所表现出的无能感到愤怒。[200]
2011 年 12 月 7 日	美国农业生物巨头孟山都公司的公关合作伙伴——知名调查公司拜威集团遭黑客入侵，网站全线瘫痪，网页被恶意篡改，公司上百封邮件内容遭泄露。2011 年 10 月，拜威集团在华盛顿特区建立了一个叫“The Brick Factory”的在线服务公司。[201–203]	终结孟山都行动 [204–205]

大约日期	目标，黑客攻击活动以及方式（目前可知的）	黑客所宣示的动机（目前可知的）
2011 年 12 月 25 日	著名安全智库——美国全球情报分析机构战略预测公司遭黑客攻击，网站瘫痪，大量用户信用卡资料外泄。黑客称将利用这些信用卡向慈善机构捐款 100 万美元。[206] 随后黑客陆续在维基解密上公布从战略预测公司窃取的邮件。[207]	LulzSec 黑客组织此次明显是为了报复政府对美国陆军士兵布拉德利·曼宁的逮捕[208]，也有可能只是单纯地想让战略预测公司难堪，毕竟它是一家安全与情报公司，网站却这么不堪一击。[209]
	MegaUpload 行动（MegaUpload：美国著名在线网络硬盘服务商），包括美国政府相关网站（美国司法部、FBI、美国版权局）以及美国唱片产业（美国唱片业协会，RIAA）、美国电影协会（MPAA）在内的十家网站遭到 DDoS 攻击，网站全部瘫痪，无法访问。[210]	MegaUpload行动声援著名文件共享网站MegaUpload以及其创始人金·多科姆[211]；抗议美国司法部在 2012 年 1 月 19 日关闭文件共享网站；共有 5635 名黑客通过 LOIC（低轨道离子炮，这是一个最受欢迎的DOS攻击软件）向这些网站发起攻击，Anonops 黑客组织宣布此次行动成功。[212]
2012 年 1 月 1 日	匿名者发动 Nigeria II 行动，活动时间长达 2 个月，以此声援"占领尼日利亚行动"。[213]	Nigeria II 行动（占领行动）。[214]
2012 年 1 月 4 日	Pastebin 遭到 DDoS 攻击。[215]	攻击者身份不明。[216]
2012 年 1 月 5 日	占领尼日利亚，当地匿名者武装黑客公开宣布希望结束尼日利亚政府的腐败行为。[217]	不满尼日利亚政府的腐败以及执政不力行为。[218–219]
2012 年 1 月 9 日	芬兰政府网站遭黑客入侵。[220]	芬兰国内最大的电信运营商 Elisa 应政府要求，屏蔽海盗湾搜索引擎网站，阻止用户访问海盗湾，这引起了匿名者的愤怒（"Elisagate"）。[221]

大约日期	目标，黑客攻击活动以及方式（目前可知的）	黑客所宣示的动机（目前可知的）
2012 年 2 月 10 日	芬兰版权信息与反盗版组织 CIPAC 网站因黑客入侵而瘫痪。[222]	报复行动——2011 年 10 月，芬兰赫尔辛基地区法院支持 CIAPC 与 IFPI 的提议，要求电信运营商 Elisa 封锁海盗湾，否则将收到罚单。[223]
2012 年 1 月 12 日	黑客攻击荷兰反盗版组织 BREIN 官网，造成网站瘫痪。[224]	报复行动——海牙法院支持 BREIN 组织的提议，要求荷兰主要电信运营商 Ziggo 和 XS4ALL 封锁海盗湾。[225]
2012 年 1 月 20 日	Guest 黑客组织（据推测可能是一群黑客的统称）宣称约有 10000 多名黑客加入到此次的 DDoS 攻击、网站瘫痪以及网页篡改行动中，受影响网站如下：[226] http://pastebin.com/cujqqtcn http://www.paulafernandes.com.br（网页被篡改） http://universalmusic.com.br（网页被篡改） http://www.selenagomezweb.com（网页被篡改） http://www.justinbieberweb.com（网页被篡改） http://www.allsupergames.com http://www.newalbumreleases.net http://www.emimusicbrasil.com http://www.copyright.gov http://www.vivendi.com http://www.UniversalStudios.com http://www.justice.gov http://www.ifpi.se http://store.warnerbrosshop.com http://ofcanz.govt.nz http://www.siae.it http://www.usdoj.gov http://police.govt.nz http://justice.govt.nz http://shop.mgm.com。	报复行动。[227]

大约日期	目标，黑客攻击活动以及方式（目前可知的）	黑客所宣示的动机（目前可知的）
2012 年 1 月 21 日	Guest 黑客组织（据推测可能是一群黑客的统称）宣称约有 15000 多名黑客加入到此次的 DDoS 攻击、网站瘫痪以及网页篡改行动中，受影响网站如下：[228] http://wando.com.br http://www.somlivre.com http://www.universalmusic.com http://www.iamfiss.com （网页被篡改） http://sony.co.uk http://www.monsanto.com http://ecad.org.br http://bit.ly/AdewTp（网页被删除） http://premier.gov.pl http://visa.com.br http://www.aflcio.org http://sejm.gov.pl http://pm.go.gov.br http://www.netlinx.net （网页被篡改）。	报复行动。[229]
2012 年 1 月 21 日	匿名者发起“波兰革命”（Polish Revolution），攻击波兰政府以及政府部门网站[230]；抗议者带上盖伊·福克斯的面具走上街头，反对政府签署 ACTA（反假冒贸易协议），波兰总理唐纳德·图克斯最终表示放弃签署该协议，并停止对 ACTA 的认可。[231]	抗议波兰政府签署 ACTA 的意图。[232]

大约日期	目标，黑客攻击活动以及方式（目前可知的）	黑客所宣示的动机（目前可知的）
2012年1月22日	Guest黑客组织（据推测可能是一群黑客的统称）宣称约有15000多名黑客加入到此次的DDoS攻击、网站瘫痪以及网页篡改行动中，受影响网站如下：[233] http://pastebin.com/GpEd0ssP（DDoS） http://sefanet.pr.gov.br（DDoS） http://tjm.rs.gov.br（网站瘫痪） http://sjc.sp.gov.br（DDoS攻击） http://paranoa.df.gov.br（DDoS攻击） http://parkway.df.gov.br（DDoS攻击） http://abw.gov.pl（DDoS攻击） http://guara.df.gov.br（网站瘫痪） http://aguasclaras.df.gov.br（网站瘫痪） http://www.rihannaonline.net（网页被篡改） http://sobradinho.df.gov.br（网页被篡改） http://sudoeste.df.gov.br（网页被篡改） http://www.vivendi.com（DDoS攻击） http://www.giannifava.org（DDoS攻击） http://dof.ca.gov（DDoS攻击） http://www.vivendi.fr（网页被篡改） http://brasilia.df.gov.br（网页被篡改） http://www.prezydent.pl（DDoS攻击） http://ms.gov.pl（DDoS攻击） http://www.vagla.pl（网页被篡改） http://bor.gov.pl（DDoS攻击） http://policiamilitar.rj.gov.br（DDoS攻击） http://pm.go.gov.br（DDoS攻击） http://www.cbs.com（网站瘫痪）。	报复行动。[234]

大约日期	目标，黑客攻击活动以及方式（目前可知的）	黑客所宣示的动机（目前可知的）
2012 年 1 月 23 日	Guest 黑客组织（据推测可能是一群黑客的统称）宣称约有 5000 多名黑客加入到此次的 DDoS 攻击、网站瘫痪以及网页篡改行动中，受影响网站如下：[235] http://www.usipr.gov （网站瘫痪） http://www.boavista.rr.gov.br （网站瘫痪） http://www.senado.gov.br （网站瘫痪） http://boavista.rr.gov.br （网站瘫痪） http://fssul.pr.gov.br （网站瘫痪） http://bomdepesca.com.br （网页被篡改） http://acertai.com.br （网页被篡改） http://emailsender.com.br （网页被篡改） http://mikrocenter.psi.br （网页被篡改） http://diretorepocanegocios.com.br （网页被篡改） http://tabapua.sp.gov.br （网页被篡改） http://mikrocenter.net.br （网页被篡改） http://goo.gl/O8A2n （网页被清除） http://goo.gl/crINx （网页被清除） http://www.load.to/e6arTZSBjt/onguard2.sql.gz （网页被清除） http://goo.gl/akUCH （网页被清除） http://guapiacu.sp.gov.br （网页被篡改） http://newsletter.editoraglobo.com.br （网页被篡改） http://www.onguardonline.gov （网页被篡改） http://sja.go.gov.br （网页被篡改） http://canalford.com.br （网页被篡改） http://alexandria.rn.gov.br （网页被篡改） http://tjm.rs.gov.br http://tjmrs.jus.br http://biuro-gov.cba.pl （网页被篡改） www.itau.com.br www.bundeskanzler.at http://esporte.gov.br http://apcm.org.br http://justiz.gv.at http://caixa.gov.br http://kprm.gov.pl http://kprm.gov.pl http://justica.sp.gov.br http://kaspersky.com.br。	报复行动。[236]

大约日期	目标，黑客攻击活动以及方式（目前可知的）	黑客所宣示的动机（目前可知的）
2012 年 1 月 24 日	美国联邦贸易委员会在线安全网站(onguardonline.gov)被黑客攻击，委员会官员个人信息被窃取并公布在网络上。[237, 238]	抗议政府关闭美国著名在线网络硬盘服务商MegaUpload，并反对以下新提议的反盗版法：SOPA（禁止网络盗版法案）、PIPA（保护知识产权法案）和ACTA（反假冒贸易协议）。[239, 240]
2012 年 1 月 26 日	欧洲议会官网因 DDoS 攻击而瘫痪。[241]	抗议欧洲议会通过反假冒贸易协议（ACTA）。[242]
2012 年 1 月 28 日	黑客发动埃塞俄比亚行动（Op Ethiopia），抗议埃塞俄比亚政府侵犯人权、滥用资源、非法金融交易以及腐败行为。[243]	埃塞俄比亚行动[244]
2012 年 1 月 30 日	黑客入侵 UFC（终极格斗锦标赛）官网，窃取 UFC 主席达纳·怀特的个人信息。UFC 官网也遭到黑客篡改。[245]	UFC 行动，抗议达纳·怀特在 Twitter 上指责匿名者是懦夫的言论。[246]
2012 年 2 月	黑客入侵叙利亚政府官网，盗取数以万计邮件，最后将这些邮件上传至维基解密。[247]	叙利亚行动（自由行动）。[248]
2012 年 2 月 1 日	巴西匿名者对国内银行发起 DDoS 攻击，受影响银行包括布拉德斯科银行、巴西银行。[249]	WeeksPayment 行动。[250]
2012 年 2 月 1 日	黑客入侵盐湖城警方网站并篡改网页；举报人的机密信息遭泄露。[251]	抗议盐湖城警方将携带涂鸦用具定为犯罪行为。[252]
2012 年 2 月 2 日	黑客入侵美国白人至上主义者（美国第三党，A3P）的网站，窃取并公布网站信息、电子邮件，这牵扯出英国白人至上主义者与英国国家党主席尼克·格里芬之间的联系 。[253]	闪电行动反对 A3P 虚伪的种族主义。[254]

大约日期	目标，黑客攻击活动以及方式（目前可知的）	黑客所宣示的动机（目前可知的）
2012 年 2 月 3 日	波士顿警局虚拟社区网站（bpdnews.com）遭到 DDoS 攻击，网页被篡改，网站 6 天之后才恢复正常。[255]	反网安行动抗议对占领华尔街示威者的暴力行为。[256]
2012 年 2 月 3 日	匿名者公布 2012 年 1 月 17 日 FBI 和苏格兰法庭关于匿名者调查的电话会议记录。[257]	电话会议记录显示 FBI 将跨国黑客集团列入调查对象。
2012 年 2 月 3 日	黑客入侵美国律师事务所，窃取 2.6 GB 容量的电子邮件。美国律师事务所是美国军队指挥官的辩护律师，美国军队指挥官涉嫌在 2005 年伊拉克哈迪塞打死 24 名手无寸铁的平民。[258]	目前尚无可知动机。
2012 年 2 月 3 日	波士顿警局网站（BPDnews.com）遭黑客篡改。[259]	抗议警察对占领华尔街示威者的暴力行为。[260]
2012 年 2 月 4 日	黑客组织 CyberForce 对瑞典政府网站发动 DDoS 攻击。[261]	声援现实社会中示威者对斯德哥尔摩和哥德堡的反假冒贸易协议（ACTA）的抗议。[262]
2012 年 2 月 4 日	对美国国安部网站 (www.dhs.gov) 发动 DDoS 攻击。[263]	FFF。[264]
2012 年 2 月 5 日	黑客篡改保加利亚音乐产业组织 Prophon 网站。[265]	抗议 Prophon 对反假冒贸易协议（ACTA）的支持。[266]
2012 年 2 月 8 日	CabinCr3W 黑客组织入侵西弗吉尼亚警察协会警长网站，披露 150 多名警察个人资料。[267]	监督警察暴力行为。[268]
2012 年 2 月 9 日	对俄罗斯主要政党统一俄罗斯党在莫斯科市和卡卢加市的地区办事处发动 DDoS 攻击。[269]	目前尚无可知动机。[270]

大约日期	目标，黑客攻击活动以及方式（目前可知的）	黑客所宣示的动机（目前可知的）
2012 年 2 月 9 日	黑客入侵德国议会网站，窃取大量机密文件，这些机密文件涉及德国在阿富汗战争中的一些细节。[271]	目前尚无可知动机。[272]
2012 年 2 月 9 日	对克罗比亚总统网站发动 DDoS 攻击。[273]	抗议约西波维奇对反假冒贸易协定(ACTA)的支持。[274]
2012 年 2 月 9 日	匿名者发动 Xport 行动。这次行动目的是协助已背负两项罪名的通缉犯“指挥官X”潜逃到加拿大，以逃避美国法律的审判。匿名者黑客组织以及占领运动为受迫害黑客成功开辟了一条用于潜逃的“地下通道”，https://linux.cn/article-3932-4.html。[275]	Xport 行动。[276]
2012 年 2 月 10 日	墨西哥匿名者对墨西哥国内 136 个网站（包括墨西哥参议院和内务部）发起覆盖式 DDoS 攻击，随后黑客在 Pastebin 上公布受影响网站名单，（Twitter 账号：@AnonnymousMexi）。[277–278]	Mexico 抗议墨西哥政府通过 SOPA 法案（禁止网络盗版法案）。[279,280]
2012 年 2 月 10 日	黑客入侵墨西哥全国矿业协会 Camimex 网站，盗走约 400 MB 容量电子邮件。[281]	抗议墨西哥旷工恶劣的工作环境。[282]
2012 年 2 月 10 日	黑客攻击阿拉巴马州政府以及执法部门网站，导致 40000 多名执法人员个人资料遭泄露，随后被公布在 PasteBin 上。[283]	抗议阿拉巴马州出台带有“种族主义”的移民法；或是为了让警方因资料保护不力而颜面扫地。[284]
2012 年 2 月 10 日	匿名者在 YouTube 上宣布讨伐以色列。[285]	抗议以色列对巴勒斯坦人犯下的“反人类罪行”。[286]
2012 年 2 月 10 日	CIA 官网 cia.gov 因遭 DDoS 攻击而出现运行中断。[287]	周五执法行动（Law Enforcement Friday）。[288]
2012 年 2 月 10 日	国际刑警组织官网遭遇 DDoS 攻击。[289]	抗议国际刑警组织帮助沙特政府逮捕记者喀什葛里（Hamza Kashgari）。[290]

大约日期	目标，黑客攻击活动以及方式（目前可知的）	黑客所宣示的动机（目前可知的）
2012 年 2 月 11 日	巴拿马政府网站（www.presidencia.gob.pa）遭 DDoS 攻击而瘫痪。[291]	Ngabe Bugle 印第安人抗议政府在其生活区域进行采矿和修建水利项目，黑客表示支持。[292]
2012 年 2 月 14 日	入侵土耳其卫星电视平台 Digiturk 网站，窃取大量个人资料，并公布在 Pastebin 上。[293]	Digiturk 禁止客户访问 Pastebin，blogger.com、inci.sozlukspot.com 这一类网站，黑客抗议 Digiturk 的严厉的审查制度。[294]
2012 年 2 月 14 日	美国陆军情报知识网络 400 MB 容量的数据被黑客上传到 Rapidshare 上。[295]	目前尚无可知动机。[296]
2012 年 2 月 14 日	Combined Systems 网站被攻击，该公司客户名单和邮件等机密信息失窃，黑客称攻击是因为该公司为埃及政府提供催泪弹用于镇压抗议者，以此阻止黑客革命运动。[297]	为了纪念 2011 年 2 月 14 日在巴林发起的第一场“阿拉伯之春”运动。[298]
2012 年 2 月 16 日	匿名者黑客组织分支 L0NGwave99 利用 DDoS 攻击美国纳斯达克证券交易所、纽约证券交易所、迈阿密证券交易所、BATS 交易所和芝加哥期权交易所（CBOE）的网站。[299–300]	数字风暴行动（Operation Digital Tornado）支持占领华尔街运动以及参与到这场运动中 99% 的美国人。[301–302]
2012 年 2 月 17 日	以下网站网页被黑客篡改无法访问：business.ftc.gov，consumer.gov，ncpw.gov，ftcstaging.mt.fhdbeta.com，ncpw.gov，consumer.ftc.gov，ftcdev.mt.fhdbeta.com。[303–304]	反网安行动：抗议反假冒贸易协定（ACTA）。[305–306]
2012 年 2 月 20 日	德国一家街头服饰供应商因存在纳粹主义倾向遭黑客攻击，其官网 Streetfightversand.de 网页被篡改，约 1100 名客户个人信息被上传到 Pastebin 上。[307]	闪电行动。[308]

大约日期	目标，黑客攻击活动以及方式（目前可知的）	黑客所宣示的动机（目前可知的）
2012年2月23日	德国匿名者黑客组织在《华尔街日报》Facebook主页上发起“评论快闪族行动”。[309]	抗议华尔街日报将匿名者与基地组织划等号。[310]
2012年2月23日	西班牙警方逮捕六个Anons黑客组织成员。[311]	目前尚无可知动机。
2012年2月24日	FBI下属机构Infraguard在俄亥俄州西南部城市代顿分会的网站遭黑客入侵和篡改。[312]	反网安行动。[313]
2012年2月24日	美国第二大私营监狱所有者GEO集团网站（www.geogroup.com）遭黑客篡改。[314]	反网安行动。[315]
2012年2月24日	西班牙国家警察网站遭到DDoS网络攻击。[316]	为了报复前天警方对六个匿名者黑客的逮捕。[317]
2012年2月28日	25名匿名者黑客组织成员分别在西班牙、阿根廷、智利和哥伦比亚被捕。[318–319]	目前尚无可知动机。
2012年2月28日	国际刑警组织网站因DDoS攻击而产生短暂瘫痪。[320,321]	就在国际刑警组织公布逮捕25名黑客组织成员之后不久后，网站就被攻击。[322–323]
2012年2月和2012年3月	黑客在多次尝试之后终于成功对梵蒂冈政府网站www.vatican.va发起攻击，利用网络应用程序漏洞（不成功）达到DDoS攻击的目的。[324–325]	此次攻击不是针对基督教徒，而是天主教堂；[326]黑客抗议天主教关于神职人员性丑闻的处理结果[327]和历史上一些宗教政策，比如宗教法庭。[328]
2012年3月1日	美国农业生物巨头孟山都公司的公关合作伙伴——知名调查公司拜威集团遭黑客入侵，数据库中的电子邮件和联系人信息被黑客遭泄露。[329]	终结孟山都行动。[330]

大约日期	目标，黑客攻击活动以及方式（目前可知的）	黑客所宣示的动机（目前可知的）
2012年3月4日	AIPAC 占领行动（AIPAC：美国以色列公共事务委员会）[331]、Palestine 占领行动[332]。AIPAC 网站遭到 DDoS 攻击。	抗议 AIPAC 的游说制度和资助体系，因为这亵渎了美国的民主制度，破坏了美国在穆斯林世界中的形象，阻碍了西亚地区的民主进程。抗议委员会对以色列政府无条件的支持，因为这违反了国际法精神，抗议委员会将纳税人的钱转到以色列人的口袋里。[333]
2012年3月6日	LulzSec 黑客组织有五名成员在爱尔兰、英国和美国被捕（芝加哥的杰里米·哈蒙德、瑞安·阿克罗伊德、杰克·戴维斯、达伦·马丁、多察奥·瑟伯赫尔）。[334]	目前尚无可知动机。
2012年3月7日	梵蒂冈政府官方网站（www.vatican.va）因遭到 DDoS 攻击而出现运行中断。[335]	抗议宗教法庭以及近来天主教神职人员的儿童性丑闻案件。[336]
2012年3月7日	安全公司 PandaLabs 网站被篡改。[337]	PandaLabs 因协助警方缉拿匿名者组织成员而遭到批评。[338]
2012年3月8日	批评非政府组织 Invisible Children Inc. 以及其拍摄的纪录片《科尼 2012》。[339,340]	黑客认为 Invisible Children Inc. 拍摄的纪录片并没有让科尼停止其惨无人道的行为，而且该组织只将30%左右的经费用于慈善事业。[341–342]
2012年3月9日	黑客入侵熊猫安全公司（Panda Security）网站，发动 DDoS 攻击，篡改网页，此外该公司 114 个公司员工的个人信息遭泄露。[343]	熊猫安全公司公司早就公开表示反对黑客组织 LulzSec 的立场，另外，LulzSec 为报复其成员被捕而发动此次攻击。[344]
2012年3月9日	黑客公布 2006 年赛门铁克公司杀毒软件源代码。[345]	抗议逮捕五名 LulzSec 成员。[346–347]

大约日期	目标，黑客攻击活动以及方式（目前可知的）	黑客所宣示的动机（目前可知的）
2012年3月9日	纽约警务设备供应商纽约炼铁厂的网站遭篡改。[348]	反网安行动，FFF。[349]
2012年3月12日	德国极右翼党派NPD网店客户数据遭黑客窃取和泄露。[350]	闪电行动。[351]
2012年3月13日	匿名者黑客成功攻击梵蒂冈政府网站和该国广播数据库。[352]	抗议梵蒂冈电台使用电力传输中继器。[353]
2012年3月21日	匿名者从美国司法统计局网站窃取到1.7 GB容量的数据并公布在PirateBay上。[354]	周一邮件破坏行动（Monday Mail Mayhem）；此次行动是为了支持言论和信息自由。[355]
2012年3月23日	孟山都公司匈牙利网站因DDoS攻击而瘫痪一周。[356]	绿色权利行动，当年9月匈牙利摧毁所有孟山都公司的转基因玉米地。[357]
2012年3月28日	多米尼加共和国警方逮捕六名所谓的匿名者组织成员，科尔尼尔弥尔顿希梅内斯，珍·卡洛斯·阿克斯塔·列奥纳多，克里斯蒂安·洛萨·桑托斯，罗伯特·德尔加多·雷诺索，除此以外还有两个化名为Xtreme和Alvin的匿名未成年人。[358]	目前尚无可知动机。
2012年3月20日	梵蒂冈行动（Op Vatican），抗议在全球引起轩然大波的天主教神职人员性侵儿童事件，梵蒂冈政府企图掩盖天主教的罪行[359]，抗议梵蒂冈政府监禁揭露其国内腐败行为的两位记者（保罗·加布里埃和克劳迪奥·夏佩拉迪）。[360]	梵蒂冈行动。[361]
2012年03月24日	纽约坎顿罗登伯格教育中心工作人员和捐助者的联系方式被MA公布在Pastebin上。[362]	这所残障儿童管教中心被指控采用过时的方法惩罚学生，如电击、延长紧闭时间和扣留食物等。[363]

大约日期	目标，黑客攻击活动以及方式（目前可知的）	黑客所宣示的动机（目前可知的）
2012年3月30日至2012年4月5日	327到485个中国国家政府、地区政府和商业公司的网站遭黑客入侵；黑客从其中一些网站窃取员工个人信息，并公布在Pastebin上。Twitter账号：@Anonymous China。[364]	抗议中国互联网审查制度。[365]
2012年4月7日	匿名者发起防御行动（Op Defense）。[366]	攻击支持网络情报共享和保护法案（CISPA）的国家和公司，因为该法案加强了政府和私营公司监控个人用户网上活动的能力。[367]
2012年4月9日	英国内政部网站（www.homeoffice.gov.uk）[368]遭遇DDoS攻击，此外英国政府部门其他网站（比如www.number10.gov.uk[369]、www.justice.gov.uk）[370]也受到攻击。	TrialAtHome行动；抗议将被控诉为匿名者黑客引渡回美国进行审判。[371,372]抗议英国一项关于加强互联网审查和监视的立法提议。[373]
2012年4月9日	入侵突尼斯政府部门网站并窃取2725封电子邮件。[374]	抗议互联网审查制度，要求突尼斯政府尊重人权并给与人民自由表达的权力。[375]
2012年4月11日	波音公司、TechAmerica公司以及美国电信公司网站遭到DDoS攻击。[376]	防御行动，因为这些企业均支持关于网络情报共享和保护法案（CISPA）的立法提议。[377]
2012年4月20日	匿名者建立新的黑客分支，发起大麻行动（Op Cannabis）。黑客在tumblr上发布视频阐明行动缘由，以此寻求公众支持，（支持此次行动的个人社交账号头像均和大麻相关）。[378,379]	防御行动，希望政府废除大麻禁令，并促使政府承认大麻在娱乐和医疗领域的合法地位。[380,381]
2012年4月21日	F1网站由于遭到DDoS攻击而瘫痪；巴林大奖赛的参赛者和销售信息被篡改。[382]	抗议阿勒哈利法政府侵犯人权的行为。[383]

大约日期	目标，黑客攻击活动以及方式（目前可知的）	黑客所宣示的动机（目前可知的）
2012年4月21日	占领菲律宾行动（Occupy Philippines），篡改中国大学传媒联盟网站。[384]	占领菲律宾行动；回击中国黑客对黄岩岛的领土要求。[385]
2012年4月27日	防御行动第二阶段（Defense Phase II）：计划在未来2个月对AT&T、IBM、英特尔、Verizon公司、CVS、微软、美国银行、大通银行、麦格劳希尔、百事可乐、可口可乐、塔吉特公司、沃尔玛、万事达、维萨及美国运通发起现场抗议。[386]	防御行动第二阶段：抗议美国众议院通过CISPA法案（网络情报共享和保护法案）。[387]
2012年5月9日	英国互联网服务供应商：维珍媒体和手机对讲软件TalkTalk公司因DDoS攻击而瘫痪。[388]	报复这两家公司禁止其用户访问海盗湾。[389]
2012年5月17日	14个隶属于印度政府部门的网站或政府相关网站因DDoS攻击而瘫痪。[390]	印度行动：抗议互联网过滤行为。[391]
2012年5月20日	魁北克行动（Op Quebec）：魁北克政府和警方13个网站被黑客攻击。[392]	声援学生罢课活动并反对近期通过的法案（法案78），该法案限制集会权和言论自由权，阻止学生进行罢课等行为。[393]
2012年5月25日	3K党网站由于遭到DDoS攻击而瘫痪。[394]	闪电行动。[395]
2012年5月31日	购买了国际汽车大奖赛门票的观众个人信息遭泄露。[396]	魁北克行动。[397]
2012年6月7日	ColtanPress行动，黑客入侵并窃取钶钽铁矿公司产品信息，以及英特尔员工的联系方式（intelconsumerelectronics.com）。[398,399]	抗议钶钽铁矿公司通过长期的商业合作来支持刚果民主共和国（DRC）关于钶钽铁矿石的开采项目从一开始就饱受争议。[400]

大约日期	目标，黑客攻击活动以及方式（目前可知的）	黑客所宣示的动机（目前可知的）
2012 年 6 月 9 日	印度行动。约 100 个戴着盖伊·福克斯面具的示威者在孟买举行了抗议活动。[401]	印度行动。[402]
2012 年 6 月 21 日	3K 党和美国纳粹党网站由于遭到 DDoS 攻击而反复出现瘫痪状况。[403]	闪电行动。[404]
2012 年 6 月 26 日	日本行动（Op Japan），日本政府部门相关网站遭到 DDoS 攻击，网页被篡改。[405]	日本行动抗议日本政府通过对反盗版法版权的修订。[406,407]
2012 年 6 月 29 日	巴拉圭行动（Paraguay）。黑客试图通过此次行动来为农民争取权益，为无地农民争取医疗服务，以及让无主地归还农民。与其他占领运动一样，大公司的经济剥削一直饱受诟病，理应停止。但巴拉圭联邦政府置大多数群众利益于不顾，选择成为少数大公司的代理人。[408]	巴拉圭行动。抗议巴拉圭政府在农民贫困问题上的不作为。[409]
2012 年 7 月 25 日	阿纳海姆行动（Operation Anaheim）目标是阿纳海姆警察，黑客在网络上公布了阿纳海姆市另外 410 多个警察局长[410]以及市长汤姆·泰特[411]的个人信息。	阿纳海姆行动：手无寸铁的曼努埃尔·迪亚兹被阿纳海姆警察击中后脑勺后身亡，之后警察又打死另一个已被拷上的人，人们举行了长达一周的示威行动，抗议警察的暴力行为。[412–413]
2012 年 7 月 25 日	Pedochat 行动与暗网行动。攻击目标为艾米·李（Evanescence）、艾米·李经纪人和 Wind Up 唱片公司总裁。[414]	艾米·李的律师试图阻止证人向法院举报艾米·李儿童色情以及其他犯罪行为。
2012 年 7 月 29 日	澳大利亚 AAPT 电信公司 44.3 万客户记录失窃，部分被黑客公布在 Pastebin 上。[415]	抗议有一项法案允许电信公司追踪用户上网行为，数据可保留 2 年之久。[416]

大约日期	目标，黑客攻击活动以及方式（目前可知的）	黑客所宣示的动机（目前可知的）
2012年8月9日	乌克兰无线电广播委员会（nrada.gov.ua）、乌克兰局版权及相关权网站（uacrr.kiev.ua）以及乌克兰的反盗版协会（apo.kiev.ua）因遭到DDoS攻击而瘫痪。[417,418]	Demonoid行动：抗议乌克兰政府封锁音乐共享网站Demonoid。[419-421]
2012年8月14日	黑客攻击乌干达政府网站，篡改网页。[422]	抗议乌干达反同性恋法的出台。[423]
2012年8月15日	匿名者在网上公布避免被美国国安CCTV摄像机 / "TrapWire" 监控系统识别的措施。[424, 425]	措施包括PLF（人民解放战线）、反侦察以及奥威尔式维度警告。[426,427]
2012年8月18日	发起"阿桑奇复仇行动"。[428]	阿桑奇复仇行动：支持维基解密创始人之一朱利安·阿桑奇要求获得自由的声明。[429]
2012年8月20日	英国政府网站以及相关政府部门网站（教育部、司法部）遭到DDoS攻击。[430]	阿桑奇复仇行动：抗议英国引渡阿桑奇到瑞典的计划。[431]
2012年8月21日	莫斯科地区法院网站网页被篡改。[432]	俄罗斯匿名者抗议法院对俄罗斯朋克乐队Pussy Riot 3个成员做出2年劳役的判决。[433]
2012日8月23日	马里亚纳联邦当地匿名者黑客呼吁人们在2012年8月27日上午9时到联邦法院前举行抗议活动（北部马利亚纳群岛）。[434]	抗议者要求腐败的政府下台。[435]
2012年8月27日	Coltan行动：黑客利用SQL漏洞从AVX公司（privatepaste.com）窃取大量数据并公布在网络上。[436]	Coltan行动是为了揭露AVX公司为牟取暴利不顾刚果国内战乱，仍执意购买矿物的行为；黑客指责AVX公司支持钶钽铁矿石的开采，这加剧了刚果国内的冲突。[437]

大约日期	目标，黑客攻击活动以及方式（目前可知的）	黑客所宣示的动机（目前可知的）
2012年8月27日	国际刑警组织和SOCA网站由于遭到DDoS攻击而瘫痪。[438]	阿桑奇复仇行动：支持朱利安·阿桑奇。[439]
2012年9月3日	反网安行动：黑客从FBI特工的笔记本里发现并窃取了1200多万个识别码（UDID）。随后公布100万个已被编辑的识别码。[440]	反网安行动，FFF。苹果的UDID用于存储个人信息和用户使用习惯，黑客只需入侵执法人员的笔记本电脑就能找到这些数据，表明苹果UDID存在侵犯了个人隐私的行为。[441]
2012年9月5日	呼吁粉丝对艾米·李（Evanescence）及其唱片公司WindUp相关网站发起DDoS攻击，取消其秋季巡回演唱会。[442,443]	匿名者黑客组织有证据证明李和她的律师强迫萨姆·史密斯签订保密协议，让他不准在与Evanescence相关的在线论坛上公布李的恋童癖丑闻。[444,445]
2012年9月12日	著名匿名者发言人巴雷特·布朗(Zeta, Project PM）因威胁联邦探员而遭逮捕，[446]后来又被扣上两项烦碍公务罪的帽子，这几项罪名在他的律师杰依·雷德曼看来完全是“荒谬的和无理的”。	目前尚无可知动机。
2012年9月中旬	13个联邦调查局探员的信用卡信息遭泄露。[447]	反网安行动，FFF，报复联邦调查局逮捕巴雷特·布朗。[449]
2012年9月14日	意大利匿名者组织在depositfiles.com上公布了一段2.5GB的邮件，邮件涉及因性侵儿童丑闻而被逮捕的英国神父。[450]	揭露天主教肮脏的秘密，抗议天主教在同性恋问题上的主张。[451]
	黑客发动HKNEC行动，对香港国民教育中心发起攻击。香港特别行政区试图在小学中试行国民教育，推行与中国大陆政府一致的价值观，这在很多港人看来只是政治洗脑行为而并未依据实际需要。[452]	HKNEC行动（香港政府最终放弃推行国民教育）。[453]

大约日期	目标，黑客攻击活动以及方式（目前可知的）	黑客所宣示的动机（目前可知的）
2012 年 9 月 30 日	黑客抗议菲律宾 2012 年网络犯罪防御法案[454]，向政府部门网站发起 DDoS 攻击。[455]	对菲律宾网络犯罪防御法案的抗议。[456,457]
2012 年 10 月 5 日	在过去的一周，瑞士政府及中央银行因为遭受 DDoS 攻击而瘫痪。[458]	4chan 黑客组织抗议瑞典政府关闭文件共享网站。[459]
2012 年 10 月 20 日	黑客宣言：对美国 TrapWire 公司和欧洲 INDECT 公司[460]的监控系统发起全球抗议；抗议行动可在谷歌地图[461]上进行追踪，并且在 piratenpad.de[462]、Twitter、Facebook、YouTube 及 Pastebin 同步进行。[463]	Nov5、Indect、Trapwire[464]、BigBrother；全球抗议管制日；TrapWire 和 INDECT 利用多种监控技术，结合地点数据、图片数据分析、社交数据以及数据挖掘技术来绘制个人档案。[465]
2012 年 10 月 31 日	缅甸行动（Myanmar）：抗议缅甸军政府侵犯人权、残酷折磨、强迫搬迁的暴政。[466]	缅甸行动。[467]
2012 年 11 月 15 日	以色列政府在短短几天内就遭到 440 多万次的网络攻击。被攻击网站除了零售业和商业网站以外，还包括以色列政府、总统、军队、外交部，其中受攻击影响最大的是耶路撒冷的银行。[468, 469] 人们可在 http://pastebin.com/Ms4nJSZx 查找全部受影响网站名单 [最后修改时间：2013 年 1 月 19 日]。	以色列行动、空袭加沙行动。抗议以色列空袭加沙。经查，大多数黑客来自以色列和巴勒斯坦被占领领土。[470–471]
2012 年 11 月 15 日	87 多个以色列网站遭到 DDoS 攻击，网页被篡改；Anons 黑客组织为加沙人提供其他可以与外界取得联系的信息包。[472]	发动以色列行动，抗议以色列政府有关切断加沙地带通信连接的威胁。[473]
2012 年 11 月 28 日	正式发起埃及行动。[474]	抗议新宪法和总统令赋予埃及总统穆哈默德·穆尔西[475]的豁免权和决定权。抗议政府对示威者进行武力镇压，造成两死多伤。[476, 477]

大约日期	目标，黑客攻击活动以及方式（目前可知的）	黑客所宣示的动机（目前可知的）
2012 年 11 月 29 日	发动 RevoluSec 行动与叙利亚行动。[478]	抗议阿萨德政府切断国内网络连接的行为。[479] 匿名者宣称："为自由的叙利亚人民保持通讯自由；为噤声的叙利亚人民发声。"[480–481]
2012 年 12 月 16 日	Anonpaste 黑客组织攻击以色列音乐法案杂志网站（act.co.il），盗取个人资料，随后在网上公布。[482]	以色列行动（Twitter 账号 @OsamaTheGod）。[483]
2012 年 12 月 18 日	黑客入侵威斯特博勒浸信会官方网站，窃取资料，随后将其公之于众。[484] 黑客篡改教会领袖个人电脑主页[485, 486]，盗取教会领袖 Twitter 帐户[487]，发布教会领袖的死亡证明，导致教会领袖 SSN 被封锁。[488]	The Jester[489]，Cosmo the God 黑客组织联合发起 WBC 与 WesBor 行动。[490] Tax-exempt、hate clan、WBC 黑客宣布将在康涅狄格州校园枪击案遇难者的葬礼上举行抗议活动。[491–492]
2012 年 12 月 19 日	在埃及行动中，对埃及 30 个政府网站发动 DDoS 攻击。[493]	抗议新宪法和总统令赋予埃及总统穆哈默德·穆尔西的豁免权和决定权。[494] 抗议政府对示威者的武力镇压，并造成两死多伤的局面。[495–496]
2012 年 12 月 19 日	@ YourAnonNewsTwitter 账号被封。[497]	很明显该账号因为号召人们一起到康涅狄格州纽敦校园枪击案死者的葬礼，举行"反对韦斯特布路浸信会（WBC）的抗议活动而被封。[498–499]
2012 年 12 月 25 日	匿名者公布美国俄亥俄州斯托本维尔 13 名涉嫌强奸 16 岁未成年少女的犯罪嫌疑人信息，以及试图隐瞒事件真实性的犯罪嫌疑人家长，黑客为犯罪嫌疑人给出了最后的道歉日期。[500–502]	匿名者组织分支 KnightSec 发动 Roll Red Roll 行动。[503–504]

大约日期	目标，黑客攻击活动以及方式（目前可知的）	黑客所宣示的动机（目前可知的）
2012 年 12 月 25 日	新德里警方网站被黑。[505]	要求调查和起诉一位年轻女子被强奸的案子，该女子在马德里公交车上被施暴，后来由于伤势过重死亡。[506]

参考文献

1. Single R. Palin hacker group's all-time greatest hits wired. Available at: http://www.wired.com/threatlevel/2008/09/palin-hacker-gr/; September 19, 2008 [last accessed February 2013].
2. Single R. Palin hacker group's all-time greatest hits wired. Available at: http://www.wired.com/threatlevel/2008/09/palin-hacker-gr/; September 19, 2008 [last accessed February 2013].
3. Schwartz M. The trolls among us. *The New York Times*. Available at: http://www.nytimes.com/2008/08/03/magazine/03trolls-t.html?pagewanted=all&_r=0; August 3, 2008 [last accessed February 2013].
4. Schwartz M. The trolls among us. *The New York Times*. Available at: http://www.nytimes.com/2008/08/03/magazine/03trolls-t.html?pagewanted=all&_r=0; August 3, 2008 [last accessed February 2013].
5. Encyclopedia Dramatica. Hal turner. Available at: https://encyclopediadramatica.se/Hal_Turner; undated [last accessed February 2013].
6. Encyclopedia Dramatica. Hal turner. Available at: https://encyclopediadramatica.se/Hal_Turner; undated [last accessed February 2013].
7. Single R. Investigative report reveals hackers terrorize the Internet for LULZ. *Wired*. Available at: http://www.wired.com/threatlevel/2007/07/investigative-r/; July 27, 2007 [last accessed February 2013].
8. KimL.Anonymoustakes on child pornography. *IB Times*. Available at: http://www.ibtimes.com/anonymous-takes-child-pornography-sites-360614; October 24, 2011 [last accessed February 2013].
9. Singel R. War breaks out between hackers and scientology—there can only be one. *Wired*. Available at: http://www.wired.com/threatlevel/2008/01/anonymous-attac/; January 23,

2008 [last accessed February 2013].
10. Singel R. War breaks out between hackers and scientology—there can only be one. *Wired*. Available at: http://www.wired.com/threatlevel/2008/01/anonymous-attac/; January 23, 2008 [last accessed February 2013].
11. Reid S. Hip-hop sites hacked by apparent hate group; SOHH, AllHipHop temporarily suspend access. *MTVNews Top Stories*. Available at: http://www.mtv.com/news/articles/1590117/hip-hop-sites-hacked-byapparent-hate-group.jhtml; June 30, 2008 [last accessed February 2013].
12. Reid S. Hip-hop sites hacked by apparent hate group; SOHH, AllHipHop temporarily suspend access. *MTVNews Top Stories*. Available at: http://www.mtv.com/news/articles/1590117/hip-hop-sites-hacked-by-apparent-hate-group.jhtml; June 30, 2008 [last accessed February 2013].
13. Rogers J. Teenage founder of No Cussing Club under siege. *The Associated Press/Ventura County Star*. Available at:http://www.vcstar.com/news/2009/jan/15/teenage-founder-of-no-cussing-club-under-siege/; January 15, 2009 [last accessed February 2013].
14. Rogers J. Teenage founder of No Cussing Club under siege. *The Associated Press/Ventura County Star.* Available at: http://www.vcstar.com/news/2009/jan/15/teenage-founder-of-no-cussing-club-under-siege/; January 15, 2009 [last accessed February 2013].
15. Anonymouszcvb19. Second Anonymous message to the 'New World Order'. *YouTube.* Aailable at: http://www.youtube.com/watch?=Px_qNJ0KK0w; January 26, 2009 [last accessed February 2013].
16. Shachtman N. Iran activists get assist from 'Anonymous', *Pirate Bay.* Wired. Available at: http://www.wired.com/dangerroom/2009/06/iran-activists-get-assist-from-anonymous-pirate-bay/; June 18, 2009 [last accessed February 2013].
17. Fowler J. Anonymous joins fight against Tyranny in Iran. *BusinessPundit*. Available at: http://www.businesspundit.com/anonymous-joins-fight-against-tyranny-in-iran/; June 18, 2009 [last accessed February 2013].
18. Crawley K. A history of Anonymous. *InfoSec Institute*. Available at: http://resources.infosecinstitute.com/a-history-of-anonymous/; October 24, 2011 [last accessed February 2013].
19. Crawley K. A history of Anonymous. *InfoSec Institute*. Available at: http://resources.infosecinstitute.com/a-history-of-anonymous/; October 24, 2011 [last accessed February 2013].
20. Anonymous. 'Operation Didgeridie' and the 'war' on the Australian Government. *Anon SA*. Available at: http://www.anonsa.org/2009/09/operation-didgeridie-and-the-war-on-the-australian-government; September 9, 2009 [last accessed February 2013].

21. ABC News. Rudd website attacked in filter protest. Available here: http://www.abc.net.au/news/2009-09-10/rudd-website-attacked-in-filter-protest/1423834; September 10, 2009 [last accessed February 2013].
22. Zetter K. 'Anonymous' declares war on Australia over Internet filtering. *Wired*. Available at: http://www.wired.com/threatlevel/2009/09/anonymous-hacks-australia/; September 9, 2009 [last accessed February 2013].
23. Anonymous. 'Operation Didgeridie' and the 'war' on the Australian Government. *Anon SA*. Available at: http://www.anonsa.org/2009/09/operation-didgeridie-and-the-war-on-the-australian-government; September 9, 2009 [last accessed February 2013].
24. LeMay R. 'Anonymous' attacks Govt websites over filtering. *apc*. Available at:http://apcmag.com/anonymous-attacks-govt-websites-over-filtering.htm; February 10, 2010 [last accessed February 2013].
25. Moses A. Operation Titstorm: hackers bring down government websites. *The Sidney Morning Herald*. Available at: http://www.smh.com.au/technology/technology-news/operation-titstorm-hackers-bring-down-government-websites-20100210-nqku.html; February 10, 2010 [last accessed February 2013].
26. LeMay R. 'Anonymous' attacks Govt websites over filtering. apc. Available at: http://apcmag.com/anonymous-attacks-govt-websites-over-filtering.htm; February 10, 2010 [last accessed February 2013].
27. Dunn JE. Anonymous launches attack against Sony PS3 websites. *PC World*. Available at: http://www.pcworld.com/article/224360/sony_ps3_websites_attacked_by_anonymous.html; April 5, 2011 [last accessed February 2013].
28. Corrons L. 4chan users organize surgical strike against MPAA. *pandalabs*. Available at: http://pandalabs.pandasecurity.com/4chan-users-organize-ddos-against-mpaa/; September 17, 2011 [last accessed February 2013].
29. TheNewNewInternet. 'Operation Payback' results in 550 hours downtime, 742 interruptions. Available at: http://www.thenewnewinternet.com/2010/10/12/operation-payback-results-in-550-hours-downtime-742-interruptions/; July 1, 2012 [last accessed February 2013].
30. Rashid FY. PayPal, PostFinance hit by DoS attack, counter-attack in progress. *eWeek*. Available at: http://www.eweek.com/c/a/Security/PayPal-PostFinance-Hit-by-DoS-Attacks-CounterAttack-in-Progress-860335/; December 6, 2010 [last accessed February 2013].
31. Dunn JE. Anonymous launches attack against Sony PS3 Websites. *PC World*. Available at: http://www.pcworld.com/article/224360/sony_ps3_websites_attacked_by_anonymous.html; April 5, 2011 [last accessed February 2013].

32. Corrons L. 4chan users organize surgical strike against MPAA. *pandalabs*. Available at: http://pandalabs.pandasecurity.com/4chan-users-organize-ddos-against-mpaa/; September 17, 2011 [last accessed February 2013].
33. Lubin G. Check out the greatest hits of operation payback, the hackers that took down Mastercard. *Business Insider*. Available at: http://www.businessinsider.com/operation-paybacks-greatest-hits-2010-12?op=1;December 8, 2010 [last accessed February 2013].
34. Correll S-P. The 'Anonymous' cyber-protest group calls for an attack on Spain's copyright society (SGAE) tonight. *PandaSecurity*. Available at: http://press.pandasecurity.com/news/the-%E2%80%98anonymous%E2%80%99-cyber-protest-group-calls-for-an-attack-on-spains-copyright-society-sgae-tonight/; October 6, 2010 [last accessed February 2013].
35. eSecurity Planet. Hackers target Spain's SGAE. Available here: http://www.esecurityplanet.com/headlines/article.php/3907381/Hackers-Target-Spains-SGAE.htm; October 8, 2010 [last accessed February 2013].
36. Correll S-P. The 'Anonymous' cyber-protest group calls for an attack on Spain's copyright society (SGAE) tonight. *PandaSecurity*. Available at: http://press.pandasecurity.com/news/the-%E2%80%98anonymous%E2%80%99-cyber-protest-group-calls-for-an-attack-on-spains-copyright-society-sgae-tonight/; October 6, 2010 [last accessed February 2013].
37. eSecurity Planet. Hackers target Spain's SGAE. Available at: http://www.esecurityplanet.com/headlines/article.php/3907381/Hackers-Target-Spains-SGAE.htm; October 8, 2010 [last accessed February 2013].
38. Lubin G. Check out the greatest hits of operation payback, the hackers that took DownMastercard. *Business Insider*. Available at: http://www.businessinsider.com/operation-paybacks-greatest-hits-2010-12?op=1; December 8, 2010 [last accessed February 2013].
39. Lubin G. Check out the greatest hits of operation payback, the hackers that took DownMastercard. *Business Insider*. Available at: http://www.businessinsider.com/operation-paybacks-greatest-hits-2010-12?op=1; Decmeber 8, 2010 [last accessed February 2013].
40. Lubin G. Check out the greatest hits of operation payback, the hackers that took Down Mastercard. *Business Insider*. Available at: http://www.businessinsider.com/operation-paybacks-greatest-hits-2010-12?op=1; December 8, 2010 [last accessed February 2013].
41. Lubin G. Check out the greatest hits of operation payback, the hackers that took Down Mastercard. *Business Insider*. Available at: http://www.businessinsider.com/operation-paybacks-greatest-hits-2010-12?op=1; December 8, 2010 [last accessed February 2013].
42. Corrons L. 4chan users organize surgical strike against MPAA. *pandalabs*. Available at: http://pandalabs. pandasecurity.com/4chan-users-organize-ddos-against-mpaa/; September

17, 2011 [last accessed February 2013].

43. Tencer D. Hackers take down website of bank that froze WikiLeaks funds. *The Raw Story*. Available at: http:// www.rawstory.com/rs/2010/12/06/hackers-website-bank-froze-wikileaks-funds/; December 6, 2010 [last accessed February 2013].
44. Tencer D. Hackers take down website of bank that froze WikiLeaks funds. *The Raw Story*. Available at: http://www.rawstory.com/rs/2010/12/06/hackers-website-bank-froze-wikileaks-funds/; December 6, 2010 [last accessed February 2013].
45. Pepitone J. Why attackers can't take down amazon.com. *CNN Money*. Available at: http:// money.cnn.com/2010/12/09/technology/amazon_wikileaks_attack/index.htm; December 9, 2010 [last accessed February 2013].
46. Halliday J. Operation Payback fails to take downAmazon in WikiLeaks revenge attack. *The Guardian*. Available at: http://www.guardian.co.uk/media/2010/dec/09/operation-payback-wikileaks-anonymous; December 9, 2010 [last accessed February 2013].
47. Pepitone J. Why attackers can't take down amazon.com. *CNN Money.* Available at: http:// money.cnn.com/2010/12/09/technology/amazon_wikileaks_attack/index.htm; December 9, 2010 [last accessed February 2013].
48. Halliday J. Operation Payback fails to take downAmazon in WikiLeaks revenge attack. *The Guardian*. Available at: http://www.guardian.co.uk/media/2010/dec/09/operation-payback-wikileaks-anonymous; December 9, 2010 [last accessed February 2013].
49. Stan. Watch: first interview with Mastermind of 'Anonymous' Hacker Group. *AlterPolitics*. Available at: http://www.alterpolitics.com/politics/watch-first-interview-with-mastermind-of-anonymous-hacker-group/; December 10, 2010 [last accessed February 2013].
50. Fuller E. WikiLeaks cyberattacks now involve Visa, Facebook, Twitter, Mastercard. *Christian Science Monitor.* Available at: http://www.csmonitor.com/Business/new-economy/2010/1208/WikiLeaks-cyberattacks-now-involve-Visa-Facebook-Twitter-MasterCard; December 8, 2010 [last accessed February 2013].
51. Fuller E. WikiLeaks cyberattacks now involve Visa, Facebook, Twitter, Mastercard. *Christian Science Monitor.* Available at: http://www.csmonitor.com/Business/new-economy/2010/1208/WikiLeaks-cyberattacks-now-involve-Visa-Facebook-Twitter-MasterCard; December 8, 2010 [last accessed February 2013].
52. AFP. Cyber attack takes out Visa.com, Palin also targeted. *The Independent*. Available at: http://www.independent.co.uk/life-style/cyber-attack-takes-out-visacom-palin-also-targeted-2155030.html; December 9,2010 [last accessed February 2013].
53. AFP. Cyber attack takes out Visa.com, Palin also targeted. *The Independent.* Available at: http://www.independent.co.uk/life-style/cyber-attack-takes-out-visacom-palin-also-

targeted-2155030.html; December 9,2010 [last accessed February 2013].
54. Page L. Anonymous hackers' Wikileaks 'infowar' LATEST ROUNDUP. *The Register.* Available at: http://www. theregister.co.uk/2010/12/09/operation_payback_anonymous_wikileaks_infowar_latest/; December 9, 2010 [last accessed February 2013].
55. Page L. Anonymous hackers' Wikileaks 'infowar' LATEST ROUNDUP. *The Register.* Available at: http://www.theregister.co.uk/2010/12/09/operation_payback_anonymous_wikileaks_infowar_latest/; December 9, 2010 [last accessed February 2013].
56. Correll S-P. Operation: payback broadens to 'Operation Avenge Assange'. *pandalabs.* Available at: http://pandalabs.pandasecurity.com/operationpayback-broadens-to-operation-avenge-assange/; December 6, 2010 [last accessed February 2013].
57. Correll S-P. Operation: payback broadens to 'Operation Avenge Assange'. *pandalabs.* Available at: http://pandalabs.pandasecurity.com/operationpayback-broadens-to-operation-avenge-assange/; December 6, 2010[last accessed February 2013].
58. CBS News. Twitter suspends account for organizing support for WikiLeaks. Available at: http://www.cbsnews.com/8301-501465_162-20025093-501465.html; December 8, 2010 [last accessed February 2013].
59. Wilson S. Twitter suspends account of pro-WikiLeaks hackers, 'Anonymous' opens new one. *L.A. Weekly Blog*. Available at: http://blogs.laweekly.com/informer/2010/12/twitter_censors_wikileaks_hack.php; December 8, 2010 [last accessed February 2013].
60. CBS News. Twitter suspends account for organizing support for WikiLeaks. Available at: http://www.cbsnews. com/8301-501465_162-20025093-501465.html; December 8, 2010 [last accessed February 2013].
61. Dugan L. WikiLeaks' defender "Anonymous" attacks MasterCard using Twitter; gets banned. *All Twitter*. Available at: http://www.mediabistro.com/alltwitter/twitter-suspends-wikileaks-defender-anonymous-account-after-attacking-mastercard_b933; December 9, 2010 [last accessed February 2013].
62. Dugan L. WikiLeaks' defender "Anonymous" attacks MasterCard using Twitter; gets banned. *All Twitter.* Available at: http://www.mediabistro.com/alltwitter/twitter-suspends-wikileaks-defender-anonymous-account-after-attacking-mastercard_b933; December 9, 2010 [last accessed February 2013].
63. Bryan-Low C, Grundberg S. Hackers rise for WikiLeaks. *Wall Street Journal*. Available at: http://online.wsj.com/article/SB10001424052748703493504576007182352309942.html; December 8, 2010 [last accessed February 2013].
64. Bryan-Low C, Grundberg S. Hackers rise for WikiLeaks. *Wall Street Journal.* Available at: http://online.wsj.com/article/SB10001424052748703493504576007182352309942.html; December 8, 2010 [last accessed February 2013].

65. Anon575. Anonymous—operation leakspin—a call to action. Available at: http://www.dailymotion.com/video/xg3yxn_anonymous-operation-leakspin-a-call-to-action_people#.UQLK6Cf7Jja; December 13, 2010 [last accessed February 2013].
66. Cable Drum. Cable index. Available here: https://www.cabledrum.net/cables/; undated [last accessed February 2013].
67. Anon575. *Anonymous*—operation leakspin—a call to action. Available at: http://www.dailymotion.com/video/xg3yxn_anonymous-operation-leakspin-a-call-to-action_people#.UQLK6Cf7Jja; December 13, 2010 [last accessed February 2013].
68. Bonner S.*WikiLeaks*: Anonymous stops dropping DDoS bombs, starts dropping science. *BoingBoing*. Available at:http://boingboing.net/2010/12/09/anonymous-stops-drop.html; December 9, 2010 [last accessed February 2013].
69. Quigley R. 4chan down due to DDoS attack Geeko. Available at: http://www.geekosystem.com/4chan-down-ddos/; December 28, 2010 [last accessed February 2013].
70. Quigley R. 4chan down due to DDoS attack. *Geeko*. Available at: http://www.geekosystem.com/4chan-downddos/; December 28, 2010 [last accessed February 2013].
71. Smith D. Anonymous hacker target Zimbabwe government over WikiLeaks. *The Guardian*. Available at: http://www.guardian.co.uk/world/2010/dec/31/anonymous-hackers-zimbabwe-wikileaks; December 31, 2010 [last accessed February 2013].
72. Fogarty K. 'Anonymous' hactivists attack Zimbabwe. *IT World*. Available at: http://www.itworld.com/internet/132245/anonymous-attacks-injustice-zimbabwe; January 3, 2011 [last accessed February 2013].
73. Ragan S. Anonymous targets corrupt Zimbabwean government. *The Tech Herald*. Available at: http://www.thetechherald.com/articles/Anonymous-targets-corrupt-Zimbabwe-government/12393/; December 30, 2010 [last accessed February 2013].
74. Crawley K. A history of Anonymous. *InfoSec Institute*. Available at: http://resources.infosecinstitute.com/a-history-of-anonymous/; October 24, 2011 [last accessed February 2013].
75. Crawley K. A history of Anonymous. *InfoSec Institute*. Available at: http://resources.infosecinstitute.com/a-history-of-anonymous/; October 24, 2011 [last accessed February 2013].
76. McDonald H. Fine Gael website targeted by Anonymous hackers. *The Guardian*. Available at: http://www.guardian.co.uk/technology/2011/jan/10/fine-gael-website-anonymous-hackers; January 10, 2011 [last accessed February 2013].
77. McDonald H. Fine Gael website targeted by Anonymous hackers. *The Guardian*. Available at: http://www.guardian.co.uk/technology/2011/jan/10/fine-gael-website-anonymous-hackers; January 10, 2011 [last accessed February 2013].

78. Halliday J. Police arrest five over Anonymous WikiLeaks attack. *The Guardian*. Available at: http://www. guardian.co.uk/technology/2011/jan/27/anonymous-hacking; January 27, 2011 [last accessed February 2013].

79. Halliday J. Police arrest five over Anonymous WikiLeaks attack. *The Guardian*. Available at: http://www.guardian.co.uk/technology/2011/jan/27/anonymous-hacking; January 27, 2011 [last accessed February 2013].

80. Hopkins K. Complete Internet blackout in Egypt (updated). *ReadWrite*. Available here: http://readwrite.com/2011/01/27/complete_internet_blackout_in_egypt; January 27, 2011 [last accessed February 2013].

81. Finley K. Egypt: Tor use Skyrocketing as users route-around Internet blocks. *ReadWrite*. Available here: http://readwrite.com/2011/01/28/egypt-tor-use-skyrocketing-as; January 28, 2011[last accessed February 2013].

82. Hsu T. Egypt restores Internet access, Anonymous hackers get involved. *L.A. Times Technology Blog*. Available at:http://latimesblogs.latimes.com/technology/2011/02/egypt-restores-internet-access.html; February 2, 2011 [last accessed February 2013].

83. Johnson B. How Egypt switched off the Internet. *GigaOm*. Available at: http://gigaom.com/2011/01/28/how-egypt-switched-off-the-internet/; January 28, 2011 [last accessed February 2013].

84. Hsu T. Egypt restores Internet access, Anonymous hackers get involved. *L.A. Times Technology Blog*. Available at: http://latimesblogs.latimes.com/technology/2011/02/egypt-restores-internet-access.html; February 2, 2011 [last accessed February 2013].

85. Hopkins K. Complete Internet Blackout in Egypt (updated). *ReadWrite*. Available at: http://readwrite.com/2011/01/27/complete_internet_blackout_in_egypt; January 27, 2011 [last accessed February 2013].

86. eSecurity. Anonymous hacker target HBGary. Available at: http://www.esecurityplanet.com/headlines/article.php/3923906/Anonymous-Hackers-Target-HBGary.htm; February 8, 2011 [last accessed February 2013].

87. Bright P. Anonymous speaks: the inside story of the HBGary hack. *Ars Technica*. Available at: http://arstechnica.com/tech-policy/2011/02/anonymous-speaks-the-inside-story-of-the-hbgary-hack/; February 15, 2011 [last accessed February 2013].

88. Cringely RX. 2011: the year that hacking goes mainstream. *Infoworld*. Available at: http://www.infoworld.com/t/hacking/2011-the-year-hacking-goes-mainstream-255; February 11, 2011 [last accessed February 2013].

89. Jones G. *Anti-Berlusconi hackers block Italian government website. Reuters Canada*. Available at: http://ca.reuters.com/article/topNews/idCATRE7151XD20110206; February 6, 2011 [last accessed February 2013].

90. Jones G. *Anti-Berlusconi hackers block Italian government website. Reuters Canada.* Available at: http://ca.reuters.com/article/topNews/idCATRE7151XD20110206; February 6, 2011 [last accessed February 2013].
91. Mohit K. Operation Bahrain (#opbahrain)—Anonymous Press Release! *The Hacker News.* Available at: http://thehackernews.com/2011/02/operation-bahrain-opbahrain-anonymous.html; February 16, 2011 [last accessed February 2013].
92. Mohit K. Operation Bahrain (#opbahrain)—Anonymous Press Release! *The Hacker News.* Available at: http://thehackernews.com/2011/02/operation-bahrain-opbahrain-anonymous.html; Febraury 16, 2011 [last accessed February 2013].
93. AnonNews. OpWisconsin. Available at: http://www.anonnews.org/?a=item&i=585&p=press; undated [last accessed February 2013].
94. Greenberg A. Hackers vs. Billionaires: Anonymous takes down Koch-supported Websites amid Wisconsin Protests. *Forbes*. Available at: http://www.forbes.com/sites/andygreenberg/2011/02/28/hackers-vs-billionaires-anonymous-takes-down-koch-supported-websites-amid-wisconsin-protests/; February 28, 2011 [last accessed February 2013].
95. Greenberg A. Hackers vs. Billionaires: Anonymous takes down Koch-supported Websites amid Wisconsin Protests. *Forbes*. Available at: http://www.forbes.com/sites/andygreenberg/2011/02/28/hackers-vs-billionaires-anonymous-takes-down-koch-supported-websites-amid-wisconsin-protests/; Februry 28, 2011 [last accessed February 2013].
96. Greenberg A. Hackers vs. Billionaires: Anonymous takes down Koch-supported Websites amid Wisconsin Protests. *Forbes*. Available at: http://www.forbes.com/sites/andygreenberg/2011/02/28/hackers-vs-billionaires-anonymous-takes-down-koch-supported-websites-amid-wisconsin-protests/; February 28, 2011 [last accessed February 2013].
97. AnonNews. OpWisconsin. Available at: http://www.anonnews.org/?a=item&i=585&p=press; undated [last accessed February 2013].
98. Ragan S. Anonymous plans defense for Bradley Manning—promises media war. *The Tech Herald*. Available at: http://www.thetechherald.com/articles/Anonymous-plans-defense-for-Bradley-Manning-promises-a-mediawar/12991/; March 4, 2011 [last accessed February 2013].
99. Greenberg A. Anonymous hackers target alleged WikiLeaker Bradley Mannings' Jailers. *Forbes*. Available at: http://www.forbes.com/sites/andygreenberg/2011/03/07/anonymous-hackers-target-alleged-wikileakerbradley-mannings-jailers/; March 7, 2011 [last accessed February 2013].

100. Ragan S. Anonymous plans defense for Bradley Manning—promises media war. *The Tech Herald*. Available at: http://www.thetechherald.com/articles/Anonymous-plans-defense-for-Bradley-Manning-promises-a-mediawar/12991/; March 4, 2011 [last accessed February 2013].

101. Crawley K. A history of Anonymous. *InfoSec Institute*. Available at: http://resources.infosecinstitute.com/a-history-of-anonymous/; October 24, 2011 [last accessed February 2013].

102. Crawley K. A history of Anonymous. *InfoSec Institute*. Available at: http://resources.infosecinstitute.com/a-history-of-anonymous/; October 24, 2011 [last accessed February 2013].

103. Stone M. Anonymous: operation Bahrain targets Formula 1 websites. *Examiner*. Available at: http://www.examiner.com/article/anonymous-operation-bahrain-targets-formula-1-websites; April 20, 2012 [last accessed February 2013].

104. Stone M. Anonymous: operation Bahrain targets Formula 1 websites. *Examiner*. Available at: http://www.examiner.com/article/anonymous-operation-bahrain-targets-formula-1-websites; April 20, 2012 [last accessed February 2013].

105. Couts A. Anonymous leaks 10,000 'top secret' Iranian gov't emails. *Digital Trends*. Available at: http://www.digitaltrends.com/computing/anonymous-leaks-10000-top-secret-iranian-govt-emails/; June 3, 2011 [last accessed February 2013].

106. Couts A. Anonymous leaks 10,000 'top secret' Iranian gov't emails. *Digital Trends*. Available at: http://www.digitaltrends.com/computing/anonymous-leaks-10000-top-secret-iranian-govt-emails/; June 3, 2011 [last accessed February 2013].

107. Nouveau T. Anonymous launches Operation Blitzkrieg. *TG Daily*. Available at: http://www.tgdaily.com/security-features/55690-anonymous-launches-operation-blitzkrieg; May 2, 2011 [last accessed February 2013].

108. Nouveau T. Anonymous launches Operation Blitzkrieg. *TG Daily*. Available at: http://www.tgdaily.com/security-features/55690-anonymous-launches-operation-blitzkrieg; May 2, 2011 [last accessed February 2013].

109. owi. Anonymous schiesst Neonazi-Seiten ab (Anonymous takes down Neo-Nazi Websites). *20 minuten ONLINE*. Available at: http://www.20min.ch/digital/webpage/story/Anonymous-schiesst-Neonazi-Seiten-ab-18914286; May 3, 2011 [last accessed February 2013].

110. owi. Anonymous schiesst Neonazi-Seiten ab (Anonymous takes down Neo-Nazi Websites). *20 minuten ONLINE*. Available at: http://www.20min.ch/digital/webpage/story/Anonymous-schiesst-Neonazi-Seiten-ab-18914286; May 3, 2011 [last accessed February 2013].

111. Sen0nymous. Anonymous—operation India. *YouTube*. Available at: http://www.youtube.com/watch?v=cYESlyheDCo; May 6, 2011 [last accessed February 2013].
112. Sen0nymous. Anonymous—operation India. *YouTube*. Available at: http://www.youtube.com/watch?v=cYESlyheDCo; May 6, 2011 [last accessed February 2013].
113. Sen0nymous. Anonymous—operation India engaged. *YouTube*. Available at:http://www.youtube.com/watch?v=D8H5Lp4ditE; May 15, 2012 [last accessed February 2013].
114. BBC News Technology. Anonymous attacks Indian government websites. Available at: http://www.bbc.co.uk/news/technology-18114984; May 18, 2011 [last accessed February 2013].
115. BBC News Technology. Anonymous attacks Indian government websites. Available at: http://www.bbc.co.uk/news/technology-18114984; May 18, 2011 [last accessed February 2013].
116. Cluley G. AnonPlus, Anonymous's social network, is hacked. *Naked Security*. Available at: http://nakedsecurity.sophos.com/2011/07/22/anonplus-anonymouss-social-network-is-hacked/; July 22, 2011 [last accessed February 2013].
117. Cluley G. AnonPlus, Anonymous's social network, is hacked. *Naked Security*. Available at: http://nakedsecurity.sophos.com/2011/07/22/anonplus-anonymouss-social-network-is-hacked/; July 22, 2011 [last accessed February 2013].
118. IBN Live. Anonymous India to use RTI in fight against Internet censorship. Available at: http://ibnlive.in.com/news/anonymous-india-to-use-rti-in-fight-against-internet-censorship/265823-11.html; June 13, 2011 [last accessed February 2013].
119. IBN Live. Anonymous India to use RTI in fight against Internet censorship. Available at: http://ibnlive.in.com/news/anonymous-india-to-use-rti-in-fight-against-internet-censorship/265823-11.html; June 13, 2011 [last accessed February 2013].
120. Couts A. Anonymous leaks 10,000 'top secret' Iranian gov't emails. *Digital Trends*. Available at: http://www. digitaltrends.com/computing/anonymous-leaks-10000-top-secret-iranian-govt-emails/; June 3, 2011 [last accessed February 2013].
121. Couts A. Anonymous leaks 10,000 'top secret' Iranian gov't emails. *Digital Trends*. Available at: http://www. digitaltrends.com/computing/anonymous-leaks-10000-top-secret-iranian-govt-emails/; June 3, 2011 [last accessed February 2013].
122. Stone M. Operation Malaysia: Anonymous DDoS attacks cripple gov websites. *Examiner*. Available at: http://www.examiner.com/article/operation-malaysia-anonymous-ddos-attacks-cripple-gov-websites; June 15, 2011 [last accessed February 2013].
123. Stone M. Operation Malaysia: Anonymous DDoS attacks cripple gov websites. *Examiner*. Available at: http://www.examiner.com/article/operation-malaysia-

anonymous-ddos-attacks-cripple-gov-websites; June 15, 2011 [last accessed February 2013].

124. Stone M. Operation Malaysia: Anonymous DDoS attacks cripple gov websites. *Examiner*. Available at: http://www.examiner.com/article/operation-malaysia-anonymous-ddos-attacks-cripple-gov-websites; June 15, 2011 [last accessed February 2013].

125. Amped Status. A99 OpESR Communication #2: Ctrl+Alt+Bernanke. *YouTube*. Available at: http://www.youtube.com/watch?v=XySGw-g2tyk; June 14, 2011 [last accessed February 2013].

126. Schortgen Jr K. Hackers launch first operation of Empire State Rebellion. *Examiner*. Available at: http://www.examiner.com/article/hackers-launch-first-operation-of-empire-state-rebellion; June 11, 2011 [last accessed February 2013].

127. Amped Status. A99 Operation Empire State Rebellion—Communication #1. *YouTube*. Available at: http://www.youtube.com/watch?v=7D6neBzTnOQ; March 14, 2011 [last accessed February 2013].

128. Schortgen Jr K. *Hackers launch first operation of Empire State Rebellion. Examiner*. Available at: http://www.examiner.com/article/hackers-launch-first-operation-of-empire-state-rebellion; June 11, 2011 [last accessed February 2013].

129. Chapman S. Operation Anti-Security: LulzSec and Anonymous target banks and governments. *ZDNet*. Available at: http://www.zdnet.com/blog/security/operation-anti-security-lulzsec-and-anonymous-target-banks-and-governments/8812; June 20, 2011 [last accessed February 2013].

130. Albanesius C. LulzSec, Anonymous team up for 'Operation Anti-Security PCMag'. Available at: http://www.pcmag.com/article2/0,2817,2387264,00.asp; June 20, 2011 [last accessed February 2013].

131. A Guest. Operation anti-security. *Pastebin*. Available at: http://pastebin.com/9KyA0E5v; June 19, 2011 [last accessed February 2013].

132. McHugh M. LulzSec and Anonymous unite for operation anti-security. *Digital Trends*. Available at: http://www.digitaltrends.com/computing/lulzsec-and-anonymous-unite-for-operation-anti-security/; June 20, 2011 [last accessed February 2013].

133. Schonfeld E. Anonymous declares war on the city of Orlando. *TechCrunch*. Available at: http://techcrunch.com/2011/06/27/anonymous-declares-war-orlando/; June 27, 2011 [last accessed February 2013].

134. Ragan S. Anonymous defends the hungry—declares war on Orlando. *The Tech Herald*. Available at: http://www.thetechherald.com/articles/Anonymous-defends-the-hungry-declares-war-on-Orlando/13927/; July 7, 2011 [last accessed February 2013].

135. Anon6t7U. Anonymous operation Orlando press release. *YouTube video*. Available at: http://www.youtube.com/watch?v=yal7n1IrjSg; June 23, 2011 [last accessed February 2013].
136. Kumar M. Operation Intifada: Anonymous prepares For DDoS attack on Israel Parliament. *The Hacker News*. Available at: http://thehackernews.com/2011/07/operation-intifada-anonymous-prepares.html; July 26, 2011 [last accessed February 2013].
137. Kumar M. Operation Intifada: Anonymous prepares for DDoS attack on Israel Parliament. *The Hacker News*. Available at: http://thehackernews.com/2011/07/operation-intifada-anonymous-prepares.html; July 26, 2011 [last accessed February 2013].
138. Ragan S. Anonymous defends the hungry—declares war on Orlando. *The Tech Herald*. Available at: http://www.thetechherald.com/articles/Anonymous-defends-the-hungry-declares-war-on-Orlando/13927/; July 7, 2011 [last accessed February 2013].
139. Ragan S. Anonymous defends the hungry—declares war on Orlando. *The Tech Herald*. Available at: http://www.thetechherald.com/articles/Anonymous-defends-the-hungry-declares-war-on-Orlando/13927/; July 7, 2011 [last accessed February 2013].
140. Ragan S. Anonymous defends the hungry—declares war on Orlando. *The Tech Herald*. Available at: http://www.thetechherald.com/articles/Anonymous-defends-the-hungry-declares-war-on-Orlando/13927/; July 7, 2011 [last accessed February 2013].
141. Ragan S. Anonymous defends the hungry—declares war on Orlando. *The Tech Herald*. Available at: http://www.thetechherald.com/articles/Anonymous-defends-the-hungry-declares-war-on-Orlando/13927/; July 7, 2011 [last accessed February 2013].
142. Lee J. Florida court's tango down by Operation Orlando, Anonymous. *Cyber War News*. Available at: http://www.cyberwarnews.info/2011/07/06/florida-courts-tango-down-by-operation-orlando-anonymous/; July 6, 2011 [last accessed February 2013].
143. Lee J. Florida court's tango down by Operation Orlando, Anonymous. *Cyber War News*. Available at: http:// www.cyberwarnews.info/2011/07/06/florida-courts-tango-down-by-operation-orlando-anonymous/; July 6, 2011 [last accessed February 2013].
144. Bright P. 'Military Meltdown Monday': 90K military usernames, hashes released. *Ars Technica*. Available at: http://arstechnica.com/tech-policy/2011/07/military-meltdown-monday-90k-military-usernames-hashesreleased/;July 12, 2011 [last accessed February 2013].
145. Bright P. 'Military Meltdown Monday': 90K military usernames, hashes released. *Ars Technica*. Available at:http://arstechnica.com/tech-policy/2011/07/military-meltdown-monday-90k-military-usernames-hashesreleased/;July 12, 2011 [last accessed February

2013].
146. Schertow JA. Operation Green Rights: Anonymous targets the Tar sands. *Intercontinentalcry*. Available at: http://intercontinentalcry.org/operation-green-rights-anonymous-targets-the-tar-sands/; July 13, 2012 [last accessed February 2013].
147. Anonymous. Operation Green Rights' project Tarmageddon. *AnonNews*. Available at: http://anonnews.org/?p=press&a=item&i=1021; July 12, 2012 [last accessed February 2013].
148.Schertow JA. Operation Green Rights: Anonymous targets the Tar sands. Intercontinentalcry. Available at:http://intercontinentalcry.org/operation-green-rights-anonymous-targets-the-tar-sands/; July 13, 2012 [last accessed February 2013].
149. Stone M. Anonymous hacks Monsanto: operation Green Rights begins. *Examiner*. Available at: http://www.examiner.com/article/anonymous-hacks-monsanto-operation-green-rights-begins; July 13, 2012 [last accessed February 2013].
150. Stone M. Anonymous hacks Monsanto: operation Green Rights begins. *Examiner*. Available at: http://www.examiner.com/article/anonymous-hacks-monsanto-operation-green-rights-begins; July 13, 2012 [last accessed February 2013].
151. AdBusters. #OCCUPYWALLSTREET. http://www.adbusters.org/blogs/adbusters-blog/occupywallstreet. html; July 13, 2011 [last accessed February 2013].
152. AdBusters. #OCCUPYWALLSTREET. http://www.adbusters.org/blogs/adbusters-blog/occupywallstreet. html; July 13, 2011 [last accessed February 2013].
153. MillsE.Monsanto confirms Anonymoushacking attack. *CNet News*. Available at: http://news.cnet.com/8301-270803-20079233-245/monsanto-confirms-anonymous-hacking-attack/; July 13, 2011 [last accessed February 2013].
154. MillsE.Monsanto confirms Anonymous hackingattack. *CNetNews*. Availableat: http://news.cnet.com/8301-270803-20079233-245/monsanto-confirms-anonymous-hacking-attack/; July 13, 2011 [last accessed February 2013].
155. Peckham M. Anonymous incurs Google+ Ban, retaliates by launching own social network. *Time Tech*. Available at: http://techland.time.com/2011/07/18/anonymous-incurs-google-ban-retaliates-by-launching-own-social-network/; July 19, 2011 [last accessed February 2013].
156. Peckham M. Anonymous incurs Google+Ban, retaliates by launching own social network. *Time Tech*. Available at: http://techland.time.com/2011/07/18/anonymous-incurs-google-ban-retaliates-by-launching-own-social-network/; July 19, 2011 [last accessed February 2013].
157. Rodriguez S. FBI arrests 14 alleged members of hacker group Anonymous. *L.A. Times*. Available at: http://articles.latimes.com/2011/jul/20/business/la-fi-hacker-

arrests-20110720; July 20, 2011 [last accessed February 2013].
158. Rodriguez S. FBI arrests 14 alleged members of hacker group Anonymous. *L.A. Times*. Available at: http://articles.latimes.com/2011/jul/20/business/la-fi-hacker-arrests-20110720; July 20, 2011 [last accessed February 2013].
159. Peckham M. Anonymous: hey, we just hacked NATO. *Time Tech*. Available at: http://techland.time.com/2011/07/21/anonymous-hey-we-just-hacked-nato/; July 21, 2011 [last accessed February 2013].
160. Zakalwe C. Turkish hacking group admits responsibility for Charlie Hebdo Website attack. *Islam versus Europe*. Available at: http://islamversuseurope.blogspot.com/2011/11/turkish-hacking-group-admits.html; November5, 2011 [last accessed February 2013].
161. Cluley G. AnonPlus, Anonymous's social network, is hacked. *Naked Security*. Available at: http://nakedsecurity.sophos.com/2011/07/22/anonplus-anonymouss-social-network-is-hacked/; July 22, 2011 [last accessed February 2013].
162. Cluley G. AnonPlus, Anonymous's social network, is hacked. *Naked Security*. Available at: http://nakedsecurity.sophos.com/2011/07/22/anonplus-anonymouss-social-network-is-hacked/; July 22, 2011 [last accessed February 2013].
163. Wisniewski C. AntiSec movement continues to strike government security contractors. *NakedSecurity*. Available at: http://nakedsecurity.sophos.com/2011/07/30/antisec-movement-continues-to-strike-government securitycontractors/; July 30, 2011 [last accessed February 2013].
164. Wisniewski C. AntiSec movement continues to strike government security contractors. *NakedSecurity*. Available at: http://nakedsecurity.sophos.com/2011/07/30/antisec-movement-continues-to-strike-government-security-contractors/; July 30, 2011 [last accessed February 2013].
165. VOICE. Shooting Sheriffs Saturday—official release statement. *Pastebin*. Available at: http://pastebin.com/ iKsuRkUj; August 5, 2012 [last accessed February 2013].
166. Mills E. AntiSec hackers post stolen police data as revenge for arrests. *CNet News*. Available at: http://news.cnet.com/8301-27080_3-20089054-245/antisec-hackers-post-stolen-police-data-as-revenge-for-arrests/; August 6, 2012 [last accessed February 2013].
167. Stone M. Anonymous protests arrests with 'Shooting Sheriffs Saturday'. *Examiner*. Available at: http://www.examiner.com/article/anonymous-protests-arrests-with-shooting-sheriffs-saturday August 6, 2012 [last accessed February 2013].
168. Kremer A. Operation AntiSec: Neonazi-Netzwerk 'Blood and Honour' gehackt. *Gulli*. Available at: http://www.gulli.com/news/16792-operation-antisec-neonazi-netzwerk-blood-and-honour-gehackt-2011-08-06; August 6, 2011 [last accessed February 2013].

169. Kremer A. Operation AntiSec: Neonazi-Netzwerk 'Blood and Honour' gehackt. *Gulli*. Available at: http://www.gulli.com/news/16792-operation-antisec-neonazi-netzwerk-blood-and-honour-gehackt-2011-08-06; August 6, 2011 [last accessed February 2013].
170. Perlroth N. In attack on Vatican Web site, a glimpse of hackers' tactics. *New York Times*. Available at: http://www.nytimes.com/2012/02/27/technology/attack-on-vatican-web-site-offers-view-of-hacker-groups-tactics.html?pagewanted¼all&_r¼0; February 26, 2012 [last accessed February 2013].
171. Perlroth N. In attack on Vatican Web site, a glimpse of hackers' tactics. *New York Times*. Available at: http://www.nytimes.com/2012/02/27/technology/attack-on-vatican-web-site-offers-view-of-hacker-groups-tactics.html?pagewanted=all&_r=0; February 26, 2012 [last accessed February 2013].
172. Ragan S. Anonymous leaks BART data—prepares for a Bay of Rage. *The Tech Herald*. Available at: http://www.thetechherald.com/articles/Anonymous-leaks-BART-data-prepares-for-a-Bay-of-Rage; August 15, 2011 [last accessed February 2013].
173. Stone M. Operation BART 2: Anonymous protests—BART stations close. *Examiner*. Available at: http://www.examiner.com/article/operation-bart-2-anonymous-protests-bart-stations-close; August 23, 2011 [last accessed February 2013].
174. Jennings R. D'oh! BART hacked in censor furor; Anonymous unleash #OpBART. *Computerworld Blog*. Available at:http://blogs.computerworld.com/18797/doh_bart_hacked_in_censor_furor_anonymous_unleash opbart; August 15, 2011 [last accessed February 2013].
175. Elinson Z, Shoshana W. Latest BART shooting prompts new discussion of reforms. *New York Times*. Available at: http://www.nytimes.com/2011/07/17/us/17bcbart.html?pagewanted=all&_r=0; July 16, 2011 [last accessed February 2013].
176. Kumar M. Vanguard Defense Industries (VDI) hacked for #Antisec operation. *The Hacker News*. Available at: http://thehackernews.com/2011/08/vanguard-defense-industries-vdi-hacked.html; August 16, 2011 [last accessed February 2013].
177. Kumar M. Vanguard Defense Industries (VDI) hacked for #Antisec operation. *The Hacker News*. Available at: http://thehackernews.com/2011/08/vanguard-defense-industries-vdi-hacked.html; August 16, 2011 [last accessed February 2013].
178. Adbusters. Anonymous Joins #OCCUPYWALLSTREET. Available at: http://www.adbusters.org/blogs/adbusters-blog/anonymous-joins-occupywallstreet.html; August 23, 2011 [last accessed February 2013].
179. Adbusters. Anonymous Joins #OCCUPYWALLSTREET. Available at: http://www.adbusters.org/blogs/adbusters-blog/anonymous-joins-occupywallstreet.html; August 23, 2011 [last accessed February 2013].

180. Kumar M. Texas law enforcement Hacked by #AntiSec and #FreeAnons—3 GB of data leaked. *The Hacker News*. Available at: http://thehackernews.com/2011/09/texas-law-enforcement-hacked-by-antisec.html; September 1, 2011 [last accessed February 2013].

181. Kumar M. Texas law enforcement Hacked by #AntiSec and #FreeAnons—3 GB of data leaked. *The Hacker News*. Available at: http://thehackernews.com/2011/09/texas-law-enforcement-hacked-by-antisec.html; September 1, 2011 [last accessed February 2013].

182. WeAreLegion1000000. Anonymous Operation Summerstorm gegen die NPD Webseite down ddos. *YouTube*. Available at: http://www.youtube.com/watch?v=NaVPLt4ZQX8; September 13, 2011 [last accessed February 2013].

183. WeAreLegion1000000. Anonymous Operation Summerstorm gegen die NPD Webseite down ddos. *YouTube*. Available at: http://www.youtube.com/watch?v=NaVPLt4ZQX8; September 13, 2011 [last accessed February 2013].

184. Crawley K. *A history of Anonymous. InfoSec Institute*. Available at: http://resources.infosecinstitute.com/a-history-of-anonymous/; October 24, 2011 [last accessed February 2013].

185. Crawley K. *A history of Anonymous. InfoSec Institute*. Available at: http://resources.infosecinstitute.com/a-history-of-anonymous/; October 24, 2011 [last accessed February 2013].

186. Gallagher S. Anonymous takes down darknet child porn site on Tor network. *Ars Technica*. Available at: http://arstechnica.com/business/2011/10/anonymous-takes-down-darknet-child-porn-site-on-tor-network/; October 23, 2011 [last accessed February 2013].

187. Gallagher S. Anonymous takes down darknet child porn site on Tor network. *Ars Technica*. Available at: http://arstechnica.com/business/2011/10/anonymous-takes-down-darknet-child-porn-site-on-tor-network/;October 23, 2011 [last accessed February 2013].

188. Kim L. Anonymous Takes on Child Pornography Sites. *IBTimes*. Available at: http://www.ibtimes.com/anonymous-takes-child-pornography-sites-360614; October 24, 2011 [last accessed February 2013].

189. Kim L. Anonymous takes on child pornography sites. *IBTimes*. Available at: http://www.ibtimes.com/anonymous-takes-child-pornography-sites-360614; October 24, 2011 [last accessed February 2013].

190. Kaelin L. Anonymous hacks Boston Police, publishes officer details. *TechSpot*. Available at: http://www.techspot.com/news/45975-anonymous-hacks-boston-police-publishes-officer-details.html; Oct. 24, 2011 [last accessed February 2013].

191. Kaelin L. Anonymous hacks Boston Police, publishes officer details. *TechSpot*. Available at: http://www.techspot.com/news/45975-anonymous-hacks-boston-police-publishes-officer-details.html; October 24, 2011 [last accessed February 2013].

192. Stone M. Anonymous takes down Muslim Brotherhood. *Examiner*. Available at: http://www.examiner.com/article/anonymous-takes-down-muslim-brotherhood; November 13, 2011 [last accessed February 2013].
193. Stone M. Anonymous takes down Muslim Brotherhood. *Examiner*. Available at: http://www.examiner.com/article/anonymous-takes-down-muslim-brotherhood; November 13, 2011 [last accessed February 2013].
194. Brodkin J. 4chan hit byDDoS attack, struggling to get back online. *Ars Technica*. Available at: http://arstechnica.com/business/2011/11/4chan-was-hit-by-ddos-attack-two-days-ago-still-struggling-to-get-back-online/; November 25, 2011 [last accessed February 2013].
195. Stone M. Anonymous targets top cops: Cabin Cr3w launches #OpPigRoast. *Examiner*. Available at: http://www.examiner.com/article/anonymous-targets-top-cops-cabin-cr3w-launches-oppigroast; November 22, 2011 [last accessed February 2013].
196. Stone M. Anonymous targets top cops: Cabin Cr3w launches #OpPigRoast. *Examiner*. Available at: http://www.examiner.com/article/anonymous-targets-top-cops-cabin-cr3w-launches-oppigroast; November 22, 2011 [last accessed February 2013].
197. Stone M. Anonymous hacktivists target UC Davis pepper spray cop Lt. John Pike. *Examiner*. Available at: http://www.examiner.com/article/anonymous-hacktivists-target-uc-davis-pepper-spray-cop-lt-john-pike; November 23, 2011 [last accessed February 2013].
198. Stone M. Anonymous hacktivists target UC Davis pepper spray cop Lt. John Pike. *Examiner*. Available at: http://www.examiner.com/article/anonymous-hacktivists-target-uc-davis-pepper-spray-cop-lt-john-pike; November 23, 2011 [last accessed February 2013].
199. Stone M. Anonymous via TeaMp0isoN hacks UN, leaks email info. *Examiner*. Available at: http://www.examiner.com/article/anonymous-via-teamp0ison-hacks-un-leaks-email-info; November 29, 2011 [last accessed February 2013].
200. Stone M. Anonymous via TeaMp0isoN hacks UN, leaks email info. *Examiner*. Available at: http://www.examiner.com/article/anonymous-via-teamp0ison-hacks-un-leaks-email-info; November 29, 2011 [last accessed February 2013].
201. Stone M. Anonymous hacks Monsanto PR firm Bivings Group. *Examiner*. Available at: http://www.examiner.com/article/anonymous-hacks-monsanto-pr-firm-bivings-group; December 7, 2011 [last accessed February 2013].
202. A Guest. Bivings-Corp ended by Anonymous. *Pastebin*. Available at: http://pastebin.com/UZTcLMGT; December 5, 2011 [last accessed February 2013].
203. Zeigler T. Why we shut down Slurp 140. *The Brick Factory Blog*. Available at: http://

blog.thebrickfactory.com/; January 9, 2013 [last accessed February 2013].

204. Stone M. Anonymous hacks Monsanto PR firm Bivings Group. *Examiner*. Available at: http://www.examiner.com/article/anonymous-hacks-monsanto-pr-firm-bivings-group; December 7, 2011 [last accessed February 2013].
205. A Guest. Bivings-Corp Ended by Anonymous. *Pastebin*. Available at: http://pastebin.com/UZTcLMGT; December 5, 2011 [last accessed February 2013].
206. Perlroth N. Hackers breach the web site of Stratfor global intelligence. *New York Times*. Available at: http://www.nytimes.com/2011/12/26/technology/hackers-breach-the-web-site-of-stratfor-global-intelligence.html; December 25, 2011 [last accessed February 2013].
207. Ball J. WikiLeaks publishes Stratfor emails linked to Anonymous attack. *The Guardian*. Available at: http://www.guardian.co.uk/media/2012/feb/27/wikileaks-publishes-stratfor-emails-anonymous; February 26, 2012 [last accessed February 2013].
208. Booth R. US Security firm Stratfor attacked by 'Robin Hood' hackers. *The Guardian*. Available at: http://www.guardian.co.uk/technology/2011/dec/27/security-stratfor-hackers-credit-cards; December 27, 2011 [last accessed February 2013].
209. Perlroth N. Hackers breach the web site of Stratfor global intelligence. *New York Times*. Available at: http://www.nytimes.com/2011/12/26/technology/hackers-breach-the-web-site-of-stratfor-global-intelligence.html; December 25, 2011 [last accessed February 2013].
210. Know Your Meme. Operation Megaupload. Available at: http://knowyourmeme.com/memes/events/operation-megaupload; January 10, 2013 [last accessed February 2013].
211. Lennard N. Anonymous Reflects on a 'frantic and historic' year. Salon. Available at: http://www.salon.com/2012/12/27/anonymous_reflects_on_a_frantic_and_historic_year/; December 27, 2012 [last accessed February 2013].
212. Know Your Meme. Operation Megaupload. Available at: http://knowyourmeme.com/memes/events/operation-megaupload; January 10, 2013 [last accessed February 2013].
213. Lennard N. Anonymous reflects on a 'frantic and historic' year. *Salon*. Available at: http://www.salon.com/2012/12/27/anonymous_reflects_on_a_frantic_and_historic_year/; December 27, 2012 [last accessed February 2013].
214. Lennard N. Anonymous reflects on a 'frantic and historic' year. *Salon*. Available at: http://www.salon.com/2012/12/27/anonymous_reflects_on_a_frantic_and_historic_year/; December 27, 2012 [last accessed February 2013].
215. Kirk J. Hacker billboard pastebin struggles with DDoS attacks. *PC World*. Available at: http://www.pcworld.com/article/250580/hacker_billboard_pastebin_struggles_with_ddos_attacks.html; February 23, 2012 [last accessed February 2013].

216. Kirk J. Hacker billboard pastebin struggles with DDoS attacks. *PC World*. Available at: http://www.pcworld.com/article/250580/hacker_billboard_pastebin_struggles_with_ddos_attacks.html; February 23, 2012 [last accessed February 2013].
217. Stone M. Anonymous joins Occupy Nigeria, warns Goodluck Johnson. *Examiner*. Available at: http://www.examiner.com/article/anonymous-joins-occupy-nigeria-warns-goodluck-jonathan; January 5, 2012 [last accessed February 2013].
218. Stone M. Anonymous joins Occupy Nigeria, warns Goodluck Johnson. *Examiner*. Available at: http://www.examiner.com/article/anonymous-joins-occupy-nigeria-warns-goodluck-jonathan; January 5, 2012 [last accessed February 2013].
219. Slyr0x. Anonymous hackers join 'arms' with Nigerians in the #occupynigeria protests. *Nairaland Forum*. Available at: http://www.nairaland.com/838582/anonymous-hackers-join-arms-nigerians; January 4, 2012 [last accessed February 2013].
220. Stevenson A. Elisagate: Anonymous hackers launch Finland cyber war. *International Business Times*. Available at: http://www.ibtimes.co.uk/articles/278887/20120109/anonymous-hackers-punish-finnish-court-s-pirate.htm; January 9, 2012 [last accessed February 2013].
221. Stevenson A. Elisagate: Anonymous hackers launch Finland cyber war. *International Business Times*. Available at: http://www.ibtimes.co.uk/articles/278887/20120109/anonymous-hackers-punish-finnish-court-s-pirate.htm; January 9, 2012 [last accessed February 2013].
222. AFP. Anonymous targets Finland over anti-piracy efforts. Available at: http://www.google.com/hostednews/afp/article/ALeqM5jvMa60BIl3pWs09v8h0U_HR15mXw?docId=CNG.95c30a89f1409b49ec29cd8739775a81.71; January 10, 2012 [last accessed February 2013].
223. AFP. Anonymous targets Finland over anti-piracy efforts. Available at: http://www.google.com/hostednews/afp/article/ALeqM5jvMa60BIl3pWs09v8h0U_HR15mXw?docId=CNG.95c30a89f1409b49ec29cd8739775a81.71; January 10, 2012 [last accessed February 2013].
224. Ernesto. Anonymous takes out Pirate Bay Nemeses. *TorrentFreak*. Available at: http://torrentfreak.com/anonymous-takes-out-pirate-bay-nemesises-120111/; January 12, 2012 [last accessed February 2013].
225. enigmax. Dutch ISPs ordered to block The Pirate Bay. *TorrentFreak*. Available at: http://torrentfreak.com/dutch-isps-ordered-to-block-the-pirate-bay-120111/; January 11, 2012 [last accessed February 2013].
226. Guest. Anonymous operation payback—media update. *Pastebin*. Available at: http://pastebin.com/m2P4sVK5; January 24, 2012 [last accessed February 2013].

227. Guest. Anonymous operation payback—media update. *Pastebin*. Available at: http://pastebin.com/m2P4s VK5; January 24, 2012 [last accessed February 2013].
228. Guest. Anonymous operation payback—media update. Pastebin. Available at: http://pastebin.com/m2P4sV K5; January 24, 2012 [last accessed February 2013].
229. Guest. Anonymous operation payback—media update. *Pastebin*. Available at: http://pastebin.com/m2P4sV K5; January 24, 2012 [last accessed February 2013].
230. BBC News. Polish site hit in Acta hack attack. Available at: http://www.bbc.co.uk/news/technology-16686265; January 23, 2012 [last accessed February 2013].
231. Bright P.ACTA on the edge in Europe? Poland suspends ratification, Greece gets hacked. *Ars Technica*. Available at: http://arstechnica.com/tech-policy/2012/02/acta-on-the-edge-in-europe-poland-suspends-ratification-greece-gets-hacked/; February 23, 2012 [last accessed February 2013].
232. BBC News. Polish site hit in Acta hack attack. Available at: http://www.bbc.co.uk/news/technology-16686265; January 23, 2012 [last accessed February 2013].
233. Guest. Anonymous operation payback—media update. *Pastebin*. Available at: http://pastebin.com/m2P4sVK5; January 24, 2012 [last accessedFebruary 2013].
234. Guest. Anonymous operation payback—media update. *Pastebin*. Available at: http://pastebin.com/m2P4sVK5; January 24, 2012 [last accessed February 2013].
235. Guest. Anonymous operation payback—media update. *Pastebin*. Available at: http://pastebin.com/m2P4sVK5; January 24, 2012 [last accessed February 2013].
236. Guest. Anonymous operation payback—media update. *Pastebin*. Available at: http://pastebin.com/m2P4sVK5; January 24, 2012 [last accessed February 2013].
237. Russell J. Anonymous hacks into FTC online security site, warns of more protest action. *TNW (The Next Web)*. Available at: http://thenextweb.com/insider/2012/01/24/anonymous-has-just-hacked-into-the-ftcs-online-guardian-site/; January 24, 2012 [last accessed February 2013].
238. Bunn E. 'Anonymous' hackers target FTC, Sen. Grassley. *Medill*. Available at: http://news.medill.northwestern.edu/chicago/news.aspx?id=199000; January 24, 2012 [last accessed February 2013].
239. Russell J. Anonymous hacks into FTC online security site, warns of more protest action. *TNW (The Next Web)*. Available at: http://thenextweb.com/insider/2012/01/24/anonymous-has-just-hacked-into-the-ftcs-online-guardian-site/; January 24, 2012 [last accessed February 2013].
240. Bunn E. 'Anonymous' hackers target FTC, Sen. Grassley. *Medill*. Available at: http://news.medill.northwe stern.edu/chicago/news.aspx?id=199000; January 24, 2012 [last accessed February 2013].

241. NewEurope. Anonymous hacks European Parliament website. Available at: http://www.neurope.eu/article/anonymous-hacks-european-parliament-website; January 26, 2012 [last accessed February 2013].

242. NewEurope. Anonymous hacks European Parliament website. Available at: http://www.neurope.eu/article/anonymous-hacks-european-parliament-website; January 26, 2012 [last accessed February 2013].

243. Anonymous-Operation Ethiopia. Facebook-page. Available at: https://www.facebook.com/pages/Anonymous-Operation-Ethiopia/357607667585625; January 28, 2012 [last accessed February 2013].

244. Anonymous-Operation Ethiopia. Facebook-page. Available at: https://www.facebook.com/pages/Anonymous-Operation-Ethiopia/357607667585625; January 28, 2012 [last accessed February 2013].

245. Kovacs E. UFC site hacked after DanaWhite threatens Anonymous. *Softpedia*. Available at: http://news.softpedia.com/news/UFC-Site-Hacked-After-Dana-White-Threatens-Anonymous-249073.shtml; January 27, 2012 [last accessed February 2013].

246. Kovacs E. UFC site hacked after DanaWhite threatens Anonymous. *Softpedia*. Available at: http://news.softpedia.com/news/UFC-Site-Hacked-After-Dana-White-Threatens-Anonymous-249073.shtml; January 27, 2012 [last accessed February 2013].

247. Lennard N. Anonymous Reflects on a 'frantic and historic' year. *Salon*. Available at: http://www.salon.com/2012/12/27/anonymous_reflects_on_a_frantic_and_historic_year/; December 27, 2012 [last accessed February 2013].

248. Lennard N. Anonymous reflects on a 'frantic and historic' year. *Salon*. Available at: http://www.salon.com/2012/12/27/anonymous_reflects_on_a_frantic_and_historic_year/; December 27, 2012 [last accessed February 2013].

249. AFP. 'Anonymous' hackers attack Brazilian bank websites. Available at: http://www.google.com/hostednews/afp/article/ALeqM5jyN0Fn4ZXfibMLdscIqXDnIXVDjw; February 1, 2012 [last accessed February 2013].

250. Kumar M. Citigroup sites hit by Brazilian Anonymous hacker. *The Hacker News*. Available at: http://thehackernews.com/2012/02/citigroup-sites-hit-by-brazilian.html; February 6, 2012 [last accessed February 2013].

251. Neugebauer C. Salt Lake City police website hacked; anonymous group takes credit. *The Salt Lake Tribune*. Available at: http://www.sltrib.com/sltrib/news/53417158-78/police-website-group-information.html.csp; February 1, 2012 [last accessed February 2013].

252. Neugebauer C. Salt Lake City police website hacked; anonymous group takes credit. *The Salt Lake Tribune*. Available at: http://www.sltrib.com/sltrib/news/53417158-78/police-website-group-information.html.csp; February 1, 2012 [last accessed February 2013].

253. Topping A. BNP links to US extremists revealed by Anonymous. *The Guardian*. Available at: http://www.guardian.co.uk/world/2012/feb/01/bnp-emails-far-right-anonymous; February 1, 2012 [last accessed February 2013].
254. Topping A. BNP links to US extremists revealed by Anonymous. *The Guardian*. Available at: http://www. guardian.co.uk/world/2012/feb/01/bnp-emails-far-right-anonymous; February 1, 2012 [last accessed February 2013].
255. Murphy D. *Video*: Boston Police fight Anonymous hack with Sarcasm. *PC Magazine*. Available at: http://www.pcmag.com/article2/0,2817,2400160,00.asp; February 12, 2012 [last accessed February 2013].
256. Murphy D. Video: Boston Police fight Anonymous hack with Sarcasm. *PC Magazine*. Available at: http://www.pcmag.com/article2/0,2817,2400160,00.asp; February 12, 2012 [last accessed February 2013].
257. Chen A. Anonymous leaks huge cache of emails from Iraq war crimes. *Case Gawker*. Available at: http://gawker.com/5882063/anonymous-releases-huge-cache-of-emails-related-to-iraq-war-crimes-case; February 3, 2012 [last accessed February 2013].
258. Chen A. Anonymous leaks huge cache of emails from Iraq war crimes. *Case Gawker*. Available at: http://gawker.com/5882063/anonymous-releases-huge-cache-of-emails-related-to-iraq-war-crimes-case; February 3, 2012 [last accessed February 2013].
259. CBS News. Anonymous hackers attack law enforcement sites. Available at: http://www.cbsnews.com/8301-201162-57371325/anonymous-hackers-attack-law-enforcement-sites/; February 3, 2012 [last accessed February 2013].
260. CBS News. Anonymous hackers attack law enforcement sites. Available at: http://www.cbsnews.com/8301-201_162-57371325/anonymous-hackers-attack-law-enforcement-sites/; February 3, 2012 [last accessed February 2013].
261. RedOrbit. Swedish Government hit by hackers. Available at: http://www.redorbit.com/news/technology/1112468582/swedish-government-site-hit-by-hackers/; February 6, 2012 [last accessed February 2013].
262. RedOrbit. Swedish Government hit by hackers. Available at: http://www.redorbit.com/news/technology/1112468582/swedish-government-site-hit-by-hackers/; February 6, 2012 [last accessed February 2013].
263. Russia Times. Department of Homeland Security website hacked by Anonymous. Available at: http://rt.com/usa/news/homeland-security-website-anonymous-473/; February 4, 2012 [last accessed February 2013].
264. Russia Times. Department of Homeland Security website hacked by Anonymous. Available at: http://rt.com/usa/news/homeland-security-website-anonymous-473/; February 4, 2012 [last accessed February 2013].

265. Staff member. Anonymous hacks website of pro-ACTA group Prophon in Bulgaria. *Sofia Echo*. Available at: http://sofiaecho.com/2012/02/05/1759788_anonymous-hacks-website-of-pro-acta-group-prophon-in-bulgaria; February 5, 2012 [last accessed February 2013].

266. Staff member. Anonymous hacks website of pro-ACTA group Prophon in Bulgaria. *Sofia Echo*. Available at: http://sofiaecho.com/2012/02/05/1759788_anonymous-hacks-website-of-pro-acta-group-prophon-in-bulgaria; February 5, 2012 [last accessed February 2013].

267. Crum T. Hackers group posts chief's information online. *The Charleston Gazette*. Available at: http://wvgazette.com/News/201202070284; February 7, 2012 [last accessed February 2013].

268. Crum T. Hackers group posts chief's information online. *The Charleston Gazette*. Available at: http://wvgazette.com/News/201202070284; February 7, 2012 [last accessed February 2013].

269. The Moscow Times. United Russia Site hacked by Hacker Group Anonymous. Available at: http://www.themoscowtimes.com/news/article/united-russia-site-attacked-by-hacker-group-anonymous/452761.html; February 10, 2012 [last accessed February 2013].

270. The Moscow Times. United Russia Site hacked by Hacker Group Anonymous. Available at: http://www.themoscowtimes.com/news/article/united-russia-site-attacked-by-hacker-group-anonymous/452761.html; February 10, 2012 [last accessed February 2013].

271. Monsters&Critics. Hackers from Anonymous post classified German files online. Available at: http://news.monstersandcritics.com/europe/news/article_1689833.php/Hackers-from-Anonymous-post-classified-German-files-online; February 8, 2012 [last accessed February 2013].

272. Monsters&Critics. Hackers from Anonymous post classified German files online. Available at: http://news.monstersandcritics.com/europe/news/article_1689833.php/Hackers-from-Anonymous-post-classified-Germanfiles-online; February 8, 2012 [last accessed February 2013].

273. Pavelic B. Hackers group targets Croatian president's Home Page. *Balkan Insight*. Available at: http://www.balkaninsight.com/en/article/anonymous-hackers-hacked-croatian-president-s-web; February 10, 2012 [last accessed February 2013].

274. Pavelic B. Hackers group targets Croatian president's Home Page. *Balkan Insight*. Available at: http://www.balkaninsight.com/en/article/anonymous-hackers-hacked-croatian-president-s-web; February 10, 2012 [last accessed February 2013].

275. Lennard N.Anonymous Reflects on a 'frantic and historic' year. *Salon*. Available at: http://www.salon.com/2012/12/27/anonymous_reflects_on_a_frantic_and_historic_year/;

December 27, 2012 [last accessed February 2013].
276. LennardN. Anonymous reflects on a 'frantic and historic' year. *Salon*. Available at: http://www.salon.com/2012/12/27/anonymous_reflects_on_a_frantic_and_historic_year/; December 27, 2012 [last accessed February 2013].
277. A Guest. WTF—FuckSOPA. *Pastebin* Available at: http://pastebin.com/qduWdS3y; February 10, 2012 [last accessed February 2013].
278. TheGift73. Anonymous start massive DDoS attack on sites in Mexico. *TechFleece*. Available at: http://techfleece.com/2012/02/11/anonymous-start-massive-ddos-attacks-on-sites-in-mexico/; February 11, 2012 [last accessed February 2013].
279. A Guest. WTF—FuckSOPA. *Pastebin*. Available at: http://pastebin.com/qduWdS3y; February 10, 2012 [last accessed February 2013].
280. TheGift73. Anonymous start massive DDoS attack on sites in Mexico. *TechFleece*. Available at: http://techfleece.com/2012/02/11/anonymous-start-massive-ddos-attacks-on-sites-in-mexico/; February 11, 2012 [last accessed February 2013].
281. Lee J. CAMIMEX, Mexican chamber of mines hacked and 700 mb+ of data leaked by Anonymous. *Cyber War News*. Available at: http://www.cyberwarnews.info/2012/02/11/camimex-mexican-chamber-of-mines-hacked-and-700mb-of-data-leaked-by-anonymous/; February 11, 2012 [last accessed February 2013].
282. Lee J. CAMIMEX, Mexican chamber of mines hacked and 700mb+ of data leaked by Anonymous. *Cyber War News*. Available at: http://www.cyberwarnews.info/2012/02/11/camimex-mexican-chamber-of-mines-hacked-and-700mb-of-data-leaked-by-anonymous/; February 11, 2012 [last accessed February 2013].
283. Moyer E. Anonymous invites CIA, others to its weekend party. *CNet*. Available at: http://news.cnet.com/8301-1009_3-57375923-83/anonymous-invites-cia-others-to-its-weekend-party/; February 11, 2012 [last accessed February 2013].
284. Moyer E. Anonymous invites CIA, others to its weekend party. *CNet*. Available at: http://news.cnet.com/8301-1009_3-57375923-83/anonymous-invites-cia-others-to-its-weekend-party/; February 11, 2012 [last accessed February 2013].
285. TheAnonMessage. A message to the state of Israel. *YouTube*. Available at: http://www.youtube.com/watch?v=X_6P5qAfUjg; February 11, 2012 [last accessed February 2013].
286. TheAnonMessage. A message to the state of Israel. *YouTube*. Available at: http://www.youtube.com/watch? v=X_6P5qAfUjg; February 11, 2012 [last accessed February 2013].
287. Moyer E. Anonymous invites CIA, others to its weekend party. *CNet*. Available at: http://news.cnet.com/8301-1009_3-57375923-83/anonymous-invites-cia-others-to-its-weekend-party/; February 11, 2012 [last accessed February 2013].
288. Moyer E. Anonymous invites CIA, others to its weekend party. *CNet*. Available at:

http://news.cnet.com/8301-1009_3-57375923-83/anonymous-invites-cia-others-to-its-weekend-party/; February 11, 2012 [last accessed February 2013].
289. Stone M. Anonymous punishes Interpol after Saudi blasphemy arrest. *Examiner*. Available at: http://www. examiner.com/article/anonymous-punishes-interpol-after-saudi-blasphemy-arrest; February 11, 2012 [last accessed February 2013].
290. Stone M. Anonymous punishes Interpol after Saudi blasphemy arrest. *Examiner*. Available at: http://www.examiner.com/article/anonymous-punishes-interpol-after-saudi-blasphemy-arrest; February 11, 2012 [last accessed February 2013].
291. Winner D. About the ongoing hacking attacks in Panama. *Panama-Guide*. Available at: http://www.panama guide.com/article.php/20120211123227309; February 11, 2012 [last accessed February 2013].
292. Winner D. About the ongoing hacking attacks in Panama. *Panama-Guide*. Available at: http://www.panama-guide.com/article.php/20120211123227309; February 11, 2012 [last accessed February 2013].
293. Venonymous. Operation Digiturk: Anonymous hacks Turkey's data authority. *Operation AntiSec*. Available at: http://operationantisec.com/tag/digiturk/; February 14, 2012 [last accessed February 2013].
294. Venonymous. Operation Digiturk: Anonymous hacks Turkey's data authority. *Operation AntiSec*. Available at: http://operationantisec.com/tag/digiturk/; February 14, 2012 [last accessed February 2013].
295. Kumar M. Anonymous leak 400 Mb documents from US Army Intelligence Knowledge Network. *The Hacker News*. Available at: http://thehackernews.com/2012/02/anonymous-leak-400-mb-documents-from-us.html#_; February 14, 2012 [last accessed February 2013].
296. Kumar M. Anonymous leak 400 Mb documents from US Army Intelligence Knowledge Network. *The Hacker News*. Available at: http://thehackernews.com/2012/02/anonymous-leak-400-mb-documents-from-us.html#_; February 14, 2012 [last accessed February 2013].
297. Kaelin L. Anonymous targets US ammunition supplier, combined systems. *TechSpot*. Available at: http://www.techspot.com/news/47458-anonymous-targets-us-ammunition-supplier-combined-systems.html; February 15, 2012 [last accessed February 2013].
298. Kaelin L. Anonymous targets US ammunition supplier, combined systems. *TechSpot*. Available at: http://www.techspot.com/news/47458-anonymous-targets-us-ammunition-supplier-combined-systems.html; February 15, 2012 [last accessed February 2013].
299. L0NGWAVE99. T e 'L0NGwave99' cyber group presents: 'Operation Digital To'. *Pastebin*. Available at: http://pastebin.com/n3JXnHnn; April 25, 2012 [last accessed

February 2013].

300. Schwartz MJ. Anonymous-backed attacks took NASDAQ website offline. *Information Week.* Available at: http://www.informationweek.com/security/attacks/anonymous-backed-attacks-took-nasdaq-web/232600975; February 16, 2012 [last accessed February 2013].
301. L0NGWAVE99. The 'L0NGwave99' cyber group presents: 'Operation Digital To'. *Pastebin*, Available at: http://pastebin.com/n3JXnHnn; April 25, 2012 [last accessed February 2013].
302. Schwartz MJ. Anonymous-backed attacks took NASDAQ website offline. *Information Week.* Available at:http://www.informationweek.com/security/attacks/anonymous-backed-attacks-took-nasdaq-web/232600975; February 16, 2012 [last accessed February 2013].
303. A Guest. FTC Jackhammerbuttraepd by Anonymous AntiSec. *Pastebin*. Available at: http://pastebin.com/2qfEqS1p; February 17, 2012 [last accessed February 2013].
304. Gallagher S. Anonymous Antisec hackers break into and bring down FTC website. *Ars Technica.* Available at: http://arstechnica.com/business/2012/02/anonymous-antisec-hackers-break-into-and-bring-down-ftc-website/; February 17, 2012 [last accessed February 2013].
305. A Guest. FTC Jackhammerbuttraepd by Anonymous AntiSec. *Pastebin*. Available at: http://pastebin.com/2qfEqS1p; February 17, 2012 [last accessed February 2013].
306. Gallagher S. Anonymous Antisec hackers break into and bring down FTC website. *Ars Technica*. Available at:http://arstechnica.com/business/2012/02/anonymous-antisec-hackers-break-into-and-bring-down-ftc-website/;February 17, 2012 [last accessed February 2013].
307. Kovacs E. Anonymous hacks Streetfightversand in OpBlitzkrieg. *Softpedia*. Available at: http://news.softpedia.com/news/Anonymous-Hacks-Streetfightversand-in-OpBlitzkrieg-253804.shtml; February 20, 2012 [last accessed February 2013].
308. Kovacs E. Anonymous Hacks Streetfightversand in OpBlitzkrieg. *Softpedia*. Available at: http://news.softpedia.com/news/Anonymous-Hacks-Streetfightversand-in-OpBlitzkrieg-253804.shtml; February 20, 2012 [last accessed February 2013].
309. Netburn D. Anonymous' flash mob targets Wall Street Journal's Facebook pages. *L.A. Times*. Available at: http://articles.latimes.com/2012/feb/21/business/la-fi-tn-anonymous-comments-flash-mob-wall-street-journal-20120221; February 21, 2012 [last accessed February 2013].
310. Netburn D. Anonymous' flash mob targets Wall Street Journal's Facebook pages. *L.A. Times*. Available at: http://articles.latimes.com/2012/feb/21/business/la-fi-tn-anonymous-

comments-flash-mob-wall-street-journal-20120221; February 21, 2012 [last accessed February 2013].

311. Kovacs E. Spanish Police attacked by Anonymous after the arrest of six. *Softpedia*. Available at: http://news. softpedia.com/news/Spanish-Police-Attacked-by-Anonymous-After-the-Arrest-of-Six-255034.shtml; February 25, 2012 [last accessed February 2013].
312. Nouveau T. Anonymous pwns InfraGard yet again. *TG Daily*. Available at: http://www.tgdaily.com/security-features/61679-anonymous-pwns-infragard-yet-again; February 24, 2012 [last accessed February 2013].
313. Dotson K. InfraGard can't catch a break: Anonymous 0wns FBI-affiliate once again. *siliconAngle*. Available at: http://siliconangle.com/blog/2012/02/24/infragard-cant-catch-a-break-anonymous-wns-fbi-affiliate-once-again/; February 24, 2012 [last accessed February 2013].
314. AFP. 'Anonymous' hackers target private prison contractor. *The Raw Story*. Available at: http://www.rawstory.com/rs/2012/02/24/anonymous-hackers-target-private-prison-contractor/; February 24, 2012 [last accessed February 2013].
315. AFP. 'Anonymous' hackers target private prison contractor. *The Raw Story*. Available at: http://www.rawstory.com/rs/2012/02/24/anonymous-hackers-target-private-prison-contractor/; February 24, 2012 [last accessed February 2013].
316. Kovacs E. Spanish police attacked by Anonymous after the arrest of six. *Softpedia*. Available at: http://news.softpedia.com/news/Spanish-Police-Attacked-by-Anonymous-After-the-Arrest-of-Six-255034.shtml; February 25, 2012 [last accessed February 2013].
317. Kovacs E. Spanish Police attacked by Anonymous after the arrest of six. *Softpedia*. Available at: http://news.softpedia.com/news/Spanish-Police-Attacked-by-Anonymous-After-the-Arrest-of-Six-255034.shtml; February 25, 2012 [last accessed February 2013].
318. Sengupta S. Arrests sow mistrust inside a clan of hackers. *N.Y. Times*. Available at: http://www.nytimes.com/2012/03/07/technology/lulzsec-hacking-suspects-are-arrested.html?pagewanted=all&_r=0; March 6, 2012 [last accessed February 2013].
319. Geuss M. 25 alleged Anonymous members arrested internationally; hacker group retaliates. *Ars Technical*. Available at: http://arstechnica.com/tech-policy/2012/02/25-alleged-anonymous-members-nabbed-in-international-arrests-hacker-group-retaliates/; February 28, 2012 [last accessed February 2013].
320. Quinn B. Interpol website suffers 'Anonymous cyber-attack. *The Guardian*. Available at: http://www.guardian.co.uk/technology/2012/feb/29/interpol-website-cyber-attack; February 28, 2012 [last accessed February 2013].
321. Geuss M. 25 alleged Anonymous members arrested internationally; hacker group retaliates. *Ars Technical*. Available at: http://arstechnica.com/tech-policy/2012/02/25-

alleged-anonymous-members-nabbed-in-international-arrests-hacker-group-retaliates/; February 28, 2012 [last accessed February 2013].
322. Quinn B. Interpol website suffers 'Anonymous cyber-attack'. *The Guardian.* Available at: http://www.guardian.co.uk/technology/2012/feb/29/interpol-website-cyber-attack; February 28, 2012 [last accessed February 2013].
323. Geuss M. 25 alleged Anonymous members arrested internationally; hacker group retaliates. *Ars Technical.* Available at: http://arstechnica.com/tech-policy/2012/02/25-alleged-anonymous-members-nabbed-in-international-arrests-hacker-group-retaliates/; February 28, 2012 [last accessed February 2013].
324. Espiner T. Vatican confirms second Anonymous hack. *ZDNet*. Available at: http://www.zdnet.com/vatican-confirms-second-anonymous-hack-4010025615/; March 13, 2012 [last accessed February 2013].
325. Batty D. Vatican becomes latest Anonymous hacking victim. *ZDNet*. Available at: http://www.guardian.co.uk/technology/2012/mar/07/vatican-anonymous-hacking-victim; March 7, 2012 [last accessed February 2013].
326. Batty D. Vatican becomes latest Anonymous hacking victim. *ZDNet*. Available at: http://www.guardian.co.uk/technology/2012/mar/07/vatican-anonymous-hacking-victim; March 7, 2012 [last accessed February 2013].
327. Espiner T. Vatican confirms second Anonymous hack. *ZDNet*. Available at: http://www.zdnet.com/vatican-confirms-second-anonymous-hack-4010025615/; March 13, 2012 [last accessed February 2013].
328. Pullella P. Hackers group Anonymous take down Vatican website. *Reuters*. Available at: http://www.reuters.com/article/2012/03/07/us-internet-vatican-idUSTRE82618620120307; March 7, 2012 [last accessed February 2013].
329. Boone J. Anonymous continues campaign against Monsanto. *Global Post.* Available at: http://www.globalpost.com/dispatches/globalpost-blogs/the-grid/anonymous-monsanto-campaign-dairy-farmers; March 1, 2012 [last accessed February 2013].
330. Boone J. Anonymous continues campaign against Monsanto. *Global Post.* Available at: http://www.globalpost.com/dispatches/globalpost-blogs/the-grid/anonymous-monsanto-campaign-dairy-farmers; March 1, 2012 [last accessed February 2013].
331. Benjamin M. 10 Reasons Why the Israeli Lobby AIPAC is so dangerous. *Anon Central.* Aavailable at: http://anoncentral.tumblr.com/post/18785495132/10-reasons-why-the-israel-lobby-aipac-is-so-dangerous; March 2012 [last accessed February 2013].
332. Stone M. Anonymous targets American Israel PAC: Operation Palestine. *Examiner*. Available at: http://www.examiner.com/article/anonymous-targets-american-israel-pac-operation-palestine; March 27, 2012 [last accessed February 2013].

333. Benjamin M. 10 reasons why the Israeli Lobby AIPAC is so dangerous. *Anon Central.* Available at: http://anoncentral.tumblr.com/post/18785495132/10-reasons-why-the-israel-lobby-aipac-is-so-dangerous; March 2012 [last accessed February 2013].

334. Sengupta S. Arrests sow mistrust inside a Clan of hackers. *New York Times.* Available at: http://www.nytimes.com/2012/03/07/technology/lulzsec-hacking-suspects-are-arrested.html?pagewanted=all&_r=0; March 6, 2012 [last accessed February 2013].

335. Winfield N. Anonymous hackers claim to bring down Vatican website, site inaccessible for hours. *Toronto Star.* Available at: http://www.thestar.com/news/world/2012/03/07/anonymous_hackers_claim_to_bring_down_vatican_website_site_inaccessible_for_hours.html; March 7, 2012 [last accessed February 2013].

336. Winfield N. Anonymous hackers claim to bring down Vatican website, site inaccessible for hours. *Toronto Star*. Available at: http://www.thestar.com/news/world/2012/03/07/anonymous_hackers_claim_to_bring_down_vatican_website_site_inaccessible_for_hours.html; March 7, 2012 [last accessed February 2013].

337. BBC News Technology. Hackers attack Panda Labs site after Anonymous arrests. Available at: http://www.bbc.co.uk/news/technology-17286690; March 7, 2012 [last accessed February 2013].

338. BBC News Technology. Hackers attack Panda Labs site after Anonymous arrests. Available at: http://www.bbc.co.uk/news/technology-17286690; March 7, 2012 [last accessed February 2013].

339. Oystan G. Anonymous talking about Kony 2012. *Pastebin*. Available at: http://pastebin.com/THmYgKRD; March 7, 2012 [last accessed February 2013].

340. TheAnonMessage. *Anonymous—KONY2012 Warning. YouTube*. Available at: http://www.youtube.com/watch?v=qr1EdLzYz_M; March 8, 2012 [last accessed February 2013].

341. Oystan G. Anonymous talking about Kony 2012. *Pastebin*. Available at: http://pastebin.com/THmYgKRD; March 7, 2012 [last accessed February 2013].

342. TheAnonMessage. *Anonymous—KONY 2012 warning. YouTube.* Available at: http://www.youtube.com/watch?v=qr1EdLzYz_M; March 8, 2012 [last accessed February 2013].

343. Protalinski E. *Anonymous* hacks Panda Security in response to LulzSec arrests. *ZDNet.* Available at: http://www.zdnet.com/blog/security/anonymous-hacks-panda-security-in-response-to-lulzsec-arrests/10542; March 6, 2012 [last accessed February 2013].

344. Protalinski E. Anonymous hacks Panda Security in response to LulzSec arrests. *ZDNet.* Available at: http://www.zdnet.com/blog/security/anonymous-hacks-panda-security-in-response-to-lulzsec-arrests/10542;March 6, 2012 [last accessed February 2013].

345. Whittaker Z. Anonymous Leaks Symantec's Norton anti-virus source code. *ZDNet*. Available at: http://www.zdnet.com/blog/btl/anonymous-leaks-symantecs-norton-anti-virus-source-code/71183; March 9, 2012 [last accessed February 2013].
346. Whittaker Z. Anonymous Leaks Symantec's Norton anti-virus source code. *ZDNet*. Available at: http://www.zdnet.com/blog/btl/anonymous-leaks-symantecs-norton-anti-virus-source-code/71183; March 9, 2012 [last accessed February 2013].
347. Yin S. Anonymous attacks Symantec, New York Police supplier to protest LulzSec arrests. *PC Magazine Security Watch*. Available at: http://securitywatch.pcmag.com/none/295178-anonymous-attacks-symantec-new-york-police-supplier-to-protest-lulzsec-arrests; March 9, 2012 [last accessed February 2013].
348. Yin S. Anonymous attacks Symantec, New York Police supplier to protest LulzSec arrests. *PC Magazine Security Watch*. Available at: http://securitywatch.pcmag.com/none/295178-anonymous-attacks-symantec-new-york-police-supplier-to-protest-lulzsec-arrests; March 9, 2012 [last accessed February 2013].
349. Yin S. Anonymous attacks Symantec, New York Police supplier to protest LulzSec arrcsts. *PC Magazine Security Watch*. Available at: http://securitywatch.pcmag.com/none/295178-anonymous-attacks-symantec-new-york-police-supplier-to-protest-lulzsec-arrests; March 9, 2012 [last accessed February 2013].
350. Der Standard. *Anonymous* hackt Webshop der NPD und veröffentlicht Kundendaten (Anonymous hacks onlineshop of NPD and publishes customer data). Available at: http://derstandard.at/1331207056422/OPBLitzkrieg-Anonymous-hackt-Webshop-der-NPD-und-veroeffentlicht-Kundendaten; March 12, 2012 [in German] [last accessed February 2013].
351. Der Standard. Anonymous hackt Webshop derNPDund veröffentlicht Kundendaten (Anonymous hacks onlineshop of NPD and publishes customer data). Available at: http://derstandard.at/1331207056422/OPB Litzkrieg-Anonymous-hackt-Webshop-der-NPD-und-veroeffentlicht-Kundendaten; March 12, 2012 [in German] [last accessed February 2013].
352. Espiner T. Vatican confirms second Anonymous attack. *ZDNet*. Available at: http://www.zdnet.com/vatican-confirms-second-anonymous-hack-4010025615/; March 13, 2012 [last accessed February 2013].
353. Espiner T. Vatican confirms second Anonymous attack. *ZDNet*. Available at: http://www.zdnet.com/vatican-confirms-second-anonymous-hack-4010025615/; March 13, 2012 [last accessed February 2013].
354. Prince B. Anonymous hacktivists leak Bureau of Justice Statistics. *eWeek*. Available at: http://www.eweek.com/c/a/Security/Anonymous-Hacktivists-Leak-Bureau-of-Justice-

Statistics-622457/; May 22, 2012 [last accessed February 2013].

355. Prince B. Anonymous hacktivists leak Bureau of Justice Statistics. *eWeek*. Available at: http://www.eweek.com/c/a/Security/Anonymous-Hacktivists-Leak-Bureau-of-Justice-Statistics-622457/; May 22, 2012 [last accessed February 2013].
356. Index. Biotechnológiai óriáscégnek üzent hadat a magyar Anonymous. Available at: http://index.hu/tech/2012/03/23/biotechnologiai_oriascegnek_uzent_hadat_a_magyar_anonymous/; March 23, 2012 [last accessed February 2013].
357. Gucciardi A.Hungary destroys all MonsantoGMO corn fields. *Natural Society*. Available at: http://naturalsociety.com/hungary-destroys-all-monsanto-gmo-corn-fields/; September 20, 2012 [last accessed February 2013].
358. HackRead. 6 Anonymous hackers arrested by Dominican Republic police. Available at: http://hackread.com/6-anonymous-hackers-arrested-by-dominican-republic-police/; March 28, 2012 [last accessed February 2013].
359. InformareXresistere. Anonymous—#Operation Vatican.va# Attaco al sito del Vaticano. Available at: http://www.informarexresistere.fr/2012/03/20/anonymous-%E2%80%93-operation-vatican-va-attacco-al-sito-delvaticano/#axzz2J8xnZL54; March, 20, 2012 [last accessed February 2013].
360. Crypt0nymous. Anonymous—#Operation Vatican. *YouTube*. Available at: http://www.youtube.com/watch?v=OJ-M_M5fw_M; December 6, 2012 [last accessed February 2013].
361. Crypt0nymous. Anonymous—#Operation Vatican. *YouTube*. Available at: http://www.youtube.com/watch?v=OJ-M_M5fw_M; December 6, 2012 [last accessed February 2013].
362. Stone M. Anonymous targets child abuse at Judge Rotenberg Educational Center. *Examiner*. Available at: http://www.examiner.com/article/anonymous-targets-child-abuse-at-judge-rotenberg-educational-center; March 24, 2012 [last accessed February 2013].
363. Stone M. Anonymous targets child abuse at Judge Rotenberg Educational Center. *Examiner*. Available at: http://www.examiner.com/article/anonymous-targets-child-abuse-at-judge-rotenberg-educational-center; March 24, 2012 [last accessed February 2013].
364. BBC News Technology. Chinese websites 'defaced in Anonymous attack'. Available at: http://www.bbc.co.uk/news/technology-17623939; April 5, 2012 [last accessed February 2013].
365. BBC News Technology. Chinese websites 'defaced in Anonymous attack'. Available at: http://www.bbc.co.uk/news/technology-17623939; April 5, 2012 [last accessed February

2013].

366. TheAnonMessage. Anonymous—Operation Defense (CISPA). *YouTube.* Available at: http://www.youtube.com/watch?v=v8no3E0Hx7k; April 7, 2012 [last accessed February 2013].

367. TheAnonMessage. Anonymous—Operation Defense (CISPA). *YouTube.* Available at: http://www.youtube.com/watch?v=v8no3E0Hx7k; April 7, 2012 [last accessed February 2013].

368. Olanoff D. Anonymous takes down Home Office site in response to extradition practices. *TheNextWeb*. Available at: http://thenextweb.com/insider/2012/04/08/anonymous-takes-down-uk-home-office-site-in-response-to-proposed-email-surveillance/; April 8, 2012 [last accessed February 2013].

369. BBC News. Expect more online attacks, Anonymous hackers say. Available at: http://www.bbc.co.uk/news/uk-17648852; April 8, 2012 [last accessed February 2013].

370. Protalinski E. Anonymous hacks UK government websites over 'draconian surveillance'. *ZDNet*. Available at: http://www.zdnet.com/blog/security/anonymous-hacks-uk-government-sites-ovcr-draconian-surveillance/11412; April 7, 2012 [last accessed February 2013].

371. Olanoff D. Anonymous takes down Home Office site in response to extradition practices. *TheNextWeb.* Available at: http://thenextweb.com/insider/2012/04/08/anonymous-takes-down-uk-home-office-site-in-response-to-proposed-email-surveillance/; April 8, 2012 [last accessed February 2013].

372. BBC News. Expect more online attacks, Anonymous hackers say. Available at: http://www.bbc.co.uk/news/uk-17648852; April 8, 2012 [last accessed February 2013].

373. Protalinski E. Anonymous hacks UK government websites over 'draconian surveillance'. *ZDNet*. Available at: http://www.zdnet.com/blog/security/anonymous-hacks-uk-government-sites-over-draconian-surveillance/11412; April 7, 2012 [last accessed February 2013].

374. Reuters. 'Anonymous' claim they've hacked Tunisian leaders' email. *Al Arabiya.* Available at: http://english.alarabiya.net/articles/2012/04/09/206477.html; April 9, 2012 [last accessed February 2013].

375. Reuters. 'Anonymous' claim they've hacked Tunisian leaders' email. *Al Arabiya.* Available at: http://english. alarabiya.net/articles/2012/04/09/206477.html; April 9, 2012 [last accessed February 2013].

376. Ragan S. Anonymous launches attacks against trade associations and Boeing. *SecurityWeek.* Available at: http://www.securityweek.com/anonymous-launches-attacks-against-trade-associations-and-boeing; April 11, 2012 [last accessed February 2013].

377. Ragan S. Anonymous launches attacks against trade associations and Boeing. *SecurityWeek*. Available at: http://www.securityweek.com/anonymous-launches-attacks-against-trade-associations-and-boeing; April 11, 2012 [last accessed February 2013].

378. YourAnonNews. #OpCannabis. *Tumblr*. Available at: http://youranonnews.tumblr.com/post/20852653732/ opcannabis; April 20, 2012 [last accessed February 2013].

379. Webster SC. #OpCannabis: Anonymous hackers take up Marijuana Activism. *RawStory/AlterNet*. Availableat: http://www.alternet.org/story/155092/%23opcannabis%3A_anonymous_hackers_take_up_marijuana_activism; April 20, 2012 [last accessed February 2013].

380. YourAnonNews. #OpCannabis. *Tumblr*. Available at: http://youranonnews.tumblr.com/post/20852653732/opcannabis; April 20, 2012 [last accessed February 2013].

381. Webster SC. #OpCannabis: Anonymous hackers take up Marijuana Activism. *RawStory/AlterNet*. Available at: http://www.alternet.org/story/155092/%23opcannabis%3A_anonymous_hackers_take_up_marijuana_activi sm; April 20, 2012 [last accessed February 2013].

382. Siddique H, Quinn B. Bahrain grand prix protests—Sunday 22 April. *The Guardian*. Available at: http://www.guardian.co.uk/world/2012/apr/22/bahrain-grand-prix-protests-live; April 22, 2012 [last accessed February 2013].

383. Siddique H,QuinnB.Bahrain grandprix protests—Sunday 22April.*The Guardian*. Available at: http://www.guardian.co.uk/world/2012/apr/22/bahrain-grand-prix-protests-live; April 22, 2012 [last accessed February 2013].

384. Avendaño CO. Hackers bring PH-China dispute to cyberspace. *Philippine Daily Inquirer*. Available at: http://globalnation.inquirer.net/34379/hackers-bring-ph-china-dispute-to-cyberspace; April 23, 2012 [last accessed February 2013].

385. Avendaño CO. Hackers bring PH-China dispute to cyberspace. *Philippine Daily Inquirer*. Available at: http://globalnation.inquirer.net/34379/hackers-bring-ph-china-dispute-to-cyberspace; April 23, 2012 [last accessed February 2013].

386. Walton Z. Anonymous announces operation defense phase II in response to CISPA. *WebProNews*. Available at: http://www.webpronews.com/anonymous-announces-operation-defense-phase-ii-in-response-to-cispa-2012-04; April 27, 2012 [last accessed February 2013].

387. Walton Z. Anonymous announces operation defense phase II in response to CISPA. *WebProNews*. Available at: http://www.webpronews.com/anonymous-announces-operation-defense-phase-ii-in-response-to-cispa-2012-04; April 27, 2012 [last accessed February 2013].

388. Kim L. Anonymous targets Virgin Media, Talk Talk. *Digital Trends*. Available at: http://

www.digitaltrends.com/computing/anonymous-targets-virgin-media-talktalk/; May 9, 2012 [last accessed February 2013].

389. Kim L. Anonymous targets Virgin Media, Talk Talk. *Digital Trends*. Available at: http://www.digitaltrends.com/computing/anonymous-targets-virgin-media-talktalk/; May 9, 2012 [last accessed February 2013].

390. BBC News Technology. Anonymous attacks Indian government websites. Available at: http://www.bbc.co.uk/news/technology-18114984; May 18, 2012 [last accessed February 2013].

391. BBC News Technology. Anonymous attacks Indian government websites. Available at: http://www.bbc.co.uk/news/technology-18114984; May 18, 2012 [last accessed February 2013].

392. Stone M. Anonymous: Operation Quebec supports students, opposes Bill 78. *Examiner*. Available at: http://www.examiner.com/article/anonymous-operation-quebec-supports-students-opposes-bill-78; May 24, 2012[last accessed February 2013].

393. Stone M. Anonymous: Operation Quebec supports students, opposes Bill 78. *Examiner*. Available at: http://www.examiner.com/article/anonymous-operation-quebec-supports-students-opposes-bill-78; May 24, 2012 [last accessed February 2013].

394. Walton Z. Anonymous takes down KKK Web sites in #OpBlitzkrieg. *WebProNews*. Available at: http://www.webpronews.com/anonymous-takes-down-kkk-web-sites-in-opblitzkrieg-2012-05; May 25, 2012 [last accessed February 2013].

395. Walton Z. Anonymous takes down KKK Web sites in #OpBlitzkrieg. *WebProNews*. Available at: http://www.webpronews.com/anonymous-takes-down-kkk-web-sites-in-opblitzkrieg-2012-05; May 25, 2012 [last accessed February 2013].

396. Stone M. Anonymous hacks Canadian Grand Prix: Operation Quebec continuous. *Examiner*. Available at: http://www.examiner.com/article/anonymous-hacks-canadian-grand-prix-operation-quebec-continues; May 31, 2012 [last accessed February 2013].

397. Stone M. Anonymous hacks Canadian Grand Prix: Operation Quebec continuous. *Examiner*. Available at: http://www.examiner.com/article/anonymous-hacks-canadian-grand-prix-operation-quebec-continues; May 31, 2012 [last accessed February 2013].

398. AGuest. MexicanHTeam Intel PWNED. *Pastebin*. Available at: http://pastebin.com/xfmfKdjk; June 7, 2012 [last accessed February 2013].

399. Lee J. Intel hacked by Anonymous for Operation Green Rights, #OpColtan. *Cyber War News*. Available at: http://www.cyberwarnews.info/2012/06/10/intel-hacked-by-anonymous-for-operation-green-rights-opcoltan/;June 12, 2012 [last accessed February 2013].

400. A Guest. OpColtan Press for Intel #OpGreenRights. *Pastebin*. Available at: http://

pastebin.com/NDYG76Su; June 7, 2012 [last accessed February 2013].

401. Vaidyanathan R. Hacking group Anonymous takes on India internet 'censorship'. *BBC News Technology.* Available at: http://www.bbc.co.uk/news/technology-18371297; June 9, 2012 [last accessed February 2013].

402. Vaidyanathan R. Hacking group Anonymous takes on India internet 'censorship'. *BBC News Technology.* Available at: http://www.bbc.co.uk/news/technology-18371297; June 9, 2012 [last accessed February 2013].

403. Lee J. AmericanNaziParty.com & KKK.com under ddos attacks by #Anonymous. *Cyber War News*. Available at: http://www.cyberwarnews.info/2012/06/21/americannaziparty-com-kkk-com-under-ddos-attacks-by-anonymous/; June 21, 2012 [last accessed February 2013].

404. Lee J. AmericanNaziParty.com & KKK.com under ddos attacks by #Anonymous. *Cyber War News*. Available at: http://www.cyberwarnews.info/2012/06/21/americannaziparty-com-kkk-com-under-ddos-attacks-by-anonymous/; June 21, 2012 [last accessed February 2013].

405. Phneah E. Anonymous hacks Japanese govt. sites. *ZDNet*. Available at: http://www.zdnet.com/anonymous-hacks-japanese-govt-sites-2062305268/; June 28, 2012 [last accessed February 2013].

406. Phneah E. Anonymous hacks Japanese govt. sites. *ZDNet*. Available at: http://www.zdnet.com/anonymous-hacks-japanese-govt-sites-2062305268/; June 28, 2012 [last accessed February 2013].

407. Feit D. Japan passes Jail-for-Downloaders Anti-Piracy law. *Wired*. Available at: http://www.wired.com/gamelife/2012/06/japan-download-copyright-law; June 21, 2012 [last accessed February 2013].

408. Guri. #OpParaguay: Anonymous Hace Un Llamado Global Y Amenaza Al Gobierno Paraguayo Por lo Ocurridoen Curuguaty. *Dementes X.* Available at: http://www.dementesx.com/opparaguay-anonymous-hace-unllamado-global-y-amenaza-al-gobierno-paraguayo-por-lo-ocurrido-en-curuguaty/; June, 17, 2012 [last accessed February 2013].

409. Guri. #OpParaguay: Anonymous Hace Un Llamado Global Y Amenaza Al Gobierno Paraguayo Por lo Ocurridoen Curuguaty. *Dementes X.* Available at: http://www.dementesx.com/opparaguay-anonymous-hace-unllamado-global-y-amenaza-al-gobierno-paraguayo-por-lo-ocurrido-en-curuguaty/; June, 17, 2012 [last accessed February 2013].

410. Sweet D. 'Operation Anaheim' targets Anaheim Police Chief. *Occupy America*. Available at: http://occupyamerica.crooksandliars.com/diane-sweet/operation-anaheim-targets-anaheim-poli; July 27, 2012 [last accessed February 2013].

411. Stone M. Anonymous targets police brutality in Anaheim. *Examiner*. Available at: http://

www.examiner.com/article/anonymous-targets-police-brutality-anaheim; July 25, 2012 [last accessed February 2013].

412. Sweet D. 'Operation Anaheim' Targets Anaheim Police Chief. *Occupy America*. Available at: http://occupyamerica.crooksandliars.com/diane-sweet/operation-anaheim-targets-anaheim-poli; July 27, 2012 [last accessed February 2013].

413. Stone M. Anonymous targets police brutality in Anaheim. *Examiner*. Available at: http://www.examiner.com/article/anonymous-targets-police-brutality-anaheim; July 25, 2012 [last accessed February 2013].

414. Zhao W. Anonymous targets Amy Lee and wind-up records in operation PedoChat. *Forbes*. Available at: http://www.forbes.com/sites/wenjiazhao/2012/07/25/anonymous-targets-singer-and-record-company-in-operation-pedochat/; July 25, 2012 [last accessed February 2013].

415. Colley A, Chris G. Anonymous hackers dump stolen data belonging to Australian telco AAPT. *The Australian*. Available at: http://www.theaustralian.com.au/australian-it/telecommunications/anonymous-hackersdump-stolen-data-belonging-to-australian-firm-aapt/story-fn4iyzsr-1226437681976; July 29, 2012 [last accessed February 2013].

416. Colley A, Chris G. Anonymous hackers dump stolen data belonging to Australian telco AAPT. *The Australian*. Available at: http://www.theaustralian.com.au/australian-it/telecommunications/anonymous-hackersdump-stolen-data-belonging-to-australian-firm-aapt/story-fn4iyzsr-1226437681976; July 29, 2012 [last accessed February 2013].

417. Protalinski E. Anonymous attacks Ukrainian government after Demonoid bust. *ZDNet*. Available at: http://www.zdnet.com/anonymous-attacks-ukrainian-government-after-demonoid-bust-7000002348/; August 8, 2012 [last accessed February 2013].

418. Kovacs E. Anonymous launches operation Demonoid after raid in Ukraine (updated). *Softpedia*. Available at: http://news.softpedia.com/news/Anonymous-Launch-Operation-Demonoid-After-Raid-in-Ukraine-285398. shtml; August 7, 2012 [last accessed February 2013].

419. Protalinski E. Demonoid busted by the police. *ZDNet*. Available at: http://www.zdnet.com/demonoid-bustedby-the-police-7000002208/; August 7, 2012 [last accessed February 2013].

420. Protalinski E. Demonoid owners under criminal investigation. *ZDNet*. Available at: http://www.zdnet.com/demonoid-owners-under-criminal-investigation-7000002297/; August 7, 2012 [last accessed February 2013].

421. Kovacs E. Anonymous launches operation Demonoid after raid in Ukraine (updated). *Softpedia*. Available at: http://news.softpedia.com/news/Anonymous-Launch-Operation-Demonoid-After-Raid-in-Ukraine-285398. shtml; August 7, 2012 [last accessed February

2013].

422. Jillian. LGBT Rights: Anonymous hacks Ugandan Government sites. *The Montreal Gazette*. Available at: http://blogs.montrealgazette.com/2012/08/15/lgbt-rights-anonymous-hacks-ugandan-government-sites/; August 15, 2012 [last accessed February 2013].
423. Jillian. LGBT Rights: Anonymous hacks Ugandan Government Sites. *The Montreal Gazette*. Available at: http://blogs.montrealgazette.com/2012/08/15/lgbt-rights-anonymous-hacks-ugandan-government-sites/; August 15, 2012 [last accessed February 2013].
424. Alisonerr. Anonymous: fighting Trapwire. *YouTube*. Available at: http://www.youtube.com/watch?v=Qg_9kF3ZkYs; August 20, 2012 [last accessed February 2013].
425. Huff S. TrapWire on notice: Anonymous says operation to disrupt surveillance are under way. *BetaBeat*. Available at: http://betabeat.com/2012/08/trapwire-on-notice-anonymous-says-operations-to-disrupt-surveillance-are-under-way/; August 15, 2012 [last accessed February 2013].
426. Alisonerr. Anonymous: fighting trapwire. *YouTube*. Available at: http://www.youtube.com/watch?v=Qg_9kF3ZkYs; August 20, 2012 [last accessed February 2013].
427. Huff S. TrapWire on notice: Anonymous says operation to disrupt surveillance are under way. *BetaBeat*. Available at: http://betabeat.com/2012/08/trapwire-on-notice-anonymous-says-operations-to-disrupt-surveillance-are-under-way/; August 15, 2012 [last accessed February 2013].
428. AnonLegionOps. Anonymous—message to UK Government (Free Assange). *YouTube*. Available at: http://www.youtube.com/watch?v=gq5D2NepOpo; August 18, 2012 [last accessed February 2013].
429. AnonLegionOps. Anonymous—message to UK Government (Free Assange). *YouTube*, available at: http://www.youtube.com/watch?v=gq5D2NepOpo; August 18, 2012 [last accessed February 2013].
430. Tomei L. 'Operation Free Assange': Tug-of-war takes to the web with a series of cyber attacks. *Global Post*. Aavailable at: http://www.globalpost.com/dispatch/news/regions/europe/120820/the-tug-war-overassange-takes-the-web-series-cyber-attacks; August 20, 2012 [last accessed February 2013].
431. Tomei L. 'Operation Free Assange': Tug-of-war takes to theweb with a series of cyber attacks. *Global Post*. Available at: http://www.globalpost.com/dispatch/news/regions/europe/120820/the-tug-war-over-assange-takes-theweb-series-cyber-attacks; August 20, 2012 [last accessed February 2013].
432. Baczynska G. Hackers target website of Russian court that jailed Pussy Riot. *Reuters*.

Available at: http://www.reuters.com/article/2012/08/21/us-russia-pussyriot-court-idUSBRE87K0LS20120821; August 21, 2012 [last accessed February 2013].

433. Baczynska G. Hackers target website of Russian court that jailed Pussy Riot. *Reuters*. Available at: http://www.reuters.com/article/2012/08/21/us-russia-pussyriot-court-idUSBRE87K0LS20120821; August 21, 2012 [last accessed February 2013].

434. CyberWarZone. Anonymous Saipan: CNMI government step down. Available at: http://www.cyberwarzone.com/cyberwarfare/anonymous-saipan-cnmi-government-step-down; August 23, 2012 [last accessed February 2013].

435. CyberWarZone.Anonymous Saipan: CNMI government step down. Available at: http://www.cyberwarzone.com/cyberwarfare/anonymous-saipan-cnmi-government-step-down; August 23, 2012 [last accessed February 2013].

436. Kumar M. AVX Corporation hacked by Anonymous #OpColtan. *The Hacker News*. Available at: http://thehackernews.com/2012/08/avx-corporation-hacked-by-anonymous.html; August 26, 2012 [accessed February 2013].

437. Kumar M. AVX Corporation hacked by Anonymous #OpColtan. *The Hacker News*. Available at: http://thehackernews.com/2012/08/avx-corporation-hacked-by-anonymous.html; August 26, 2012 [last accessed February 2013].

438. Russia Today. 'Operation Free Assange'—Anonymous takes down Interpol website. Available at: http://rt. com/news/anonymous-interpol-free-assange-607/; August 29, 2012 [last accessed February 2013].

439. Russia Today. 'Operation Free Assange'—Anonymous takes down Interpol website available at: http://rt.com/news/anonymous-interpol-free-assange-607/; August 29, 2012 [last accessed February 2013].

440. A Guest. Special #FFF edition—Anonymous. *Pastebin*. Available at: http://pastebin.com/nfVT7b0Z; September 30, 2012 [last accessed February 2013].

441. A Guest. Special #FFF edition—Anonymous. *Pastebin*. Available at: http://pastebin.com/nfVT7b0Z; September 30, 2012 [last accessed February 2013].

442. 3News. Evanescence singer Amy Lee targeted by hackers. Available at: http://www.3news.co.nz/Evanescence-singer-Amy-Lee-targeted-by-hackers/tabid/418/articleID/268146/Default.aspx; September 5, 2012 [last accessed February 2013].

443. Giles J. Evanescence singer Amy Lee faces serious allegations from Hacker Group Anonymous. *Loudwire*. Available at: http://loudwire.com/evanescence-singer-amy-lee-faces-serious-allegations-from-hacker-group-anonymous/; September 5, 2012 [last accessed February 2013].

444. 3News. Evanescence singer Amy Lee targeted by hackers. Available at: http://www.3news.co.nz/Evanescence-singer-Amy-Lee-targeted-by-hackers/tabid/418/

articleID/268146/Default.aspx; September 5, 2012 [last accessed February 2013].

445. Giles J. Evanescence singer Amy Lee faces serious allegations from Hacker Group Anonymous. *Loudwire*. Available at: http://loudwire.com/evanescence-singer-amy-lee-faces-serious-allegations-from-hacker-group-anonymous/; September 5, 2012 [last accessed February 2013].

446. Zetter K. Anonymous' Barrett Brown raided by FBI during online chat. *Wired*. Available at: http://www.wired.com/threatlevel/2012/09/barret-brown-raid/; September 13, 2012 [last accessed February 2013].

447. Zetter K. Feds pile on more charges against Anonymous agitator Barrett Brown. *Wired*. Available at: http://www.wired.com/threatlevel/2013/01/more-chargesfor-barrett-brown/; January 24, 2013 [last accessed February 2013].

448. CyberWarZone. #AntiSec releases creditcard details of 13 #FBI agents in retaliation for the arrest of @BarrettBrownLOL. Available at: http://www.cyberwarzone.com/antisec-releases-creditcard-details-13-fbiagents-retaliation-arrest-barrettbrownlol; September 14, 2012 [last accessed February 2013].

449. CyberWarZone. #AntiSec releases creditcard details of 13 #FBI agents in retaliation for the arrest of@BarrettBrownLOL. Available at: http://www.cyberwarzone.com/antisec-releases-creditcard-details-13-fbiagents-retaliation-arrest-barrettbrownlol; September 14, 2012 [last accessed February 2013].

450. Kumar M. Anonymous dump 2.5 GB data from email of priest accused for child abuse. *The Hacker News*. Available at: http://thehackernews.com/2012/09/anonymous-dump-25-gb-data-from-email-of.html?utm_source=feedburner&utm_medium=feed&utm_campaign=Feed%3A+TheHackersNews+%28The+Hackers+News+-+Security+Blog%29; September 13, 2012 [last accessed February 2013].

451. Kumar M. Anonymous dump 2.5 GB data from email of priest accused for child abuse. *The Hacker News*. Available at: http://thehackernews.com/2012/09/anonymous-dump-25-gb-data-from-email-of.html?utm_source=feedburner&utm_medium=feed&utm_campaign=Feed%3A+TheHackersNews+%28TheþHackers+News+-+Security+Blog%29; September 13, 2012 [last accessed February 2013].

452. A Guest. OpHKNEC. *Pastebin*. Available at: http://pastebin.com/ppNZdZ48; September 15, 2012 [last accessed February 2013].

453. CNN Wire Staff. Hong Kong abandons mandatory classes seen as pro-Beijing. *CNN*. Available at: http://www.cnn.com/2012/09/08/world/asia/china-hong-kong-education/index.html; September 10, 2012 [last accessed February 2013].

454. Anonphuser123. Anonymous Philippines message to Cybercrime Law supporters. *YouTube*. Available at: http://www.youtube.com/watch?v=QFBaapdoKrY; September 30,

2012 [last accessed February 2013].
455. Malig J. Global 'Anonymous' attack Philippine govt websites. *ABS-CBN News*. Available at: http://www.abs-cbnnews.com/lifestyle/10/02/12/global-anonymous-attack-philippine-govt-websites; October 3, 2012 [last accessed February 2013].
456. Anonphuser123. Anonymous Philippines message to Cybercrime Law supporters. *YouTube*. Available at: http://www.youtube.com/watch?v=QFBaapdoKrY; September 30, 2012 [last accessed February 2013].
457. Malig J. Global 'Anonymous' attack Philippine gov't websites. *ABS-CBN News*. Available at: http://www.abs-cbnnews.com/lifestyle/10/02/12/global-anonymous-attack-philippine-govt-websites; October 3, 2012 [last accessed February 2013].
458. Harper M. Anonymous attacks Sweden for taking away free music. *RedOrbit*. Available at: http://www.redorbit.com/news/technology/1112707906/anonymous-sweden-attack-ddos-100512/; October 5, 2012 [accessed February 2013].
459. Harper M. Anonymous attacks Sweden for taking away free music. *RedOrbit*. Available at: http://www.redorbit.com/news/technology/1112707906/anonymous-sweden-attack-ddos-100512/; October 5, 2012 [accessed February 2013].
460. 5had0w5. Defend your freedom—worldwide protest—TrapWire & Indect (worldwide). *WhyWeProtest*. Available at: https://whyweprotest.net/community/threads/nov-5-2012-defend-your-freedom-worldwide-protesttrapwire-indect-worlwide.105925/; October 21, 2012 [last accessed February 2013].
461. GoogleMaps. Part II World-wide Protests against #surveillance-Systems #Trapwire #INDECT Saturday. Available at: https://maps.google.com/maps/ms?ie=UTF8&oe=UTF8&msa=0&msid=200186625117421185333.0004c61615777b4f2813b; October 20, 2012 [last accessed February 2013].
462. 5had0w5. Defend your freedom—worldwide protest—TrapWire & Indect (worldwide). *WhyWeProtest*. Available at: https://whyweprotest.net/community/threads/nov-5-2012-defend-your-freedom-worlwide-protest-trapwire-indect-worlwide.105925/; October 21, 2012 [last accessed February 2013].
463. Blue V. Anonymous: anti-surveillance protest tomorrow. *CNet*. Available at: http://news.cnet.com/8301-1009_3-57535764-83/anonymous-anti-surveillance-protest-tomorrow/; October 19, 2012 [last accessed February 2013].
464. 5had0w5. Defend your freedom—worldwide protest—TrapWire & Indect (Worldwide). *WhyWeProtest*. Available at: https://whyweprotest.net/community/threads/nov-5-2012-defend-your-freedom-worlwide-protesttrapwire-indect-worlwide.105925/; October 21, 2012 [last accessed February 2013].
465. Blue V. Anonymous: Anti-surveillance protest tomorrow. *CNet*. Available at: http://news.

cnet.com/8301-1009_3-57535764-83/anonymous-anti-surveillance-protest-tomorrow/; October 19, 2012 [last accessed February 2013].
466. AnonSirbu. Anonymous Burma-Myanmar. *YouTube*. Available at: http://www.youtube.com/watch? v=rgzxpdMs3E8; October 31, 2012 [last accessed February 2013].
467. AnonSirbu. Anonymous Burma-Myanmar. *YouTube*. Available at: http://www.youtube.com/watch? v=rgzxpdMs3E8; October 31, 2012 [last accessed February 2013].
468. Musil S. Israel government Web sites hit by hacker blitz. *CNet*. Available at: http://news.cnet.com/8301-1009_3-57551560-83/israel-government-web-sites-hit-by-hacker-blitz/; November 18, 2012 [last accessed February 2013].
469. Osborne C. Anonymous takes on Israeli websites, wipes Jerusalem bank. *ZDNet*. Available at: http://www.zdnet.com/anonymous-takes-on-israeli-websites-wipes-jerusalem-bank-7000007537/; November 16, 2012 [last accessed February 2013].
470. Musil S. Israel government Web sites hit by hacker blitz. *CNet*. Available at: http://news.cnet.com/8301-1009_3-57551560-83/israel-government-web-sites-hit-by-hacker-blitz/; Novemebr 18, 2012 [accessed February 2013].
471. Anon Relations. #opIsrael—Anonymous stands by Palestine in this time of war and grief. Available at: http://anonrelations.net/anonymous-opisrael-95/; November 15, 2012 [last accessed February 2013].
472. BBC News Technology. Anonymous hacker group attacks Israeli websites. Available at: http://www.bbc.co.uk/news/technology-20356757; November 16, 2012 [last accessed February 2013].
473. BBC News Technology. Anonymous hacker group attacks Israeli websites. Available at: http://www.bbc.co.uk/news/technology-20356757; November 16, 2012 [last accessed February 2013].
474. Kumar M. Anonymous hit Egyptian Government Websites as #OpEgypt. *The Hacker News*. Available at: http://thehackernews.com/2012/12/anonymous-hit-egyptian-government.html; December 19, 2012 [accessed February 2013].
475. BBC News. Egypt Crisis: Protesters maintain Mursi decree defiance. Available at: http://www.bbc.co.uk/news/world-middle-east-20521967; November 28, 2011 [last accessed February 2013].
476. Shenker J. Egypt: violent clashes in Cairo leave two dead and hundreds injured. *The Guardian (UK)*. Available at: http://www.guardian.co.uk/world/2011/nov/19/egypt-violent-clashes-cairo-injured; November 19, 2012 [last accessed February 2013].
477. Kumar M. Anonymous hit Egyptian Government Websites as #OpEgypt. *The Hacker News*. Available at: http://thehackernews.com/2012/12/anonymous-hit-egyptian-government.html; December 19, 2012 [last accessed February 2013].

478. AnonNews. Operation Syria—Anonymous/RevoluSec. Available at: http://anonnews.org/press/item/1117/; undated [last accessed February 2013].

479. Higginbotham S. Reports: Syria is cut off from the Internet and how it may have happened. *GigaOm*. Available at: http://gigaom.com/2012/11/29/reports-syria-is-cut-off-from-the-internet-and-how-it-may-have-happened/; Novemebr 29, 2012 [last accessed February 2013].

480. Stone M. Operation Syria: Anonymous fights for free Syrian people. *The Examiner.* Available at: http://www.examiner.com/article/operation-syria-anonymous-fights-for-free-syrian-people; November 30, 2012 [last accessed February 2013].

481. Musil S. Anonymous declares war on Syrian government Web sites. *CNet*. Available at: http://news.cnet.com/8301-1009_3-57556333-83/anonymous-declares-war-on-syrian-government-web-sites/; November 29, 2012 [last accessed February 2013].

482. Kumar M. Anonymous leaks database from Israeli Musical Act Magazine site #OpIsrael. *The Hacker News (THN).* Available at: http://thehackernews.com/2012/12/anonymous-leaks-database-from-israeli.html?utm_source=feedburner&utm_medium=feed&utm_campaign=Feed%3A+TheHackersNews+%28The+Hackers+News+-Daily+Cyber+News+Updates%29&_m=3n.009a.67.rn0aof3yo4.1t8#_; December 16, 2012 [last accessed February 2013].

483. Kumar M. Anonymous leaks database from Israeli Musical Act Magazine site #OpIsrael. *The Hacker News* (THN). Available at: http://thehackernews.com/2012/12/anonymous-leaks-database-from-israeli.html?utm_source=feedburner&utm_medium=feed&utm_campaign=Feed%3A+TheHackersNews+%28The+Hackers+News+-DailyþCyber+News+Updates%29&_m=3n.009a.67.rn0aof3yo4.1t8#_; December 16, 2012 [last accessed February 2013].

484. Schwartz MJ. Anonymous posts Westboro Church members personal information. *Information Week*. Available at: http://www.informationweek.com/security/privacy/anonymous-posts-westboro-church-members/240144592; December 18, 2012 [last accessed February 2013].

485. LulzPirate. Westboro Baptist Church dox. *Pastebin*. Available at: http://pastebin.com/pCTSgLTJ; December 16, 2012 [last accessed February 2013].

486. Pavlo W. Anonymous' hackers target Westboro Baptist Church after protest plans. *Forbes*. Available at: http://www.forbes.com/sites/walterpavlo/2012/12/18/anonymous-hackers-target-westboro-baptist-church-after-protest-plans/; December 18, 2012 [last accessed February 2013].

487. Thomas L. Anonymous versus Westboro, hactivists claim they won. *MYNorthwest.com.* Available at: http://mynorthwest.com/646/2158623/Anonymous-versus-Westboro-

Baptist-Church-hactivists-win; December 20, 2012 [last accessed February 2013].
488. Schwartz MJ. Anonymous Posts Westboro Church Members' personal information. *Information Week.* Available at: http://www.informationweek.com/security/privacy/anonymous-posts-westboro-church-members/240144592; December 18, 2012 [last accessed February 2013].
489. Twitter feed @th3j35t3r. I'm not trying to violate #WBC's civil rights. I'm just making best use of mine. And I'm non-violent. They hate that. Available at: https://twitter.com/th3j35t3r/status/281495612636139520; December 19, 2012 [last accessed February 2013].
490. Sweet, Hannah @CosmoTheGod. Tweet by @WBCSays: "*This account is now being ran by@Cosmo TheGod#UGNazi #oops*". Available at: https://twitter.com/CosmoTheGod; December 17, 2012 [last accessed January 19, 2012].
491. Pavlo W. Anonymous' hackers target Westboro Baptist Church after protest plans. *Forbes*. Available at: http://www.forbes.com/sites/walterpavlo/2012/12/18/anonymous-hackers-target-westboro-baptist-church-after-protest-plans/; December 18, 2012 [last accessed February 2013].
492. Tenety E. Westboro Baptist Church to picket Sandy Hook funerals: 4 ways to respond. *Washington Post.* Available at: http://www.washingtonpost.com/blogs/under-god/post/westboro-baptist-church-to-picket-sandy-hook-funerals-4-ways-to-respond/2012/12/17/520a6ba0-488e-11e2-b6f0-e851e741d196_blog.html; December 17, 2012 [last accessed February 2013].
493. Kumar M. Anonymous hit Egyptian Government Websites as #OpEgypt. *The Hacker News*. Available at: http://thehackernews.com/2012/12/anonymous-hit-egyptian-government.html; December 19, 2012 [last accessed February 2013].
494. BBC News. Egypt Crisis: protesters maintain Mursi decree defiance. Available at: http://www.bbc.co.uk/news/world-middle-east-20521967; November 28, 2011 [last accessed February 2013].
495. Shenker J. Egypt: violent clashes in Cairo leave two dead and hundreds injured. *The Guardian (UK).* Available at: http://www.guardian.co.uk/world/2011/nov/19/egypt-violent-clashes-cairo-injured; November 19, 2012 [last accessed February 2013].
496. Kumar M. Anonymous hit Egyptian Government Websites as #OpEgypt. *The Hacker News.* Available at: http://thehackernews.com/2012/12/anonymous-hit-egyptian-government.html; December 19, 2012 [accessed February 2013].
497. Ferenstein G. Twitter suspends Anonymous account for Vigilantism, Breaking TOS for releasing Westboro Church Info [updated]. *TechCrunch.* Available at: http://techcrunch.com/2012/12/19/twitter-suspends-anonymous-account-for-vigilantism-breaking-tos-for-

releasing-westboro-church-info/; Decemebr 19, 2012 [last accessed February 2013].
498. Roy J. Twitter Suspends Anonymous's Most Popular Account, @YourAnonNews; December 19, 2012 [last accessed February 2013].
499. Ferenstein G. Twitter suspends Anonymous account for Vigilantism, Breaking TOS for releasing Westboro Church Info [updated]. *TechCrunch*. Available at: http://techcrunch.com/2012/12/19/twitter-suspends-anonymous-account-for-vigilantism-breaking-tos-for-releasing-westboro-church-info/; December 19, 2012 [last accessed February 2013].
500. Russia Today. Anonymous takes on alleged Ohio gang rapists and their protectors. Available at: http://rt.com/usa/news/anonymous-ohio-gang-rape-778/; December 25, 2012 [last accessed February 2013].
501. KnightSec. KnightSec+OpRollRedRoll. *Anonpaste*. Available at: http://www.anonpaste.me/anonpaste2/index.php?070961bcde7bf9d7#sObkWjsK+ZbV9PeupgZlNbJxqzROmyhDSNo2erqpU2M=; undated [last accessed February 2013].
502. Macur J, Schweber N. Rape case unfolds on Web and splits city. *New York Times*. Available at: http://www.nytimes.com/2012/12/17/sports/high-school-football-rape-case-unfolds-online-and-divides-steubenvilleohio.html?pagewanted=1&_r=5&smid=tw-share; December 16, 2012 [last accessed February 2013].
503. Russia Today. Anonymous takes on alleged Ohio gang rapists and their protectors. Available at: http://rt.com/usa/news/anonymous-ohio-gang-rape-778/; December 25, 2012 [last accessed February 2013].
504. KnightSec. KnightSec+ OpRollRedRoll. *Anonpaste*. Available at: http://www.anonpaste.me/anonpaste2/index.php?070961bcde7bf9d7#sObkWjsK+ZbV9PeupgZlNbJxqzROmyhDSNo2erqpU2M=; undated [last accessed February 2013].
505. Russia Today. Anonymous takes down Delhi Police website over gang-rape case. Available at: http://rt.com/news/anonymous-delhi-police-rape-775/; December 25, 2012 [last accessed February 2013].
506. Russia Today. Anonymous takes down Delhi Police website over gang-rape case. Available at: http://rt.com/news/anonymous-delhi-police-rape-775/; December 25, 2012 [last accessed February 2013].

词汇表

A

application programming interface（API） 应用编程接口

advanced persistent threat（APT） 高级持续性威胁

Advanced Research Projects Agency（ARPA） 高级研究计划局（DARPA 前身）

ARPANET（ARPA） 开发的网络前身

Autonomous System（AS ） 自治系统

B

back door 后门，非法授权系统连接到到外部设备，最有可能的情况是受到攻击者的控制。

Border Gateway Protocol（BGP） 边界网关协议

Battlefield Operating System，BOS） 战场操作系统

botnet 即“机器人网络”，是一大群感染的计算机通过命令和控制服务器被对方操控。这些受感染的计算机（称为“机器人”或“僵尸”），然后可以通过对方（通常称为“僵尸主控机”或“botherder”）引导实施一些活动，包括 DDOS 攻击、CNE 操作和钓鱼网站等犯罪活动。

C

Command and Control（C2） 指挥和控制（军事单位）

command, control, communication, computers, intelligence, surveillance, and reconnaissance（C4ISR） 指挥、控制、通信、计算机、情报、监视和侦察

C&C 指挥和控制（即僵尸网络的指挥和控制服务器）

Chaos Computer Club（CCC） 混沌计算机俱乐部

content delivery network（CDN） 内容分发网络

Chief Information Officer（CIO） 首席信息官

Committee to Protect Journalists（CJP） 保护记者委员会

collection management（CM） 搜集管理

computer network attack（CNA） 计算机网络攻击

computer network defense（CND） 计算机网络防御
computer network exploitation（CNE） 计算机网络开发
computer network operation（CNO） 计算机网络操作
collection plan 由情报人员用来收集信息需求的计划。
counter-insurgency（COIN） 平叛
communications intelligence（COMINT） 通信情报
consumer off-the-shelf technology（COTS） 消费现成技术
Center for Strategic and International Studies（CSIS） 战略与国际研究中心
cyber psychological operation（CYOP） 网络心理战

D

Defense Advanced Research Projects Agency（DARPA） 美国国防部国防高级研究计划局
distributed control system（DCS） 集散控制系统
distributed denial of service（DDoS） 分布式拒绝服务
Destination Darkness Outlaw System（DDOS） 目的黑暗且非法系统：僵尸网络软件，由俄罗斯犯罪组织创建。
distributed network protocol（DNP） 分布式网络协议
domain name server（DNS） 域名服务器
DNS sinkholing 一般指僵尸网络服务器或其他网络被感染计算机已关闭或变为废弃。之后，被感染的系统仍然可以尝试与服务器进行通信。通过域名 sinkholing，信息安全专业人士使用 C&C 服务器进行登录注册。被感染的计算机然后被连接到安全的专业服务器。被感染计算机的 IP 地址可以被锁定，从而确定黑客恶意软件的蔓延程度。
DOC Microsoft Word 的旧文件格式，容易感染病毒。
doctrinal template（DOCTEMP） 名义模板
Department of Defense（DoD） 美国国防部
Department of Energy（DoE） 美国能源部
denial of service（DoS） 拒绝服务
Defense Security Information Exchange（DSIE） 国防安全信息交换系统

E

electronic counter measure（ECM） 电子对抗措施
energy management system（EMS） 能源管理系统
European Command（EUCOM） 欧洲司令部
electronic warfare（EW） 电子战
Engineering Workstation（EWS） 工程工作站

F

Federal Bureau of Investigation（FBI） 联邦调查局
Front End Processor（FEP） 前端处理器
Fuel Enrichment Plant（FEP） 燃料浓缩厂
FSB 俄罗斯联邦安全局

G

Ground Control Station（GCS） 地面控制站
Global Information Infrastructure（GII） 全球信息基础设施
General Staff Department（GSD） 总参谋部（解放军）

H

High Intensity Conflict（HIC） 高强度冲突
Hardware Mitigation Device（HMD） 硬件缓解设备
human-machine interface（HMI） 人机界面
Honey pot 蜜罐，设计显得不堪一击的计算机，以吸引黑客的攻击。一旦黑客获得了蜜罐，他们的行动则受到安全专家的监测。
high-payoff target（HPT） 高回报目标
Hypertext Transfer Protocol（HTTP） 超文本传输协议，计算机网络服务器进行交互的标准协议。
Hypertext Transfer Protocol（HTTPS） 超文本传输协议（安全）
human intelligence（HUMINT） 人力情报

I

International Atomic Energy Agency（IAEA ） 国际原子能机构
Iranian Cyber Army（ICA） 伊朗网军
Inter Control Center Protocol（ICCP） 内部控制中心协议
industrial control system（ICT） 工业控制系统
Israeli Defense Forces（IDF） 以色列国防军
intrusion detection system（IDS） 入侵检测系统
Institute of Electrical and Electronics Engineers（IEEE） 电气和电子工程师协会
Integrated Network Electronic Warfare（INEW） 综合网络电子战
information operation（IO） 信息战行动
Internet Protocol（IP） 互联网协议
intellectual property（IP） 知识产权
information requirements（IR） 信息需求，情报人员收集的信息量被认为对军事行动的成功或失败有显著的影响。

Internet Relay Chat（IRC） 互联网中继聊天

Iranian Revolutionary Guard Corps（IRGC） 伊朗革命卫队

In Real Life（IRL） 在现实生活中

Internet service provider（ISP） 互联网服务提供商

intelligence, surveillance, and reconnaissance（ISR） 情报、监视和侦察

information technology（IT） 信息技术

information warfare（IW） 信息战

J

Jaysh Al-Mahdi（JAM） 迈赫迪

K

Key logger 键盘记录器，专门用来记录受害者的所有键击动作，并报告给第三方的恶意软件。

Kata'ib Hezbollah（KH） 伊拉克真主旅

L

Low Intensity Conflict（LIC） 低强度冲突

Low Orbit Ion Cannon（LOIC） 低轨道离子炮

Lieutenant General（LTG） 中将

M

malicious software（Malware） 恶意软件

master boot record（MBR） 主引导记录

major combat operations（MCO） 主要作战行动

Mujahedeen-e-Khalq（MEK） 圣战者

Man-In-the-Middle（MITM） 中间人

moving target indicator（MTI） 移动目标指示器

multispectral targeting system（MTS） 多光谱瞄准系统

N

North Atlantic Treaty Organization（NATO） 北大西洋公约组织

nongovernmental organization（NGO） 非政府组织

National Institute of Standards and Technology（NIST） 美国国家标准技术研究所

(German) neo-NAZI Political Party（NPD） （德国）新纳粹政党

National Security Agency（NSA） 国家安全局

O

order of battle（OB） 作战序列
object-oriented programming（OOP） 面向对象编程
operational security（OPSEC） 运营安全
Occupied Palestinian Territories（OPT） 被占领的巴勒斯坦领土
open source intelligence（OSINT） 开源情报

P

Portable Document Format（PDF） 可携带文档格式，Adobe Acrobat 所使用的文件格式。
Phishing 网络钓鱼，向目标发送大量电子邮件，以吸引他们打开附件或点击链接，导致了恶意软件感染其系统，造成其计算机被攻击者使用的僵尸网络控制。
priority information requirement（PIR） 优先级信息的要求
People's Liberation Army (of China)（PLA） 中国人民解放军
programmable logic controller（PLC） 可编程逻辑控制器
People's Liberation Front（PLF） 人民解放阵线
People's Mujahedeen of Iran（PMOI） 伊朗人民圣战组织
Point of Presence（PoP） 入网点
PPT 用于 Microsoft PowerPoint 使用的旧文件格式，易受损害。
People's Republic of China（PRC） 中华人民共和国
psychological operations（PSYOP） 心理战

R

reconnaissance and surveillance（R&S） 侦察和监视
Random Access Memory（RAM） 随机存取存储器（计算机系统的临时存储器）
Remote Access Tool（RAT） 远程访问工具
Russian Business Network（RBN） 俄罗斯商业网络
Remote Desktop Protocol（RDP） 远程桌面协议
Research In Motion（RIM） 黑莓移动设备的制造商
Revolution in Military Affairs（RMA） 军事革命
remote terminal unit（RTU） 远程终端设备制造商
Russian Internet（RUNET） 俄罗斯互联网

S

Supreme Allied Commander of European Forces（SACEUR） 欧洲部队盟军最高司令

（北约军事指挥官）

synthetic aperture radar（SAR） 合成孔径雷达

satellite communication（SATCOM） 卫星通信

Sensitive but Unclassified（SBU） 敏感但不机密

supervisory control and data acquisition（SCADA） 数据采集与监控系统

Software Configuration Management system（SCM） 软件配置管理系统

Script kiddies 脚本小子，业余黑客组织，只遵循特定黑客指令或是为了特殊的利益，而不是充分利用科技以谋私利。

Security by obscurity 隐匿的安全性，依靠鲜为人知的但，可被发现的信息作为安全的手段。

Supreme Headquarters Allied Powers Europe（SHAPE） 欧洲盟军最高司令部

signals intelligence（SIGINT） 信号情报（即无线电拦截）

Smart grid 智能电网，通用术语指的是电网通信系统的升级，以获得更好的监测，保护和效率。

Social engineering 社交工程，企图操纵人员透露某些信息或产生某种行为。

Syrian Electronic Army（SEA） 叙利亚电子军

Simple Mail Transfer Protocol（SMTP） 简单邮件传输协议，用于网上电子邮件。

Stop Online Piracy Act（SOPA） 禁止网络盗版法案的标准协议

Spear phishing 鱼叉式网络钓鱼，针对特定用户的钓鱼攻击，经常使用于 CNE 操作和社会化媒体，或公开来源伪装成合法链接，增加用户点击恶意软件或附件的可能性。

structured query language（SQL） 结构化查询语言

SQL injection SQL 注入，注入一个无效的 SQL 查询，发送到一个终端附带恶意可执行代码的数据库实施攻击，此时系统将无法执行无效的查询而崩溃，导致系统执行恶意代码。

T

technical intelligence（TECHINT） 技术情报

two-factor authentication（TF-A） 双因素认证

Total Information Awareness（TIA） 总信息意识

Trojan horse 特洛伊木马，一个看似无害的软件（例如，一个游戏，一款盗版商业软件），能够使得黑客未经授权便可获得访问该软件正在运行的系统。

U

unmanned aerial vehicle（UAV） 无人机

unmanned combat air vehicle（UCAV） 无人作战飞行器

universal resource locator（URL） 统一资源定位符

Universal Serial Bus（USB） 通用串行总线

V

Voice of America（VOA） 美国之音
virtual private network（VPN） 虚拟专用网

W

World Wide Web（WWW） 万维网

Z

zero-day exploit 零日漏洞，目前大多数人（包括主要的软件供应商）还不知道的软件漏洞。所有系统一旦感染了该病毒就易受漏洞攻击。

金城出版社
国家安全与保密参考书目

《情报研究与分析入门》

美国情报研究方法“红宝书”

[美]杰罗姆·克劳泽　原著　[美]简·戈德曼　改编　　辛昕　张菊荣　等译

简介：本书全面探讨了情报研究与分析的各个阶段，重点讨论了情报研究的规范程序和适用的分析方法，优秀情报分析人员的必备特质，以及如何提升情报产品的质量。这部国防情报学经典力作，享誉业界40载，堪称美国情报培训的“红宝书”，是情报研究与分析入门必备教材。它既适合国家安全、情报工作的从业者学习，也可供相关研究人士参阅。

《战略情报的批判性思维》

情报工作人员高效思考力指南

[美]凯瑟琳·弗森　伦道夫·弗森　著　　杨恩毅　译

简介：本书关注如何在情报工作中应用批判性思维，系统阐述了20个重点问题，介绍了其中的各种实用技巧，以及简单易懂的解决办法。作者还通过政治、经济、军事、信息技术和健康等方面的情报分析案例，帮助读者加强对战略情报批判性思维实践应用的理解。这是一部情报工作者高效思考力指南，情报分析的三大黄金标杆教科书之一。

《情报搜集技术》

科技手段搜集情报的开山之作

[美]罗伯特·克拉克　著　　陈烨　步凡　译

简介：本书是首部系统论述情报搜集技术的专著，集中讨论了各种技术搜集手段，情报搜集中特征的基本概念，为实现情报目的而进行特征搜集的传感器和搜集平台，以及情报搜集策略与管理问题；还重点探讨了情报搜集技术在国家安全领域的三大用途，读者从中可以一窥美国情报界强大的情报搜集能力、发展动向及维护国家安全的最新思维。

《情报：从秘密到政策》

世界知名高校必修课　情报学基础普及读本

[美]马克·洛文塔尔　著　　杜效坤　译

简介：本书详细阐述情报的概念、历史、流程、搜集、分析、反情报、隐蔽行动等问题，重点讨论情报在美国国家安全决策中的重要作用。书中还介绍了美国情报工作的发展，勾勒出美国情报界的内部机制，探讨了情报工作的伦理与道德问题，简要概述了世界主要大国的情报机构情况。本作品享有极高声誉，多次再版修订，已成为全美外交、国关、国安、情报等诸多学科的权威教材，长期被哥伦比亚、斯坦福、麻省理工等知名院校选用和推荐。

《情报分析心理学》

中情局情报分析“圣经”　美国官员经典培训教材

[美]小理查兹·J.霍耶尔　著　张魁　朱里克　译

简介：本书主要探讨了人类在判断不完整或模糊信息过程中的认知心理问题，以及这些不可避免的问题如何对情报分析产生影响，而我们又怎样有效克服这些影响。全书由思维机制、思维工具、认知偏见和情报分析的改进等四部分组成。作为中情局权威理论家的代表作，本书既是美国情报机构培训员工的经典教科书，也是中情局情报官员的必备参考读物，无数次再版加印。

《情报分析：以目标为中心的方法》

情报研究必读图书　国家安全前沿力作

[美]罗伯特·克拉克　著　　马忠元　译

简介：针对美国情报界在“9·11事件”和伊拉克战争中的情报失误，作者创造性地提出运用“以目标为中心”的情报分析方法，完善情报分析的逻辑过程，形成“确定目标—问题分解—建立模型—评估数据—填充模型—进行预测”的情报分析流程。全书涵盖了情报分析中的各类关键问题，如情报周期、反情报、情报分类、征候与预警、情报模型、情报来源、情报搜集、情报评估、拒止与欺骗、预测方法、团队互动，等等，称得上是一部名副其实的情报分析教科书。

金城出版社
国家安全与保密参考书目

《斯诺登档案：世界最大泄密事件内幕揭秘》

全球首部详细介绍和解读“斯诺登事件”的权威著作

[英]卢克·哈丁 著　何星 周仁华 等译

简介：本书对“斯诺登事件”进行了全面介绍和解读。它详细追踪了斯诺登的泄密动机、获取机密文件的方式、媒体的报道过程及事件的后续发展，讲述了事件背后媒体与政府的博弈较量、各国的攻防策略，披露了美英等国监控全球的手段和规模。作为该事件的全球首部权威著作，本书不仅曝光了西方国家的安全战略秘密，而且还披露了他们怎样监控中国的内幕。无论个人、企业和国家，都可从书中获得启迪和警示。

《全民监控：大数据时代的安全与隐私困境》

后“棱镜门”时代，国家、机构和个人怎样保护信息安全不受侵犯？

[英]约翰·帕克 著　关立深 译

简介：阿桑奇、斯诺登等的接连爆料警示我们，“全民监控”的时代已经来临。为了获得全方位的监控能力，西方国家利用闭路系统、窃听设备、身份识别技术、定位追踪装置等随时随地监视民众。全书涉及国家安全、信息安全、个人隐私等问题，为人们敲响了监控无处不在的警钟。本书案例丰富、数据翔实、语言生动，是读者迅速掌握隐私与信息安全知识的必读之作。

《骗中骗：克格勃与中情局的无声战争》

两大间谍组织情报与反情报较量　二十世纪最经典反间谍骗术案例

[美]爱德华·爱泼斯坦 著　杨哲 译

简介：本书以美国反间谍头目詹姆斯·安格尔顿之死为缘起，追踪了苏联从建国伊始到冷战末期“欺骗对手”的各种行动，以及美国是如何应对和接招的。通过中情局与克格勃在情报与反情报上的较量，作者向读者呈现了一场看不见硝烟的战争。本书是西方反情报代表作，既可作为饭后茶余之消遣，亦能当作国家安全研究的重要资料。

《情报术：间谍大师杜勒斯论情报的搜集处理》

中情局情报官书架推荐图书　国家安全研究必读经典著作

[美]艾伦·杜勒斯 著　陈秋慧 译

简介：本书作者以第一人称的视角展开，着重阐述了情报的实用技巧——情报如何搜集和处理，以及形成的结果怎样为制定国家政策服务。本书是“间谍大师”、中情局任期最长局长、美国现代情报系统缔造者杜勒斯的收官之作。凭借美国战略情报局与中情局的独特任职优势，作者娴熟地将情报学知识、亲身经历和各种间谍事件与趣闻轶事有机融为一体，具备极高的可读性。

《谁来监管泄密者？：国家安全与新闻自由的冲突》

互联网信息时代普及国家安全意识必备读本

[美]盖里·罗斯 著　巩丽娟 译

简介：2010年“维基揭秘事件”，2013年“斯诺登泄密事件”……据统计，近年媒体泄密在所有未授权信息泄露中比例最高，对国家安全和利益影响也最甚。通过美国政府历史上重大的泄密案例和事件，作者探讨了未授权信息泄露背后的动机、代价、法律困境和解决之道，以期望提醒全美情报系统：对手是如何获取美国情报的，对手获得情报后会取得怎样的优势。本书内容具有较强的时代性，在互联网信息时代普及国家安全意识的目的十分明显，对我国相关读者同样具备较强的借鉴意义。